“十二五”职业教育国家规划教材
经全国职业教育教材审定委员会审定

普通高等教育“十一五”国家级规划教材

土力学及地基基础

第4版

主　编　周　宏　陈兰云　吴育萍
副主编　李俊虎　刘　鹏　盛海洋
参　编　昌永红　范大明　朱晓丽
　　　　杜　庚　盛礼键　周剑萍

机械工业出版社

本书是“十二五”职业教育国家规划教材修订版。

本书内容包括基础知识（绪论和土的物理力学性质及工程分类）、土的压缩性与地基沉降、地基承载力、土压力与土坡稳定、工程地质勘察、浅基础、桩基础、地基处理（区域性地基及地基处理技术）及土工试验指导书等。每个任务前以“问题引出”的形式设置了案例，引出问题和要学习的内容；每个单元后设置了综合能力训练，以加深学生对知识点的掌握。本书从实用出发，通俗易懂，难度适宜，便于学习。

本书适用于职业院校建筑工程技术、市政工程技术、道路桥梁工程技术等专业的学生，也可作为广大自学者及工程技术人员的参考用书。

为方便教学，本书配备有电子课件等教学资源，凡选用本书作为教材的教师均可登录机械工业出版社教育服务网 www.cmpedu.com，注册后免费下载。

图书在版编目（CIP）数据

土力学及地基基础/周宏，陈兰云，吴育萍主编. —4版. —北京：机械工业出版社，2023.12（2024.9重印）

“十二五”职业教育国家规划教材：修订版

ISBN 978-7-111-74274-6

Ⅰ.①土… Ⅱ.①周…②陈…③吴… Ⅲ.①土力学-职业教育-教材②地基处理-职业教育-教材 Ⅳ.①TU4

中国国家版本馆 CIP 数据核字（2023）第 222149 号

机械工业出版社（北京市百万庄大街 22 号 邮政编码 100037）

策划编辑：常金锋　　责任编辑：常金锋　陈将浪

责任校对：闫玥红　　封面设计：马若濛

责任印制：单爱军

北京虎彩文化传播有限公司印刷

2024 年 9 月第 4 版第 2 次印刷

184mm×260mm · 16 印张 · 395 千字

标准书号：ISBN 978-7-111-74274-6

定价：49.00 元

电话服务	网络服务
客服电话：010-88361066	机 工 官 网：www.cmpbook.com
010-88379833	机 工 官 博：weibo.com/cmp1952
010-68326294	金 书 网：www.golden-book.com
封底无防伪标均为盗版	机工教育服务网：www.cmpedu.com

前　言

本书2001年第1版是根据《教育部关于加强高职高专教育人才培养工作的意见》（教高［2000］2号）文件的精神，为培养适应社会需要的高等职业技术应用型人才而编写的。经2007年第2版修订、2015年第3版修订及20多年的使用，本书受到了广大高职土建类专业师生的欢迎，反映良好。为进一步深化产教融合，完善校企合作育人机制，全面贯彻落实党的二十大精神，立足职业教育的适应性，本书编者结合使用情况以及读者的反映，接轨现行规范，对本书进行修订，在内容、资源、配套学习平台等方面做了全面的优化升级，使之更适合于当前职业院校的教学实际，体现“工学结合，理实一体”的教学理念。本书特色如下：

1. 新时代精神引领，融入综合职业素养

建筑工程技术专业是双高校建设中智慧建造专业群的核心专业，土力学理论和地基基础工程技术又是建筑工程技术专业学生和相关技术人员必须掌握的一门现代科学，基于此，本着理论够用、兼顾实践应用的原则，以及落实立德树人、德技并修和培养学生应用能力为主的要求，本书以培养学生爱岗敬业和工匠精神等方面的素质为主线，将以施工质量意识、安全意识、责任意识、沟通与协作能力为代表的综合职业素养融入各个单元中。

2. 任务化内容编排，理实一体教学

为培养学生的实际应用能力，本书采用任务化编排模式，每个任务开头均设置了“问题引出”“学习目标”，列出了完成任务所需的理论知识；并以“想一想”的形式体现综合职业素养的融入。通过一系列的学习，培养学生解决某一类问题的能力，让学生带着目标去主动学习，在解决问题的过程中感受自己角色的变化，为情景化教学、翻转课堂以及更好地融入综合职业素养创造条件。

3. 对接新技术标准，内容设计规范化

本书在内容组成上引用了岩土工程领域不断涌现的新工艺、新技术、新材料、新设备、新规范及新标准，让学生在学习过程中更加有角色代入感和社会使命感。这种具体角色的代入，更有助于培养学生爱岗敬业和工匠精神等方面的素质。

4. 配套数字资源，满足混合式教学

本书遵循教育数字化的理念，配套有在线开放课程“土力学与基础工程”（网址：https://mooc.icve.com.cn/cms/courseDetails/index.htm?classId=c10c0778422-aca3747e8b3899fd56bba），配套教学资源丰富，有电子教案、教学大纲、整体学

设计、习题及答案、教学视频等教学资源，为教师在不同学情下构建自身特色的教学设计方案提供支撑；同时，借助互联网信息技术，助推线上线下混合教学模式改革。

经本次修订，本书与工程实际的联系更加紧密，职业教育特色更加鲜明。由于我国各地区的教学实际情况差别较大，本书建议学时数为64~70学时，具体应根据本地区教学实际情况有所选择和侧重。

本书的编写分工如下：单元一由金华职业技术学院陈兰云编写，单元二由金华职业技术学院周宏编写，单元三由辽宁建筑职业学院昌永红编写，单元四由长江工程职业技术学院范大明编写，单元五由金华职业技术学院李俊虎、义乌工商职业技术学院周剑萍编写，单元六由济源职业技术学院朱晓丽编写，单元七由福建船政交通职业学院盛海洋编写，单元八由洛阳理工学院刘鹏编写，土工试验指导书由金华职业技术学院吴育萍、绿城房地产建设管理集团有限公司盛礼键编写。本书二维码相关内容由李俊虎、吴育萍、杜庚完成。本书由周宏、陈兰云和吴育萍负责统稿、修改。

本书由大连海事大学易南概教授审定。

本书在编写、修订过程中，得到金华职业技术学院领导和有关同仁的大力支持，在此深表感谢。

由于编者水平有限，书中不妥之处在所难免，敬请广大读者批评指正。

编　者

微课视频清单

页码	名称	图形	页码	名称	图形
5	土的成因与组成		33	土的压缩性	
6	土中固体颗粒、水和气		50	土的抗剪强度	
10	土的三相图与物理性质指标		51	土的极限平衡条件	
12	土的物理性质指标间的换算		69	库仑土压力与朗肯土压力理论	
15	土的物理状态指标		105	浅基础设计的基本知识	
20	土中的应力－自重应力与附加应力		112	浅基础建筑尺寸的选择	

（续）

页码	名称	图形	页码	名称	图形
241	土的密度试验		244	土的固结试验	
242	土的含水量试验		245	土的剪切试验	
243	土的液塑限试验				

目　录

第一篇 土 力 学

单元一

基础知识

任务1 绪 论

问题引出

北京地下铁道一期工程是北京地下铁道东西走向的干线，全长30.5km，由铁道兵第十二师、铁道部地下铁道工程局和北京市城建局三个单位施工，采用敞口明挖施工方法，车站及少数特殊地段采用工字钢支护明挖施工，在木樨地过河段采用钢板桩围堰法施工，隧道均为整体式钢筋混凝土矩形框架结构，总投资额为7亿元，完成土石方81842万m^3。1971年1月15日，北京地铁一期工程开始试运营，运营区段为立新站（现名公主坟站）至北京站，全长10.7km，共10座车站。

问题：建造地铁需要用到哪些土力学知识呢？

想一想：北京地铁一号线是我国历史上的第一条地铁，是我国交通现代化的里程碑式的工程，那么同学们，地铁会给人们的生活带来哪些便利呢？

学习目标

1. 知道土力学、地基、基础的概念。
2. 知道持力层与下卧层的概念。
3. 了解本课程学习的重要性以及本课程主要学习内容。

一、土力学与地基基础的概念

建筑物建造在地层上会使地层中应力状态发生改变。为了控制基础的沉降不超过允许值，保证建筑物不因变形而损毁或影响正常使用，作用于地基上的荷载就不能超过地基的承载力，以保证足够的安全储备，对此就必须运用力学方法来研究荷载作用下地基土的强度和变形问题。土力学是运用力学方法来研究土的特性以及土体在各种荷载作用下性状的一门力学分支，其主要研究内容包括土中水的作用，土的渗透性、压缩性、固结、抗剪强度，土压力，地基承载力，土坡稳定等土体的力学问题。

承受建筑物荷载而应力状态发生改变的那一部分土体被称为地基，它是支承基础的土体或岩体，属于地层。将结构所承受的各种荷载传递到地基上的结构组成部分被称为基础，它属于建筑物的一部分。因此，地基和基础是两个不同的概念。

地基中把直接与基础接触的土层称为持力层；持力层下受建筑物荷载影响范围内的土层称为下卧层，其相互关系如图1-1所示。土质不良，需要经过人工加固处理才能达到使用要求的地基，称为人工地基（例如采用换土垫层、深层挤密、排水固结、化学注浆、强夯等方法处理过的地基）；不加处理就可以满足使用要求的地基称为天然地基。

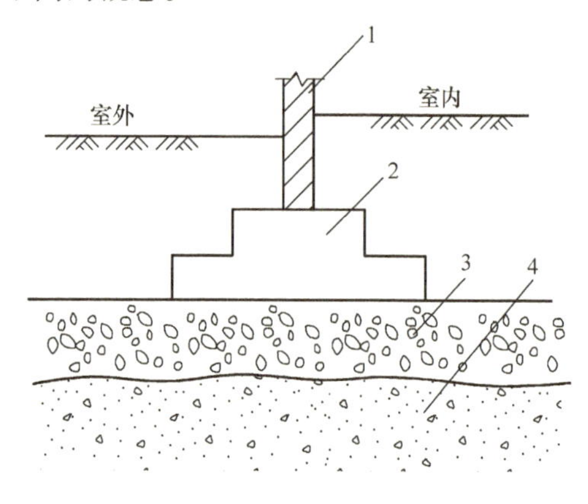

图1-1　地基基础示意图

1—上部结构　2—基础　3—持力层　4—下卧层

基础的结构形式很多，按埋置深度和施工方法的不同，可分为浅基础和深基础两大类。通常把埋置深度不大（一般为小于或等于5m），只需经过挖槽、排水等普通施工程序，采用一般施工方法和施工机械就可施工的基础统称为浅基础，如条形基础、独立基础、筏形基础等。而把基础埋置深度超过一定值，需借助特殊施工方法施工的基础称为深基础，如桩基础、地下连续墙、沉井基础等。

基础是建筑物的一个组成部分，基础的强度直接关系到建筑物的安全与使用。地基的强度、变形与稳定则更直接地影响到基础以及建筑物的安全性、耐久性和正常使用。建筑物的上部结构与基础、地基三部分构成了一个既相互制约又共同工作的整体。目前，把三部分完全统一起来进行设计计算还有困难，现阶段采用的常规设计方法是将上部结构、基础、地基三部分分开，按照静力平衡原则，采用不同的假定条件进行分析计算，同时考虑地基-基础-上部结构的相互及共同作用。

二、学习本课程的重要性

地基和基础是建筑物的根本，又位于地面以下，属地下隐蔽工程。它的勘察、设计以及施工质量的好坏，直接影响建筑物的安全，一旦发生质量事故，补救与处理都很困难，甚至不可挽救。在中外建筑历史上，有举不胜举的地基基础事故的例子。下面列举几个案例。

1）建成于1913年的加拿大特朗斯康谷仓由65个圆柱形筒仓组成，高31m，宽23m，其下为筏形基础，由于事前不了解基础下埋藏有厚达16m的软黏土，建成后贮存谷物，使基底压力超过了地基的极限承载力，结果谷仓西侧突然陷入土中7.32m，东侧抬高1.52m，仓身严重倾斜（见图1-2）。这是地基发生整体滑动、建筑物丧失稳定性的典型例子。

2）上海锦江饭店北楼（原名华懋公寓）建于1929年，总层数为14层，高度为57m，是当时上海最高的一幢建筑物。其基础坐落在软土地基上，为桩基础。由于工程承包商偷工减料，未按设计桩数施工，造成建筑物的大幅度沉降，绝对沉降量达2.6m，原底层陷入地下，成了半地下室，严重影响使用。

3）香港宝城大厦建在山坡上。1972年5月至6月连降大暴雨，特别是6月份雨量竟高达1658.6mm，引起山坡残积土软化而滑动。7月18日早晨7点钟，山坡下滑，高层建筑宝城大厦被冲毁。这一事故引起全世界震惊，从而对岩土工程倍加重视。

三、本课程的内容与学习要求

本书分土力学、基础工程施工和土工试验指导书三篇。第一篇为土力学部分，包括单元一至单元四。单元一是基础知识；单元二至单元四是土力学的基本原理部分，也是本门课程的重要内容。单元二要求理解土中应力分布及地基沉降的计算方法，学会用规范的方法计算地基沉降。单元三要求掌握土的抗剪强度定律、抗剪强度指标的测试方法，了解土的极限平衡原理和条件，并学会应用规范确定地基承载力。单元四要求了解土压力的概念及产生条件，学会一般情况下的土压力计算方法，熟悉土坡稳定分析方法的基本概念。第二篇为基础工程施工部分，包括工程地质勘察、浅基础施工、桩基础施工、区域性地基和地基处理的有关知识，要求能够运用土力学理论解决实际工程中经常遇到的一般性的地基基础问题。第三篇为土工试验指导书。

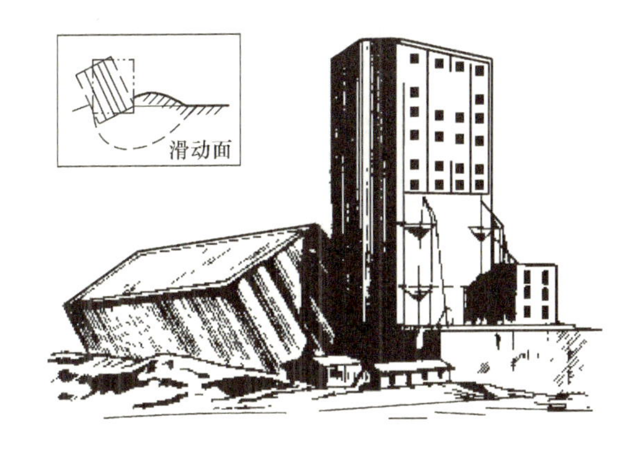

图 1-2　加拿大特朗斯康谷仓的地基事故

通过学习本门课程，要达到以下基本要求：

1）掌握土的基本物理力学性质，了解常规的室内与现场土工的试验方法。

2）能够简单设计或验算天然地基上一般浅基础。

3）了解工程地质勘察的工作内容，初步具备地基土的野外鉴别能力，学会使用工程地质勘察报告书。

4）能够正确地使用《建筑地基基础设计规范》（GB 50007—2011）（以下简称为《地基规范》）、《建筑地基基础工程施工质量验收标准》（GB 50202—2018）等有关规范，解决地基基础设计中遇到的一般问题。

本门课程是一门实践性与理论性均较强的课程。由于各种地基土形成的自然条件不同，性质也是千差万别，而且我国地域辽阔，不同地区的土有不同的特性，即使同一地区的土，其特性也可能存在较大的差异。因此，在学习本门课程时，要运用基本的理论知识来加强实践锻炼，注重实训，紧紧抓住强度和变形这一核心问题来分析和处理实际工程中的地基基础问题，提高分析和解决问题的能力。

四、本学科的发展概况

自古以来，我国修建了无数建筑物，都出色地体现了我国劳动人民在基础工程方面的高超建设水平。隋朝石匠李春修建的赵州桥举世闻名，它不仅建筑体形优美，结构合理、牢固，在地基基础的处理方面也颇为合理。他把桥台建筑在密实的粗砂层上，一千多年来沉降估计仅几厘米。北宋李诫所著的《营造法式》记载了我国古代地基基础的很多具体做法。我国古代劳动人民的无数地基基础建设经验，集中体现了能工巧匠的高超技艺，但由于生产力发展水平的限制，未能提炼成为系统的科学理论。

作为本学科理论基础的土力学的发展始于 18 世纪欧洲的工业革命时期。随着近代大工业的发展，为了扩张市场的需要，陆上交通进入所谓的“铁路时代”，城市建设规模也日益扩大，在建设过程中遇到了许多与土有关的力学问题。为解决这些问题，土力学理论诞生并发展了起来。1773年，法国的库仑（Coulomb）根据试验提出了砂土抗剪强度公式和计算挡土墙土压力的滑动楔体理论。1869年，英国的朗肯（Rankine）又从不同途径提出了土压力理论，这对后来土体强度理论的发展起了很大的促进作用。1885年，法国的布辛奈斯克（Boussinesq）求得了弹性半空间在竖向集中力作用下的应力和变形的理论解答。1922年，瑞典的费伦纽斯（Fellenius）为解决铁路滑坡，提出了土坡稳定分析法。这些古典的理论和方法，至今仍不失其使用价值。1925年，美国太沙基（Terzaghi）归纳发展了以往的成就并发表《土力学》一书，自此土力学才作为一门独立的学科进行研究与发展。当前，国内外与岩土工程相关的学术交流活动非常活跃，几乎每年都有大型的学术会议召开，这些对本学科的发展起到了重要的推动作用。

随着计算机技术的日益推广及其在土力学与地基基础工程领域的应用，土力学与地基基础工程领域的研究发生了深刻变化，目前可利用这些计算技术模拟或验证许多复杂的岩土工程问题。改革开放以来，随着我国基础设施的大量建设，如京九铁路、三峡工程、东海大桥、杭州湾跨海大桥、港珠澳大桥等，我国在工程地质勘察，现场原位测试和室内土工试验，地基处理，新技术、新工艺、新材料、新设备的研究应用方面，都取得了很大的进展。随着我国产教融合、科教融汇的持续推进，岩土工程领域必将迎来更大的发展。

任务2　土的物理力学性质及工程分类

问题引出

某工程勘察报告摘录如下：勘察场地地面不平整，局部堆有建筑垃圾。场地地貌单元单一，为三角洲冲积平原。根据野外钻探资料，结合原位测试和室内土工试验结果，土的物理力学性质指标见表1-1。

表1-1　土的物理力学性质指标

项目	w (%)	γ/(kN/m³)	e	w_L (%)	w_P (%)	I_P	I_L	c/kPa	φ/(°)	a_{1-2}/MPa^{-1}	E_s/MPa	N/击	q_c/MPa
数值	25.4	19.1	0.73	27.4	18.3	9.1	0.78	10	23.5	0.12	11.30	8.4	25.4

问题：以上是土的哪些指标，各项指标具有什么意义，有什么用途？

学习目标

1. 了解土的成因，知道土的组成和土的粒组划分。
2. 知道土中不同状态的水及其对土物理性质的影响。
3. 会应用土的三相图计算土的各项物理性质指标，并知道土的各项指标在工程中的应用。
4. 了解土的压实原理，知道最优含水量的概念。
5. 知道黏性土和无黏性土的物理状态指标，并能对土进行工程分类。

土是由岩石经过长期的风化、搬运、沉积作用而形成的。一般来说，土是由固体颗粒（固相）、水（液相）和气体（气相）所组成的三相体系。土的物理性质主要取决于固体颗粒的矿物成分、三相组成比例、结构以及所处的物理状态。土的物理性质在一定程度上影响着土的力学性质，是最基本的工程特性。

本任务主要介绍土的成因与组成、土的结构与构造、土的物理性质指标、土的压实原理、最优含水量、物理状态指标以及地基土（岩）的工程分类。

一、土的成因与组成

土的成因与组成

（一）土的成因

地壳表层的岩石长期暴露在大气中，经受气候的变化，使岩石逐渐崩解，破碎成大小和形状不同的一些碎块，这个过程称为物理风化。物理风化后的产物与母岩具有相同的矿物成分，这种矿物称为原生矿物，如石英、长石、云母等。物理风化后形成的碎块与水、氧气、二氧化碳等物质接触，使岩石碎屑发生化学变化，这个过程称为化学风化。化学风化改变了原来组成矿物的成分，产生了与母岩矿物成分不同的次生矿物，如黏土矿物、铝铁氧化物和氢氧化物等。动植物和人类活动对岩石的破坏，称为生物风化，如植物的根对岩石的破坏、人类开山等。生物风化不改变矿物成分。

形成时土所经受的外力及环境的不同，使得土具有各种各样的成因。不同成因类型的沉积物，具有各自的分布规律和工程地质特征，下面简单介绍其中主要的成因类型。

（1）残积物　残积物是指残留在原地未被搬运的那一部分原岩风化剥蚀后的产物。残积物与基岩之间没有明显的界线，一般是由基岩风化带直接过渡到新鲜基岩。残积物的主要工程地质特征为：均质性很差，土的物理力学性质一致性较差，颗粒一般较粗且带棱角，孔隙度较大，作为地基易引起不均匀沉降。

（2）坡积物　坡积物是雨雪水流的地质作用将高处岩石风化产物缓慢地洗刷剥蚀，使之沿着斜坡向下逐渐移动、沉积在平缓的山坡上而形成的沉积物。坡积物的主要工程地质特征为：会沿下卧基岩倾斜面滑动；土颗粒粗细混杂，土质不均匀，厚度变化大，作为地基易形成不均匀沉降；新近堆积的坡积物土质疏松，压缩性较高。

（3）洪积物　洪积物是由暂时性山洪急流所挟带的大量碎屑物质堆积于山谷冲沟出口或山前倾斜平原而形成的沉积物。洪积物的主要工程地质特征为：常呈现不规则交错的层理构造；靠近山地的洪积物的颗粒较粗，地下水位埋藏较深，土的承载力一般较高，常为良好的天然地基；离山较远地段的洪积物较细，成分均匀，厚度较大，土质较为密实，一般也是良好的天然地基。

（4）冲积物　冲积物是由江河流水的地质作用所剥蚀下来的两岸基岩和沉积物，经搬运，沉积在平缓地带而形成的冲积物。冲积物可分为平原河谷冲积物、山区河谷冲积物和三角洲冲积物。平原河谷冲积物包括河床沉积物、河漫滩沉积物、河流阶地沉积物及古河道沉积物等。河谷的横断面如图 1-3 所示。冲积物的主要工程地质特征为：河床沉积物大多为中密砂砾，承载力较高，但必须注意河流的冲刷作用及凹岸边坡的稳定；河漫滩地段地下水埋藏较浅，下部为砂砾、卵石等粗粒土，上部

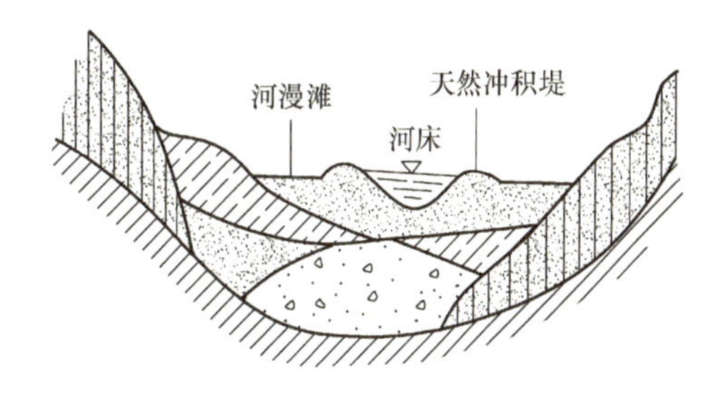

图 1-3　河谷横断面图

一般为颗粒较细的土，局部夹有淤泥和泥炭，压缩性较高，承载力较低；河流阶地沉积物强度较高，一般可作为良好的地基。山区河谷冲积物颗粒较粗，一般为砂粒所充填的卵石、圆砾，在高阶地往往是岩石或坚硬土层，最适宜于作为天然地基。三角洲冲积物的颗粒较细，含水量大，呈饱和状态，有较厚的淤泥或淤泥质层分布，承载力较低。

（二）土的组成

土中固体颗粒、水和气

在天然状态下，自然界中的土是由固体颗粒、水和气体组成的三相体系。固体颗粒构成土的骨架，骨架之间贯穿着孔隙，孔隙中充有水和气体，因此，土也被称为三相孔隙介质。在自然界的每一个土单元中，这三部分所占的比例不是固定不变的，而是随着周围环境的变化而变化。土的三相比例不同，土的状态和工程性质也不相同。当土位于地下水位线以下，土中孔隙全部充满水时，称为饱和土；当土中孔隙没有水时，则称为干土；土中孔隙同时有水和气体存在时，称为非饱和土（湿土）。

1. 土的固体颗粒

土的固体颗粒即为固相。土粒的大小、形状、矿物成分以及大小搭配情况对土的物理力学性质有明显影响。

自然界中的土都是由大小不同的土颗粒组成的。土颗粒的大小与土的性质密切相关。如土颗粒由粗变细，土的性质可由无黏性变为黏性。粒径大小在一定范围内的土，其矿物成分及性质都比较相近。因此，可将土中各种不同粒径的土粒，按适当的粒径范围分为若干粒组，各个粒组的性质随分界尺寸的不同而呈现出一定质的变化。划分粒组的分界尺寸称为界限粒径。我国习惯采用的粒组划分标准见表1-2。表中根据界限粒径200mm、20mm、2mm、0.075mm、0.005mm把土粒分为六大粒组：漂石（块石）、卵石（碎石）、角砾（圆砾）、砂粒、粉粒和黏粒。

表1-2　粒组划分标准

粒组名称	粒组范围/mm	一般特征
漂石（块石）	>200	透水性很大，无黏性，无毛细水
卵石（碎石）	20~200	
角砾（圆砾）	2~20	透水性大，无黏性，毛细水上升高度不超过粒径
砂粒	0.075~2	易透水，当混入云母等杂质时透水性减小，而压缩性增加；无黏性，遇水不膨胀，干燥时松散；毛细水上升高度不大，随粒径变小而增大
粉粒	0.005~0.075	透水性小，湿时稍有黏性，遇水膨胀小，干燥时有收缩；毛细水上升高度较大较快，极易出现冻胀现象
黏粒	<0.005	透水性很小，湿时有黏性、可塑性，遇水膨胀大，干时收缩显著；毛细水上升高度大，但速度慢

天然土体中包含有大小不同的颗粒，为了表示土粒的大小及组成情况，通常以土中各个粒组的相对含量（各个粒组占土粒总量的百分数）来表示，称为土的颗粒级配。

确定各个粒组相对含量的颗粒分析试验方法分为筛分法和密度计法两种。筛分法适用粗颗粒土，一般用于粒径小于或等于60mm且大于0.075mm的土。它是将一套孔径不同的筛子按从上至下筛孔逐渐减小放置，将事先称过质量的烘干土样过筛，称出留在各筛上土的质量，然后计算这些土占总土粒的质量百分数。密度计法适用细颗粒土，一般用于粒径小于

0.075mm 的土粒质量占试样总质量的 10% 以上的土。此法根据球状的细颗粒在水中下沉速度与颗粒直径的平方成正比的原理，把颗粒按其在水中的下沉速度进行分组。在实验室内具体操作时，利用密度计测定不同时间土粒和水混合悬液的密度，据此计算出某一粒径土粒占总土粒质量的百分数。

根据颗粒大小分析试验结果，可以绘制颗粒级配曲线（见图 1-4）。其横坐标表示土粒粒径，由于土粒粒径相差悬殊，常在百倍、千倍以上，所以采用对数坐标表示；纵坐标则表示小于某粒径土的质量分数（或累计质量分数）。根据曲线的坡度和曲率可以大致判断土的级配状况。

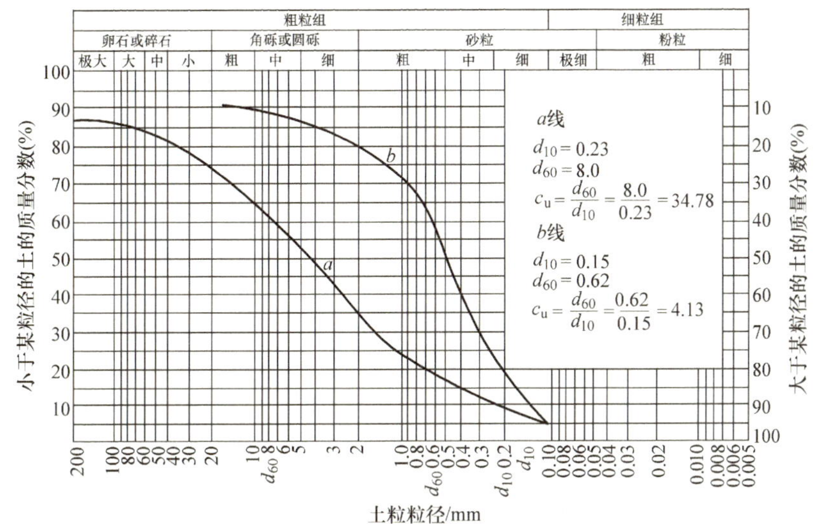

图 1-4 颗粒级配曲线

图 1-4 中曲线 a 平缓，则表示粒径大小相差较大，土粒不均匀，即为级配良好；反之，曲线 b 较陡，则表示粒径的大小相差不大，土粒较均匀，即为级配不良。

工程上为了定量反映土的不均匀性，常用不均匀系数 C_u 来反映颗粒级配的不均匀程度。

$$C_u=\frac{d_{60}}{d_{10}} \tag{1-1}$$

式中 C_u——土的不均匀系数；

d_{60}——限制粒径，在粒径分布曲线上小于等于该粒径的土含量占总土质量的 60% 的粒径；

d_{10}——有效粒径，在粒径分布曲线上小于等于该粒径的土含量占总土质量的 10% 的粒径。

不均匀系数 C_u 反映颗粒大小不同的粒组的分布情况。C_u 越大，表示土粒大小的分布范围越大，其级配越良好，作为填方工程的土料时，比较容易获得较大的密实度。工程上一般把 $C_u \leq 5$ 的土称为级配不良的土；$C_u > 10$ 的土则称为级配良好的土。

实际上，单独只用一个指标 C_u 确定土的级配情况是不够的，要同时考虑级配曲线的整体形状。曲率系数 C_c 为表示土粒组成的又一特征值，按下式计算：

$$C_c=\frac{d_{30}^2}{d_{60}d_{10}} \tag{1-2}$$

式中 C_c——曲率系数；

d_{30}——在粒径分布曲线上小于等于该粒径的土含量占总土质量的 30% 的粒径。

一般认为，砾石或砂土同时满足 $C_u \geqslant 5$ 和 $C_c = 1 \sim 3$ 两个条件时，为级配良好。级配良好的土，较粗颗粒间的孔隙被较细的颗粒所填充，因而土的密实度较好。

2. 土中水

自然状态下，土中都含有水。土中水与土颗粒之间的相互作用对土的性质影响很大，而且土颗粒越细影响越大。土中液态水主要有结合水和自由水两大类。

（1）结合水　结合水是指由土粒表面电分子引力吸附的土中水。结合水根据其离土粒表面的距离又可以分为强结合水和弱结合水。

强结合水是指紧靠颗粒表面的结合水。强结合水厚度很薄，大约只有几个水分子的厚度。由于强结合水受到电场的吸引力很大，故在重力作用下不会流动，性质接近固体，不传递静水压力。强结合水的冰点远低于0℃，可达－78℃，在温度达105℃以上时才能蒸发。

弱结合水是在强结合水以外，电场作用范围以内的水。弱结合水仍受颗粒表面电分子引力影响，但其吸引力较小，且随着距离的增大逐渐消失，从而过渡到自由水。弱结合水也不能传递静水压力，它具有比自由水更大的黏滞性，是一种黏滞水膜，可以因电场引力从一个土粒的周围转移到另一个土粒的周围，即弱结合水膜能发生变形，但不因重力作用而流动。弱结合水对黏性土的性质影响最大，当土中含有此种水时，土呈半固态，当含水量达到某一范围时，可使土变为塑态，具有可塑性。

（2）自由水　自由水是指存在于土粒电场范围以外的水。自由水又可分为毛细水和重力水。

毛细水是受到水与空气交界面处表面张力作用的自由水。毛细水位于地下水位以上的透水层中，容易湿润地基造成地陷。在寒冷地区要注意因毛细水上升产生冻胀现象；地下室要采取防潮措施。

重力水是存在于地下水位以下透水层中的地下水，它是在重力或压力差作用下而运动的自由水。在地下水位以下的土，受重力水的浮力作用，土中的应力状态会发生改变。施工时，重力水对于基坑开挖、排水等方面会产生较大影响。

3. 土中气体

土中气体存在于土孔隙中未被水占据的部位。土中气体以两种形式存在：一种与大气相通；另一种则封闭在土孔隙中，与大气隔绝。在接近地表的粗颗粒土中，土孔隙中的气体常与大气相通，它对土的力学性质影响不大。在细粒土中常存在与大气隔绝的封闭气泡，这些气泡不易溢出，因此增大了土的弹性和压缩性，同时降低了土的透水性。

对于淤泥和泥炭等有机质土，微生物的分解作用，土中蓄积了甲烷等可燃气体，这使得土在自重作用下长期得不到压密，从而形成高压缩性土层。

（三）土的结构

土的结构是指由土粒单元的大小、形状、表面特征、相互排列及其联结关系等因素形成的综合特征。一般可分为单粒结构、蜂窝状结构和絮状结构三种基本类型。

单粒结构是无黏性土的基本组成形式，由粗颗粒土（如卵石、砂等）在重力作用下沉积而成。因其颗粒较大，土粒间的分子吸引力相对很小，所以颗粒间几乎没有联结，有时仅有微弱的毛细水联结。单粒结构可以是疏松的（见图 1-5a），也可以是紧密的（见图 1-5b）。呈紧密状单粒结构的土，强度较大，压缩性较小，可作为良好的天然地基。呈疏松状单粒结构的土，当受到振动或其他外力作用时，土粒易于移动而产生很大的变形，未经处理，一般不宜作为建筑物的地基。如果饱和疏松的土是由细粒砂或粉粒砂所组成，在强烈的振动（如地震）作用下，土的结构会突然变成流动状态，产生砂土“液化”破坏。

图 1-5　单粒结构

a）疏松状态　b）紧密状态

较细的土粒（主要为粉粒）在水中因自重作用而下沉时，如碰到别的正在下沉或已经沉积的土颗粒，由于它们之间的吸引力大于土粒重力，土粒将停留在接触面上不再下沉，从而形成了具有很大孔隙的蜂窝状结构（见图 1-6）。

絮状结构主要由黏粒集合体组成。黏粒在水中处于悬浮状态，不会因单个颗粒的自重而下沉。当这些悬浮在水中的黏粒被带到电解质浓度较大的环境中，会凝聚成絮状的黏粒集合体而下沉，并相继与已沉积的絮状集合体接触，从而形成空隙很大的絮状结构（见图 1-7）。

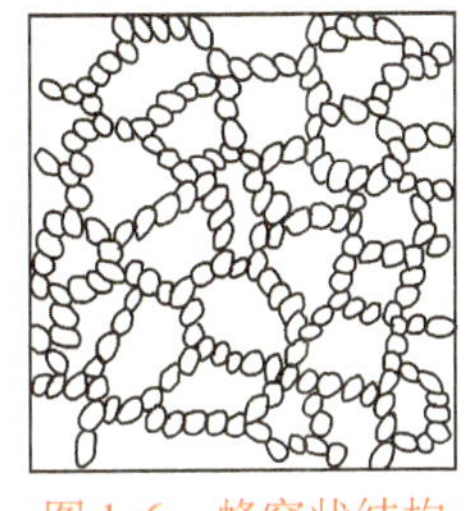

图 1-6　蜂窝状结构

图 1-7　絮状结构

蜂窝状结构和絮状结构的土中存在大量孔隙，压缩性高，抗剪强度低，透水性弱，其土粒之间的黏结力往往由于长期的压密作用和胶结作用而得到加强。

（四）土的构造

土的构造是指土体中各结构单元之间的关系，如层状土体、互层土体、裂隙土体、软弱夹层、透水层与不透水层等，其主要特征是土的成层性和裂隙性，即层理构造和裂隙构造，二者都造成了土的不均匀性。

（1）层理构造　土粒在沉积过程中，由于不同阶段沉积的物质成分、颗粒大小或颜色不同，而沿竖向呈现出成层的特征。常见的有水平层理构造和带有夹层及透镜体等的交错层理构造。

（2）裂隙构造　土体被许多不连续的小裂隙所分割，在裂隙中常充填有各种盐类的沉淀物。不少坚硬和硬塑状态的黏性土具有此种构造。裂隙会破坏土的整体性，增大透水性，对工程不利。

此外，土中的包裹物（如腐殖物、贝壳、结核体等）以及天然或人为的孔洞存在，也会造成土的不均匀性。

（五）土的特性

土与钢材、混凝土等连续介质相比，具有以下特性：

（1）高压缩性　由于土是一种松散的集合体，受压后孔隙显著减小，而钢筋属于晶体，混凝土属于胶结体，都不存在孔隙被压缩的条件，故土的压缩性远远大于钢筋和混凝土等。

（2）强渗透性　由于土中颗粒间存在孔隙，因此土的渗透性远比其他建筑材料大，特别是粗粒土具有很强的渗透性。

（3）低承载力　土颗粒之间孔隙具有较大的相对移动性，这导致土的抗剪强度较低，而土体的承载力实质上取决于土的抗剪强度。

土的压缩性高低和渗透性强弱是影响地基变形的两个重要因素，前者决定地基最终变形量的大小，后者决定基础沉降速度的快慢程度（即沉降量与时间的关系）。

二、土的物理性质指标

描述土的三相物质在体积和质量上比例关系的有关指标称为土的三相比例指标。三相比例指标反映土的干和湿、疏松和密实、软和硬等物理状态，是评价土的工程性质的最基本的物理指标，是工程地质报告中不可缺少的基本内容。三相比例指标可分为两种，一种是基本指标，另一种是换算指标。

（一）土的三相图

为了便于说明和计算，用土的三相图（见图1-8）来表示各部分之间的数量关系。

三相图的右侧表示三相组成的体积关系；三相图的左侧表示三相组成的质量关系。

（二）基本指标

土的三相比例指标中有三个指标可用土样进行试验测定，称为基本指标，也称为试验指标。

土的三相图与物理性质指标

1. 土的密度 ρ 和重度 γ

单位体积内土的质量称为土的密度 ρ；单位体积内土的重力称为土的重度 γ。

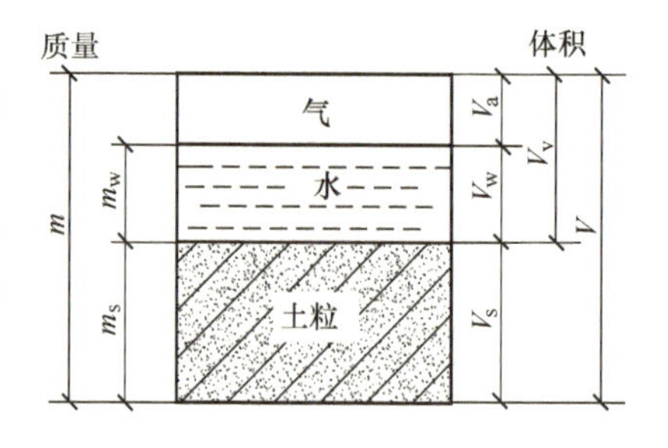

图1-8　土的三相图

V—土的总体积　V_v—土的孔隙体积
V_s—土粒的体积　V_w—水的体积
V_a—气体的体积　m—土的总质量
m_s—土粒的质量　m_w—水的质量

$$\rho = m/V \tag{1-3}$$

$$\gamma = \rho g \tag{1-4}$$

式中　ρ——土的密度（g/cm^3）；

γ——土的重度（kN/m^3）；

g——重力加速度，约等于 $9.807m/s^2$，在工程计算中常近似取 $g = 10m/s^2$；

m——土的质量（g）；

V——土的体积（cm^3）。

天然状态下土的密度变化范围比较大，一般黏性土 $\rho = 1.8 \sim 2.0g/cm^3$，砂土 $\rho = 1.6 \sim 2.0g/cm^3$。黏性土的密度一般用环刀法测定。

2. 土粒相对密度 d_s

土中固体矿物的质量与土粒同体积4℃纯水质量的比值，称为土粒相对密度（无量纲）。

$$d_s = m_s/(V_s\rho_w) = \rho_s/\rho_w \tag{1-5}$$

式中　m_s——土粒的质量（g）；

V_s——土粒的体积（cm^3）；

ρ_w——4℃纯水的密度（g/cm^3）；

ρ_s——土粒的密度（g/cm^3）。

d_s的变化范围不大，取决于土的矿物成分，常用密度瓶法测定。黏性土的 d_s 一般为2.72～2.75；粉土一般为2.70～2.71；砂土一般为2.65～2.69。

3. 土的含水量 w

土中水的质量与土粒质量之比（用百分数表示），称为土的含水量。

$$w = m_w / m_s \times 100\% \tag{1-6}$$

式中 w——土的含水量；

m_w——土中水的质量（g）；

m_s——土粒的质量（g）。

含水量是标志土的湿度的一个重要物理指标。天然土层的含水量变化范围很大，它与土的种类、埋藏条件及其所处的自然地理环境等有关。同一类土，含水量越高，则土越湿，一般来说也就越软。

（三）换算指标

在测出上述三个基本指标之后，可根据图1-8所示的三相图，经过换算求得下列5个指标，称为换算指标。

1. 干密度 ρ_d 和干重度 γ_d

单位体积内土颗粒的质量称为土的干密度；单位体积内土颗粒的重力称为土的干重度。

$$\rho_d = m_s / V \tag{1-7}$$

$$\gamma_d = \rho_d g \tag{1-8}$$

式中 ρ_d——土的干密度（g/cm^3）；

m_s——土粒的质量（g）；

γ_d——土的干重度（kN/m^3）；

g——重力加速度，约等于9.807m/s^2，在工程计算中常近似取 $g = 10m/s^2$；

V——土的体积（cm^3）。

在工程上常把干密度作为检测人工填土密实程度的指标，以控制施工质量。

2. 土的饱和密度 ρ_{sat} 和饱和重度 γ_{sat}

饱和密度是指土中孔隙完全充满水时，单位体积土的质量；饱和重度是指土中孔隙完全充满水时，单位体积土的重力。

$$\rho_{sat} = (m_s + V_v \rho_w) / V \tag{1-9}$$

$$\gamma_{sat} = \rho_{sat} g \tag{1-10}$$

式中 ρ_{sat}——土的饱和密度（g/cm^3）；

γ_{sat}——土的饱和重度（kN/m^3）；

m_s——土粒的质量（g）；

V_v——土中孔隙的体积（cm^3）；

g——重力加速度，约等于9.807m/s^2，在工程计算中常近似取 $g = 10m/s^2$；

ρ_w——4℃纯水的密度（g/cm^3）；

V——土的体积（cm^3）。

3. 土的有效密度 ρ' 和有效重度 γ'

土的有效密度是指在地下水位以下，单位土体积中土粒的质量扣除土体排开同体积水的质量；土的有效重度是指在地下水位以下，单位土体积中土粒所受的重力扣除水的浮力。

$$\rho' = (m_s - V_s \rho_w) / V \tag{1-11}$$

$$\gamma' = \rho' g \tag{1-12}$$

式中　ρ'——土的有效密度（g/cm^3）；

γ'——土的有效重度（kN/m^3）；

m_s——土粒的质量（g）；

V_s——土粒的体积（cm^3）；

g——重力加速度，约等于$9.807m/s^2$，在工程计算中常近似取$g=10m/s^2$；

ρ_w——4℃纯水的密度（g/cm^3）；

V——土的体积（cm^3）。

4. 土的孔隙比 e 和孔隙率 n

孔隙比为土中孔隙体积与土粒体积之比，用小数表示；孔隙率为土中孔隙体积与土的总体积之比，以百分数表示。

$$e = V_v / V_s \tag{1-13}$$

$$n = (V_v / V) \times 100\% \tag{1-14}$$

式中　e——土的孔隙比；

V_v——土中孔隙的体积（cm^3）；

V_s——土粒的体积（cm^3）；

n——土的孔隙率。

孔隙比是评价土的密实程度的重要物理性质指标。一般孔隙比小于0.6的土是低压缩性的土，孔隙比大于1.0的是高压缩性的土。土的孔隙率也可用来表示土的密实程度。

5. 土的饱和度 S_r

土中水的体积与孔隙体积之比，称为土的饱和度，以百分数表示。

$$S_r = (V_w / V_v) \times 100\% \tag{1-15}$$

式中　S_r——土的饱和度；

V_w——土中水的体积（cm^3）；

V_v——土中孔隙的体积（cm^3）。

饱和度用作描述土体中孔隙被水充满的程度。干土的饱和度$S_r=0$，当土处于完全饱和状态时$S_r=100\%$。根据饱和度，土可划分为稍湿、很湿和饱和三种湿润状态：

$S_r \leqslant 50\%$　　稍湿

$50\% < S_r \leqslant 80\%$　　很湿

$S_r > 80\%$　　饱和

土的物理性质指标间的换算

土的三相比例指标常见数值范围及常用换算公式见表1-3。

表1-3　土的三相比例指标常用换算公式

名称	符号	三相比例表达式	常用换算公式	单位	常见的数值范围
土粒相对密度	d_s	$d_s = m_s/(V_s\rho_w) = \rho_s/\rho_w$	$d_s = S_r e/w$	—	黏性土：2.72～2.75 粉土：2.70～2.71 砂土：2.65～2.69
含水量	w	$w = m_w/m_s \times 100\%$	$w = S_r e/d_s$ $w = \rho/\rho_d - 1$	—	

（续）

名称	符号	三相比例表达式	常用换算公式	单位	常见的数值范围
密度	ρ	$\rho = m/V$	$\rho = \rho_d(1+w)$ $\rho = d_s(1+w)\rho_w/(1+e)$	g/cm^3	$1.6 \sim 2.0g/cm^3$
干密度	ρ_d	$\rho_d = m_s/V$	$\rho_d = \rho/(1+w)$ $\rho_d = d_s\rho_w/(1+e)$	g/cm^3	$1.3 \sim 1.8g/cm^3$
饱和密度	ρ_{sat}	$\rho_{sat} = (m_s + V_v\rho_w)/V$	$\rho_{sat} = (d_s+e)\rho_w/(1+e)$	g/cm^3	$1.8 \sim 2.3g/cm^3$
重度	γ	$\gamma = \rho g$	$\gamma = d_s(1+w)\gamma_w/(1+e)$	kN/m^3	$16 \sim 20kN/m^3$
干重度	γ_d	$\gamma_d = \rho_d g$	$\gamma_d = d_s\gamma_w/(1+e)$	kN/m^3	$13 \sim 18kN/m^3$
饱和重度	γ_{sat}	$\gamma_{sat} = \rho_{sat} g$	$\gamma_{sat} = (d_s+e)\gamma_w/(1+e)$	kN/m^3	$18 \sim 23kN/m^3$
有效重度	γ'	$\gamma' = \rho' g$	$\gamma' = (d_s-1)\gamma_w/(1+e)$	kN/m^3	$8 \sim 13kN/m^3$
孔隙比	e	$e = V_v/V_s$	$e = d_s\rho_w/\rho_d - 1$ $e = d_s(1+w)\rho_w/\rho - 1$	—	黏性土和粉土：0.40～1.20 砂土：0.30～0.90
孔隙率	n	$n = (V_v/V) \times 100\%$	$n = e/(1+e)$ $n = 1 - \rho_d/(d_s\rho_w)$	—	黏性土和粉土：30%～60% 砂土：25%～45%
饱和度	S_r	$S_r = (V_w/V_v) \times 100\%$	$S_r = w\rho_d/(n\rho_w)$ $S_r = wd_s/e$	—	0～100%

例 1-1 某土样经试验测得体积为 $100cm^3$，湿土质量为 187g，烘干后，干土质量为 167g。若土粒相对密度 $d_s = 2.66$，试求该土样的含水量 w、密度 ρ、重度 γ、干重度 γ_d、孔隙比 e、饱和度 S_r、饱和重度 γ_{sat} 和有效重度 γ'。

解： $w = m_w/m_s \times 100\% = (187-167)\times 100\%/167 = 11.98\%$

$\rho = m/V = 187\ g/100cm^3 = 1.87g/cm^3$

$\gamma = \rho g = 1.87 \times 10kN/m^3 = 18.7kN/m^3$

$\gamma_d = \rho_d g = m_s g/V = 167 \times 10/100kN/m^3 = 16.7kN/m^3$

$e = d_s(1+w)\rho_w/\rho - 1 = 2.66 \times (1+0.1198)/1.87 - 1 = 0.593$

$S_r = wd_s/e = 0.1198 \times 2.66/0.593 = 0.537 = 53.7\%$

$\gamma_{sat} = (d_s+e)\gamma_w/(1+e) = (2.66+0.593)\times 10/(1+0.593)kN/m^3 = 20.4kN/m^3$

$\gamma' = (d_s-1)\gamma_w/(1+e) = \gamma_{sat} - \gamma_w = (20.4-10)kN/m^3 = 10.4kN/m^3$

三、土的压实及最优含水量

当黏性土含水量较小时，其粒间引力较大，在一定的外部压实功能作用下，如不能有效地克服引力使土粒相对移动，这时压实效果就比较差。当增大土样含水量时，结合水膜逐渐增厚，减小了引力，土粒在相同压实功能条件下易于移动而挤密，压实效果较好。但当土样含水量大到一定程度后，孔隙中出现自由水，自由水填充在孔隙中阻止土粒移动，所以压实效果又趋下降。因而设计时要选择一个“最优含水量”，这就是土的压实机理。

在工程实践中，对垫层的碾压质量的检验，是要求能获得填土的最大干密度 ρ_{dmax}，与之相对应的制备含水量为最优含水量。最大干密度可用室内击实试验确定。

击实试验的操作步骤如下：

1）将具有代表性的风干或在低于60℃温度下烘干的土样放在橡胶板上用木碾碾散，过5mm孔的筛，拌匀备用。

2）测定土样风干含水量；按土的塑限估计其最优含水量；按质量分数依次相差约2%的含水量制备一组（不少于5个）试样，其中有两个大于和小于最优含水量；计算所需加水量。

3）按预定含水量制备试样。称取土样，每个约2.5kg，平铺于不吸水的平板上，用喷水设备往土样上均匀喷洒预定的水量，稍静置一段时间再装入塑料袋内或密封盛样器内浸润备用。浸润时间对高塑性黏土不得少于一昼夜，对低塑性黏土可酌情缩短，但不少于12h。

4）将直径9.125cm、高15cm的击实筒放在坚实地面上，将制备好的试样600～800g（其数量应使击实后的试样高度略大于筒高的1/3）倒入筒内，整平其表面，并用圆木板稍加压紧，然后用锤（锤重2.5kg，锤底直径5cm）进行击实。锤击时锤应自由铅直落下，落距46cm，对砂土和粉土，每层为20击，对粉质黏土和黏土，每层为30击。锤迹必须均匀分布于土面。然后安装套环，把土面刨成毛面。重复上述步骤进行第二层及第三层的击实，击实后超出击实筒的余土高度不得大于10mm。

5）用修土刀沿套环内壁削挖后，扭动并取下套环，齐筒顶细心削平试样，拆除底板。

6）用推土器推出击实筒内试样，从试样中心处取2个各约15～30g土样测定其含水量。

7）按4）～6）步骤重复进行其他不同含水量试样的击实试验。

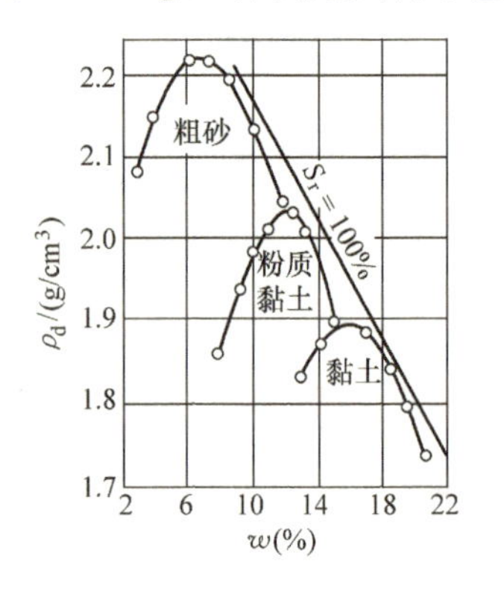

图1-9　砂土和黏土的压实曲线

计算上述5个不同含水量试样的5个相应干密度ρ_d，以干密度为纵坐标，含水量w为横坐标，绘制ρ_d和w关系曲线，如图1-9所示。在曲线上，ρ_d的峰值即为最大干密度ρ_{dmax}，与之相对应的制备含水量为最优含水量w_{op}。

上述分析是对某一特定的压实功而言的。如果改变压实功，则曲线的基本形态不变，但最大干密度位置却发生移动。随着压实功增大，曲线向上方移动，即在加大压实功时，最大干密度增大，而最优含水量却减小。因为压实功越大，越容易克服粒间引力，所以在较低含水量下可达到更大的密实程度。

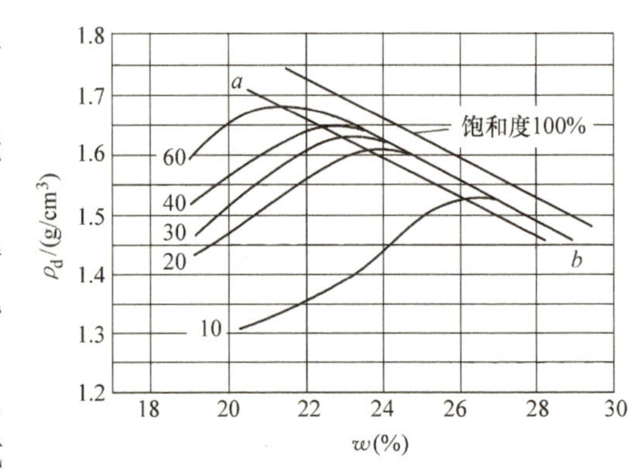

图1-10　压实功对压实曲线的影响

相同的压实功对于不同土料的压实效果并不完全相同，黏粒含量较多的土，土粒间的引力也比较大，只有在比较大的含水量时，才能达到最大干密度的压实状态。

在室内击实试验时，根据不同的锤击数得到的干密度，可绘制数条ρ_d-w关系曲线（见图1-10）及各锤击数下最大干密度的轨迹ab。

击实试验是用锤击法使土的密度增加，以模拟现场土压实的室内试验。实际上，击实试验是土样在有侧限的击实筒内进行试验，因此不可能发生侧向位移。施工现场的土料，土块大小不一，含水量和铺填厚度又很难控制均匀。因此，对现场土的压实，应以压实系数 λ_c（土的控制干密度 ρ_d 与最大干密度 ρ_{dmax} 之比）与施工含水量（最优含水量 $w\pm2\%$）来进行检验。

图 1-11 为羊足碾（接触压力为 170kPa）不同碾压遍数的工地试验与室内击实试验结果的比较，由此决定现场的碾压遍数。说明用室内击实试验来模拟工地压实是可靠的，但施工参数（如施工机械、虚铺土厚度、碾压遍数与填筑含水量等）必须由工地试验确定。

土的物理状态指标

四、土的物理状态指标

土的物理状态，对无黏性土是指密实度；对黏性土是指土的软硬程度，也称为黏性土的稠度。

（一）无黏性土的密实度

砂土、碎石土统称为无黏性土。无黏性土的密实度与其工程性质有着密切的关系：呈密实状态时，强度较高，压缩性较小，可作为良好的天然地基；呈松散状态时，则强度较低，压缩性较大，为不良地基。

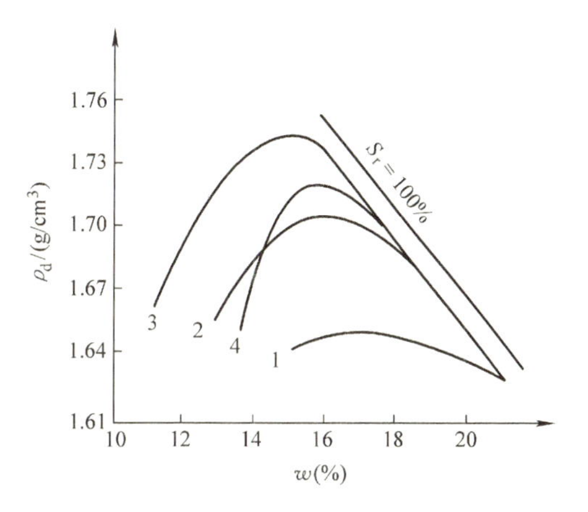

图 1-11　工地试验与室内击实试验的比较

1—碾压 6 遍　2—碾压 12 遍

3—碾压 24 遍　4—室内击实试验

判别砂土密实状态的指标通常有下面三种：

（1）孔隙比 e　采用天然孔隙比的大小来判断砂土的密实度，是一种较简便的方法。一般当 $e<0.6$ 时，属密实的砂土，是良好的天然地基；当 $e>0.95$ 时，为松散状态，不宜作天然地基。这种方法的不足之处是没有考虑级配对砂土密实度的影响，有时较疏松的级配良好的砂土比较密实的颗粒均匀的砂土孔隙比要小。另外对于砂土取原状土样来测定孔隙比较为困难。

（2）相对密实度 D_r　当砂土处于最密实状态时，其孔隙比称为最小孔隙比 e_{min}；而当砂土处于最疏松状态时的孔隙比则称为最大孔隙比 e_{max}。砂土在天然状态下的孔隙比用 e 表示，相对密实度 D_r 用下式表示

$$D_r=(e_{max}-e)/(e_{max}-e_{min}) \tag{1-16}$$

当砂土的天然孔隙比接近于最大孔隙比时，其相对密实度接近于 0，则表明砂土处于最疏松的状态；而当砂土的天然孔隙比接近于最小孔隙比时，其相对密实度接近于 1，表明砂土处于最密实的状态。用相对密实度 D_r 判定砂土密实度的标准如下：

$0<D_r\leq0.33$	松散
$0.33<D_r\leq0.67$	中密
$0.67<D_r\leq1$	密实

应当指出，虽然相对密实度从理论上能反映颗粒级配、颗粒形状等因素，但是要准确测量天然孔隙比、最大与最小孔隙比往往十分困难。

（3）按标准贯入或动力触探试验确定的无黏性土的密实度　在实际工程中，天然砂土

的密实度，可按原位标准贯入试验的锤击数 N 进行评定；天然碎石土的密实度，可按原位重型圆锥动力触探的锤击数 $N_{63.5}$ 进行评定。《地基规范》分别给出了判别标准，见表1-4。

表1-4　砂土和碎石土密实度的评定

密实度	松散	稍密	中密	密实
按标准贯入锤击数 N 评定砂土密实度	$N \leqslant 10$	$10 < N \leqslant 15$	$15 < N \leqslant 30$	$N > 30$
按 $N_{63.5}$ 评定碎石土的密实度	$N_{63.5} \leqslant 5$	$5 < N_{63.5} \leqslant 10$	$10 < N_{63.5} \leqslant 20$	$N_{63.5} > 20$

（二）黏性土的物理特征

黏性土在干燥时很坚硬，呈固态或半固态；随着土中含水量的增加，黏性土逐渐变软，可以揉搓成任何形状，呈可塑态；当土中的含水量过多时，可形成会流动的泥浆，呈液态。从固态到流动状态，土的相应承载力也逐渐降低，说明黏性土的工程特性与土的含水量有很大关系，进行判别时要具体情况具体分析，要用科学求实的态度去对待不同的工况。

（1）黏性土的界限含水量　黏性土由于其含水量的不同，而分别处于固态、半固态、可塑状态及流动状态。所谓可塑状态是指当黏性土在某含水量范围内，可用外力塑成任何形状而不发生裂纹，并当外力移去后仍能保持既得形状的状态，土的这种性能称为土的可塑性。黏性土由一种状态转到另一种状态的分界含水量，称为界限含水量。土由半固态转到可塑状态的界限含水量称为塑限 w_P；土由可塑状态转到流动状态的界限含水量称为液限 w_L（见图1-12）。

我国一般用锥式液限仪测定液限，用搓条法测定塑限。液、塑限也可用光电式液、塑限仪联合测定，相关试验详见第三篇土工试验指导书。

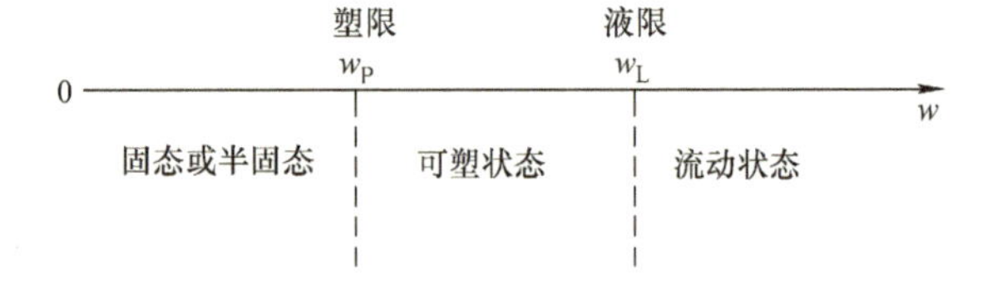

图1-12　黏性土的状态与含水量关系示意图

（2）黏性土的塑性指数 I_P　塑性指数是指土的液限 w_L 和塑限 w_P 的差值，即

$$I_P = w_L - w_P \tag{1-17}$$

w_L 和 w_P 用百分数表示，计算所得的 I_P 值也应用百分数表示，但习惯上不带%符号。

塑性指数表示土处在可塑状态的含水量的变化范围，其值的大小取决于土中黏粒的含量，黏粒含量越多，土的塑性指数就越高。由于 I_P 是描述土的物理状态的重要指标之一，工程上普遍根据其值的大小对黏性土进行分类，具体见表1-11。

（3）黏性土的液性指数 I_L　液性指数 I_L 是指土的天然含水量 w 与塑限 w_P 的差值与塑性指数 I_P 之比，即

$$I_L = (w - w_P)/I_P \tag{1-18}$$

液性指数是表示黏性土软硬程度（稠度）的物理指标。当 $I_L \leqslant 0$（即 $w \leqslant w_P$）时，土处于坚硬状态；当 $I_L \geqslant 1$（即 $w > w_L$）时，土处于流动状态。因此，根据 I_L 值可以直接判定土的软硬状态。《地基规范》按 I_L 将黏性土划分为坚硬、硬塑、可塑、软塑和流塑状态（见表1-5）。

表1-5　黏性土状态的划分

稠度状态	坚硬	硬塑	可塑	软塑	流塑
液性指数 I_L	$I_L \leqslant 0$	$0 < I_L \leqslant 0.25$	$0.25 < I_L \leqslant 0.75$	$0.75 < I_L \leqslant 1$	$I_L > 1$

例 1-2 某工程的土工试验成果见表 1-6。表中给出了同一土层三个土样的各项物理指标，试分别求出三个土样的液性指数，以判别土所处的物理状态。

表 1-6 土工试验成果表

土样编号	天然含水量 w (%)	密度 ρ /(g/cm^3)	土粒相对密度 d_s	孔隙比 e	饱和度 S_r (%)	液限 w_L (%)	塑限 w_P (%)
1－1	29.5	1.97	2.73	0.79	100	34.8	20.9
2－1	30.1	2.01	2.74	0.78	100	37.3	25.8
3－1	27.5	2.00	2.74	0.75	100	35.6	23.8

解：（1）土样 1－1

$I_P = w_L - w_P = 34.8\% - 20.9\% = 13.9\%$

$I_L = (w - w_P)/I_P = (29.5 - 20.9)/13.9 = 0.62$

由表 1-5 可知，土处于可塑状态。

（2）土样 2－1

$I_P = w_L - w_P = 37.3\% - 25.8\% = 11.5\%$

$I_L = (w - w_P)/I_P = (30.1 - 25.8)/11.5 = 0.37$

由表 1-5 可知，土处于可塑状态。

（3）土样 3－1

$I_P = w_L - w_P = 35.6\% - 23.8\% = 11.8\%$

$I_L = (w - w_P)/I_P = (27.5 - 23.8)/11.8 = 0.31$

由表 1-5 可知，土处于可塑状态。

综上可知，该土层处于可塑状态。

五、地基土（岩）的工程分类

自然界中岩、土的种类繁多、性质各异，为了便于认识和评价土（岩）的工程特性，必须对土（岩）进行工程分类。在实际工作中，可以通过分类大致判断出土（岩）的工程特性。

岩石和土的分类方法很多，各部门根据其用途采用各自的分类方法。一般地，无黏性土根据颗粒级配分类，黏性土根据塑性指数分类。本书主要介绍《地基规范》的分类方法。地基土（岩）可分为岩石、碎石土、砂土、粉土、黏性土、人工填土等六大类。

（1）岩石　岩石是天然形成的，颗粒间牢固联结，呈整体或具有节理裂隙。岩石作为工程地基和环境可按下列原则分类。

1）岩石按坚固性可以划分为硬质岩石和软质岩石（见表 1-7）。

2）岩石按风化程度可划分为微风化、中等风化、强风化（见表 1-8）。

（2）碎石土　粒径大于 2mm 的颗粒含量超过总质量的 50% 的土，称为碎石土。碎石土的划分标准见表 1-9。碎石土按密实度可分为密实、中密、稍密三种类型。

（3）砂土　粒径大于 2mm 的颗粒含量不超过全重的 50%，且粒径大于 0.075mm 的颗粒超过全重的 50% 的土称为砂土。砂土的分类标准见表 1-10。

（4）粉土　粉土为粒径大于 0.075mm 的颗粒质量不超过全部质量的 50%，且塑性指数等于或小于 10 的土。粉土的颗粒级配中 0.05～0.1mm 和 0.005～0.05mm 的粒组占绝大多数，水与土粒之间的作用明显不同于黏性土和砂土，其性质介于黏性土和砂土之间。

（5）黏性土 塑性指数 $I_P>10$ 的土为黏性土。黏性土根据塑性指数的大小可分为黏土、粉质黏土（见表1-11）。黏性土的状态可按表1-5划分为坚硬、硬塑、可塑、软塑和流塑状态。

（6）人工填土 人工填土是指由于人类活动而形成的堆积物，其物质成分较杂乱，均匀性较差，作为地基应注意其不均匀性。人工填土根据其物质组成和成因可分为素填土、杂填土和冲填土三类。

1）素填土是由碎石土、砂土、粉土、黏性土等一种或几种材料组成的填土，其中不含杂质或杂质很少。压实填土指经过压实或夯实的素填土。

2）杂填土为含有建筑垃圾、工业废料、生活垃圾等杂物的填土。

3）冲填土为由水力冲填泥沙形成的填土。

表1-7 岩石坚固性的划分

岩石类别	代表性岩石
硬质岩石	花岗岩、花岗片麻岩、闪长岩、玄武岩、石灰岩、石英砂岩、石英岩、硅质砾岩等
软质岩石	页岩、黏土岩、绿泥石片岩、云母片岩等

注：除表列代表性岩石外，凡新鲜岩石的饱和单轴极限抗压强度大于或等于30MPa者，可按硬质岩石考虑；小于30MPa者，可按软质岩石考虑。

表1-8 岩石按风化程度分类

风化程度	特　征
微风化	岩质新鲜，表面稍有风化迹象
中等风化	1. 结构和构造层理清晰 2. 岩体被节理、裂隙分割成岩块（粒径20~50cm），裂隙中填充少量风化物。锤击声脆，且不易击碎 3. 用镐难挖掘，用岩芯钻方可钻进
强风化	1. 结构和构造层理不清晰，矿物成分已显著变化 2. 岩体被节理、裂隙分割成碎石状（粒径2~20cm），碎石用手可以折断 3. 用镐可挖掘，手摇钻不易钻进

表1-9 碎石土的分类

土的名称	颗粒形状	粒组含量
漂石 块石	圆形及亚圆形为主 棱角形为主	粒径大于200mm的颗粒超过全重50%
卵石 碎石	圆形及亚圆形为主 棱角形为主	粒径大于20mm的颗粒超过全重50%
圆砾 角砾	圆形及亚圆形为主 棱角形为主	粒径大于2mm的颗粒超过全重50%

注：分类时应根据粒组含量由大到小以最先符合者确定。

表 1-10　砂土的分类

土的名称	粒组含量
砾砂	粒径大于 2mm 的颗粒占全重 25% ~50%
粗砂	粒径大于 0.5mm 的颗粒超过全重 50%
中砂	粒径大于 0.25mm 的颗粒超过全重 50%
细砂	粒径大于 0.075mm 的颗粒超过全重 85%
粉砂	粒径大于 0.075mm 的颗粒超过全重 50%

注：分类时应根据粒组含量由大到小以最先符合者确定。

表 1-11　黏性土的分类

塑性指数 I_P	土的名称
$I_P > 17$	黏土
$10 < I_P \leq 17$	粉质黏土

除了上述六种土类之外，还有一些特殊的土，如软土、湿陷性黄土、红黏土、膨胀土等。它们在特殊的地理环境、气候等条件下形成，具有特殊的工程性质，这些土的工程特性将在以后单元中介绍。

1. 某工程勘察报告摘要如下：场地地貌单元单一，为三角洲冲积平原。根据野外钻探资料，结合原位测试和室内土工试验结果，土的物理力学性质指标见表 1-12：

表 1-12　土的物理力学性质指标

项目	w (%)	γ /(kN/m³)	d_s	w_L (%)	w_P (%)	c /kPa	φ /(°)	a_{1-2} /MPa⁻¹	E_s /MPa	N /击	q_c /MPa
数值	27	19.1	2.66	31.5	18.3	19	4.3	0.32	7.20	27	19.1

（1）试计算各物理性质指标和物理状态指标。

（2）判断该土层所处的物理状态，属于何种类型的土。

2. 某无黏性土样，标准贯入试验锤击数 $N = 20$，饱和度 $S_r = 85\%$，其土粒分析结果见表 1-13：

表 1-13　土样颗粒分析

粒径/mm	2 ~0.5	0.5 ~0.25	0.25 ~0.075	0.075 ~0.05	0.05 ~0.01	<0.01
粒组含量（质量分数,%）	5.6	17.5	27.4	24.0	15.5	10.0

（1）判断土的级配是否良好的指标是什么？

（2）试确定该土的名称和状态。

单元二

土的压缩性与地基沉降

任务1　土中应力计算

问题引出

某教学大楼建于2010年，建筑面积5000m^2，平面布置L形，门厅部分为5层，两翼3~4层，地基设计承载力为200kPa。建成后一直使用正常。2013年为增加供水来源，在距本建筑物200m处钻一口315m深的水井，主要取水层位于地下90~94m，使地下水位降到地面以下25m。由于深井过量抽水，使本建筑物发生严重不均匀沉降，墙体开裂倾斜。2016年11月14日，土工实验室一楼地坪出现裂缝。2017年2月上旬，二楼墙上水管被拉断，该大楼成为危房。

问题：建筑物发生严重不均匀沉降的原因是什么？地下水位的变化对地基有何影响？

想一想：在进行地基基础设计的时候，应该如何避免此类事故的发生呢？

学习目标

1. 会计算土的自重应力，知道其分布规律；了解地下水对自重应力的影响。

2. 会计算矩形及条形基础下地基中的附加应力，知道附加应力的分布规律；能够分析相邻建筑物之间的互相影响。

一、土的自重应力

土中的应力－自重应力与附加应力

土的自重在土内所产生的应力称为自重应力。对于形成年代比较久远的土，在自重应力作用下，其压缩变形已经趋于稳定，因此，除新填土外，一般来说土的自重应力不再引起地基沉降。

（一）均匀地基土的自重应力

在计算土中自重应力时，假设天然地面为一无限大的水平面，地基土为无限半空间体，在无限半空间体中，任一竖直面和水平面上的剪应力均为零，只有正应力存在。所以在自重应力作用下，地基土只产生竖向变形，无侧向位移，土体内相同深度各点的自重应力相等。

对于天然重度为γ的均质土层，在天然地面以下任意深度z处的竖向自重应力σ_{cz}，可取作用于该深度水平面上任一单位面积的土柱体的自重计算（见图2-1），即

$$\sigma_{cz} = \gamma z \tag{2-1}$$

式中　σ_{cz}——在天然地面以下任意深度 z 处的竖向自重应力（kPa）；

γ——土的天然重度（kN/m^3）；

z——土层的深度（m）。

σ_{cz}沿水平面均匀分布，且与 z 成正比，随深度线性增大，呈三角形分布（见图2-1a）。根据弹性力学，侧向（水平向）自重应力 σ_{cx} 和 σ_{cy} 与 σ_{cz} 成正比，而剪应力均为零，即

$$\sigma_{cx}=\sigma_{cy}=K_0\sigma_{cz} \quad (2\text{-}2)$$

$$\tau_{xy}=\tau_{yz}=\tau_{xz}=0 \quad (2\text{-}3)$$

式中　σ_{cx}、σ_{cy}——土的侧向（水平向）自重应力（kPa）；

τ_{xy}、τ_{yz}、τ_{xz}——土中的剪应力（kPa）；

K_0——土的侧压力系数或静止土压力系数，可通过试验确定。

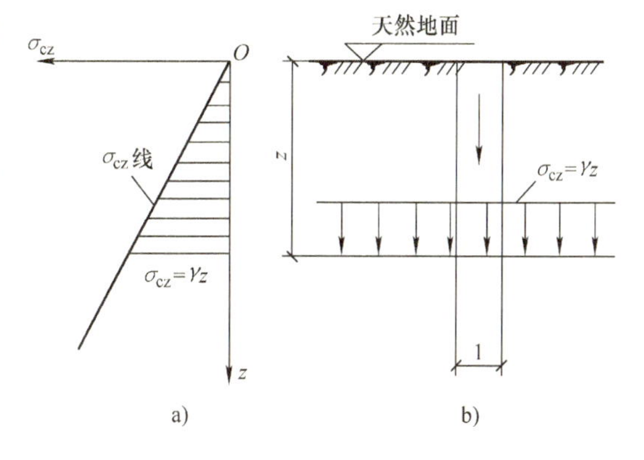

图2-1　均质土中竖向自重应力

a）沿深度的分布　b）任意水平面上的分布

（二）多层地基土的自重应力

在上述公式中，土的竖向和侧向自重应力均指土的有效自重应力。有效自重应力是指土颗粒之间接触点传递的应力，因此，对处于地下水位以下的土层应考虑水的浮力作用，必须以有效重度 γ' 代替天然重度 γ。以后各单元把常用的竖向有效自重应力 σ_{cz} 简称为自重应力，并用符号 σ_c 表示。

地基土往往是分层的，各层土具有不同的重度（见图2-2）。设天然地面下深度 z 范围内有 n 个土层，各土层土的重度分别为 γ_1、γ_2、…、γ_n，相应土层厚度为 h_1、h_2、…、h_n，则第 n 层底面处的竖向自重应力等于上部各层土自重应力的总和，即

$$\sigma_c=\sum_{i=1}^{n}\gamma_i h_i \quad (2\text{-}4)$$

式中　σ_c——天然地面下任意深度 z 处土的竖向有效自重应力（kPa）；

h_i——第 i 层土的厚度（m）；

γ_i——第 i 层土的天然重度，地下水位以下的土层取有效重度 γ_i'（kN/m^3）。

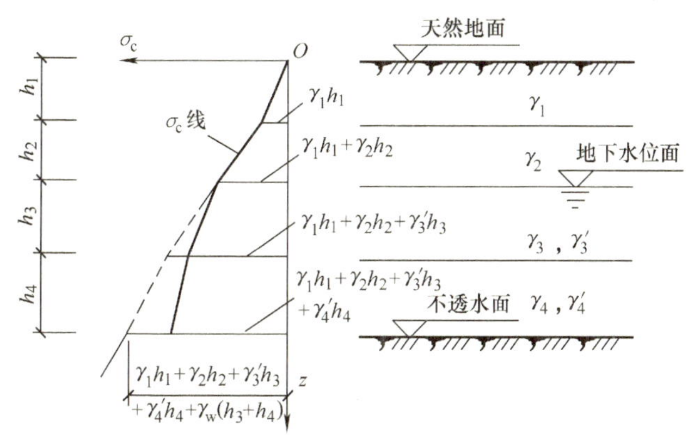

图2-2　成层土中的自重应力沿深度的分布

由于地下水位上下方土层的重度不同，因此，地下水位面也是自重应力分布线的转折点。当地下水位以下土层中有不透水层（岩层、坚硬的黏土层）存在时，不透水层层面处没有浮力，此处的自重应力等于全部上覆的水土总重，即

$$\sigma_c = \sum_{i=1}^{n} \gamma_i h_i + \gamma_w h_w \tag{2-5}$$

式中　γ_w——水的重度，通常取 $\gamma_w = 10\text{kN/m}^3$；

　　h_w——地下水位至不透水层顶面的距离（m）。

其他符号同上。

例 2-1　某土层剖面如图 2-3 所示，试计算各分层面处的自重应力，并绘制自重应力沿深度的分布曲线。

解： 粉土层底部：$\sigma_{c1} = \gamma_1 h_1 = 18\text{kN/m}^3 \times 3\text{m} = 54\text{kPa}$

地下水位面处：$\sigma_{c2} = \sigma_{c1} + \gamma_2 h_2 = 54\text{kPa} + 18.4\text{kN/m}^3 \times 2\text{m} = 90.8\text{kPa}$

黏土层底处：$\sigma_{c3} = \sigma_{c2} + \gamma'_3 h_3 = 90.8\text{kPa} + (19-10)\ \text{kN/m}^3 \times 3\text{m} = 117.8\text{kPa}$

基岩层顶面处：$\sigma_{c4} = \sigma_{c3} + \gamma_w h_w = 117.8\text{kPa} + 10\text{kN/m}^3 \times 3\text{m} = 147.8\text{kPa}$

自重应力分布曲线见图 2-3。

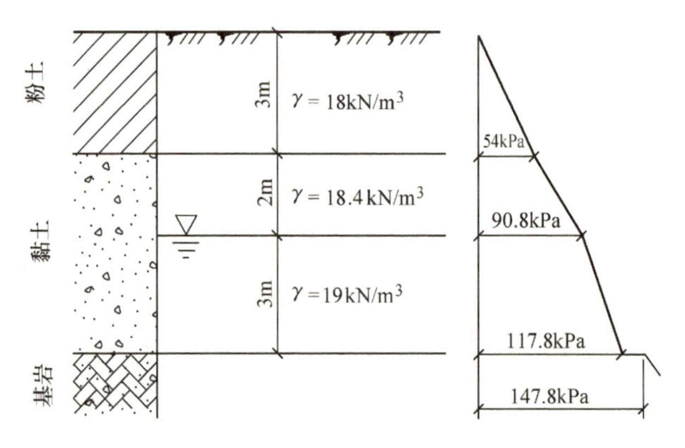

图 2-3　例 2-1 图

（三）地下水位对自重应力的影响

形成年代已久的天然土层在自重应力作用下的变形早已稳定，但当地下水位下降时，水位变化范围内的土体，土中的自重应力会增大，这时应考虑土体在自重应力增量作用下的变形。若在地基中大量开采地下水，造成地下水位大幅度下降，将会引起地面大面积下沉的严重后果。

地下水位上升使原来未受浮力作用的土颗粒受到了浮力作用，致使土的自重应力减小，这也会带来一些不利影响。地下水位上升除引起自重应力减小外，还将引起湿陷性黄土的湿陷。在人工抬高蓄水水位的地区，滑坡现象增多。在基础工程完工之前，如果停止基坑降水使地下水位回升，可能导致基坑边坡坍塌，或使刚浇筑的强度尚低的基础底板断裂。

二、基底压力的计算

建筑物荷载通过基础传递给地基，在基础底面与地基之间便产生了基底压力。基底压力的分布与基础的大小、刚度，作用于基础上的荷载的大小和分布，地基土的力学性质，地基

的均匀程度以及基础的埋深等因素有关。一般情况下，基底压力呈非线性分布。对于具有一定刚度以及尺寸较小的柱下单独基础和墙下条形基础等，基底压力可看成是直线或平面分布，从而进行简化计算。

（一）基底压力的简化计算

1. 轴心荷载作用下的基底压力

在轴心荷载作用下，假定基底压力为均匀分布（见图 2-4），其值为

$$p=(F+G)/A \tag{2-6}$$

式中　p——基底平均压力（kPa）；

F——上部结构传至基础顶面的竖向力（kN）；当用于地基变形计算时，取标准值；用于地基承载力和稳定性计算以及基础内力计算时，取设计值；

G——基础及其台阶上回填土的总重力（kN），$G=\gamma_G Ad$；

γ_G——基础及其回填土的平均重度，一般取 20kN/m^3；地下水位以下应扣除浮力，取 10kN/m^3；

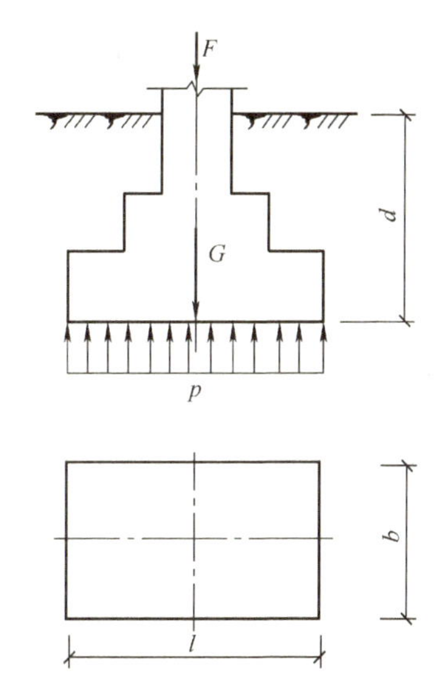

图 2-4　轴心荷载作用下的基底压力

d——基础平均埋置深度（m），必须从设计地面或室内外平均地面算起；

A——基础底面积（m^2）；对矩形基础，$A=lb$（l 和 b 分别为矩形基础底面的长和宽）。

对于荷载沿长度方向均匀分布的条形基础，可沿长度方向截取一单位长度（取 $l=1\text{m}$）进行计算，此时，式（2-6）变成

$$p=(F+G)/b=F/b+\gamma_G d \tag{2-7}$$

式中　F、G——相应单位长度条形基础内的上部结构传给基础的竖向力和基础及回填土的平均自重（kN/m）；

b——条形基础的宽度（m）。

其他符号同式（2-6）。

2. 偏心荷载作用下的基底压力

对于单向偏心荷载作用下的矩形基础（见图 2-5），通常将基底长边方向取与偏心方向一致。基底两端最大和最小压力 $p_{\min}^{\max}$，按材料力学偏心受压公式计算，即

$$p_{\min}^{\max}=(F+G)/A\pm M/W \tag{2-8}$$

式中　M——作用于矩形基础底面的力矩（kN · m）；当用于地基变形计算时，取标准值；当用于地基承载力和稳定性计算以及基础内力计算时，取设计值；

W——基础底面的抵抗矩（m^3）；对于矩形基础，$W=bl^2/6$。

其他符号同式（2-6）。

将荷载的偏心矩 $e=M/(F+G)$ 及 $W=bl^2/6$ 代入式（2-8）中，得

$$p_{\min}^{\max}=\frac{F+G}{A}\left(1\pm\frac{6e}{l}\right) \tag{2-9}$$

由式（2-9）可见，当 $e=0$ 时，$p_{max}=p_{min}=p$，基底压力均匀分布，即轴心受压情况；当 $0<e<l/6$ 时，呈梯形分布（见图2-5a）；当 $e=l/6$ 时，$p_{min}=0$，呈三角形分布（见图2-5b）；当 $e>l/6$ 时，$p_{min}<0$（见图2-5c），由于基底与地基之间不能承受拉力，此时基底与地基之间发生局部脱开，基底压力重新分布。当 $e>l/6$ 时，根据作用在基础底面上的偏心荷载与基底反力相平衡的条件，荷载合力 $F+G$ 应通过三角形反力分布图的形心（见图2-5c），由此可得基底边缘的最大压力为

$$p_{max}=\frac{2(F+G)}{3b\xi} \tag{2-10}$$

式中，$\xi=l/2-e$。其他符号同前。

在工程设计时，一般不允许 $e>l/6$，以便充分发挥地基承载力。

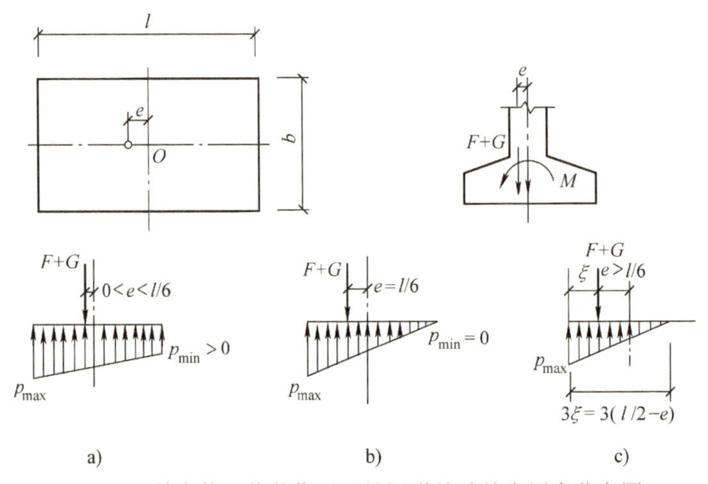

图2-5　单向偏心荷载作用下的矩形基础基底压力分布图

a）偏心距 $0<e<l/6$　b）偏心距 $e=l/6$　c）偏心距 $e>l/6$

当矩形基础在双向偏心竖向荷载作用下（见图2-6）时，基底压力仍按材料力学的偏心受压公式进行计算，两端最大、最小压力为

$$p_{\min}^{\max}=\frac{F+G}{A}\pm\frac{M_x}{W_x}\pm\frac{M_y}{W_y} \tag{2-11}$$

式中　M_x、M_y——荷载合力分别对矩形基底 x、y 对称轴的力矩（kN·m）；

W_x、W_y——基础底面分别对 x、y 轴的抵抗矩（m^3），$W_x=lb^2/6$，$W_y=bl^2/6$。

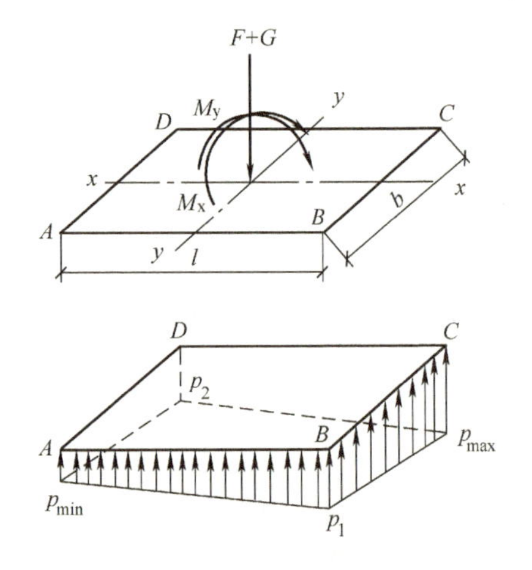

图2-6　双向偏心荷载作用下矩形基础基底压力分布图

（二）基底附加压力

一般天然土层在自重应力作用下的变形已经完成，只有建筑物荷载引起的地基应力增量，才能导致地基产生新的变形。一般基础有一定的埋置深度，故只有作用于基底的平均压力减去基底处的自重应力，才是新增加的压力，此压力称为基底附加压力（见图2-7）。基底平均附加压力可按下

式计算：

$$p_0 = p - \sigma_{cd} = p - \gamma_0 d \qquad (2\text{-}12)$$

式中　p_0——基底附加压力（kPa）；

p——基底平均压力（kPa）；

γ_0——基础底面标高以上天然土层的加权平均重度（kN/m^3），地下水位以下取有效重度，即 $\gamma_0 = (\gamma_1 h_1 + \gamma_2 h_2 + \cdots + \gamma_n h_n)/d$；

d——基础埋深（m），一般自室外地面标高起算。

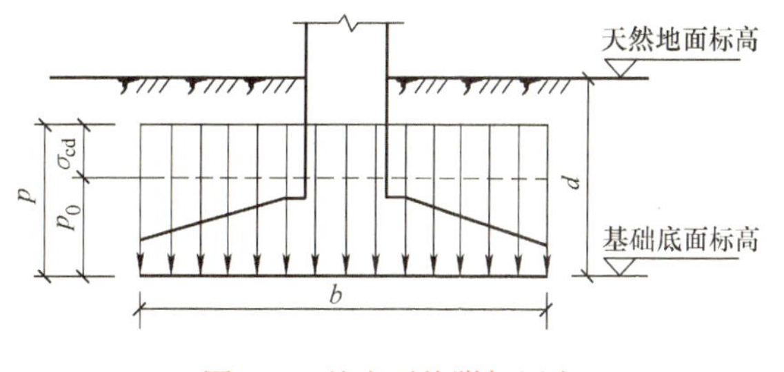

图 2-7　基底平均附加压力

例 2-2　某矩形基础底面尺寸 $l=2.4\text{m}$、$b=1.6\text{m}$，埋深 $d=2.0\text{m}$，所受荷载设计值 $M=100\text{kN}\cdot\text{m}$，$F=450\text{kN}$（见图 2-8），试求基底压力和基底附加压力。

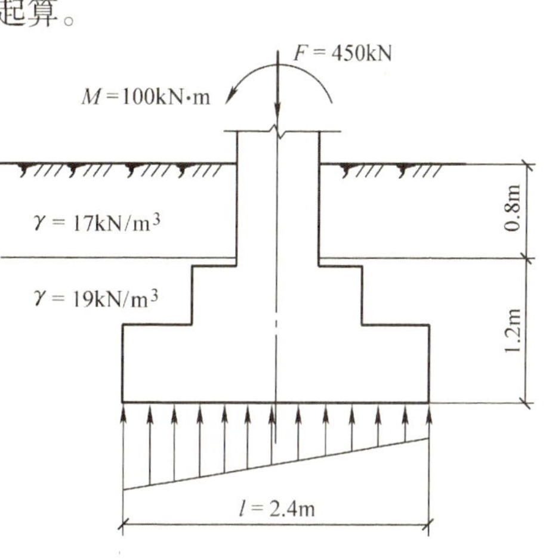

图 2-8　例 2-2 图

解：（1）求基础及其上覆土重

$A = lb = 2.4\text{m} \times 1.6\text{m} = 3.84\text{m}^2$

$G = \gamma_G Ad = 20\text{kN/m}^3 \times 3.84\text{m}^2 \times 2\text{m} = 153.6\text{kN}$

（2）求竖向荷载的合力

$R = F + G = (450 + 153.6)\text{kN} = 603.6\text{kN}$

（3）求偏心距

$e = M/R = 100\text{kN}\cdot\text{m}/603.6\text{kN} = 0.166\text{m} < l/6 = 0.4\text{m}$

（4）求基底压力

$$p_{\min}^{\max} = \frac{R}{A}\left(1 \pm \frac{6e}{l}\right) = \frac{603.6}{3.84}(1 \pm 0.415)\text{kPa} = \begin{matrix}222.4\\92.0\end{matrix}\text{kPa}$$

（5）求基底附加压力

$$p_{0\,\min}^{\ \max} = p_{\min}^{\max} - \gamma_0 d = \left[\begin{matrix}222.4\\92.0\end{matrix} - (17 \times 0.8 + 19 \times 1.2)\right]\text{kPa} = \begin{matrix}186.0\\55.6\end{matrix}\text{kPa}$$

三、地基中的附加应力计算

地基中的附加应力是指建筑物荷载或其他原因在地基中引起的应力增量。按照力学分析，地基附加应力计算分为空间问题和平面问题。矩形基础和圆形基础下地基中任一点的附加应力与该点的 x、y、z 坐标位置有关，属于空间问题；而条形基础下地基中任一点的附加应力只与 x（基础宽度方向）及 z（地基深度方向）有关，故属于平面问题。集中力及线荷载作用分别是空间问题和平面问题的理想情况，也是借助弹性理论求解局部荷载（基底压力）作用下地基中附加应力的基础。

（一）竖向集中力作用下地基中的附加应力

在弹性半空间表面上作用一个竖向集中力时，半空间体内任意点处所引起的应力和位移的弹性力学解答，是由法国的布辛奈斯克在 1885 年得出的。如图 2-9 所示，在半空间体内任意一点 M（x、y、z）处的 9 个应力分量 σ_x、σ_y、σ_z、τ_{xy}、τ_{xz}、τ_{yx}、τ_{yz}、τ_{zx}、τ_{zy} 和 3 个位移分量μ、υ、ω，其中，竖向应力分量σ_z和竖向位移ω对计算地基变形最有意义，σ_z计算公式为（推导过程略）

$$\sigma_z = \alpha \frac{P}{z^2} \tag{2-13}$$

式中　P——竖向集中力（kN）；

z——半空间体内任意一点M（x、y、z）的z坐标（m）；

α——竖向集中力作用下的地基竖向附加应力系数，由r/z值查表2-1。

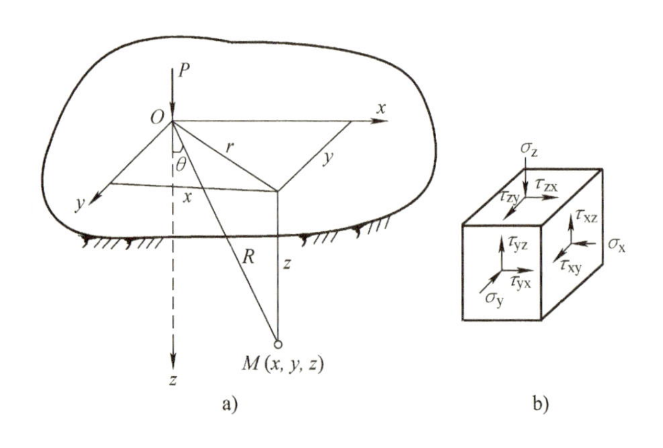

图2-9　竖向集中力作用下的附加应力

表2-1　竖向集中荷载作用下附加应力系数

r/z	α	r/z	α	r/z	α	r/z	α	r/z	α
0	0.4775	0.50	0.2733	1.00	0.0844	1.50	0.0251	2.00	0.0085
0.05	0.4745	0.55	0.2466	1.05	0.0744	1.55	0.0224	2.20	0.0058
0.10	0.4657	0.60	0.2214	1.10	0.0658	1.60	0.0200	2.40	0.0040
0.15	0.4516	0.65	0.1978	1.15	0.0581	1.65	0.0179	2.60	0.0029
0.20	0.4329	0.70	0.1762	1.20	0.0513	1.70	0.0160	2.80	0.0021
0.25	0.4103	0.75	0.1565	1.25	0.0454	1.75	0.0144	3.00	0.0015
0.30	0.3849	0.80	0.1386	1.30	0.0402	1.80	0.0129	3.50	0.0007
0.35	0.3577	0.85	0.1226	1.35	0.0357	1.85	0.0116	4.00	0.0004
0.40	0.3294	0.90	0.1083	1.40	0.0317	1.90	0.0105	4.50	0.0002
0.45	0.3011	0.95	0.0956	1.45	0.0282	1.95	0.0095	5.00	0.0001

（二）均布矩形荷载作用下的地基附加应力

1. 矩形荷载角点下的附加应力

轴心受压柱基的基底附加压力属于均布矩形荷载。在均布荷载作用下，可将布氏解积分求得矩形荷载角点下的地基附加应力，然后运用角点法求矩形荷载下任意一点的地基附加应力。

如图 2-10 所示，在矩形面积上任取微小面积 $dxdy$，将其上作用荷载以集中力 $dP = p_0 dxdy$ 代替，则由此集中力所产生的角点 O 下任意深度 z 处 M 点的竖向附加应力 $d\sigma_z$，可由式（2-13）沿长度 l 和宽度 b 两个方向进行二重积分求得（求解过程略），基础角点下任意深度 z 处的附加应力 σ_z 的计算公式为

$$\sigma_z = \alpha_c p_0 \tag{2-14}$$

式中　p_0——矩形均布荷载（kPa）；

α_c——矩形基础均布荷载作用角点下的附加应力系数，根据 l/b，z/b 由表 2-2查得。

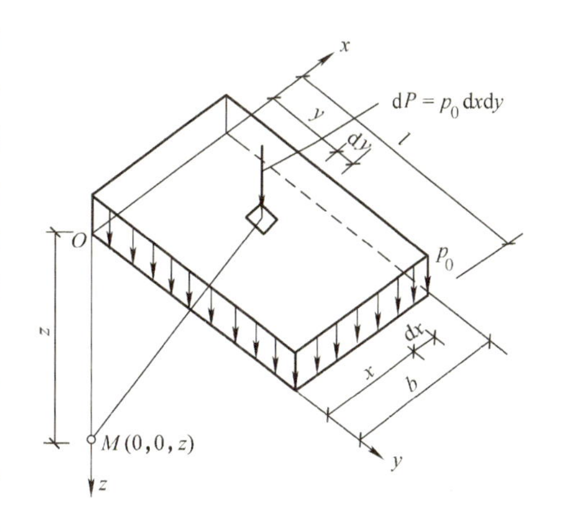

图 2-10　均布矩形荷载角点下的附加应力

表 2-2　均布矩形荷载作用下地基角点附加应力系数 α_c

z/b \ l/b	1.0	1.2	1.4	1.6	1.8	2.0	3.0	4.0	5.0	6.0	10.0	条形
0.0	0.250	0.250	0.250	0.250	0.250	0.250	0.250	0.250	0.250	0.250	0.250	0.250
0.2	0.249	0.249	0.249	0.249	0.249	0.249	0.249	0.249	0.249	0.249	0.249	0.249
0.4	0.240	0.242	0.243	0.243	0.244	0.244	0.244	0.244	0.244	0.244	0.244	0.244
0.6	0.223	0.228	0.230	0.232	0.232	0.233	0.234	0.234	0.234	0.234	0.234	0.234
0.8	0.200	0.207	0.212	0.215	0.216	0.218	0.220	0.220	0.220	0.220	0.220	0.220
1.0	0.175	0.185	0.191	0.195	0.198	0.200	0.203	0.204	0.204	0.204	0.205	0.205
1.2	0.152	0.163	0.171	0.176	0.179	0.182	0.187	0.188	0.189	0.189	0.189	0.189
1.4	0.131	0.142	0.151	0.157	0.161	0.164	0.171	0.173	0.174	0.174	0.174	0.174
1.6	0.112	0.124	0.133	0.140	0.145	0.148	0.157	0.159	0.160	0.160	0.160	0.160
1.8	0.097	0.108	0.117	0.124	0.129	0.133	0.143	0.146	0.147	0.148	0.148	0.148
2.0	0.084	0.095	0.103	0.110	0.116	0.120	0.131	0.135	0.136	0.137	0.137	0.137
2.2	0.073	0.083	0.092	0.098	0.104	0.108	0.121	0.125	0.126	0.127	0.128	0.128
2.4	0.064	0.073	0.081	0.088	0.093	0.098	0.111	0.116	0.118	0.118	0.119	0.119
2.6	0.057	0.065	0.072	0.079	0.084	0.089	0.102	0.107	0.110	0.111	0.112	0.112
2.8	0.050	0.058	0.065	0.071	0.076	0.080	0.094	0.100	0.102	0.104	0.105	0.105
3.0	0.045	0.052	0.058	0.064	0.069	0.073	0.087	0.093	0.096	0.097	0.099	0.099
3.2	0.040	0.047	0.053	0.058	0.063	0.067	0.081	0.087	0.090	0.092	0.093	0.094
3.4	0.036	0.042	0.048	0.053	0.057	0.061	0.075	0.081	0.085	0.086	0.088	0.089
3.6	0.033	0.038	0.043	0.048	0.052	0.056	0.069	0.076	0.080	0.082	0.084	0.084
3.8	0.030	0.035	0.040	0.044	0.048	0.052	0.065	0.072	0.075	0.077	0.080	0.080
4.0	0.027	0.032	0.036	0.040	0.044	0.048	0.060	0.067	0.071	0.073	0.076	0.076
4.2	0.025	0.029	0.033	0.037	0.041	0.044	0.056	0.063	0.067	0.070	0.072	0.073
4.4	0.023	0.027	0.031	0.034	0.038	0.041	0.053	0.060	0.064	0.066	0.069	0.070
4.6	0.021	0.025	0.028	0.032	0.035	0.038	0.049	0.056	0.061	0.063	0.066	0.067
4.8	0.019	0.023	0.026	0.029	0.032	0.035	0.046	0.053	0.058	0.060	0.064	0.064

（续）

z/b \ l/b	1.0	1.2	1.4	1.6	1.8	2.0	3.0	4.0	5.0	6.0	10.0	条形
5.0	0.018	0.021	0.024	0.027	0.030	0.033	0.043	0.050	0.055	0.057	0.061	0.062
6.0	0.013	0.015	0.017	0.020	0.022	0.024	0.033	0.039	0.043	0.046	0.051	0.052
7.0	0.009	0.011	0.013	0.015	0.016	0.018	0.025	0.031	0.035	0.038	0.043	0.045
8.0	0.007	0.009	0.010	0.011	0.013	0.014	0.020	0.025	0.028	0.031	0.037	0.039
9.0	0.006	0.007	0.008	0.009	0.010	0.011	0.016	0.020	0.024	0.026	0.032	0.035
10.0	0.005	0.006	0.007	0.007	0.008	0.009	0.013	0.017	0.020	0.022	0.028	0.032
12.0	0.003	0.004	0.005	0.005	0.006	0.006	0.009	0.012	0.014	0.017	0.022	0.026
14.0	0.002	0.003	0.004	0.004	0.004	0.005	0.007	0.009	0.011	0.013	0.018	0.023
16.0	0.002	0.002	0.003	0.003	0.003	0.004	0.005	0.007	0.009	0.010	0.014	0.020
18.0	0.001	0.002	0.002	0.002	0.003	0.003	0.004	0.006	0.007	0.008	0.012	0.018
20.0	0.001	0.001	0.002	0.002	0.002	0.002	0.004	0.005	0.006	0.007	0.010	0.016
25.0	0.001	0.001	0.001	0.001	0.001	0.002	0.002	0.003	0.004	0.004	0.007	0.013
30.0	0.001	0.001	0.001	0.001	0.001	0.001	0.002	0.002	0.003	0.003	0.005	0.011
35.0	0.000	0.000	0.001	0.001	0.001	0.001	0.001	0.002	0.002	0.002	0.004	0.009
40.0	0.000	0.000	0.000	0.000	0.001	0.001	0.001	0.001	0.001	0.002	0.003	0.008

2. 均布矩形荷载任意点下的附加应力

在实际计算中，常会遇到计算点不在矩形荷载角点下的情况，为了避免复杂的计算，可通过作辅助线把荷载面分成若干个矩形面积，把计算点划分到这些矩形面积的角点下。这样就可以利用式（2-14）及力的叠加原理来求解。这种方法称为角点法。

根据计算点的位置，可有如图2-11所示的四种情况：

1）计算点 O 在基础底面边缘，如图2-11a所示。

$$\sigma_z=(\alpha_{c1}+\alpha_{c2})\ p_0$$

式中，α_{c1}、α_{c2}分别为矩形Ⅰ、Ⅱ的角点下的附加应力系数。

2）计算点 O 在基础底面内，如图2-11b所示。

$$\sigma_z=(\alpha_{c1}+\alpha_{c2}+\alpha_{c3}+\alpha_{c4})\ p_0$$

式中，α_{c1}、α_{c2}、α_{c3}、α_{c4}分别为矩形Ⅰ、Ⅱ、Ⅲ、Ⅳ的角点下的附加应力系数。

3）计算点 O 在基础底面边缘外侧，如图2-11c所示。

$$\sigma_z=(\alpha_{c1}+\alpha_{c2}-\alpha_{c3}-\alpha_{c4})\ p_0$$

式中，α_{c1}、α_{c2}、α_{c3}、α_{c4}分别为矩形 $Ofbg$、$Ogce$、$Ofah$、$Ohde$ 的角点下的附加应力系数。

4）计算点 O 在基础底面角点外侧，如图2-11d所示。

$$\sigma_z=(\alpha_{c1}-\alpha_{c2}-\alpha_{c3}+\alpha_{c4})\ p_0$$

式中，α_{c1}、α_{c2}、α_{c3}、α_{c4}分别为矩形 $Ohce$、$Ogde$、$Ohbf$、$Ogaf$ 的角点下的附加应力系数。

以上各式中 p_0 为作用在矩形面积上的均布荷载。

例2-3　用角点法分别计算图2-12所示的甲乙两个基础基底中心点下不同深度处的地基附加应力 σ_z 值，绘 σ_z 分布图，并考虑相邻基础的影响。基础埋深范围内天然土层的重度 $\gamma_0=18\text{kN/m}^3$。

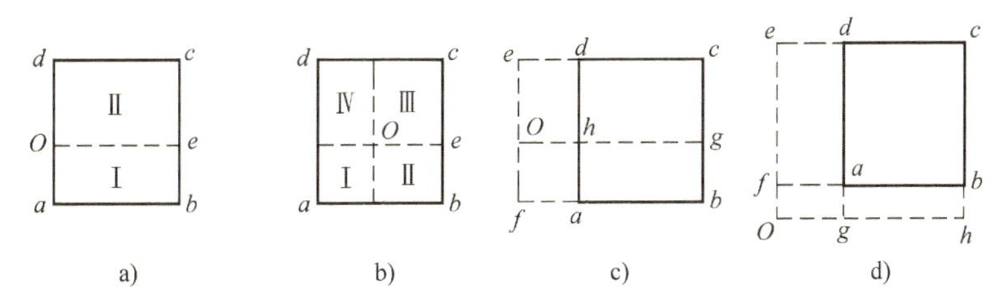

图 2-11　以角点法计算均布矩形荷载基础底面 O 点下的地基附加应力

a）O 点在基础底面边缘　b）O 点在基础底面内　c）O 点在基础底面边缘外侧　d）O 点在基础底面角点外侧

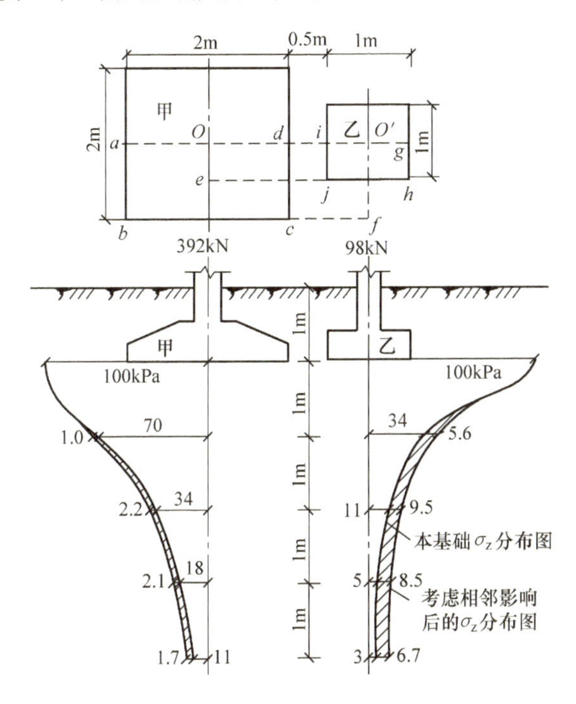

图 2-12　例 2-3 图

解：（1）求两基础基底的附加压力

甲基础：$p_0 = p - \sigma_{cd} = \dfrac{F+G}{A} - \sigma_{cd} = \dfrac{F}{A} + 20d - \gamma_0 d$

$$= \frac{392\text{kN}}{2\text{m} \times 2\text{m}} + 20\text{kN/m}^3 \times 1\text{m} - 18\text{kN/m}^3 \times 1\text{m} = 100\text{kPa}$$

乙基础：$p_0 = \dfrac{98\text{kN}}{1\text{m} \times 1\text{m}} + 20\text{kN/m}^3 \times 1\text{m} - 18\text{kN/m}^3 \times 1\text{m} = 100\text{kPa}$

（2）计算两基础中心点下由本基础荷载引起的 σ_z　过基底中心点将基底分成相等的 4 块，用角点法计算，计算结果列于表 2-3。

（3）计算本基础中心点下由相邻基础荷载引起的 σ_z　可按前述的计算点在基础底面边缘外侧的情况以角点法计算。甲基础对乙基础 σ_z 影响的计算结果见表 2-4，乙基础对甲基础 σ_z 影响的计算结果见表 2-5。

（4）σ_z 的分布图　如图 2-12 所示，图中阴影部分表示相邻基础荷载对本基础中心点下 σ_z 的影响。

表 2-3　本基础荷载引起的 σ_z

角点下任意深度 z /m	甲基础				乙基础			
	l/b	z/b	α_{c1}	$\sigma_z=4\alpha_{c1}p_0$ /kPa	l/b	z/b	α_{c1}	$\sigma_z=4\alpha_{c1}p_0$ /kPa
0	1	0	0.2500	100	1	0	0.2500	100
1	1	1	0.1752	70	1	2	0.0840	34
2	1	2	0.0840	34	1	4	0.0270	11
3	1	3	0.0477	18	1	6	0.0127	5
4	1	4	0.270	11	1	8	0.0073	3

表 2-4　甲基础对乙基础 σ_z 影响的计算结果

角点下任意深度 z /m	l/b		z/b	α_c		$\sigma_z=2(\alpha_{c1}-\alpha_{c2})p_0$ /kPa
	Ⅰ（$abfO'$）	Ⅱ（$dcfO'$）		α_{c1}	α_{c2}	
0	3	1	0	0.250	0.2500	0
1	3	1	1	0.2034	0.1752	5.6
2	3	1	2	0.1314	0.0840	9.5
3	3	1	3	0.0870	0.0447	8.5
4	3	1	4	0.0603	0.0270	6.7

表 2-5　乙基础对甲基础 σ_z 影响的计算结果

角点下任意深度 z /m	l/b		z/b	α_c		$\sigma_z=2(\alpha_{c1}-\alpha_{c2})p_0$ /kPa
	Ⅰ（$gheO$）	Ⅱ（$ijeO$）		α_{c1}	α_{c2}	
0	5	3	0	0.2500	0.2500	0
1	5	3	2	0.1360	0.1314	1.0
2	5	3	4	0.0712	0.0603	2.2
3	5	3	6	0.0431	0.0325	2.1
4	5	3	8	0.0283	0.0198	1.7

比较图中两基础下的 σ_z 分布图可见，基础底面尺寸大的基础下的附加应力比基础底面小的收敛得慢，影响范围深，同时，对相邻基础的影响也较大。可以预见，在基底压力相等的条件下，基底尺寸越大的基础沉降也越大。注意，在确定基底尺寸时要以国家标准为依据，要遵循安全可靠、经济节约的原则，避免材料浪费。

（三）线荷载和条形荷载下的地基附加应力

从表 2-2 中可以看出，当矩形荷载面积的长宽比 $l/b\geqslant10$ 时，矩形面积角点下的地基附加应力计算值与按 $l/b=\infty$ 时的解相比误差很小。因此，诸如柱下或墙下条形基础、挡土墙基础、路基、坝基等，常常可视为条形荷载，按平面问题求解。为了求得条形荷载下的地基附加应力，下面先介绍线荷载作用下的解答。

1. 线荷载下的附加应力

如图 2-13a 所示，线荷载是作用在地基表面上一条无限长直线上的均布荷载。设竖向线荷载 $\bar{p}$ 作用在 y 坐标轴上，沿 y 轴截取一微分段 $\mathrm{d}y$，将其上作用的线荷载以集中力 $\mathrm{d}P=\bar{p}\mathrm{d}y$ 代替，从而利用式（2-13）可求得地基中任意点 M 处由 $\mathrm{d}P$ 引起的附加应力 $\mathrm{d}\sigma_z$。此时，设 M 点位于与 y 轴垂直的 xOz 平面内，直线 $OM=R_1=\sqrt{x^2+z^2}$，其与 z 轴的夹角为 β，则 $\sin\beta=\dfrac{x}{R_1}$，$\cos\beta=\dfrac{z}{R_1}$，通过积分，即可求得 M 点的 σ_z（推导过程略）：

$$\sigma_z = \frac{2\bar{p}z^3}{\pi R_1^4} = \frac{2\bar{p}}{\pi R_1}\cos^3\beta \tag{2-15}$$

式中　$\bar{p}$——线荷载（kN/m）；

z——地基中任意点 M 的 z 坐标（m）；

π——圆周率。

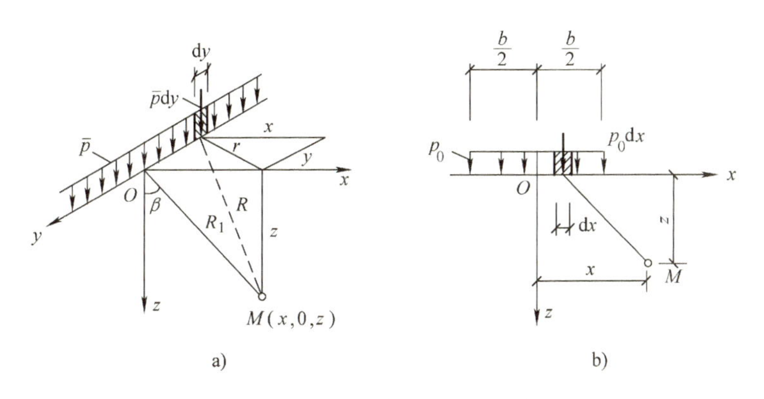

图 2-13　地基附加应力的平面问题

a）线荷载作用下　b）均布条形荷载作用下

2. 均布条形荷载下的附加应力

均布条形荷载是沿宽度方向（图2-13b 中 x 轴方向）和长度方向均匀分布，而长度方向为无限长的荷载。沿 x 轴取一宽度为 dx 无限长的微分段，作用于其上的荷载以线荷载 $\bar{p} = p_0 \mathrm{d}x$ 代替，运用式（2-15）并积分，可求得地基中任意点 M 处的竖向附加应力为

$$\sigma_z = \alpha_{sz} p_0 \tag{2-16}$$

式中　α_{sz}——均布条形荷载下竖向附加应力系数，由 x/b，z/b 查表 2-6 可得；

σ_z——均布条形荷载下竖向附加应力（kPa）；

p_0——均布条形荷载（kPa）。

表 2-6　均布条形荷载下的竖向附加应力系数 α_{sz}

z/b \ x/b	0.00	0.25	0.5	1.0	1.5	2.0
0.00	1.00	1.00	0.50	0	0	0
0.25	0.96	0.90	0.50	0.02	0	0
0.50	0.82	0.74	0.48	0.08	0.02	0
0.75	0.67	0.61	0.45	0.15	0.04	0.02
1.00	0.55	0.51	0.41	0.19	0.07	0.03
1.25	0.46	0.44	0.37	0.20	0.10	0.04
1.50	0.40	0.38	0.33	0.21	0.11	0.06
1.75	0.35	0.34	0.30	0.21	0.13	0.07
2.00	0.31	0.31	0.28	0.20	0.14	0.08
3.00	0.21	0.21	0.20	0.17	0.13	0.10
4.00	0.16	0.16	0.15	0.14	0.12	0.10
5.00	0.13	0.13	0.12	0.12	0.11	0.09
6.00	0.11	0.10	0.10	0.10	0.10	—

例2-4　如图2-14所示，条形基础底面宽度 $b=2.0\text{m}$，所受轴向荷载设计值 $F=250\text{kN/m}$，地基土的重度 $\gamma=18\text{kN/m}^3$，试求基础中心点下各点的附加应力。

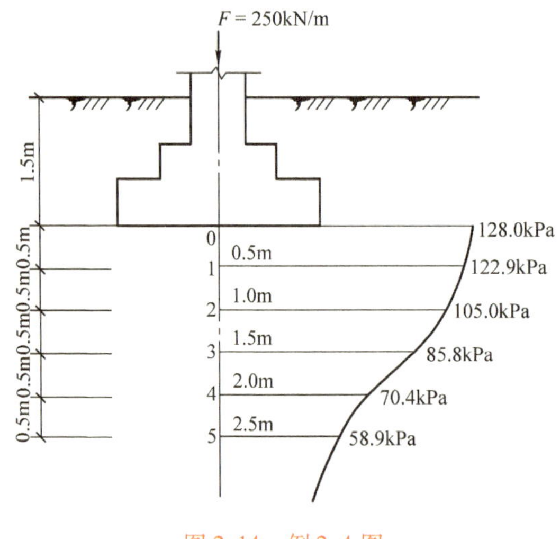

图2-14　例2-4图

解：（1）求基底压力

$$p=\frac{F+\gamma_G bd}{b}=\frac{250+20\times2\times1.5}{2}\text{kPa}=155\text{kPa}$$

（2）求基底附加压力

$p_0=p-\gamma_0 d=155\text{kPa}-18\text{kN/m}^3\times1.5\text{m}=128\text{kPa}$

（3）地基中的附加应力　按式（2-16）计算地基中附加应力，以点2为例，计算如下：

由 $x/b=0$，$z/b=0.5$，查表2-6，得 $\alpha_{sz}=0.82$，则

$\sigma_{z2}=0.82\times128\text{kPa}=105.0\text{kPa}$

其他各点计算结果见表2-7。

表2-7　基础中心点下各点的附加应力

计算点	角点下任意深度 z/m	z/b	α_{sz}	σ_z/kPa
0	0.0	0	1.00	128.0
1	0.5	0.25	0.96	122.9
2	1.0	0.50	0.82	105.0
3	1.5	0.75	0.67	85.8
4	2.0	1.00	0.55	70.4
5	2.5	1.25	0.46	58.9

（四）附加应力分布规律

图2-15为地基中的附加应力等值线图。所谓等值线就是地基中具有相同附加应力数值的点的连线。由图2-15并结合例2-3、例2-4的计算结果可见，地基中的竖向附加应力 σ_z 具有如下的分布规律。

1）附加应力扩散现象。σ_z 的分布范围相当大，它不仅分布在荷载面积之内，而且还分布到荷载面积以外，这就是所谓的附加应力扩散现象。

2）在离基础底面（地基表面）不同深度处各个水平面上，以基底中心点下轴线处的 σ_z

为最大，离开中心轴线越远越小。

3）在荷载分布范围内任意点竖直线上的 σ_z 值，随着深度增大逐渐减小。

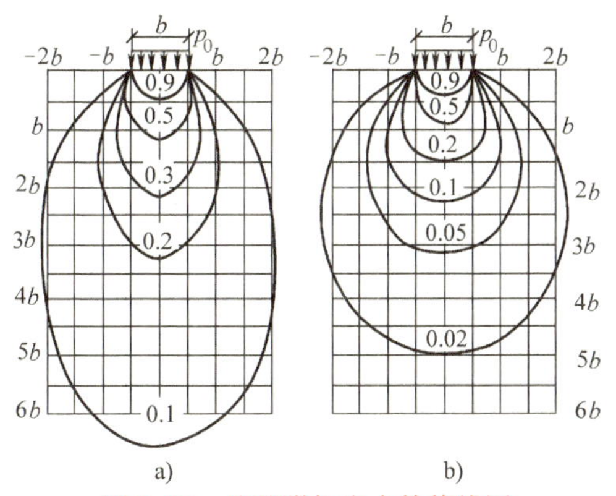

图 2-15　地基附加应力等值线图

a）条形荷载 σ_z 等值线　b）方形荷载 σ_z 等值线

任务 2　土的压缩性

上海展览馆位于上海市区延安中路北侧，展览馆中央大厅为框架结构，箱形基础，展览馆两翼采用条形基础。箱形基础为两层，埋深 7.27m。箱基顶面至中央大厅上面的塔尖，总高 96.63m。展览馆于 1954 年 5 月开工，当年年底实测基础平均沉降量为 60cm。

问题：为什么上海展览馆沉降这么大？

土的压缩性

1. 了解土的压缩性试验。
2. 知道土的压缩性指标及各指标对土的压缩性的影响。

地基土体在外荷载的作用下会产生变形，建筑物随之发生沉降。如果沉降超过允许范围，尤其是不均匀沉降，会影响建筑物正常使用，严重时还会威胁建筑物安全。因此，在地基基础设计、施工时，必须考虑地基的变形问题。为了计算地基的变形量，首先要了解土的压缩性。

土在压力作用下体积缩小的特性称为土的压缩性。土的体积减小包括土颗粒本身的压缩；土内孔隙中水的压缩和封闭在土中的气体的压缩；土颗粒发生相对位移、土中水及气体从孔隙中排出而引起的土孔隙体积减小。在一般压力作用下，土粒和水的压缩量与土的总压缩量相比是很微小的，可以忽略不计。因此，可以认为，土的压缩就是土中孔隙体积的减小。

一、土的压缩性试验和压缩曲线

土的压缩性指标可通过室内试验或原位试验来测定。试验时力求试验条件与土的天然状态及其在外荷载作用下的实际应力条件相适应。

（一）压缩试验

在一般工程中，常用不允许土样产生侧向变形的室内压缩试验（又称侧限压缩试验或固结压缩试验）来测定土的压缩性指标，其试验虽未能完全符合土的实际工作情况，但操作简便，试验时间短，故有实用价值。

室内压缩试验是取土样放入单向固结仪或压缩仪内进行的。试验时，用环刀切取保持天然结构的原状土样，并置于圆筒形压缩容器（见图2-16）的刚性护环内，土样上下各垫一块透水石，土样受压后土中水可以自由地从上下两面排出。由于环刀和刚性护环的限制，土样在压力作用下只能发生竖向压缩，而无侧向变形（土样横截面面积不变）。土样在天然状态下或经人工饱和后，进行逐级加压固结，求出在各级压力作用下土样压缩稳定后的孔隙比，便可绘制土的压缩曲线。

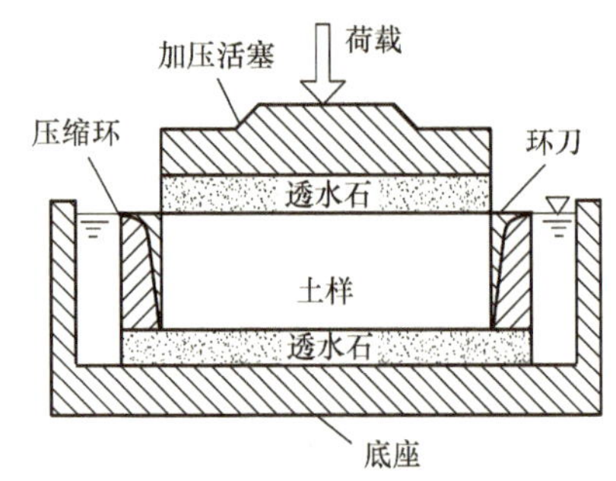

图2-16　压缩仪的压缩容器图

如图2-17所示，设土样的初始高度为 h_0，受压后的高度为 h，s 为压力 p 作用下土样压缩稳定后的沉降量。根据孔隙比的定义，假设土样的土粒体积 $V_s=1$，则土样在受压前的体积为 $1+e_0$（e_0为土的初始孔隙比）。受压后的体积为 $1+e$（e 为受压稳定后土的孔隙比）。为求土样压缩稳定后的孔隙比，根据受压前后土粒体积不变和土样横截面面积不变这两个条件，可得

$$\frac{h_0}{1+e_0}=\frac{h}{1+e}=\frac{h_0-s}{1+e} \tag{2-17}$$

或

$$e=e_0-\frac{s}{h_0}(1+e_0) \tag{2-18}$$

式中　e_0——土样的初始孔隙比，$e_0=\dfrac{d_s\gamma_w(1+w_0)}{\gamma_0}-1$；其中，$d_s$ 为土粒相对密度，w_0 为土样初始含水量，γ_0 为土样的初始重度；

s——压力 p 作用下土样压缩稳定后的沉降量（mm）；

e——土样的压缩后的孔隙比；

h_0、h——土样的初始高度和压缩后的高度（mm）。

这样，只要测定土样在各级压力 p 作用下的稳定压缩量 s，按式（2-18）就可算出相应的孔隙比 e。

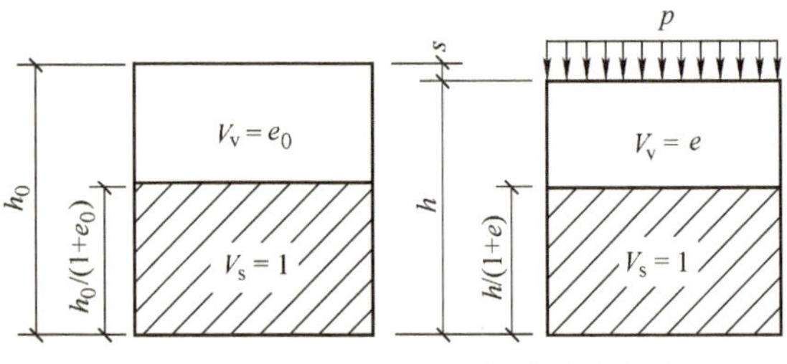

图2-17　压缩试验中的土样孔隙比变化

（二）土的压缩曲线

根据试验的各级压力和对应的孔隙比，所绘出的压力与孔隙比的关系曲线，称为土的压缩曲线。压缩曲线有两种绘制方式（见图2-18），常用的一种是采用普通直角坐标绘制的 $e-p$ 曲线；另一种是横坐标取 p 的常用对数值，即采用半对数直角坐标绘制 $e-\lg p$ 曲线。试验时以较小的压力开始，采取小增量多级加荷，加到较大荷载。

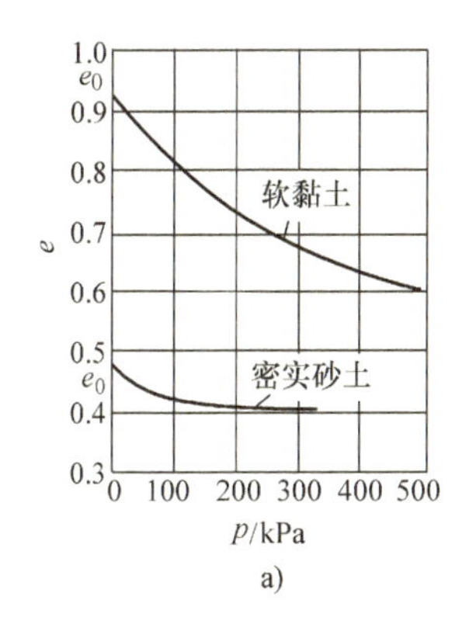

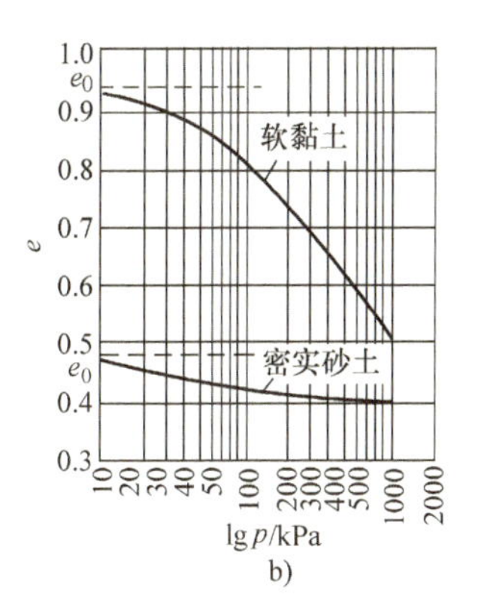

图 2-18　土的压缩曲线

a）$e-p$ 曲线　b）$e-\lg p$ 曲线

二、土的压缩性指标

1. 压缩系数 a

压缩性不同的土，其 $e-p$ 曲线的形状是不一样的。如图 2-18 所示，密实砂土的 $e-p$ 曲线比较平缓，而压缩性较大的软黏土的 $e-p$ 曲线则较陡。曲线越陡，说明随着压力的增加，土孔隙比的减少越显著，因而土的压缩性越高。土的压缩性可用图 2-19 中割线 M_1M_2 的斜率来表示，即

$$a=\tan\alpha=\frac{\Delta e}{\Delta p}=\frac{e_1-e_2}{p_2-p_1} \tag{2-19}$$

式中　a——土的压缩系数（MPa^{-1}）；显然，a 越大，土的压缩性越高；

p_1——地基计算深度处土的自重应力 σ_c（MPa）；

p_2——地基计算深度处的总应力，即自重应力 σ_c 与附加应力 σ_z 之和（MPa）；

e_1、e_2——分别为 $e-p$ 曲线上相应于 p_1、p_2 的孔隙比。

不同类别与处于不同状态的土，其压缩性可能相差较大。《地基规范》规定，取压力 $p_1=100\text{kPa}$ 和 $p_2=200\text{kPa}$ 对应的压缩系数 a_{1-2} 来评价土的压缩性的高低：当 $a_{1-2}<0.1\text{MPa}^{-1}$ 时，属低压缩性土；当 $0.1\text{MPa}^{-1}\leqslant a_{1-2}<0.5\text{MPa}^{-1}$ 时，属中压缩性土；当 $a_{1-2}\geqslant 0.5\text{MPa}^{-1}$ 时，属高压缩性土。

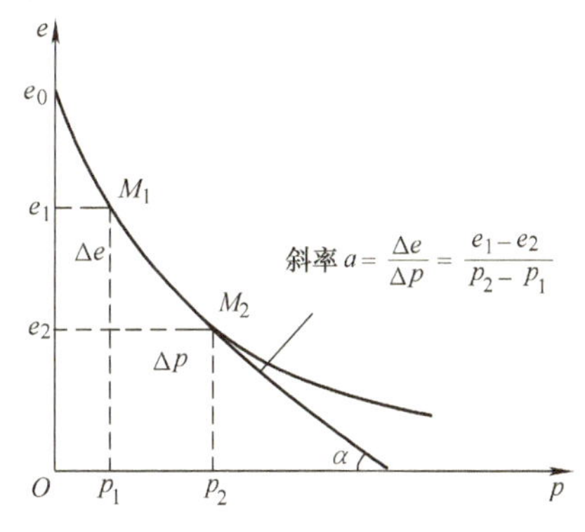

图 2-19　$e-p$ 曲线中确定压缩系统

2. 压缩模量 E_s

通过压缩试验和 $e-p$ 曲线，还可求得土的另一个压缩性指标——压缩模量 E_s，压缩模量 E_s 是指土在完全侧限条件下的竖向附加应力 σ_z 与相应的竖向应变 ε_z 的比值，即

$$E_s=\sigma_z/\varepsilon_z \tag{2-20}$$

$$E_s=(p_2-p_1)(1+e_1)/(e_1-e_2) \tag{2-21}$$

将式（2-19）代入式（2-21），得

$$E_s=(1+e_1)/a \tag{2-22}$$

式中　E_s——土的压缩模量（MPa）；

a——土的压缩系数（MPa^{-1}）；

e_1——自重应力所对应的孔隙比，即初始孔隙比。

同样也可用压缩模量来表示土的压缩性高低：当 $E_s < 4MPa$ 时，属于高压缩性土；当压缩模量在 $4MPa \leq E_s \leq 15MPa$ 时，属于中等压缩性土；当 $E_s > 15MPa$ 时，属于低压缩性土。

3. 土的变形模量 E_0

土的变形模量 E_0 是土体在无侧限条件下的应力与应变的比值，可以由室内侧限压缩试验得到压缩模量后求得，也可通过静载荷试验确定。

土的侧限压缩试验是目前建筑工程中室内测定地基土压缩性常用的方法，该方法简单、方便，适用于中小型工程及取原状土样较为方便的地基土。但由于土样受扰动、人为因素和周围环境的影响，侧限条件下进行试验并不能真实反映地基土的压缩性。对于粉土、细砂、软土等取原状土样十分困难的地基土，以及重要工程、规模大或建筑物对沉降有严格要求的工程，还需要用现场原位试验确定地基土的压缩性。土的变形模量是反映土的压缩性的重要指标之一，现场静载荷试验测定的变形模量 E_0 与室内压缩试验测定的压缩模量 E_s 有以下关系：

$$E_0 = \left(1 - \frac{2\mu^2}{1-\mu}\right)E_s \tag{2-23}$$

式中　μ——地基土的泊松比。

任务3　基础沉降变形计算

问题引出

某住宅楼建于2011年，坐落在旧池塘边，南面为大开间，采用钢筋混凝土条形基础，北面为小开间，采用筏形基础。该房建成后，房屋沉降不断发展，至2017年7月最大沉降差达46.4cm，建筑物倾斜率达17.3%，墙体有少量裂缝，最大沉降量达84.3cm。

问题：基础沉降能否预测？有哪些计算最终沉降量的方法？

想一想：基础的不均匀沉降会对上部结构的安全造成影响，那么应该采取什么措施来减少基础的不均匀沉降呢？

学习目标

1. 会用分层总和法、规范法计算基础最终沉降量，并知道两种方法在压缩层厚度及分层厚度方面的区别。

2. 了解基础沉降与时间的关系。

一、基础最终沉降量计算

基础最终沉降量是指地基在建筑物荷载作用下，不断地被压缩，直至压缩稳定后的沉降量。对偏心荷载作用下的基础，则以基底中心点沉降作为其平均沉降。在计算基础沉降时，通常认为土层在自重作用下压缩已稳定，地基变形的主要外因是建筑物荷载在地基中产生的附加应力，在附加应力作用下土层的孔隙体积发生压缩减小，引起基础沉降。计算基础最终沉降量的目的，在于建筑设计中需预知该建筑物建成后将产生的最终沉降量、沉降差、倾斜和局部倾斜，判断地基变形值是否超出允许的范围，以便在建筑物设计时，为采取相应的工程措施提供依据，保证建筑物的安全。

常用的计算基础最终沉降的方法有分层总和法及《地基规范》推荐法。

（一）分层总和法

采用分层总和法计算基础最终沉降量时，通常假定地基土压缩时不发生侧向变形，即采用侧限条件下的压缩指标。为了弥补这样计算得到的变形偏小的缺点，通常取基底中心点下的附加应力 σ_z 进行计算。

将地基变形计算深度 z_n 范围的土划分为若干个分层（见图 2-20），按侧限条件分别计算各分层的压缩量，其总和即为基础最终沉降量。具体的计算步骤如下：

1）计算基底压力及基底附加压力。

2）按分层厚度 $h_i \leqslant 0.4b$（b 为基础宽度）将基底下土层分成若干薄层，土的自然层面和地下水面是当然的分层面。

3）计算基底中心点下各分层界面处自重应力 σ_c 和附加应力 σ_z，当有相邻荷载影响时，σ_z 应包含此影响。

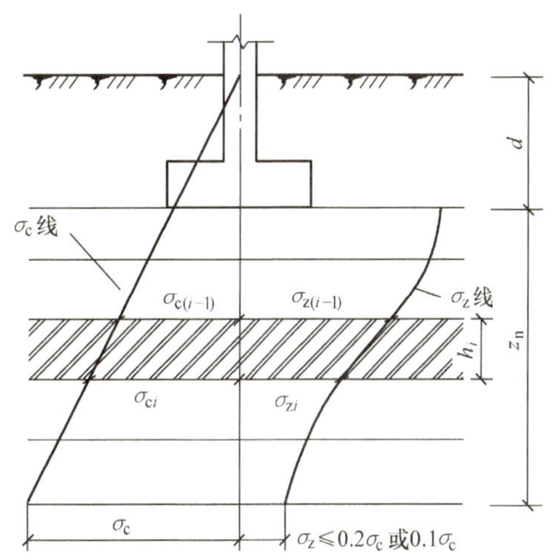

图 2-20　地基最终沉降的分层总和法

4）确定地基压缩层深度 z_n。地基压缩层深度是指基底以下需要计算压缩变形的土层总厚度。在该深度以下的土层变形较小，可略去不计。确定 z_n 的方法是：该深度处应符合 $\sigma_z \leqslant 0.2\sigma_c$ 的要求，在高压缩性土层中则要求 $\sigma_z \leqslant 0.1\sigma_c$。

5）计算压缩层深度内各分层的自重应力平均值 $\overline{\sigma}_{ci} = \dfrac{\sigma_{c(i-1)} + \sigma_{ci}}{2}$ 和平均附加应力 $\overline{\sigma}_{zi} = \dfrac{\sigma_{z(i-1)} + \sigma_{zi}}{2}$。

6）从 $e-p$ 曲线上查得与 $p_{1i} = \overline{\sigma}_{ci}$、$p_{2i} = \overline{\sigma}_{ci} + \overline{\sigma}_{zi}$ 相对应的孔隙比 e_{1i} 和 e_{2i}。

7）计算各分层土在侧限条件下的压缩量。计算公式为

$$\Delta s_i = \varepsilon_i h_i = \frac{e_{1i} - e_{2i}}{1 + e_{1i}} h_i \tag{2-24}$$

或

$$\Delta s_i = \frac{a_i(p_{2i} - p_{1i})}{1 + e_{1i}} h_i = \frac{(p_{2i} - p_{1i})}{E_{si}} h_i = \frac{\overline{\sigma}_{zi}}{E_{si}} h_i \tag{2-25}$$

式中　Δs_i——第 i 分层土的压缩量（mm）；

ε_i——第 i 分层土的平均竖向应变；

h_i——第 i 分层土的厚度（mm）；

a_i——第 i 分层土的压缩系数（MPa^{-1}）；

E_{si}——第 i 分层土的压缩模量（MPa）。

8）计算基础的最终沉降量 s（mm）。计算公式为

$$s = \sum_{i=1}^{n} \Delta s_i \tag{2-26}$$

例 2-5　试以分层总和法计算图 2-21 所示柱下方形单独基础的最终沉降量。自地表起各土层的重度为：粉土 $\gamma = 18\text{kN/m}^3$；粉质黏土 $\gamma = 19\text{kN/m}^3$，$\gamma_{\text{sat}} = 19.5\text{kN/m}^3$；黏土 $\gamma_{\text{sat}} = 20\text{kN/m}^3$。分别从粉质黏土层和黏土层中取土样做室内压缩试验，其 $e-p$ 曲线如图 2-22 所示。柱传给基础的轴心荷载标准值 $F = 2000\text{kN}$，方形基础底边长为 4m。

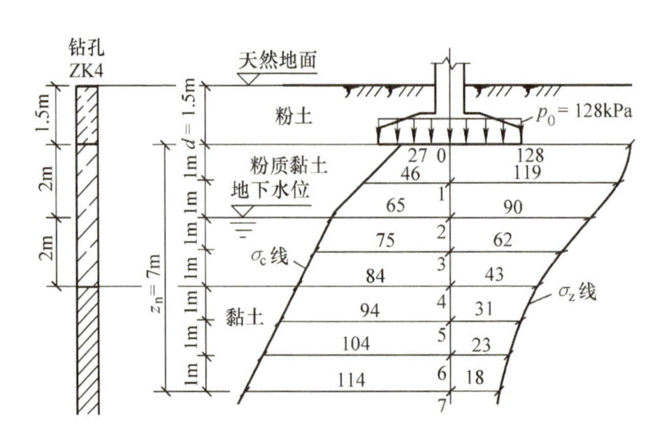

图 2-21　例 2-5 图 1

解：（1）计算基底压力 p_k 和基底附加压力 p_0

$$p_k = \frac{F_k + G_k}{A} = \frac{2000\text{kN} + 20\text{kN/m}^3 \times 4\text{m} \times 4\text{m} \times 1.5\text{m}}{4\text{m} \times 4\text{m}} = 155\text{kPa}$$

$$p_0 = p_k - \sigma_{cd} = 155\text{kPa} - 18\text{kN/m}^3 \times 1.5\text{m} = 128\text{kPa}$$

（2）分层　取分层厚度为 1m。

（3）计算各分层层面处土的自重应力 σ_c　注意：地下水位以下取浮重度。各分层层面处的 σ_c 计算结果见表 2-8。

（4）计算基底中心点下各分层面处的附加应力 σ_z　因为基础底为正方形，所以 $l/b = 1$，用角点法计算，例如 1 点 $z/b = 1/2 = 0.5$，用插值法查表 2-2 得，$\alpha_c = 0.2315$，$\sigma_z = 4\alpha_c p_0 = 4 \times 0.2135 \times 128\text{kPa} = 119\text{kPa}$，其他各点 σ_z 计算见表 2-8。

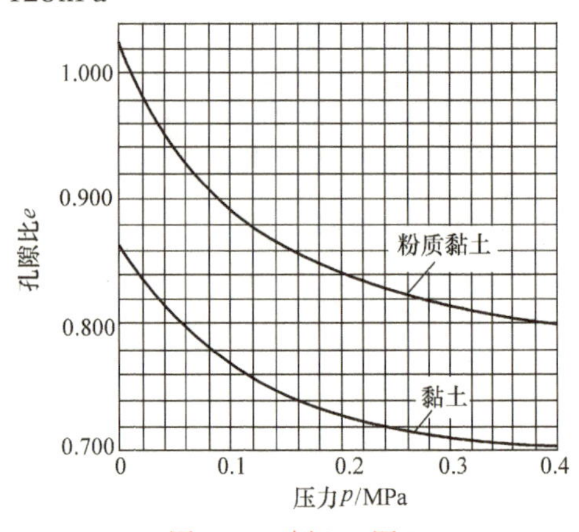

图 2-22　例 2-5 图 2

表 2-8　例 2-5 计算结果

点	角点下任意深度 z/m	σ_c /kPa	σ_z /kPa	分层	h_i/m	p_{1i} /kPa	Δp_i /kPa	p_{2i} /kPa	e_{1i}	e_{2i}	Δs_i /mm
0	0	27	128	0—1	1.0	37	124	161	0.960	0.858	52.0
1	1.0	46	119	1—2	1.0	56	105	161	0.935	0.858	39.8
2	2.0	65	90	2—3	1.0	70	76	146	0.921	0.864	29.7
3	3.0	75	62	3—4	1.0	80	53	133	0.912	0.873	20.4
4	4.0	84	43	4—5	1.0	89	37	126	0.777	0.757	11.3
5	5.0	94	31	5—6	1.0	99	27	126	0.772	0.757	8.5
6	6.0	104	23	6—7	1.0	109	21	130	0.765	0.754	6.2
7	7.0	114	18								

（5）确定压缩层深度 z_n　在6m深度处（点6），$\sigma_z/\sigma_c = 23\text{kPa}/104\text{kPa} = 0.22 > 0.2$，不满足要求，在7m深度处，$\sigma_z/\sigma_c = 18\text{kPa}/114\text{kPa} = 0.16 < 0.2$，满足要求，所以，压缩层深度 z_n 为7m。

（6）计算压缩层深度内各分层的自重应力平均值 $\overline{\sigma}_{ci} = \dfrac{\sigma_{c(i-1)} + \sigma_{ci}}{2}$ 和平均附加应力 $\overline{\sigma}_{zi} = \dfrac{\sigma_{z(i-1)} + \sigma_{zi}}{2}$，并求出 $p_{1i} = \overline{\sigma}_{ci}$、$p_{2i} = \overline{\sigma}_{ci} + \overline{\sigma}_{zi}$。例如，对0—1分层：

$$p_{1i} = \overline{\sigma}_{ci} = \frac{\sigma_{c(i-1)} + \sigma_{ci}}{2} = \frac{27+46}{2}\text{kPa} \approx 37\text{kPa}$$

$$p_{2i} = \overline{\sigma}_{ci} + \overline{\sigma}_{zi} = 37\text{kPa} + \frac{\sigma_{z(i-1)} + \sigma_{zi}}{2} = 37\text{kPa} + \frac{128+119}{2}\text{kPa} = 161\text{kPa}$$

其他各点 p_{1i} 和 p_{2i} 的计算见表2-8。

（7）从 $e-p$ 曲线上查得与 p_{1i} 和 p_{2i} 相对应的孔隙比 e_{1i} 和 e_{2i}。

按各分层的 p_{1i} 和 p_{2i} 值，从粉质黏土或黏土的压缩曲线（见图2-22）上查取孔隙比。例如，对0—1层：$p_{1i} = 37\text{kPa}$，从粉质黏土压缩曲线上查得 $e_{1i} = 0.960$；$p_{2i} = 161\text{kPa}$，查得 $e_{2i} = 0.858$。其他各分层孔隙比的结果列于表2-8。

（8）计算各分层土在侧限条件下的压缩量 Δs_i　例如，对0—1层：

$$\Delta s_i = \frac{e_{1i} - e_{2i}}{1 + e_{1i}} h_i = \left[\frac{0.960 - 0.858}{1 + 0.960} \times 1000\right]\text{mm} = 52.0\text{mm}$$

其他各分层压缩量的计算结果列于表2-8。

（9）计算基础的最终沉降量　由表2-8中得

$$\begin{aligned} s &= \sum_{i=1}^{n} \Delta s_i = (52.0 + 39.8 + 29.7 + 20.4 + 11.3 + 8.5 + 6.2)\text{mm} \\ &= 167.9\text{mm} \end{aligned}$$

（二）《地基规范》法

为简化分层总和法的计算过程，《地基规范》推荐一种计算基础最终沉降量的方法，其实质是在分层总和法的基础上，采用平均附加应力面积的概念，按天然土层界面分层（以简化由于过多分层所引起的烦琐计算），并结合大量工程沉降观测的统计分析，以沉降计算经验系数对地基最终沉降量结果加以修正。

为使分层总和法沉降计算结果在软弱地基或坚实地基情况下，都能与实测沉降量相符合，《地基规范》法引入一个沉降计算经验系数 ψ_s。此经验系数 ψ_s 由大量建筑物沉降观测值与分层总和法计算值进行对比总结所得。凡软弱地基，$\psi_s > 1.0$；坚实地基，$\psi_s < 1.0$。

1. 采用平均附加应力系数计算地基变形的基本公式

平均附加应力是基底下某一深度范围内附加应力总和与其深度的比值，假定同一土层土的压缩模量不随深度变化，则深度 h_i 范围内土的压缩量（见图2-23）为

$$\Delta s_i' = \frac{p_0(\overline{\alpha}_i z_i - \overline{\alpha}_{i-1} z_{i-1})}{E_{si}} \tag{2-27}$$

式中　p_0——基底附加压力（kPa）；

E_{si}——基础底面下第 i 层土的压缩模量，按实际应力范围取值（MPa）；

$\overline{\alpha}_i$ 和 $\overline{\alpha}_{i-1}$——分别为深度 z_i 和 z_{i-1} 范围内的竖向平均附加应力系数，其与基底压力分布情况有关：矩形面积上均布荷载作用下基础角点下地基的平均附加应力系数 $\overline{\alpha}_i$ 可由表2-9按 l/b、z/b 查得；矩形面积上三角形分布荷载作用下的平均附加应力系数 $\overline{\alpha}$ 以及圆形面积上均布荷载作用下中心点下的平均附加应力系数 $\overline{\alpha}$ 查《地基规范》附录K；

z_i，z_{i-1}——基础底面至第 i 层土、第 $i-1$ 层土底面的距离（m）。

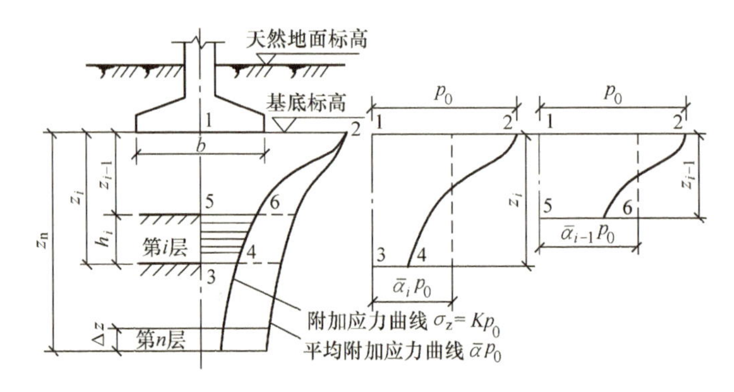

图2-23　《地基规范》法计算基础沉降的分层示意

表2-9　均布矩形荷载角点下的平均附加应力系数 $\overline{\alpha}$

z/b \ l/b	1.0	1.2	1.4	1.6	1.8	2.0	2.4	2.8	3.2	3.6	4.0	5.0	10.0
0.0	0.2500	0.2500	0.2500	0.2500	0.2500	0.2500	0.2500	0.2500	0.2500	0.2500	0.2500	0.2500	0.2500
0.2	0.2496	0.2497	0.2497	0.2498	0.2498	0.2498	0.2498	0.2498	0.2498	0.2498	0.2498	0.2498	0.2498
0.4	0.2474	0.2497	0.2481	0.2483	0.2483	0.2484	0.2485	0.2485	0.2485	0.2485	0.2485	0.2485	0.2485
0.6	0.2423	0.2437	0.2444	0.2448	0.2451	0.2452	0.2454	0.2455	0.2455	0.2455	0.2455	0.2455	0.2456
0.8	0.2346	0.2372	0.2387	0.2395	0.2400	0.2403	0.2407	0.2408	0.2409	0.2409	0.2410	0.2410	0.2410
1.0	0.2252	0.2291	0.2313	0.2326	0.2335	0.2340	0.2346	0.2349	0.2351	0.2352	0.2352	0.2353	0.2353
1.2	0.2149	0.2199	0.2229	0.2248	0.2260	0.2268	0.2278	0.2282	0.2285	0.2286	0.2287	0.2288	0.2289
1.4	0.2043	0.2102	0.2140	0.2164	0.2180	0.2191	0.2204	0.2211	0.2215	0.2217	0.2218	0.2220	0.2221
1.6	0.1939	0.2006	0.2049	0.2079	0.2099	0.2113	0.2130	0.2138	0.2143	0.2146	0.2148	0.2150	0.2152
1.8	0.1840	0.1912	0.1960	0.1994	0.2018	0.2034	0.2055	0.2066	0.2073	0.2077	0.2079	0.2082	0.2084
2.0	0.1746	0.1822	0.1875	0.1912	0.1938	0.1958	0.1982	0.1996	0.2004	0.2009	0.2012	0.2015	0.2018
2.2	0.1659	0.1737	0.1793	0.1833	0.1862	0.1883	0.1911	0.1927	0.1937	0.1943	0.1947	0.1952	0.1955
2.4	0.1578	0.1657	0.1715	0.1757	0.1789	0.1812	0.1843	0.1862	0.1873	0.1880	0.1885	0.1890	0.1895
2.6	0.1503	0.1583	0.1642	0.1686	0.1719	0.1745	0.1779	0.1799	0.1812	0.1820	0.1825	0.1832	0.1838
2.8	0.1433	0.1514	0.1574	0.1619	0.1654	0.1680	0.1717	0.1739	0.1753	0.1763	0.1769	0.1777	0.1784
3.0	0.1369	0.1449	0.1510	0.1556	0.1592	0.1619	0.1658	0.1682	0.1698	0.1708	0.1715	0.1725	0.1733
3.2	0.1310	0.1390	0.1450	0.1497	0.1533	0.1562	0.1602	0.1628	0.1645	0.1657	0.1664	0.1675	0.1685

（续）

z/b \ l/b	1.0	1.2	1.4	1.6	1.8	2.0	2.4	2.8	3.2	3.6	4.0	5.0	10.0
3.4	0.1256	0.1334	0.1394	0.1441	0.1478	0.1508	0.1550	0.1577	0.1595	0.1607	0.1616	0.1628	0.1639
3.6	0.1205	0.1282	0.1342	0.1389	0.1427	0.1456	0.1500	0.1528	0.1548	0.1561	0.1570	0.1583	0.1595
3.8	0.1158	0.1234	0.1293	0.1340	0.1378	0.1408	0.1452	0.1482	0.1502	0.1516	0.1526	0.1541	0.1554
4.0	0.1114	0.1189	0.1248	0.1294	0.1332	0.1362	0.1408	0.1438	0.1459	0.1474	0.1485	0.1500	0.1516
4.2	0.1073	0.1147	0.1205	0.1251	0.1289	0.1319	0.1365	0.1396	0.1418	0.1434	0.1445	0.1462	0.1479
4.4	0.1035	0.1107	0.1164	0.1210	0.1248	0.1279	0.1325	0.1357	0.1379	0.1396	0.1407	0.1425	0.1444
4.6	0.1000	0.1070	0.1127	0.1172	0.1209	0.1240	0.1287	0.1319	0.1342	0.1359	0.1371	0.1390	0.1410
4.8	0.0967	0.1036	0.1091	0.1136	0.1173	0.1204	0.1250	0.1283	0.1307	0.1324	0.1337	0.1357	0.1379
5.0	0.0935	0.1003	0.1057	0.1102	0.1139	0.1169	0.1216	0.1249	0.1273	0.1291	0.1304	0.1325	0.1348
5.2	0.0906	0.0972	0.1026	0.1070	0.1106	0.1136	0.1183	0.1217	0.1241	0.1259	0.1273	0.1295	0.1320
5.4	0.0878	0.0943	0.0996	0.1039	0.1075	0.1105	0.1152	0.1186	0.1211	0.1229	0.1243	0.1265	0.1292
5.6	0.0852	0.0916	0.0968	0.1010	0.1046	0.1076	0.1122	0.1156	0.1181	0.1200	0.1215	0.1238	0.1266
5.8	0.0828	0.0890	0.0941	0.0983	0.1018	0.1047	0.1094	0.1128	0.1153	0.1172	0.1187	0.1211	0.1240
6.0	0.0805	0.0866	0.0916	0.0957	0.0991	0.1021	0.1067	0.1101	0.1126	0.1146	0.1161	0.1185	0.1216
6.2	0.0783	0.0842	0.0891	0.0932	0.0966	0.0995	0.1041	0.1075	0.1101	0.1120	0.1136	0.1161	0.1193
6.4	0.0762	0.0820	0.0869	0.0909	0.0942	0.0971	0.1016	0.1050	0.1076	0.1096	0.1111	0.1137	0.1171
6.6	0.0742	0.0799	0.0847	0.0886	0.0919	0.0948	0.0993	0.1027	0.1053	0.1073	0.1088	0.1114	0.1149
6.8	0.0723	0.0799	0.0826	0.0865	0.0898	0.0926	0.0970	0.1004	0.1030	0.1050	0.1066	0.1092	0.1129
7.0	0.0705	0.0761	0.0806	0.0844	0.0877	0.0904	0.0949	0.0982	0.1008	0.1028	0.1044	0.1071	0.1109
7.2	0.0688	0.0742	0.0787	0.0825	0.0857	0.0884	0.0928	0.0962	0.0987	0.1008	0.1023	0.1051	0.1090
7.4	0.0672	0.0725	0.0769	0.0806	0.0838	0.0865	0.0908	0.0942	0.0967	0.0988	0.1004	0.1031	0.1071
7.6	0.0656	0.0709	0.0752	0.0789	0.0820	0.0846	0.0889	0.0922	0.0948	0.0968	0.0984	0.1012	0.1054
7.8	0.0642	0.0693	0.0736	0.0771	0.0802	0.0828	0.0871	0.0904	0.0929	0.0950	0.0966	0.0994	0.1036
8.0	0.0627	0.0678	0.0720	0.0755	0.0785	0.0811	0.0853	0.0886	0.0912	0.0932	0.0948	0.0976	0.1020
8.2	0.0614	0.0663	0.0705	0.0739	0.0769	0.0795	0.0837	0.0869	0.0894	0.0914	0.0931	0.0959	0.1004
8.4	0.0601	0.0649	0.0690	0.0724	0.0754	0.0779	0.0820	0.0852	0.0878	0.0893	0.0914	0.0943	0.0988
8.6	0.0588	0.0636	0.0676	0.0710	0.0739	0.0764	0.0805	0.0836	0.0862	0.0882	0.0898	0.0927	0.0973
8.8	0.0576	0.0623	0.0663	0.0696	0.0724	0.0749	0.0790	0.0821	0.0846	0.0866	0.0882	0.0912	0.0959
9.2	0.0554	0.0599	0.0637	0.0670	0.0697	0.0721	0.0761	0.0792	0.0817	0.0837	0.0853	0.0882	0.0931
9.6	0.0533	0.0577	0.0614	0.0645	0.0672	0.0696	0.0734	0.0765	0.0789	0.0809	0.0825	0.0855	0.0905
10.0	0.0514	0.0556	0.0592	0.0622	0.0649	0.0672	0.0710	0.0739	0.0763	0.0783	0.0799	0.0829	0.0880
10.4	0.0496	0.0537	0.0572	0.0601	0.0627	0.0649	0.0686	0.0716	0.0739	0.0759	0.0775	0.0804	0.0857
10.8	0.0479	0.0519	0.0553	0.0581	0.0606	0.0628	0.0664	0.0693	0.0717	0.0736	0.0751	0.0781	0.0834
11.2	0.0463	0.0502	0.0535	0.0563	0.0587	0.0606	0.0644	0.0672	0.0695	0.0714	0.0730	0.0759	0.0813
11.6	0.0448	0.0486	0.0518	0.0545	0.0569	0.0590	0.0625	0.0652	0.0675	0.0694	0.0709	0.0738	0.0793
12.0	0.0435	0.0471	0.0502	0.0529	0.0552	0.0573	0.0606	0.0634	0.0656	0.0674	0.0690	0.0719	0.0774
12.8	0.0409	0.0444	0.0474	0.0499	0.0521	0.0541	0.0573	0.0599	0.0621	0.0639	0.0654	0.0682	0.0739
13.6	0.0387	0.0420	0.0448	0.0472	0.0493	0.0512	0.0543	0.0568	0.0589	0.0607	0.0621	0.0649	0.0707
14.4	0.0367	0.0398	0.0425	0.0448	0.0468	0.0486	0.0516	0.0540	0.0561	0.0577	0.0592	0.0619	0.0677
15.2	0.0349	0.0379	0.0404	0.0426	0.0446	0.0463	0.0492	0.0515	0.0535	0.0551	0.0565	0.0592	0.0650
16.0	0.0332	0.0361	0.0385	0.0407	0.0425	0.0442	0.0469	0.0492	0.0511	0.0527	0.0540	0.0567	0.0625
18.0	0.0297	0.0323	0.0345	0.0364	0.0381	0.0396	0.0422	0.0442	0.0460	0.0475	0.0487	0.0512	0.0570
20.0	0.0269	0.0292	0.0312	0.0330	0.0345	0.0359	0.0383	0.0402	0.0418	0.0432	0.0444	0.0468	0.0524

2. 压缩层深度的确定

地基沉降计算深度与分层总和法的规定不同，《地基规范》规定，一般地基沉降计算深度 z_n 应符合

$$\Delta s'_{\mathrm{n}} \leqslant 0.025\sum_{i=1}^{n}\Delta s'_i \tag{2-28}$$

式中　$\Delta s'_i$——在计算深度范围内第 i 层土的计算沉降量（mm）；

$\Delta s'_{\mathrm{n}}$——由计算深度处向上取厚度为 Δz（见图2-23）的土层的计算压缩量（mm），Δz 按表2-10确定。

表2-10　Δz

b/m	$b \leqslant 2$	$2 < b \leqslant 4$	$4 < b \leqslant 8$	$8 < b$
Δz/m	0.3	0.6	0.8	1.0

如按式（2-28）确定的沉降计算深度下仍有软土层，还应向下继续计算，直至软弱土层中所取规定厚度 Δz 的计算压缩量满足上式要求。当无相邻荷载影响，基础宽度在1～30m范围内时，《地基规范》规定，基础中心点的地基沉降计算深度也可按下列公式简化计算：

$$z_{\mathrm{n}} = b(2.5 - 0.4\ln b) \tag{2-29}$$

式中　z_{n}——地基沉降计算深度（m）；

b——基础宽度（m）。

在沉降计算深度范围内存在基岩时，z_{n}可取至基岩表面。当存在较厚的坚硬黏土层，其孔隙比小于0.5、压缩模量大于50MPa；或存在较厚的密实砂卵石层，其压缩模量大于80MPa时，z_{n}可取至该层土表面。

3. 基础最终沉降量

《地基规范》推荐的基础最终沉降量计算式如下：

$$s = \psi_{\mathrm{s}} s' = \psi_{\mathrm{s}}\sum_{i=1}^{n}\Delta s'_i = \psi_{\mathrm{s}}\sum_{i=1}^{n}\frac{p_0}{E_{\mathrm{s}i}}(z_i\overline{\alpha}_i - z_{i-1}\overline{\alpha}_{i-1}) \tag{2-30}$$

式中　s——基础最终沉降量（mm）；

s'——按分层总和法计算出的地基变形量（mm）；

n——地基变形计算深度范围内所划分的土层数，一般可按天然土层划分；

ψ_{s}——沉降计算经验系数，根据地区沉降观测资料及经验确定，也可采用表2-11值；

p_0——基底附加压力（kPa）；

$E_{\mathrm{s}i}$——基础地面下第 i 土层的压缩模量（MPa），应取土的自重压力至土的自重压力与附加压力之和的压力段计算。

其余符号见式（2-27）。

表2-11　沉降计算经验系数 ψ_{s}

$\overline{E}_{\mathrm{s}}$/MPa 基底附加压力	2.5	4.0	7.0	15.0	20.0
$p_0 \geqslant f_{\mathrm{ak}}$	1.4	1.3	1.0	0.4	0.2
$p_0 \leqslant 0.75 f_{\mathrm{ak}}$	1.1	1.0	0.7	0.4	0.2

注：1. f_{ak}为地基承载力特征值。

2. $\overline{E}_{\mathrm{s}}$为计算深度范围内土的压缩模量当量值（MPa），应按下式计算，即

$$\overline{E}_{\mathrm{s}} = \frac{\sum A_i}{\sum \frac{A_i}{E_{\mathrm{s}i}}}$$

式中　A_i——第 i 层土附加应力系数沿土层厚度的积分值。

例 2-6　柱荷载 $F=1190\text{kN}$，基础埋深 $d=1.5\text{m}$，基础底面尺寸 4m×2m，地基土层见图 2-24，试用《地基规范》法计算该基础的最终沉降量。（设 $f_{ak}=150\text{kPa}$）

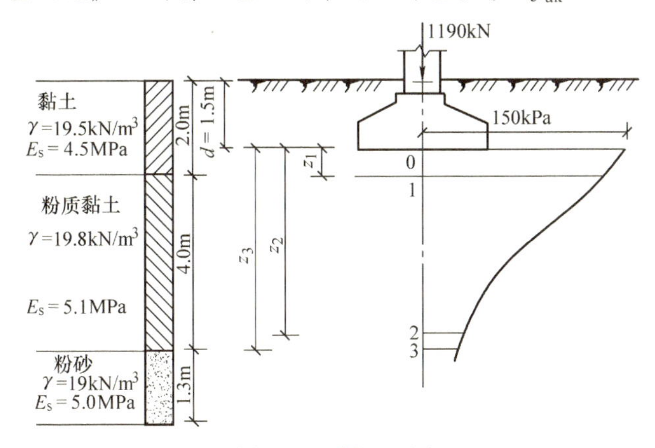

图 2-24　例 2-6 图

解：（1）求基底压力和基底附加压力

$$p=\frac{F+G}{A}=\frac{1190+20\times4\times2\times1.5}{4\times2}\text{kPa}=178.75\text{kPa}\approx179\text{kPa}$$

$$p_0=p-\sigma_{cd}=p-\gamma d=179\text{kPa}-19.5\text{kN/m}^3\times1.5\text{m}=150\text{kPa}$$

（2）确定分层厚度　按天然土层分层，共分 3 层：第 1 层黏土层，0.5m；第 2 层粉质黏土层，4.0m；第 3 层粉砂层，厚度为该土层层面至压缩层深度处。

（3）确定压缩层深度 z_n　由于无相邻荷载影响，地基沉降计算深度（压缩层深度）可按式（2-29）计算，即

$$z_n=b(2.5-0.4\ln b)=2\times(2.5-0.4\ln2)\text{m}\approx4.5\text{m}$$

所以压缩层深度取至粉砂层顶面。

（4）沉降计算（见表 2-12）

1）计算 $\overline{\alpha}_i$。计算基底中心点下的 $\overline{\alpha}_i$ 时，应过中心点将基底划分为 4 块相同的小面积，其长宽比 $l/b=2/1=2$，按角点法查表 2-9，查出的数值还需按叠加原理乘以 4，计算结果见表 2-12。

表 2-12　《地基规范》法计算基础最终沉降量

点号	z_i /m	l/b	z/b ($b=2.0/2$)	$\overline{\alpha}_i$	$z_i\overline{\alpha}_i$ /mm	$z_i\overline{\alpha}_i-z_{i-1}\overline{\alpha}_{i-1}$ /mm	$\frac{p_0}{E_{si}}$	$\Delta s'_i$ /mm	$\sum\Delta s'_i$ /mm	$\frac{\Delta s'_n}{\sum\Delta s_i}\le0.025$
0	0	2.0	0	4×0.2500 =1.000	0					
1	0.50		0.50	4×0.2468 =0.9872	493.60	493.60	0.033	16.29		
2	4.20		4.2	4×0.1319 =0.5276	2215.92	1722.32	0.029	49.95		
3	4.50		4.5	4×0.1260 =0.5046	2268.00	52.08	0.029	1.51	67.75	0.0223

2）校核 z_n。根据《地基规范》规定，因为 $b=2\text{m}$，查表 2-10，$\Delta z=0.3\text{m}$，计算出 $\Delta s'_n=1.15\text{mm}$，按式（2-30），得 $\Delta s'_n<0.025\sum\Delta s'_i=0.025\times67.75\text{mm}=1.694\text{mm}$，所以，压缩层深度符合要求。

（5）确定沉降经验系数 ψ_s

1）计算 $\overline{E}_s$ 值

$$\overline{E}_s=\frac{\sum A_i}{\sum(A_i/E_{si})}=\frac{p_0\sum(z_i\overline{\alpha}_i-z_{i-1}\overline{\alpha}_{i-1})}{p_0\sum[(z_i\overline{\alpha}_i-z_{i-1}\overline{\alpha}_{i-1})/E_{si}]}$$

$$=\frac{493.60+1722.32+52.08}{\frac{493.6}{4.5}+\frac{1722.32}{5.1}+\frac{52.08}{5.1}}\text{MPa}=\frac{2268}{447.5}\text{MPa}=5.1\text{MPa}$$

2）确定 ψ_s。因为 $p_0=150\text{kPa}=f_{ak}$，查表 2-11，内插得 $\psi_s=1.19$。

（6）确定基础最终沉降量

$$s=\psi_s\sum\Delta s'_i=1.19\times67.75\text{mm}=80.62\text{mm}$$

二、基础沉降与时间的关系

前面计算的基础沉降量是指地基从开始变形到变形稳定时基础的总沉降值，即最终沉降量。土体完成压缩过程所需的时间与土的透水性有很大的关系。无黏性土因透水性大，其压缩变形可在短时间内趋于稳定；而透水性小的饱和黏性土，其压缩稳定所需的时间则可长达几个月、几年甚至几十年。土的压缩随时间而增长的过程，称为土的固结。在工程实践中，往往需要了解建筑物在施工期间或使用期间某一时刻基础沉降值，以便控制施工速度，或是考虑由于沉降随时间增加而发展会给工程带来的影响，以便在设计中做出处理方案。对于已发生裂缝、倾斜等事故的建筑物，更需要了解当时的沉降与今后沉降的发展趋势，作为解决事故的重要依据。

（一）土的渗透性

土的渗透性是由于骨架颗粒之间存在的孔隙构成了水的通道造成的。在水头差的作用下，水在土体内部相互贯通的孔隙中流动，称为渗流。

水在土中渗流满足达西定律，即

$$v=ki \tag{2-31}$$

式中　v——渗流速度，土在单位时间内流经单位横断面的水量（m/s）；

i——水力梯度，即沿渗透途径出现的水头差 Δh 与相应渗流长度 l 的比值，$i=\Delta h/l$；

k——渗透系数（m/s）。

由式（2-31）可以看出，当水力梯度为定值时，渗透系数越大，渗流速度就越大。渗透系数与土的透水性强弱有关，渗透系数越大，土的透水能力越强。土的渗透系数可通过室内渗透试验或现场抽水试验测定。

（二）饱和土体的渗流固结

饱和土一般是指饱和度 $S_r\geq80\%$ 的土，如前所述，饱和土体压缩的过程，主要是指由于土粒相对移动，孔隙中有一部分水随时间的推移逐渐被挤出，孔隙体积随之缩小的过程，这一过程称为饱和土的渗透或固结。土粒很小，孔隙更小，要使孔隙中的水通过非常细小的孔隙排出，需要经历相当长的时间。固结时间的长短，主要取决于土层排水距离的长短、土粒粒径与孔隙的大小、土层渗透系数和荷载大小以及土的压缩系数的高低等因素。

为了更清楚形象地掌握饱和土体的压缩变形过程，即饱和土体的渗透固结过程，现以弹簧活塞模型来说明饱和土的渗透固结过程（见图2-25）。

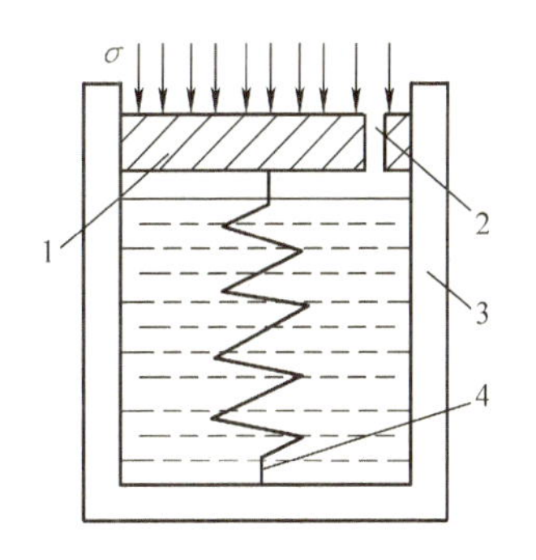

图2-25　弹簧活塞模型

1—带孔活塞　2—排水孔
3—圆筒　4—弹簧

在一个装满水的圆筒中，上部安置一个带小孔的活塞。此活塞与筒底之间安装一个弹簧，以此模拟饱和土体的压缩变形过程（模型中的弹簧被视为土粒骨架，圆筒中的水相当于土体孔隙中的自由水，活塞上小孔的大小代表了土的透水性的大小）：

1）施加外力之前，弹簧不受力，圆筒内的水只有静水压力。

2）在活塞顶面施加压力的瞬间，圆筒中的水还来不及从活塞上的小孔排出，弹簧也没有变形，因此，弹簧不受力，全部压力完全由水承担。

3）水受到超静水压力后，开始经活塞小孔逐渐排出，随着筒中水不断地通过活塞上的小孔向外面流出，使得活塞开始下降，弹簧逐渐变形，表明弹簧相应受力。此时，弹簧压力逐渐增大，筒中水压力逐渐减小，根据饱和土的有效应力原理，此期间弹簧和水受力的总和始终不变，即

$$\sigma = \sigma' + u \tag{2-32}$$

式中　σ——土中的总应力（kPa）；

σ'——土的有效应力（kPa）；

u——土中孔隙水压力（kPa）。

4）随着弹簧变形的增大，弹簧上承受的压力越来越大。当弹簧压力 $\sigma' = \sigma$ 时，筒中水压力 $u = 0$，筒中水停止向外流出，表明土体渗流固结过程结束。

试验中，弹簧被视为土粒骨架，弹簧压力即为土粒骨架压力，它使得土粒间产生相互挤压，是土体产生压缩变形的有效因素，故又被称为有效压力。圆筒中的水相当于土体孔隙中的自由水，筒中水压力即为孔隙水压力，它使得孔隙水产生渗流，为土体的压缩提供了条件。活塞上小孔的大小代表了土体透水性的大小，即活塞上小孔越大，表明土体的透水性越好，而完成土体渗流固结过程需要的时间就越短。因此，饱和土体的渗流固结过程，就是土中的孔隙水压力消散并逐渐转化为有效应力的过程。

（三）渗透固结沉降与时间关系

固结度 U_t 是指土体在固结过程中某一时间 t 的固结沉降量 s_t 与固结稳定的最终沉降量 s 之比值（或用固结百分数表示），即

$$U_t = s_t / s \tag{2-33}$$

固结度变化范围为 0 ~ 1，它表示在某一荷载作用下经过 t 时间后土体所能达到的固结程度。

前面已经讨论了最终沉降量 s 的计算方法，如果能够知道某一时间 t 的 U_t 值，则由公式（2-33）即可计算出相应于该时间的固结沉降量 s_t 值。对于不同的固结情况，即固结土层中附加应力分布和排水条件两方面的情况，固结度计算公式也不相同，实际地基计算中常将其

归纳为 5 种情况，如图 2-26 所示。不同固结情况其固结度计算公式虽不同，但它们都是时间因数的函数，即

$$U_t = f(T_v) \tag{2-34}$$

式中　T_v——时间因数（无量纲），$T_v = C_v t/H^2$；

C_v——土的固结系数（m^2/年），$C_v = \dfrac{1000k(1+e)}{\gamma_w a}$；

t——固结过程中某一时间（年）；

H——土层中最大排水距离，当土层为单面排水时，H 为土层厚度；如为双面排水，则 H 为土层厚度之半（m）；

k——土的渗透系数（m/年）；

e——土的初始孔隙比；

γ_w——水的重度，$\gamma_w = 10kN/m^3$；

a——土的压缩系数（MPa^{-1}）。

为简化计算，将不同固结情况的 $U_t = f(T_v)$ 关系制成图（见图 2-26）以备查用。应用该图时，先根据地基的实际情况画出地基中的附加应力分布图，然后结合土层的排水条件求得 α（$\alpha = \sigma_{za}/\sigma_{zp}$，$\sigma_{za}$ 为排水面附加应力，σ_{zp} 为不排水面附加应力）和 T_v 值，再利用该图中的曲线即可查得相应情况的 U_t 值。

应该指出的是，图 2-26 中所给出的均为单面排水情况，若土层为双面排水时，则不论附加应力分布图属何种图形，均按情况 0 计算其固结度。

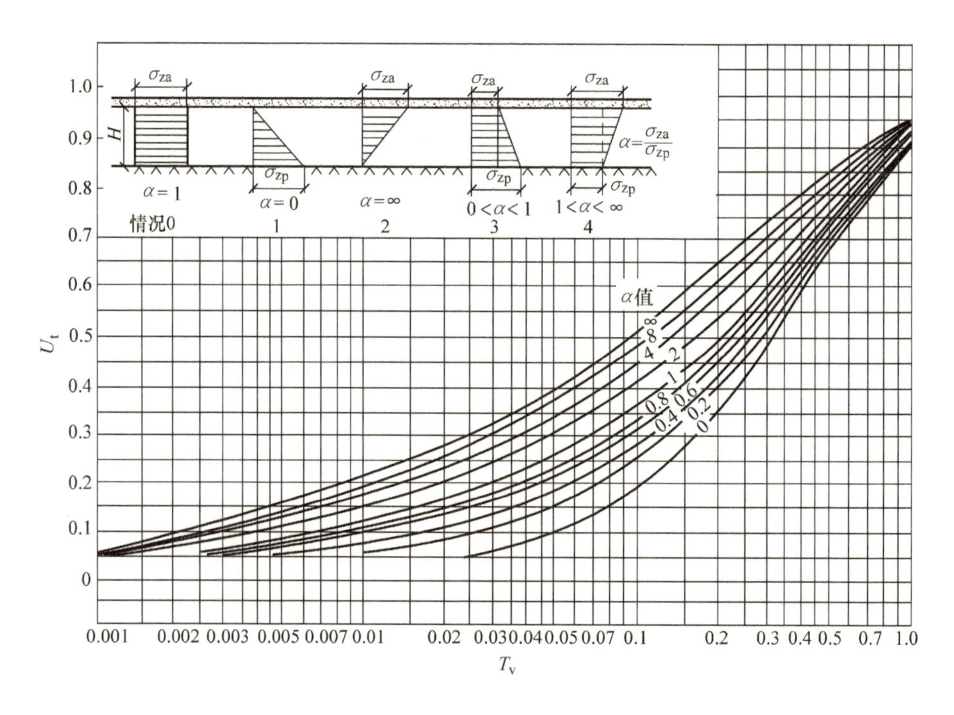

图 2-26　$U_t - T_v$ 关系曲线

实际工程中，基础沉降与时间关系的计算步骤如下：

（1）计算某一时间 t 的沉降量 s_t

1）根据土层的 k、a、e 求 C_v；

2）根据给定的时间 t 和土层厚度 H 及 C_v，求 T_v；

3）根据 $\alpha=\sigma_{za}/\sigma_{zp}$ 和 T_v，由图 2-26 查相应的 U_t；

4）由 $U_t=s_t/s$ 求 s_t。

（2）计算达到某一沉降量 s_t 所需时间 t

1）根据 s_t 计算 U_t；

2）根据 α 和 U_t，由图 2-26 查相应的 T_v；

3）根据已知资料求 C_v；

4）根据 T_v、C_v 及 H，即可求得 t。

例 2-7　某基础基底中点下的附加应力分布如图 2-27 所示，地基为厚 $H=5\text{m}$ 的饱和黏土层，顶部有薄层砂可排水，底部为坚硬不透水层。该黏土层在自重应力作用下已固结完毕，其初始孔隙比 $e_1=0.84$，由试验测得在自重应力和附加应力作用下 $e_2=0.80$，渗透系数 $k=0.016\text{m}/$年。试求：①1 年后地基的沉降量；②沉降达 100mm 所需的时间。

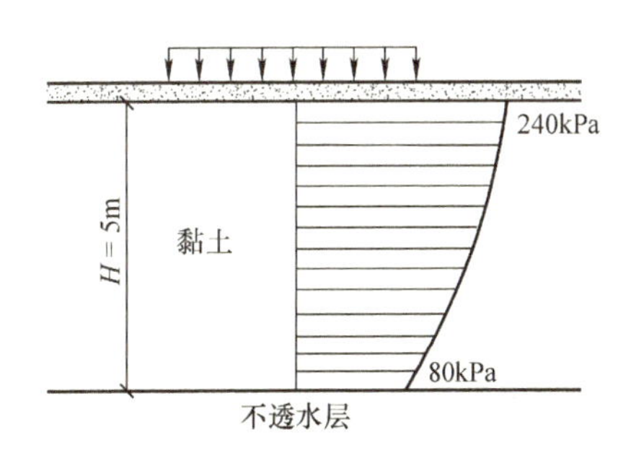

图 2-27　例 2-7 图

解：（1）计算基础最终沉降量

$$s=\frac{e_1-e_2}{1+e_1}H=\frac{0.84-0.80}{1+0.84}\times5\times1000\text{mm}=108.70\text{mm}$$

（2）计算 1 年后的沉降量

土的压缩系数：$a=\Delta e/\Delta\sigma=(0.84-0.80)/(240+80)/2\text{MPa}^{-1}=0.25\text{MPa}^{-1}$

则固结系数：$C_v=1000k(1+e)/(\gamma_w a)=1000\times0.016\times(1+0.84)/(10\times0.25)\text{m}^2/\text{年}$

$=11.78\text{m}^2/\text{年}$

时间因数：$T_v=C_vt/H^2=11.78\times1/5^2=0.4712$

附加应力比值：$\alpha=\sigma_{za}/\sigma_{zp}=240/80=3.0$

由 α 值可知属情况 4，由图 2-26 查得 $U_t=0.77$

1 年后沉降量：$s_{t=1}=U_ts=0.77\times108.70\text{mm}=83.70\text{mm}$

（3）计算沉降 $s_t=100\text{mm}$ 所需时间

固结度 $U_t=s_t/s=100\text{mm}/108.70\text{mm}=0.92$

由 $U_t=0.92$，$\alpha=3.0$，查图 2-26，得 $T_v=0.87$

则 $t=T_vH^2/C_v=0.87\times5^2/11.78$ 年 $=1.85$ 年

三、地基允许变形值

建筑物的地基变形允许值是指能保证建筑物正常使用的最大变形值。可由《地基规范》查得（见表 2-13）。对于表中未涉及的其他建筑物的地基变形允许值，可根据上部结构对地基变形的适应能力和使用要求确定。

基础变形特征有以下四种：

1）沉降量——基础中心点的沉降值；

2）沉降差——相邻单独基础沉降量的差值；

3）倾斜——基础倾斜方向两端点的沉降差与其距离的比值；

4）局部倾斜——砌体承重结构沿纵墙 6～10m 内基础某两点的沉降差与其距离的比值。

当建筑物地基不均匀或上部荷载差异过大及结构体型复杂时，对于砌体承重结构应由局部倾斜控制；对于框架结构和单层排架结构应由沉降差控制；对于多层或高层建筑和高耸结构应由倾斜控制。

表 2-13　建筑物的地基变形允许值

<table>
<tr><th rowspan="2">变形特征</th><th colspan="2">地基土类别</th></tr>
<tr><th>中、低压缩性土</th><th>高压缩性土</th></tr>
<tr><td>砌体承重结构基础的局部倾斜</td><td>0.002</td><td>0.003</td></tr>
<tr><td>工业与民用建筑相邻柱基的沉降差
（1）框架结构
（2）砖石墙填充的边排柱
（3）当基础不均匀沉降时不产生附加应力的结构</td><td>
0.002l
0.0007l
0.005l</td><td>
0.003l
0.001l
0.005l</td></tr>
<tr><td>单层排架结构（柱距为6m）柱基的沉降量/mm</td><td>（120）</td><td>200</td></tr>
<tr><td>桥式起重机轧面的倾斜（按不调整轨道考虑）
纵　向
横　向</td><td colspan="2">
0.004
0.003</td></tr>
<tr><td>多层和高层建筑基础的倾斜
$H_g \leq 24$
$24 < H_g \leq 60$
$60 < H_g \leq 100$
$H_g > 100$</td><td colspan="2">
0.004
0.003
0.0025
0.002</td></tr>
<tr><td>高耸结构基础的倾斜
$H_g \leq 20$
$20 < H_g \leq 50$
$50 < H_g \leq 100$
$100 < H_g \leq 150$
$150 < H_g \leq 200$
$200 < H_g \leq 250$</td><td colspan="2">
0.008
0.006
0.005
0.004
0.003
0.002</td></tr>
<tr><td>高耸结构基础的沉降量/mm
$H_g \leq 100$
$100 < H_g \leq 200$
$200 < H_g \leq 250$</td><td>（200）</td><td>
400
300
200</td></tr>
</table>

注：1. 有括号者仅适用于中压缩性土。

2. l 为相邻柱基的中心距离（mm）；H_g 为自室外地面起算的建筑物高度（m）。

综合能力训练

某工程场地土层分布如下：第 1 层杂填土，厚 1.5m，$\gamma=17kN/m^3$；第 2 层粉质黏土，厚 4m，$\gamma=19kN/m^3$，$\gamma_{sat}=19.2kN/m^3$，地下水位深 2m，$E_s=6.5MPa$；第 3 层粉土，厚 3m，$\gamma_{sat}=19.7kN/m^3$，$E_s=4.0MPa$；第 4 层砂岩未钻穿。

（1）试计算各土层交界处的竖向自重应力，并绘出自重应力分布曲线。

（2）若在此场地上建造正方形独立基础，基础底面尺寸 $A=4.0m\times4.0m$，基础埋深 $d=2.0m$。上部结构传来的轴向力准永久组合值 $F=1200kN$，持力层地基承载力特征值 $f_{ak}=120kPa$. 求基础中心点下 $z=0m$，$z=2m$ 和 $z=4m$ 处的地基附加应力。

（3）用《地基规范》法计算基础最终沉降量。

单元三

地基承载力

任务1　土的抗剪强度与极限平衡条件

问题引出

单元一案例中的加拿大特朗斯康谷仓1913年秋完工。同年10月，当谷仓装载31822m^3谷物时，发生严重下沉，1小时内竖向沉降达30.5cm，结构物向西倾斜并在24小时内倾倒。谷仓西端下沉7.32m，东端上抬1.52m，仓身倾斜27°，而上部钢筋混凝土筒仓完好。

问题：事故原因是什么？

想一想：地基的失稳会危及建筑基础的安全，那么应该采取什么措施来保证地基的稳定呢？

学习目标

1. 知道土的抗剪强度及库仑定律，了解土的极限平衡状态的概念。
2. 知道土的抗剪强度指标。
3. 会判断土中任一点的应力状态。

一、土的抗剪强度及库仑定律

土的抗剪强度是指土体对外荷载所产生的剪应力的极限抵抗能力。1776年，法国学者库仑（C. A. Coulomb）通过砂土的剪切试验，将砂土的抗剪强度表达为滑动面上法向正应力的函数，即

$$\tau_f = \sigma \cdot \tan\varphi \tag{3-1}$$

后来库仑通过对黏性土的试验，得出更为普遍的抗剪强度表达式

$$\tau_f = \sigma \cdot \tan\varphi + c \tag{3-2}$$

式中　τ_f——土的抗剪强度（kPa）；

σ——剪切面上的法向正应力（kPa）；

c——土的黏聚力（kPa），对无黏性土 $c=0$；

φ——土的内摩擦角（°）。

土的抗剪强度

式（3-1）和（3-2）统称为库仑定律（见图3-1）。

从图3-1可以得出，土的抗剪强度不是定值，它与剪切面上的法向正应力σ有关。土

的黏聚力 c 和土的内摩擦角 φ 称为土的抗剪强度指标。库仑定律是目前研究土的抗剪强度的基本定律。

由库仑定律可以知道，土的抗剪强度由黏聚力 c 和内摩擦力 $\sigma\tan\varphi$ 两部分组成。

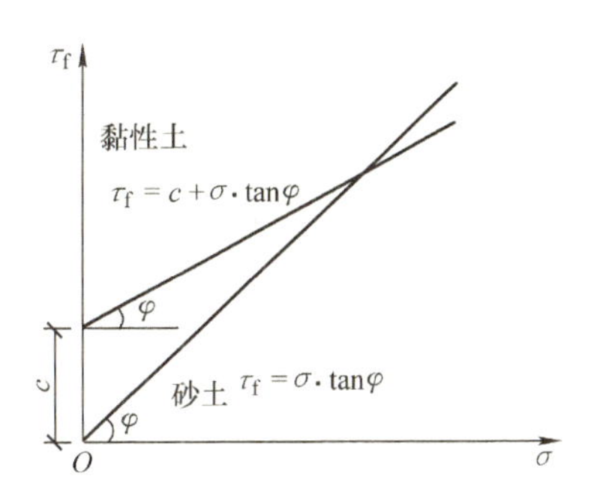

图 3-1　库仑定律

黏聚力是由于黏性土粒之间的胶结作用、结合水膜和水分子吸引力作用等形成的，其大小与土的矿物组成和压密程度有关。土粒越细，塑性越大，其黏聚力就越大。

内摩擦力包括土粒之间的表面摩擦力和由于土粒之间相互嵌入和连锁作用而产生的咬合力，其大小决定于土粒表面的粗糙度、密实度、土颗粒的大小以及颗粒级配等因素。

二、土的应力状态及极限平衡条件

当土体中任意一点在某一平面上的剪应力等于土的抗剪强度时，该点即处于极限平衡状态。此时，土中大小主应力与土的抗剪强度指标之间的关系称为土的极限平衡条件。要确定土的极限平衡条件，需研究土中任一点的应力状态。

土的极限平衡条件

（一）土中任一点的应力状态

在土体中任取一微元体，如图 3-2a 所示，作用在该微元体上的大小主应力分别为 σ_1 和 σ_3。设在微元体内与大主应力 σ_1 作用平面成任意角 α 的 mn 平面上有正应力 σ 和剪应力 τ，如图 3-2b 所示，取脱离体 abc，根据静力平衡条件可建立如下平衡方程：

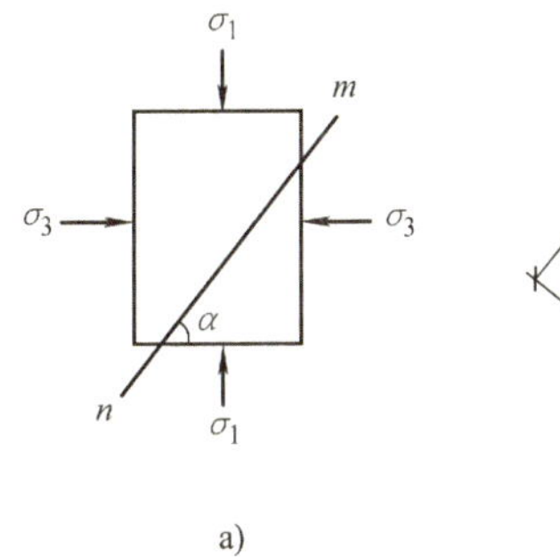

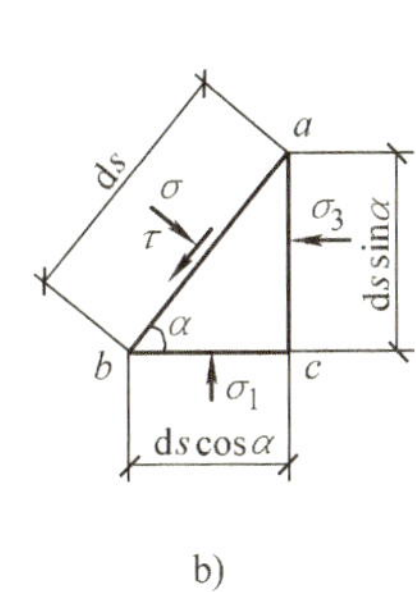

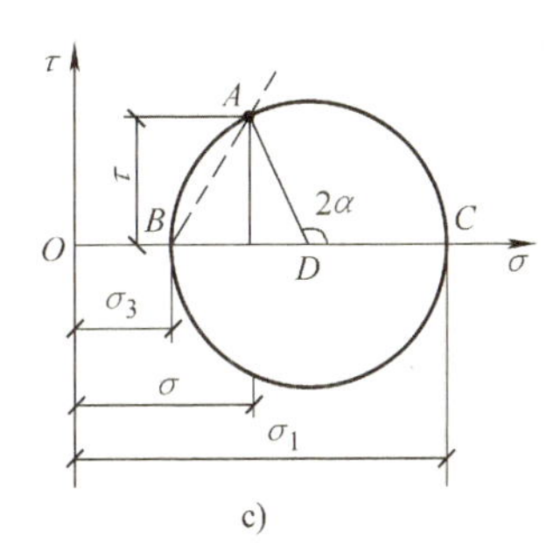

图 3-2　土中任一点的应力

a）微单元体上的应力　b）隔离体上的应力　c）莫尔应力圆

$$\sigma_3 \mathrm{d}s\,\sin\alpha - \sigma \mathrm{d}s\,\sin\alpha + \tau \mathrm{d}s\,\cos\alpha = 0$$

$$\sigma_1 \mathrm{d}s\,\cos\alpha - \sigma \mathrm{d}s\,\cos\alpha - \tau \mathrm{d}s\,\sin\alpha = 0$$

联立求解得 mn 平面上的应力为

$$\sigma = \frac{1}{2}(\sigma_1 + \sigma_3) + \frac{1}{2}(\sigma_1 - \sigma_3)\cos2\alpha \tag{3-3}$$

$$\tau = \frac{1}{2}(\sigma_1 - \sigma_3)\sin2\alpha \tag{3-4}$$

由材料力学知识可知，σ、τ 和 σ_1、σ_3 之间的关系可用莫尔应力圆表示。如图3-2c所示，在 $\sigma-\tau$ 直角坐标系中，按一定的比例尺，沿 σ 轴取 OB 和 OC 分别表示 σ_3 和 σ_1，以 D 点为圆心，$(\sigma_1-\sigma_3)$ 为直径作圆，从 DC 开始逆时针旋转 2α 角，得 DA 线。可以证明，A 点的横坐标为斜面 mn 上的正应力，纵坐标为斜面 mn 上的剪应力 τ。因此莫尔应力圆就可以表示土体中一点的应力状态，圆周上各点的坐标表示该点土体相应斜面上的正应力和剪应力，该斜面与大主应力作用面的夹角为 α。

（二）土的极限平衡条件

把代表土中某点应力状态的莫尔应力圆和抗剪强度线按同一比例画在同一坐标图上，应力圆与抗剪强度线之间的位置关系有三种情况（见图3-3）：

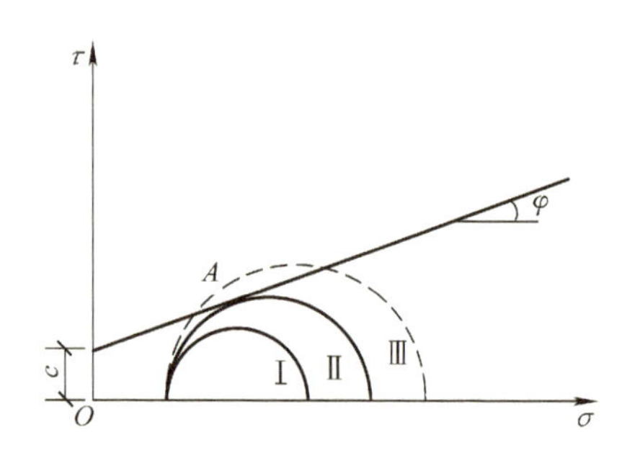

图3-3　莫尔应力圆与抗剪强度的关系

1）整个莫尔应力圆位于抗剪强度线的下方（圆Ⅰ）。这表明通过该点的任意平面上的剪应力都小于土的抗剪强度，此时该点处于稳定平衡状态，不会发生剪切破坏。

2）莫尔应力圆与抗剪强度线相切（圆Ⅱ）。这表明在相切点所代表的平面上，剪应力正好等于土的抗剪强度，此时该点处于极限平衡状态，相应的应力圆称为极限应力圆。

3）莫尔应力圆与抗剪强度线相割（圆Ⅲ）。这表明该点某些平面上的剪应力已超过了土的抗剪强度，此时该点已发生剪切破坏。由于此时地基应力将发生重分布，事实上该应力圆所代表的应力状态并不存在。

如图3-4所示，黏性土中某点达到极限平衡状态，即莫尔应力圆与抗剪强度线相切于 A 点，在直角三角形 ARD 中，有

$$\sin\varphi=\frac{AD}{RD}=\frac{(\sigma_1-\sigma_3)/2}{c\cot\varphi+\frac{1}{2}(\sigma_1+\sigma_3)}$$

利用三角函数整理得

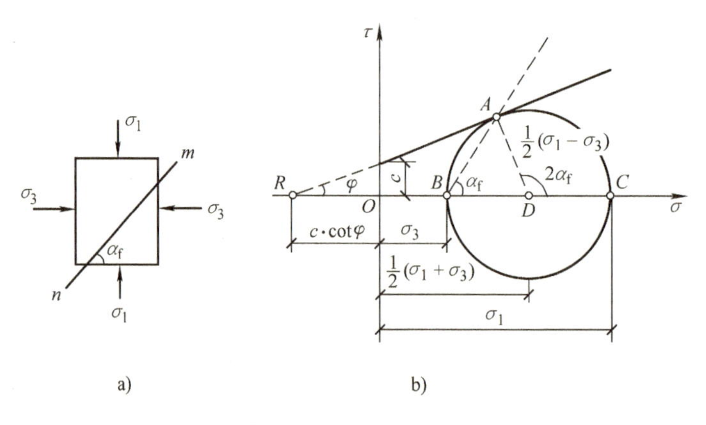

图3-4　土体中一点达到极限平衡状态时的莫尔圆

a）微元体　b）极限平衡时的莫尔圆

$$\sigma_1 = \sigma_3 \tan^2\left(45^\circ + \frac{1}{2}\varphi\right) + 2c\tan\left(45^\circ + \frac{1}{2}\varphi\right) \tag{3-5}$$

$$\sigma_3 = \sigma_1 \tan^2\left(45^\circ - \frac{1}{2}\varphi\right) - 2c\tan\left(45^\circ - \frac{1}{2}\varphi\right) \tag{3-6}$$

对无黏性土，由于 $c=0$，根据式（3-5）、式（3-6）所得的无黏性土极限平衡条件为

$$\sigma_1 = \sigma_3 \tan^2\left(45^\circ + \frac{1}{2}\varphi\right) \tag{3-7}$$

$$\sigma_3 = \sigma_1 \tan^2\left(45^\circ - \frac{1}{2}\varphi\right) \tag{3-8}$$

由三角形 *ARD* 的内角与外角关系（见图 3-4b）可得

$$2\alpha_f = 90^\circ + \varphi$$

即破坏面与大主应力 σ_1 作用面的夹角为

$$\alpha_f = 45^\circ + \frac{1}{2}\varphi \tag{3-9}$$

土的极限平衡条件表明，土体剪切破坏时的破裂面不是发生在最大剪应力 τ_{max} 的作用面 $\alpha=45^\circ$ 上，而是发生在与大主应力的作用面成 $\alpha=45^\circ+\varphi/2$ 的平面上，只有 $\varphi=0$ 时，剪切破坏面才与切应力最大面一致。

例 3-1　某土的内摩擦角和黏聚力分别为 $\varphi=30^\circ$，$c=15\text{kPa}$。若 $\sigma_3=120\text{kPa}$，求

（1）达到极限平衡时的大主应力。

（2）极限平衡面与大主应力作用面的夹角。

（3）当 $\sigma_1=450\text{kPa}$ 时，试判断该点土体所处状态。

解：（1）根据土的极限平衡条件，小主应力 $\sigma_3=120\text{kPa}$ 时土体处于极限平衡状态所对应的大主应力 σ_{1f} 为

$$\begin{aligned}\sigma_{1f} &= \sigma_3\tan^2\left(45^\circ + \frac{1}{2}\varphi\right) + 2c\tan\left(45^\circ + \frac{1}{2}\varphi\right)\\ &= 120 \times \tan^2\left(45^\circ + \frac{30^\circ}{2}\right) + 2 \times 15 \times \tan\left(45^\circ + \frac{30^\circ}{2}\right)\\ &= 412\text{kPa}\end{aligned}$$

（2）极限平衡面与大主应力作用面的夹角

$$\alpha_f = 45^\circ + \frac{1}{2}\varphi = 45^\circ + \frac{30^\circ}{2} = 60^\circ$$

（3）方法一：$\sigma_1=450\text{kPa}>\sigma_{1f}=412\text{kPa}$，根据莫尔应力圆与抗剪强度线关系判断，故该点土体处于破坏状态。

方法二：当 $\sigma_1=450\text{kPa}$ 时，根据极限平衡条件：

$$\begin{aligned}\sigma_{3f} &= \sigma_1\tan^2\left(45^\circ - \frac{1}{2}\varphi\right) - 2c\tan\left(45^\circ - \frac{1}{2}\varphi\right)\\ &= \left[450 \times \tan^2\left(45^\circ - \frac{30^\circ}{2}\right) - 2 \times 15 \times \tan\left(45^\circ - \frac{30^\circ}{2}\right)\right]\text{kPa}\\ &= 132.68\text{kPa} > 120\text{kPa}\end{aligned}$$

根据莫尔应力圆与抗剪强度线关系判断，故该点土体处于破坏状态。

方法三：$\sigma=\frac{1}{2}(\sigma_1+\sigma_3)+\frac{1}{2}(\sigma_1-\sigma_3)\cos2\alpha$

$=\left[\frac{1}{2}\times(450+120)+\frac{1}{2}\times(450-120)\times\cos(2\times60°)\right]\text{kPa}$

$=202.5\text{kPa}$

$\tau=\frac{1}{2}(\sigma_1-\sigma_3)\sin2\alpha$

$=\frac{1}{2}\times(450-120)\sin(2\times60°)\text{kPa}=142.89\text{kPa}$

$\tau_f=\sigma\cdot\tan\varphi+c=(202.5\times\tan30°+15)\text{kPa}=131.91\text{kPa}$

$\tau>\tau_f$，该点土体处于破坏状态。

任务2 抗剪强度的确定及试验方法

某电教综合楼岩土工程勘察报告中，室内土工试验的结果见表3-1。

表3-1 室内土工试验结果（部分数据）

孔号及土号	试样深度/m	天然含水量（%）	土粒相对密度	天然孔隙比	液限（%）	塑限（%）	…	直剪		室内定名
								黏聚力/kPa	内摩擦角（°）	
1-1	2.30~2.50	28.0	2.75	0.87	55.0	29.0	…			黏土
2-1	2.30~2.50	32.0	2.75	0.96	53.0	28.0	…	60.0	11.3	黏土
2-2	2.80~3.00	31.0	2.74	0.85	35.0	21.0	…	51.0	10.2	粉质黏土

问题：测定土的抗剪强度指标c和φ的方法有哪些？

想一想：上表中列出的数据都是土工试验人员在实验室精心测得的，只有真实可靠的数据才能反映工程的实际状况，同学们在以后的学习、工作中也要做到实事求是，切勿弄虚作假。

学习目标

1. 知道土的抗剪强度指标的测定方法。
2. 会正确选择土的抗剪强度指标的测定方法。

土的内摩擦角φ和黏聚力c是确定地基土承载力、挡土墙土压力等的重要指标。因此，正确地测定和选择土的抗剪强度指标是土工试验与设计计算中十分重要的问题。土的抗剪强度指标，可采用原状土室内剪切试验、无侧限抗压强度试验、现场剪切试验、十字板剪切试验等方法测定。当采用室内剪切试验确定时，宜选择三轴压缩试验的自重压力下预固结的不固结不排水试验。经过预压固结的地基可采用固结不排水试验。

一、直接剪切试验

（一）试验原理

直接剪切试验（直剪试验）的目的是用直剪仪测定土的抗剪强度指标c、φ值，从而确定土的抗剪强度。试验设备与具体试验方法见试验指导书。

直剪试验原理：对某一种土体而言，一定条件下抗剪强度指标 c、φ 值为常数，所以，τ_f 与 σ 为线性关系。试验中，通常对同一种土取 4 个试件，分别在不同的垂直压力 p 下，施加水平剪切力进行剪切，如图 3-5 所示，使试件沿人为制造的水平面剪坏，得到 4 组数据（τ，σ）。其中，τ 为剪切破坏面上所受最大剪应力，σ 为相应正应力，这 4 组数据（τ，σ）对应以 τ 为纵坐标、σ 为横坐标的坐标系中的 4 个点，根据 4 点绘一直线，直线的倾角为土的内摩擦角 φ，纵轴截距为土的黏聚力 c（见图 3-6）。

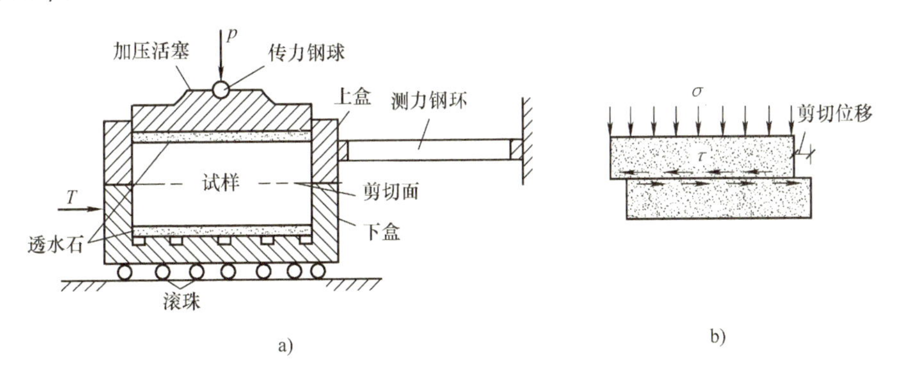

图 3-5　直接剪切试验示意图

a）直剪仪简图　b）试样受剪情况

（二）试验方法

试验和工程实践都表明，土的抗剪强度与土受力后的排水固结状况有关，故测定抗剪强度指标的试验方法应与现场的施工加荷条件一致。为了近似模拟土体的实际排水固结状况，按剪切前的固结程度、剪切时排水条件及加荷速率，把剪切试验分为快剪、固结快剪和慢剪三种试验。

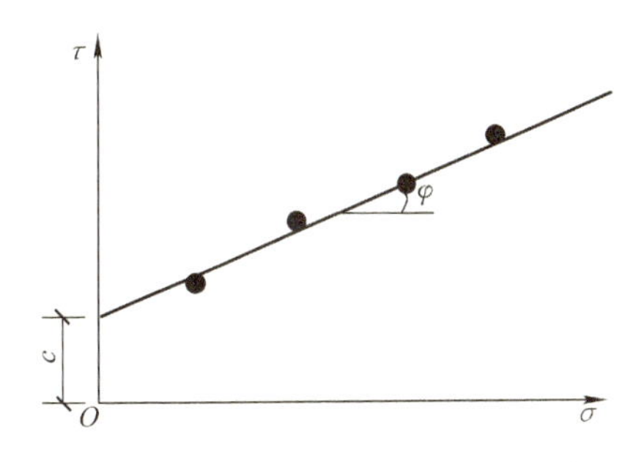

图 3-6　切应力 τ 与正应力 σ 的关系曲线

1）快剪。快剪试验是在对试样施加竖向压力后，立即以 0.8mm/min 的剪切速率快速施加水平剪应力使试样剪切破坏，得到 c_q 和 φ_q。一般从加荷到土样剪坏只用 3～5min。

2）固结快剪。固结快剪是在对试样施加竖向压力后，让试样充分排水固结，待沉降稳定后，再以 0.8mm/min 的剪切速率快速施加水平剪应力使试样剪切破坏，得到 c_{cq} 和 φ_{cq}。

3）慢剪。慢剪是在对试样施加竖向压力后，让试样充分排水固结，待沉降稳定后，以小于 0.02mm/min 的剪切速率施加水平剪应力直至试样剪切破坏，使试样在受剪过程中一直充分排水和产生体积变形，得到 c_s 和 φ_s。

三种方法得到的强度曲线如图 3-7 所示。显然三种方法所得到的结果是不同的，即土的抗剪强度是随试验条件而变化的，其中最重要的是试验时试样的排水条件。这是因为组成土的抗剪强度的摩擦阻力部分与土粒之间有效应力的大小相关，排水条件不同，土的有效应力也不同，抗剪强度就会有差异。

快剪试验用于模拟在土体来不及固结排水就较快加荷的情况。在实际工程中，对渗透性差、排水条件不良、建筑物施工速度快的地基土或斜坡稳定分析时，可采用快剪。固结快剪

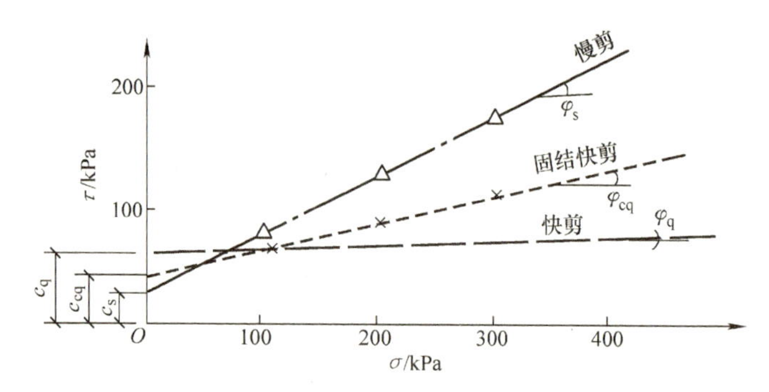

图3-7　三种试验方法得到的抗剪强度曲线

用于模拟建筑场地上土体在自重和正常荷载作用下达到完全固结，而后遇到突然施加荷载的情况，例如地基土受到地震荷载的作用。慢剪试验用于模拟在实际工程中，土的排水条件良好（如砂土层中夹砂层）、地基土透水性良好（如低塑性黏土）且加荷速率慢的情况。

（三）优缺点

直剪试验具有设备简单、操作方便、试件厚度薄、固结快、试验历时短等优点，在工程实践中应用广泛。但也存在如下缺点：

1）剪切面限定在上下盒之间的平面，而不是沿土样最薄弱的面。

2）剪切面上剪应力分布不均匀，土样剪切破坏先从边缘开始，在边缘产生应力集中现象。

3）在剪切过程中，土样剪切面逐渐缩小，而在计算抗剪强度时仍按土样的原截面面积计算。

4）试验时不能严格控制排水条件，并且不能测量孔隙水压力。

二、三轴压缩试验

（一）试验原理

三轴压缩试验是根据莫尔－库仑破坏准则测定土的黏聚力 c 和内摩擦角 φ。常规的三轴试验是取3个性质相同的圆柱体试件，分别在其四周先施加不同的围压（即小主应力）σ_3，随后逐渐增大大主应力 σ_1，直到破坏为止，如图3-8所示。根据破坏时的大主应力 σ_1 和小主应力 σ_3 绘制3个莫尔圆，莫尔圆的包络线就是抗剪强度与正应力的关系曲线，通常以近似的直线表示，其对横轴的倾角为内摩擦角 φ，在纵轴上的截距为黏聚力 c。

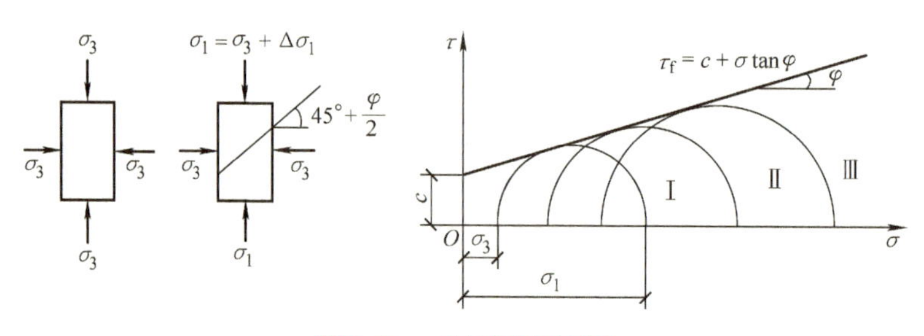

图3-8　三轴试验原理图

（二）试验方法

通过控制土样在周围压力作用下固结条件和剪切时的排水条件，可分成如下三种三轴试验方法：

1）不固结不排水剪（UU）。在施加围压 σ_3 和轴向压力增量 $\Delta\sigma_1$ 直至试件破坏的整个过程中，均不允许试件排水固结，即不让孔隙水压力消散。这种方法可以测得总抗剪强度指标 c_u 和 φ_u。

2）固结不排水剪（CU）。使试件先在周围压力 σ_3 作用下排水固结，即让围压 σ_3 作用下所产生的孔隙水应力消散为零，然后在不允许排水的条件下，施加轴向压力增量 $\Delta\sigma_1$ 直至试件破坏。这种试验方法可以测得总应力强度指标 c_{cu} 和 φ_{cu}。

3）固结排水剪（CD）。使试件先在围压 σ_3 作用下排水固结，然后在允许试件排水的条件下，即允许孔隙水压力消散的条件下，施加轴向压力增量 $\Delta\sigma_1$ 直至试件破坏。这种试验方法可以测得有效抗剪强度指标 c_d 和 φ_d。

（三）优缺点

三轴压缩试验可供复杂应力条件下研究土的抗剪强度，其突出优点是：

1）能够控制排水条件以及可以测量土样中孔隙水压力的变化。

2）与直剪试验相比，试样中的应力状态相对比较明确和均匀，不硬性指定破裂面位置。

3）除抗剪强度指标外，还可测定土的灵敏度、侧压力系数、孔隙水压力等力学指标。

三轴压缩试验的主要缺点是试验操作比较复杂，对操作技术要求比较高。另外，常规三轴试验中的试件所受的力是轴对称的，与工程实际中土体的受力情况仍有差异，要满足土样在三向应力条件下进行剪切试验，就必须采用更为复杂的三轴仪进行试验。

三、无侧限抗压强度试验

无侧限抗压强度试验实际上是三轴试验的一种特殊情况，即周围压力 $\sigma_3=0$ 的三轴试验，适用于饱和黏性土。其主要设备是无侧限压缩仪，如图 3-9a 所示。试验时，取一个饱和黏性土圆柱体试件，在周围压力（即小主应力）$\sigma_3=0$ 及不排水情况下逐渐增加大主应力 σ_1 直到破坏为止（见图 3-9b），测得破坏时 $\sigma_1=q_u$。由 $\sigma_3=0$、$\sigma_1=q_u$ 绘制无侧限抗压强度的莫尔破损应力圆，如图 3-9c 所示，饱和黏性土不排水剪切的内摩擦角 $\varphi_u=0$，因此，$\varphi_u=0$ 的切线与纵坐标的截距，即为土的黏聚力 c_u。

$$\tau_f=\frac{q_u}{2}=c_u \tag{3-10}$$

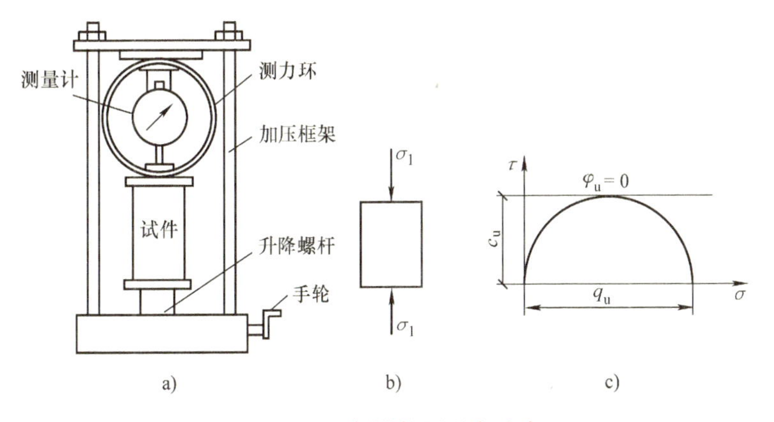

图 3-9　无侧限抗压强度试验

在试验过程中应注意，由于取样过程中土样受到扰动，原位应力被释放，用这种试样测得的不排水强度不能够完全代表试样的原位不排水强度。

无侧限抗压强度试验除了可以测定饱和黏性土的抗剪强度指标外，还可以测定饱和黏性土的灵敏度 S_t。将已做完无侧限抗压强度试验的土样，包以塑料薄膜，用手搓捏，彻底破坏其结构，然后将扰动土重塑成圆柱形，填压入重塑筒内，塑成与原状土试样同体积的试件，再进行无侧限抗压试验，测得重塑土的无侧限抗压强度 q_0，求得该土的灵敏度：

$$S_t = \frac{q_u}{q_0} \tag{3-11}$$

式中　S_t——饱和黏性土的灵敏度；

q_u——原状土的无侧限抗压强度（kPa）；

q_0——重塑土（指在含水量不变的条件下使土的天然结构破坏后再重新制备的土）的无侧限抗压强度（kPa）。

根据灵敏度可将饱和土分为三类：

低灵敏度　　$S_t \leqslant 2$

中灵敏度　　$2 < S_t \leqslant 4$

高灵敏度　　$S_t > 4$

土的灵敏度越高，其结构性越强，受扰动后土的强度降低越多。所以在高灵敏度土上修建建筑物时，应尽量减少对土的扰动。

四、十字板剪切试验

十字板剪切试验是一种原位测试方法，适合在现场测定饱和黏性土的原位不排水抗剪强度，特别适用于均匀饱和软黏土。

十字板剪切试验采用的试验设备主要是十字板剪力仪，如图3-10所示。试验时，先把套管打到拟测试深度以上750mm处，将套管内的土清除，再通过套管将安装在钻杆下的十字板压入土中至测试的深度；由地面上的扭力装置对钻杆施加扭矩，使埋在土中的十字板扭转，直至土体剪切破坏，形成圆柱面破坏面。

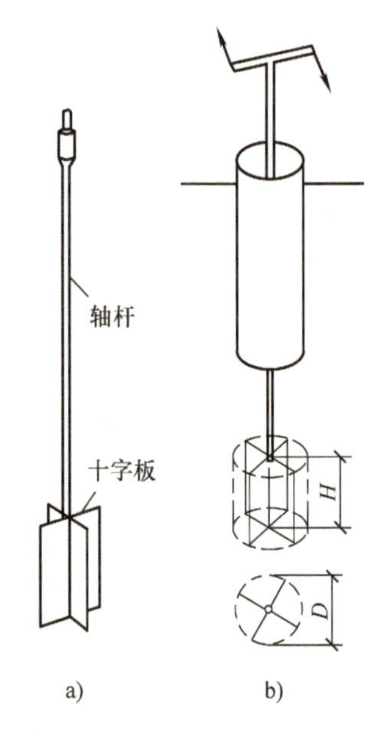

图3-10　十字板剪切仪

设剪切破坏时所施加的扭矩为 M_{max}，则它应与剪切破坏圆柱面（包括侧面和上下底面）上土的抗剪强度所产生的抵抗力矩相等，即

$$M_{max} = \pi DH \times \frac{D}{2}\tau_v + 2 \times \frac{\pi D^2}{4} \times \frac{D}{3}\tau_H \tag{3-12}$$

天然状态的土体是各向异性的，但实用上为了简化计算，假定土体为各向同性，即 $\tau_v = \tau_H = \tau_f$，代入式（3-12）整理得

$$\tau_f = \frac{2M_{max}}{\pi D^2\left(H + \frac{D}{3}\right)} \tag{3-13}$$

式中　M_{max}——十字板剪切破坏扭矩（kN·m）；

D——十字板的直径（m）；

H——十字板的高度（m）；

τ_v，τ_H——分别为剪切破坏时圆柱土体侧面和上下面土的抗剪强度（kPa）。

任务3　地基的破坏形式与地基承载力的确定

问题引出

某电教综合楼岩土工程勘察报告中，各土层的地基承载力特征值f_{ak}见表3-2。

表3-2　土层的承载力特征值

土层名称	f_{ak} /kPa	q_{pa}/kPa			q_{sa}/kPa		
		预制桩	压灌桩	挖孔桩	预制桩	压灌桩	挖孔桩
素填土	90				10	10	9
粉质黏土1	120				15	15	
粉质黏土2	150				18	18	12
卵石	700	5000	3500	3400			15

问题：什么是地基承载力特征值？地基承载力特征值是如何确定的？

1. 知道地基破坏的形式及地基破坏的过程。
2. 会运用不同的方法计算地基承载力。
3. 能对地基承载力特征值进行修正。

地基承载力是指地基单位面积上所能承受荷载的能力。通常把地基单位面积上所能承受的最大荷载称为极限荷载或极限承载力。地基基础设计中，为保证荷载作用下地基不破坏，《地基规范》规定：

当轴心荷载作用时

$$p_k \leqslant f_a \tag{3-14}$$

式中　p_k——相应于作用的标准组合时，基础底面处的平均压力值（kPa）；

f_a——修正后的地基承载力特征值（kPa）。

当偏心荷载作用时，除符合式（3-14）外，尚应符合下式规定：

$$p_{kmax} \leqslant 1.2f_a \tag{3-15}$$

式中　p_{kmax}——相应于作用的标准组合时，基础底面边缘的最大压力值（kPa）。

一、地基的破坏形式

试验研究表明，建筑地基在荷载作用下往往由于承载力不足而产生剪切破坏，其破坏形式可以分为整体剪切破坏、局部剪切破坏和冲切破坏三种，如图3-11所示。

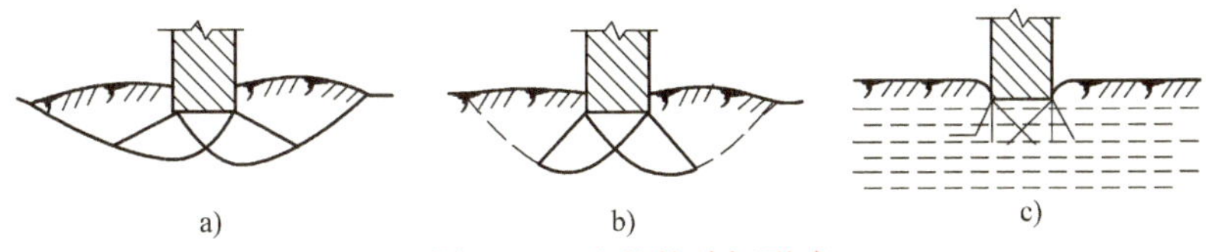

图3-11　地基的破坏形式

a）整体剪切破坏　b）局部剪切破坏　c）冲切破坏

（一）整体剪切破坏

发生整体剪切破坏的地基，从开始受荷到破坏，分三个变形阶段，如图3-12中曲线1所示。

（1）压密阶段（或称线弹性变形阶段）　这一阶段，基底压力 p 与沉降 s 之间的 $p-s$ 曲线接近于直线（oa 段），土中各点的剪应力均小于土的抗剪强度，土体处于弹性平衡状态，地基的沉降主要是由于土的压密变形引起的。相应于 a 点的荷载称为比例界限荷载（临塑荷载），以 p_{cr} 表示。

（2）剪切阶段（或称弹塑性变形阶段）　这一阶段 $p-s$ 曲线已不再保持线性关系（ab 段），沉降的增长率随荷载的增大而增加。地基土中局部范围内（首先在基础边缘处）的剪应力达到土的抗剪强度，土体发生剪切破坏，这些区域也称塑性区。b 点对应的荷载称为极限荷载，以 p_u 表示。

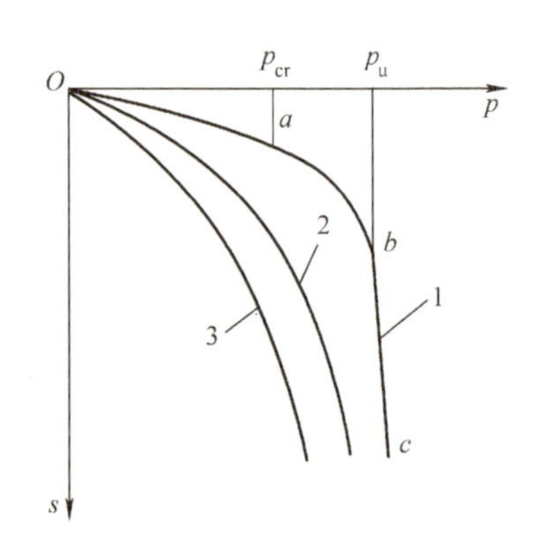

图3-12　不同类型的 $p-s$ 曲线

（3）完全破坏阶段　当荷载超过极限荷载后，土中塑性区范围不断扩展，最后在土中形成连续滑动面，基础急剧下沉或向一侧倾斜，土从基础四周挤出，地面隆起，地基发生整体剪切破坏。这一阶段通常称为完全破坏阶段，$p-s$ 曲线陡直下降（bc 段）。

（二）冲切破坏

冲切破坏一般发生在基础刚度较大且地基土十分软弱的情况下，其 $p-s$ 曲线如图3-12中曲线3所示。冲切破坏的特征是：随着荷载的增加，基础下土层发生压缩变形，基础随之下沉；当荷载继续增加，基础四周的土体发生竖向剪切破坏，基础刺入土中。冲切破坏时，地基中没有出现明显的连续滑动面，基础四周地面不隆起，而是随基础的刺入微微下沉。冲切破坏伴随有过大的沉降，没有倾斜的发生，$p-s$ 曲线无明显拐点。

（三）局部剪切破坏

这种破坏形式的特征是介于整体剪切破坏与冲切破坏之间，其破坏过程与整体剪切破坏有类似之处，但 $p-s$ 曲线无明显的三阶段，如图3-12中曲线2所示。局部剪切破坏的特征是：$p-s$ 曲线从一开始就呈非线性关系；地基破坏是从基础边缘开始，但是滑动面未延伸到地表，而是终止在地基土内部某一位置；基础两侧的土体微微隆起，基础一般不会明显倾斜或倒塌。

二、地基承载力的确定

（一）理论计算

1. 临塑荷载

临塑荷载是地基土中将要出现但尚未出现塑性变形区时的基底压力。根据土中应力计算的弹性理论和土体极限平衡条件，推得均布条形荷载作用下，地基的临塑荷载计算公式为

$$p_{cr}=\gamma_0 dN_d+cN_c \tag{3-16}$$

式中　γ_0——基础埋深范围内土的重度（kN/m^3）；

d——基础埋深（m）；

c——基础底面以下土的黏聚力（kPa）；

N_d，N_c——承载力系数，$N_d = \dfrac{\cot\varphi + \varphi + \frac{\pi}{2}}{\cot\varphi + \varphi - \frac{\pi}{2}}$，$N_c = \dfrac{\pi\cot\varphi}{\cot\varphi + \varphi - \frac{\pi}{2}}$；

φ——基础底面以下土的内摩擦角（rad）。

在工程中，可采用计算得到的临塑荷载 p_{cr} 作为地基承载力的特征值 f_a。

2. 临界荷载

工程实践表明，即使地基中存在塑性区的发展，只要塑性区范围不超出某一限度，就不会影响建筑物的正常使用和安全。因此，以 p_{cr} 作为地基土的承载力偏于保守。地基塑性区发展的允许深度与建筑物类型、荷载性质以及土的特性等因素有关，目前尚无统一意见。一般认为，在中心垂直荷载作用下，塑性区的最大发展深度 z_{max} 可控制在基础宽度的 1/4，即 $z_{max} = b/4$；而对于偏心荷载作用的基础，可取 $z_{max} = b/3$。与它们相对应的荷载分别用 $p_{1/4}$、$p_{1/3}$ 表示，称为临界荷载，其计算公式为

$$p_{1/4} = \gamma b N_{1/4} + \gamma_0 d N_d + c N_c \tag{3-17}$$

$$p_{1/3} = \gamma b N_{1/3} + \gamma_0 d N_d + c N_c \tag{3-18}$$

式中　$N_{1/4}$，$N_{1/3}$——承载力系数，$N_{1/4} = \dfrac{\frac{\pi}{4}}{\cot\varphi + \varphi - \frac{\pi}{2}}$，$N_{1/3} = \dfrac{\frac{\pi}{3}}{\cot\varphi + \varphi - \frac{\pi}{2}}$；

γ——基础底面以下土的重度，地下水位以下用有效重度（kN/m^3）；

b——基础宽度（m）。

其余符号同前。

上述公式是在条形基础承受均布荷载条件下推导出来的，可以直接作为地基承载力特征值使用，对于矩形、圆形基础可近似应用，结果偏于安全。以 $p_{1/4}$ 或 $p_{1/3}$ 作为地基承载力特征值，还需进行基础的沉降验算。

例 3-2　某条形基础，宽度 $b = 2.8m$，埋置深度 $d = 1.2m$。地基土为粉质黏土，其物理力学性质指标为：$\gamma_0 = \gamma = 18kN/m^3$，黏聚力 $c = 12kPa$，内摩擦角 $\varphi = 10°$，饱和重度 $\gamma_{sat} = 20kN/m^3$。

（1）求地基承载力 $p_{1/4}$、$p_{1/3}$。

（2）当地下水位上升至基础底面时，承载力有何变化？

解：（1）由 $\varphi = 10°$，根据承载力系数计算公式，得 $N_{1/4} = 0.18$、$N_{1/3} = 0.24$、$N_d = 1.73$、$N_c = 4.17$，分别代入式（3-17）和式（3-18）得

$$\begin{aligned} p_{1/4} &= \gamma b N_{1/4} + \gamma_0 d N_d + c N_c \\ &= (18 \times 2.8 \times 0.18 + 18 \times 1.2 \times 1.73 + 12 \times 4.17)kPa = 96.48kPa \end{aligned}$$

$$\begin{aligned} p_{1/3} &= \gamma b N_{1/3} + \gamma_0 d N_d + c N_c \\ &= (18 \times 2.8 \times 0.24 + 18 \times 1.2 \times 1.73 + 12 \times 4.17)kPa = 99.5kPa \end{aligned}$$

（2）当地下水位上升至基础底面时，若 φ 不变，则承载力系数也不变，但基底以下土的重度 γ 按有效重度 γ' 计，其值为

$$p_{1/4} = \gamma' b N_{1/4} + \gamma_0 d N_d + c N_c$$
$$= (20\text{kN/m}^3 - 10\text{kN/m}^3) \times 2.8\text{m} \times 0.18 + 18\text{kN/m}^3 \times 1.2\text{m} \times 1.73 + 12\text{kPa} \times 4.17$$
$$= 92.45\text{kPa}$$

$$p_{1/3} = \gamma' b N_{1/3} + \gamma_0 d N_d + c N_c$$
$$= (20\text{kN/m}^3 - 10\text{kN/m}^3) \times 2.8\text{m} \times 0.24 + 18\text{kN/m}^3 \times 1.2\text{m} \times 1.73 + 12\text{kPa} \times 4.17$$
$$= 94.13\text{kPa}$$

从计算结果可知，当地下水位上升至基础底面时，地基承载力将降低。

3. 极限荷载

地基的极限荷载是指地基在外荷载作用下，产生的应力达到极限平衡时的荷载。求解极限荷载的方法很多，分为两类。一类是根据土体的极限平衡理论和已知的边界条件计算出各点达到极限平衡时的应力及滑动方向，求得极限荷载。该法理论严密，但求解复杂，故不常用。另一类是通过模型试验，研究地基的滑动面形状并进行简化，根据滑动土体的静力平衡条件，求解极限荷载。推导时的假定条件不同，则得到的极限荷载公式就不同，该法应用广泛。

地基极限荷载的一般计算公式为

$$p_u = 0.5\gamma b N_r + q N_q + c N_c' \tag{3-19}$$

式中　q——基础的旁侧荷载，其值为基础埋深范围内土的自重应力（kPa）；

N_r、N_c'、N_q——地基承载系数。

极限荷载是地基开始滑动破坏的荷载，因此用作地基承载力特征值时必须以一定的安全度予以折减。安全系数 k 值的大小应根据建筑工程的等级、规模、重要性及各种极限荷载公式的理论、假定条件与适用情况而确定，通常可取 2 ~ 3。

（二）地基承载力的确定方法

地基承载力的确定应考虑土的物理力学性质、地基土的沉积年代及成因、地下水、基础类型、底面尺寸及形状、埋深、建筑类型、结构特点以及施工速度等因素。

《地基规范》规定：地基承载力特征值可由载荷试验或其他原位测试、公式计算，并结合工程实践经验等方法综合确定。

1. 根据载荷试验确定

《地基规范》对浅层平板载荷试验确定地基承载力特征值做了如下规定：

1）当 $p-s$ 曲线上有比例界限时，取该比例界限所对应得荷载值。

2）当极限荷载小于对应比例界限的荷载值的 2 倍时，取极限荷载值的一半。

3）当不能按上述二款要求确定时，当压板面积为 0.25 ~ 0.5m^2 时，可取 $s/b = 0.01 \sim 0.015$ 所对应的荷载，但其值不应大于最大加载量的一半。

另外，同一土层参加统计的试验点不应少于 3 点。当试验实测值的极差不超过其平均值的 30% 时，取此平均值作为该土层的地基承载力特征值 f_{ak}。

2. 根据理论公式确定

《地基规范》推荐地基承载力特征值的理论计算公式为

$$f_a = M_b \cdot \gamma b + M_d \cdot \gamma_m d + M_c \cdot c_k \tag{3-20}$$

式中　f_a——由土的抗剪强度指标确定的地基承载力特征值（kPa）；

M_b，M_d，M_c——承载力系数，可查表 3-3；

b——基础底面宽度（m），大于6m时，按6m取值，对于砂土，小于3m时按3m取值；

c_k——基底下一倍短边宽度的深度范围内土的黏聚力标准值（kPa）。

式（3-20）是以$p_{1/4}$为基础得来的，适用于偏心距$e \leqslant 0.033$倍基础底面宽度的情况。

表3-3　承载力系数M_b、M_d、M_c

土的内摩擦角标准值φ_k/（°）	M_b	M_d	M_c
0	0	1.00	3.14
2	0.03	1.12	3.32
4	0.06	1.25	3.51
6	0.10	1.39	3.71
8	0.14	1.55	3.93
10	0.18	1.73	4.17
12	0.23	1.94	4.42
14	0.29	2.17	4.69
16	0.36	2.43	5.00
18	0.43	2.72	5.31
20	0.51	3.06	5.66
22	0.61	3.44	6.04
24	0.80	3.87	6.45
26	1.10	4.37	6.90
28	1.40	4.93	7.40
30	1.90	5.59	7.95
32	2.60	6.35	8.55
34	3.40	7.21	9.22
36	4.20	8.25	9.97
38	5.00	9.44	10.80
40	5.80	10.84	11.73

注：φ_k为基底下一倍短边宽度的深度范围内土的内摩擦角标准值（°）。

3. 根据经验方法确定

当拟建建筑场地附近已有建筑物时，调查这些建筑物的结构形式、荷载、基底土层性状、基础形式尺寸和采用的地基承载力数值，以及建筑物有无裂缝和其他损坏现象等，以此来确定地基承载力。这种方法一般适用于荷载不大的中、小型工程。

4. 地基承载力特征值的修正

当基础宽度大于3m或埋置深度大于0.5m时，从载荷试验或其他原位测试、经验值等方法确定的地基承载力特征值，应按下式进行宽度和深度修正：

$$f_a = f_{ak} + \eta_b \gamma (b-3) + \eta_d \gamma_m (d-0.5) \tag{3-21}$$

式中　f_a——修正后的地基承载力特征值（kPa）；

f_{ak}——地基承载力特征值（kPa）；

η_b、η_d——基础宽度和埋深的地基承载力修正系数，按基底下土的类别查表3-4；

γ——基础底面以下土的重度，地下水位以下取有效重度（kN/m^3）；

b——建筑物基础底面宽度（m），当宽度小于3m时，按3m取值，大于6m时，按6m考虑；

γ_m——基础底面以上土的加权平均重度，地下水位以下取有效重度（kN/m^3）；

d——基础埋置深度（m），一般自室外地面标高算起，在填方整平地区，可自填土地面标高算起，但填土在上部结构施工后完成时，应从天然地面标高算起，对于地下室，如采用箱形基础或筏形基础时，基础埋置深度自室外地面标高算起，当采用独立基础或条形基础时，应从室内地面标高算起。

表3-4　地基承载力修正系数

土的类别		η_b	η_d
淤泥和淤泥质土		0	1.0
人工填土 e 或 I_L 大于等于0.85的黏性土		0	1.0
红黏土	含水比 $a_w>0.8$	0	1.2
	含水比 $a_w\leq0.8$	0.15	1.4
大面积压实填土	压实系数大于0.95、黏粒含量 $\rho_c\geq10\%$ 的粉土	0	1.5
	最大干密度大于 $2.1t/m^3$ 的级配砂石	0	2.0
粉土	黏粒含量 $\rho_c\geq10\%$ 的粉土	0.3	1.5
	黏粒含量 $\rho_c<10\%$ 的粉土	0.5	2.0
e 及 I_L 均小于0.85的黏性土		0.3	1.6
粉砂、细砂（不包括很湿与饱和时的稍密状态）		2.0	3.0
中砂、粗砂、粒砂和碎石土		3.0	4.4

注：1. 强风化和全风化的岩石，可参照所风化成的相应土类取值，其他状态下的岩石不修正。
2. 压实系数为实际的工地碾压时要求达到的干重度与由室内试验得到的最大干重度之比值。
3. 含水比为土的天然含水量与液限的比值。
4. 大面积压实填土是指填土范围大于两倍基础宽度的填土。

例3-3　已知某独立基础，基础底面积为3.2m×3.2m，埋深 $d=1.8m$，基础埋深范围内土的重度 $\gamma_m=16kN/m^3$，基础底面下为较厚的黏土层，重度 $\gamma=18kN/m^3$，孔隙比 $e=0.80$，液性指数 $I_L=0.76$，地基承载力特征值 $f_{ak}=130kPa$。试求修正后的地基承载力特征值。

解： 已知黏土层的孔隙比 $e=0.80$，液性指数 $I_L=0.76$，查表3-4得 $\eta_b=0.3$，$\eta_d=1.6$，代入式（3-21）得

$$
\begin{aligned}
f_a &= f_{ak}+\eta_b\gamma(b-3)+\eta_d\gamma_m(d-0.5) \\
&= [130+0.3\times18\times(3.2-3)+1.6\times16\times(1.8-0.5)]kPa \\
&= 164.36kPa
\end{aligned}
$$

综合能力训练

1. 地基中某一单元土体上的大主应力 $\sigma_1=500\text{kPa}$，小主应力 $\sigma_3=150\text{kPa}$，通过试验测得土的抗剪强度指标 $c=20\text{kPa}$，$\varphi=30°$。

(1) 绘制莫尔应力圆和抗剪强度线。

(2) 求最大剪应力值和最大剪应力面与大主应力面的夹角。

(3) 该土体是否被剪切破坏。

(4) 土体破坏时，破坏面与大主应力的夹角为多少?

2. 一条形基础，基础宽 $b=12\text{m}$，埋深 $d=2\text{m}$。地基土为均质黏性土，$\gamma=18\text{kN/m}^3$，$\varphi=15°$，$c=15\text{kPa}$。

(1) 求 $p_{1/4}$ 和 $p_{1/3}$。

(2) 若地下水位在基础底面处（$\gamma_{sat}=20\text{kN/m}^3$），$p_{1/4}$ 和 $p_{1/3}$ 又各是多少?

3. 已知某承受轴心荷载的柱下独立基础，基础底面尺寸为 $3.0\text{m}\times2.0\text{m}$，埋深 $d=1.6\text{m}$；地基土为粉土，黏粒含量 $\rho_c=5\%$，重度 $\gamma=17\text{kN/m}^3$，地基承载力特征值 $f_{ak}=180\text{kPa}$。

(1) 基础宽度和埋深的地基承载力修正系数是多少?

(2) 是否需对基础宽度和埋深进行修改?

(3) 修正后的地基承载力特征值是多少?

单元四

土压力与土坡稳定

任务1 土压力的计算

某工程基坑施工，基坑面积4200m²，坑深7m，开挖至电梯基坑处－8.5m时，突然发生大量涌砂、涌水现象，同时基坑西侧路面发生下沉开裂，西侧及南侧基坑支护水平位移骤增。基坑南侧20m外为14层高的建筑物，情况十分危急。

问题：该工程为什么会发生事故？利用单元三的知识进行分析。

学习目标

1. 知道三种土压力的概念。
2. 知道朗肯土压力理论，会计算常见情况下的主动、被动土压力。
3. 了解库仑土压力理论，会计算主动与被动土压力。
4. 知道土压力的影响因素，会采取减小主动土压力的措施。

一、土压力的基本概念

基坑开挖或在土坡附近进行工程建设时，为了防止土体滑坡和坍塌，各种类型的挡土结构得以广泛应用，如防止土体坍塌的挡土墙、房屋地下室的侧墙、桥台、堆放散粒材料的挡墙以及支撑基坑的板桩等（见图4-1），以保证工程施工安全，避免发生安全事故。

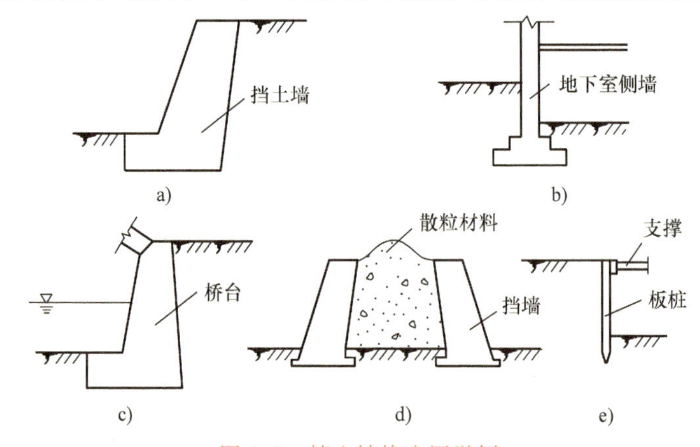

图4-1 挡土结构应用举例

a）防止土体坍塌的挡土墙 b）地下室侧墙 c）桥台 d）散粒材料的挡墙 e）板桩

土压力是指挡土结构物后面的填土因自重或自重与外荷载的共同作用对挡土结构所产生的侧向压力。土压力是挡土结构所承受的主要外荷载，确定作用在挡土结构上土压力的分布、大小、方向和作用点是保证挡土结构设计安全可靠、经济合理的前提。

作用在挡土结构上的土压力，按挡土结构的位移方向、大小和墙后填土所处的状态，可分为静止土压力、主动土压力和被动土压力三种。

1. 静止土压力

如果挡土结构在土压力作用下不发生任何位移或转动，墙后土体处于弹性平衡状态，这时作用在墙背上的土压力称为静止土压力。用 σ_0 表示静止土压力强度，用符号 E_0 表示总静止土压力，如图 4-2a 所示。在填土表面以下任意深度 z 处取一微元体，作用于微元体水平面上的应力为 γz，则该处的静止土压力强度可按下式计算：

$$\sigma_0 = K_0 \gamma z \tag{4-1}$$

式中　σ_0——静止土压力强度（kPa）；

K_0——静止土压力系数；

γ——墙后填土的重度（kN/m^3）；

z——计算点的深度（m）。

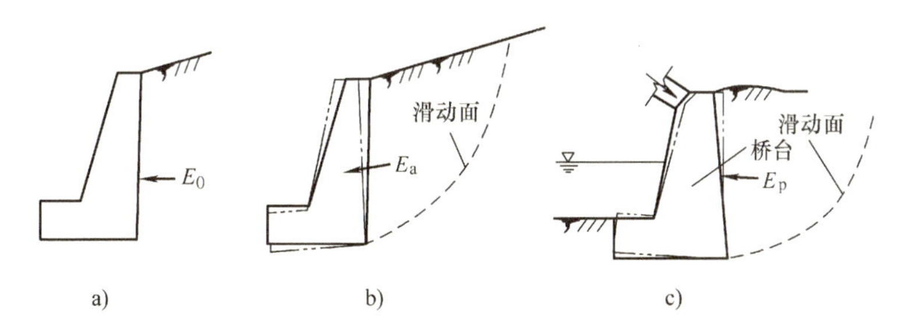

图 4-2　挡土结构上的三种土压力

a）静止土压力　b）主动土压力　c）被动土压力

静止土压力系数 K_0 与土的性质、密实程度等因素有关，可通过侧限压缩试验测定。对正常固结土，也可按经验公式 $K_0 = 1 - \sin\varphi'$ 计算，式中 φ' 为土的有效内摩擦角。K_0 的经验值范围是：粗粒土 $K_0 = 0.18 \sim 0.43$，细粒土 $K_0 = 0.33 \sim 0.72$。

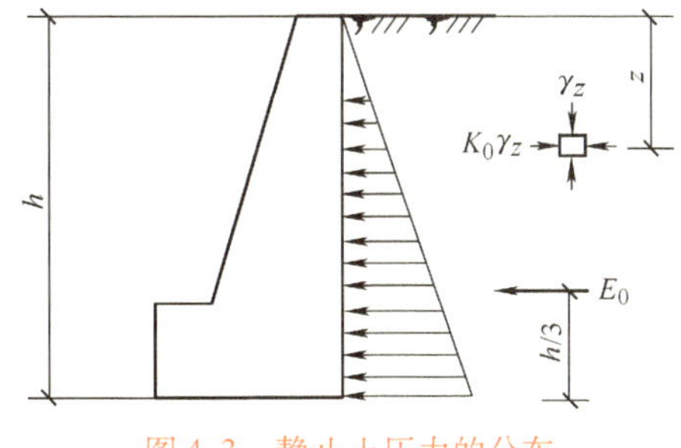

图 4-3　静止土压力的分布

由式（4-1）可知，静止土压力沿墙高呈三角形分布，如图 4-3 所示。计算总静止土压力时，取 1m 长的挡土结构物进行计算，则每延米的总静止土压力为

$$E_0 = \frac{1}{2}\gamma h^2 K_0 \tag{4-2}$$

式中　E_0——每延米的总静止土压力（kN/m），E_0 的作用点在距墙底 $H/3$ 处，作用方向垂直于挡土墙背；

h——挡土墙的高度（m）；

其余符号同前，下同。

例4-1　已知某挡土墙高6m，墙背垂直光滑，墙后填土面水平，如图4-4所示。填土重力密度为 $\gamma=18\text{kN/m}^3$，静止土压力系数 $K_0=0.5$。

(1) 绘出土压力沿墙高的分布图。

(2) 试计算作用在墙背的静止土压力合力。

解：(1) 绘制土压力分布图

墙顶 A 处静止土压力强度：$\sigma_A=0$

墙顶 B 处静止土压力强度：$\sigma_B=K_0\gamma z=0.5\times18\times6=54$ (kPa)

绘制土压力分布图，如图4-4所示。

(2) 计算静止土压力合力　合力大小为土压力分布图形面积，即

$$E_0=\frac{1}{2}K_0\gamma h^2=\frac{1}{2}\times0.5\times18\times6^2$$
$$=162\text{kN/m}$$

方向水平指向墙背，作用点距墙底 $h/3=2\text{m}$。

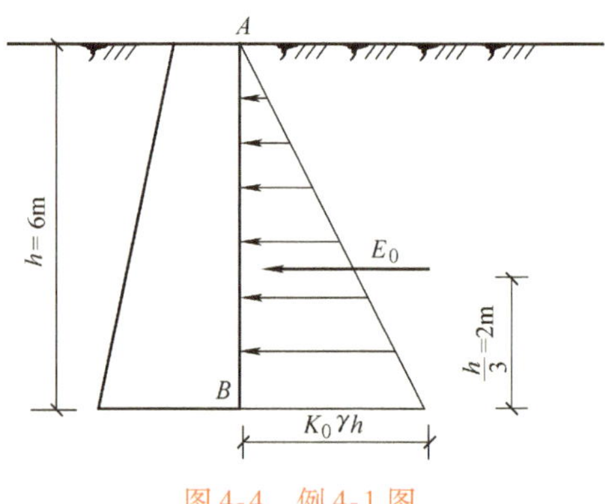

图4-4　例4-1图

2. 主动土压力

若挡土结构在土压力作用下背离填土方向移动或转动时，随着变形或位移的增大，墙后土压力逐渐减小，当达到某一位移量时，墙后土体将出现滑裂面，处于主动极限平衡状态，这时作用在墙背上的土压力称为主动土压力。用 σ_a 表示主动土压力强度，用符号 E_a 表示总主动土压力，如图4-2b所示。

3. 被动土压力

如果挡土墙在外力作用下向填土方向移动或转动时，墙挤压土体，墙后土压力逐渐增大，当达到某一位移量时，土体也将出现滑裂面，墙后土体处于被动极限平衡状态，这时作用在墙背上的土压力称为被动土压力。用 σ_p 表示被动土压力强度，用符号 E_p 表示总被动土压力，如图4-2c所示。

上述三种土压力的产生条件及其与挡土墙位移的关系如图4-5所示。试验研究表明，相同条件下，产生被动土压力所需的位移量 Δ_p 比产生主动土压力所需的位移量 Δ_a 要大得多。总主动土压力小于总静止土压力，而总静止土压力小于总被动土压力，即：$E_a<E_0<E_p$。

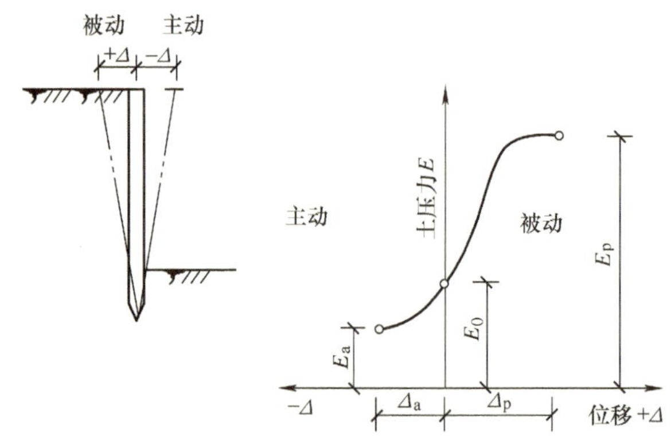

图4-5　墙身位移与土压力的关系

二、朗肯土压力理论

1857 年英国学者朗肯从研究弹性半空间体内的应力状态出发，根据土的极限平衡理论，得出计算土压力的方法。由于其概念明确，方法简便，至今仍被广泛应用。

库仑土压力与朗肯土压力理论

朗肯理论的基本假设：

1）墙本身是刚性的，不考虑墙身的变形；

2）墙后填土表面水平；

3）挡土墙墙背竖直、光滑。

因此，填土内任意水平面和墙的背面均为主应力面（即这两个面上的剪应力为零），作用于这些平面上的法向应力均为主应力。

（一）主动土压力

当挡土墙背离填土时（见图 4-6a），墙后填土任一深度 z 处的竖向应力 $\sigma_z=\gamma z$ 为大主应力 σ_1 且数值不变，主动土压力强度 σ_a（水平向应力 $\sigma_x=\sigma_a$）为小主应力 σ_3，由土的强度理论可得主动土压力强度计算公式：

黏性土　$\sigma_a=\gamma z\tan^2(45°-\varphi/2)-2c\tan(45°-\varphi/2)$

或
$$\sigma_a=\gamma zK_a-2c\sqrt{K_a} \tag{4-3}$$

无黏性土　$\sigma_a=\gamma z\tan^2(45°-\varphi/2)$

或
$$\sigma_a=\gamma zK_a \tag{4-4}$$

式中　σ_a——主动土压力强度（kPa）；

K_a——主动土压力系数，$K_a=\tan^2(45°-\varphi/2)$；

c——填土的黏聚力（kPa）；

φ——填土的内摩擦角（°）。

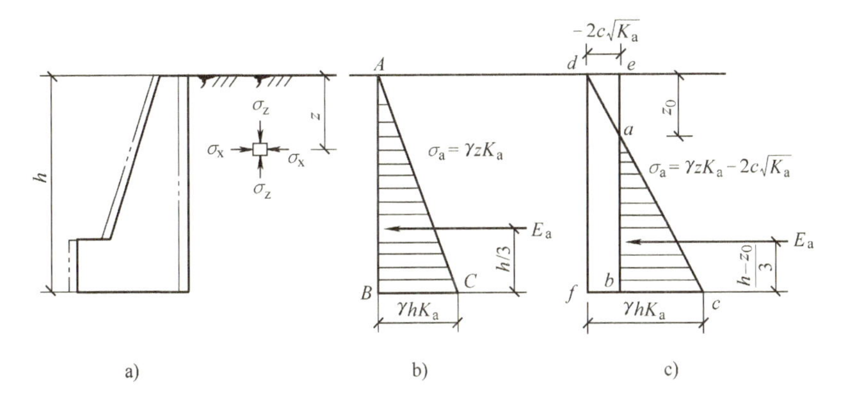

图 4-6　主动土压力强度分布图

a）主动土压力的计算　b）无黏性土压力的分布　c）黏性土压力的分布

式（4-4）表明，无黏性土的主动土压力强度与 z 成正比，沿墙高的土压力呈三角形分布，如图 4-6b 所示，如取单位墙长分析，则主动土压力为

$$E_a=\frac{1}{2}\gamma h^2K_a \tag{4-5}$$

式中　E_a——沿挡土墙每米上的主动土压力合力的大小（kN/m）。

E_a的作用点通过三角形的形心，距墙底 $h/3$ 处。

由式（4-3）可知，黏性土的主动土压力强度包括两部分：一部分是由土的自重引起的侧压力，另一部分是由黏聚力 c 引起的负侧向压力。这两部分土压力叠加的结果如图 4-6c 所示，其中 ade 部分为负侧压力，对墙背是拉力，实际上墙与土之间没有拉应力，在计算土压力时，这部分应略去不计，因此黏性土的土压力分布实际上仅是 abc 部分。

a 点处 $\sigma_a=0$，a 点离填土表面的深度 z_0 称为临界深度，在填土表面无荷载的条件下，可令式（4-3）为零确定其值，即

$$z_0=\frac{2c}{\gamma\sqrt{K_a}} \tag{4-6}$$

若取单位墙长计算，则主动土压力为

$$E_a=\frac{1}{2}(h-z_0)(\gamma hK_a-2c\sqrt{K_a}) \tag{4-7}$$

将 z_0 代入式（4-7），得

$$E_a=\frac{1}{2}h^2K_a-2ch\sqrt{K_a}+\frac{2c^2}{\gamma} \tag{4-8}$$

主动土压力 E_a 通过三角形压力分布图 abc 的形心，即作用在离墙底 $(h-z_0)/3$ 处。

（二）被动土压力

当挡土墙在外力作用下推挤土体而出现被动极限状态时，墙背土体中任一点的竖向应力 $\sigma_z=\gamma z$ 保持不变且成为小主应力 σ_3，而 σ_x 达到最大值，即 σ_p 成为大主应力 σ_1，可以推出相应的被动土压力强度计算公式，如图 4-7a 所示，即

黏性土
$$\sigma_p=\gamma zK_p+2c\sqrt{K_p} \tag{4-9}$$

无黏性土
$$\sigma_p=\gamma zK_p \tag{4-10}$$

式中　K_p——被动土压力系数，$K_p=\tan^2(45°+\varphi/2)$；

其余符号同前。

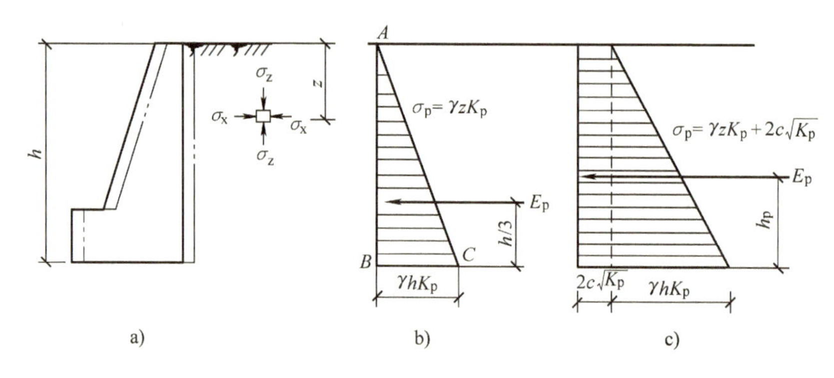

图 4-7　被动土压力强度分布图

a）被动土压力的计算　b）无黏性土压力的分布　c）黏性土压力的分布

被动土压力分布如图 4-7b、c 所示，如取单位墙长计算，则被动土压力为

黏性土
$$E_p=\frac{1}{2}\gamma h^2K_p+2ch\sqrt{K_p} \tag{4-11}$$

无黏性土
$$E_p=\frac{1}{2}\gamma h^2K_p \tag{4-12}$$

被动土压力 E_p 合力作用点通过三角形或梯形压力分布图的形心。

例 4-2　某挡土墙，高 6m，墙背直立、光滑，填土面水平。填土为黏性土，其物理力学性质指标为：$c=7\text{kPa}$，$\varphi=22°$，$\gamma=18.5\text{kN/m}^3$。试求主动土压力及其合力作用点，并绘出主动压力分布图。

解：（1）墙底处的主动土压力强度

$$\sigma_a=\gamma h\tan^2(45°-\varphi/2)-2c\tan(45°-\varphi/2)$$
$$=18.5\text{kN/m}^3\times 6\text{m}\times\tan^2(45°-22°/2)-2\times 7\text{kPa}\times\tan(45°-22°/2)$$
$$=41.06\text{kPa}$$

（2）临界深度

$$z_0=\frac{2c}{\gamma\sqrt{K_a}}=\left[\frac{2\times 7}{18.5\times\tan(45°-22°/2)}\right]\text{m}=1.12\text{m}$$

（3）主动土压力

$$E_a=\frac{1}{2}(h-z_0)(\gamma hK_a-2c\sqrt{K_a})=\left[\frac{1}{2}\times(6-1.12)\times 41.06\right]\text{kN/m}=100.19\text{kN/m}$$

（4）主动土压力距墙底的距离

$$(h-z_0)/3=(6-1.12)\text{m}/3=1.63\text{m}$$

（5）主动土压力分布如图 4-8 所示。

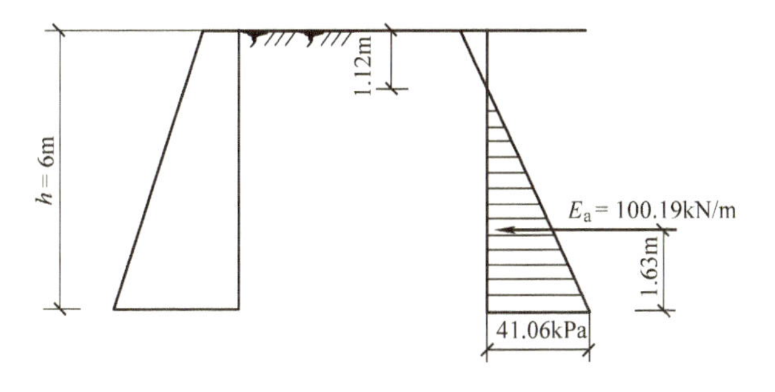

图 4-8　例 4-2 图

（三）常见情况下的土压力计算

1. 成层填土

当挡土墙后填土由几种不同的土层组成时，第 1 层的土压力按朗肯理论计算；计算第 2 层的土压力时，将第 1 层土按重度换算成第 2 层土相同的当量土层，即按第 2 层土顶面有均布荷载作用进行计算；计算第 3 层的土压力时，将第 1 层土、第 2 层土按重度换算成第 3 层土相同的当量土层进行计算；若为更多层时，主动土压力强度计算依此类推。但应注意，由于各层土的性质不同，主动土压力系数 K_a 也不同，因此在土层的分界面上，主动土压力强度会出现两个数值。如图 4-9 所示，以无黏性土为例

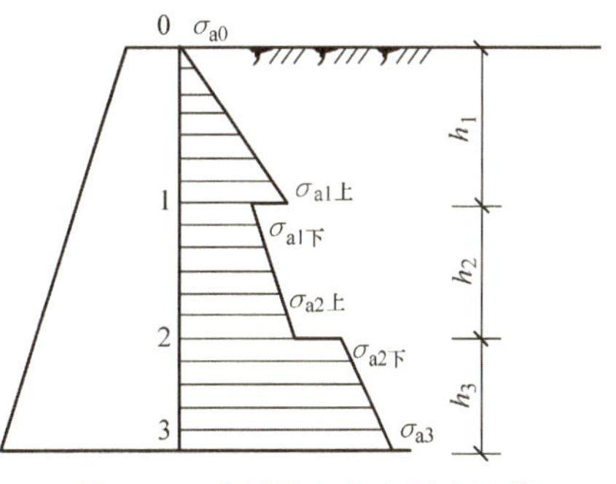

图 4-9　成层填土的土压力计算

（其中 $\varphi_1<\varphi_2$，$\varphi_3<\varphi_2$）：

$$\sigma_{a0}=0$$
$$\sigma_{a1}=\gamma_1 h_1 K_{a1}$$
$$\sigma_{a1}=\gamma_1 h_1 K_{a2}$$
$$\sigma_{a2}=(\gamma_1 h_1+\gamma_2 h_2)K_{a2}$$
$$\sigma_{a2}=(\gamma_1 h_1+\gamma_2 h_2)K_{a3}$$
$$\sigma_{a3}=(\gamma_1 h_1+\gamma_2 h_2+\gamma_3 h_3)K_{a3}$$

2. 填土表面作用有均布荷载的情况

当挡土墙后填土面上有连续均布荷载 q 作用时，填土表面下深度 z 处的竖向应力 $\sigma_z=q+\gamma z$。若为无黏性土，则 z 深度处土的主动土压力强度为 $(\gamma z+q)K_a$（见图4-10），从而得出填土表面 A 点和墙底 B 点的主动土压力强度分别为

$$\sigma_{aA}=qK_a$$
$$\sigma_{aB}=(q+\gamma h)K_a$$

如图4-10所示，土压力的合力作用点在梯形的形心。若为黏性土，其土压力强度应扣减相应的负侧向压力 $2c\sqrt{K_a}$。

3. 墙后填土中有地下水

当墙后填土中有地下水时，作用在墙背上的侧压力由土压力和水压力两部分组成。计算土压力时假设水位以上、水下土的内摩擦角 φ、黏聚力 c 及墙与土之间的摩擦角 δ 相同，地下水位以下土取有效重度，则总侧压力为土压力和水压力之和。如图4-11所示，$abdec$ 部分为土压力分布图，cef 部分为水压力分布图。

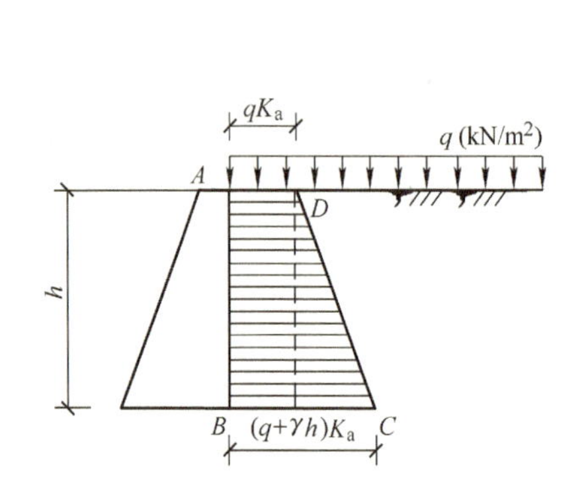

图4-10 填土表面有均布荷载的土压力计算

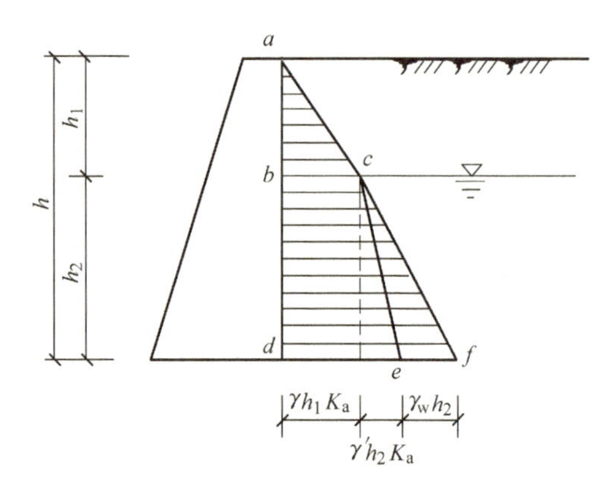

图4-11 填土中有地下水的土压力计算

例4-3 有挡土墙如图4-12所示，墙高6m，墙背竖直光滑，填土面水平。填土分为两层，各层厚度和土的物理力学指标在图中给出，画出主动土压力分布图并求其合力。

解：（1）$K_{a1}=\tan^2(45°-30°/2)=0.333$，$K_{a2}=\tan^2(45°-18°/2)=0.528$

（2）求 b、c 的主动土压力强度

b 点上 $\sigma_a=19\times2\times0.333\text{kPa}=12.7\text{kPa}$

b 点下 $\sigma_a=(19\times2\times0.528-2\times20\times\sqrt{0.528})\ \text{kPa}=-9\text{kPa}$

c 点上 $\sigma_a=[(19\times2+18\times4)\times0.528-2\times20\times\sqrt{0.528}]\text{kPa}=29\text{kPa}$

（3）第二层临界深度

$$z_0 = \frac{2 \times 20}{18 \times 0.727}\text{m} - \frac{2 \times 19}{18}\text{m} = 0.95\text{m}$$

$h_2 - z_0 = 3.05\text{m}$

（4）画出主动土压力分布，如图 4-12 所示。

（5）$E_{a1} = 1/2 \times 12.7 \times 2\text{kN/m} = 12.7\text{kN/m}$　　$y_1 = (4 + 2/3)\ \text{m} = 4.67\text{m}$

$E_{a2} = 1/2 \times 29 \times 3.05\text{kN/m} = 44.2\text{kN/m}$　　$y_2 = 3.05\text{m}/3 = 1.02\ (\text{m})$

合力 $E_a = (12.7 + 44.2)\text{kN/m} = 56.9\text{kN/m}$，水平向作用

合力作用点距墙底的距离为 $y = \frac{12.7 \times 4.67 + 44.2 \times 1.02}{56.9}\text{m} = 1.83\text{m}$

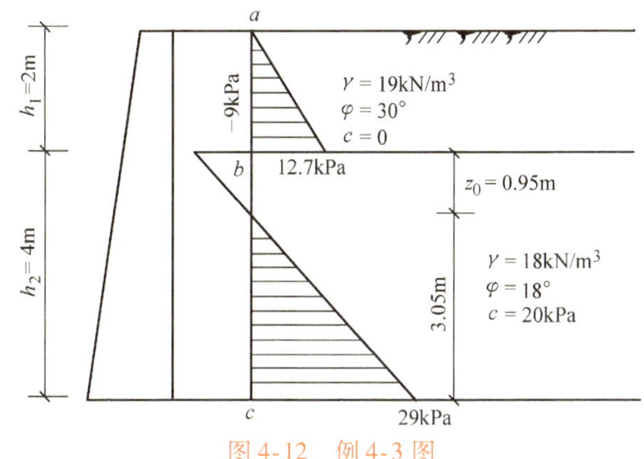

图 4-12　例 4-3 图

例 4-4　某挡土墙后填土为两层砂土，填土表面作用连续均布荷载 $q = 20\text{kPa}$，如图 4-13 所示，计算挡土墙上的主动土压力分布，绘出土压力分布图，求出合力。

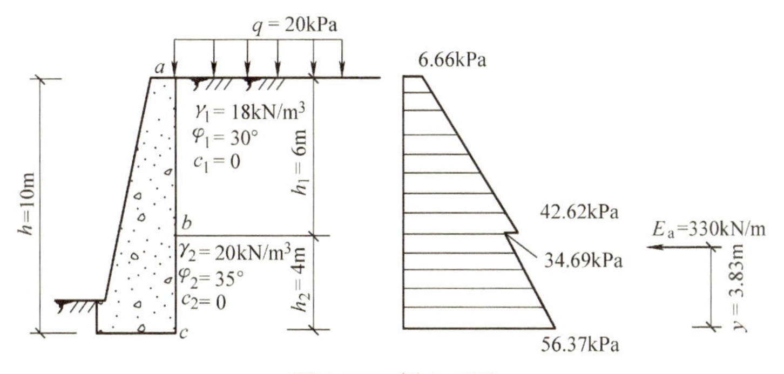

图 4-13　例 4-4 图

解：（1）已知 $\varphi_1 = 30°$，$\varphi_2 = 35°$，求出 $K_{a1} = 0.333$，$K_{a2} = 0.271$，再分别计算 a、b、c 三点的土压力强度：

a 点　　$\sigma_z = q = 20\text{kPa}$

$\sigma_a = qK_{a1} = 20 \times 0.333\text{kPa} = 6.66\text{kPa}$

b 点上　　$\sigma_z = q + \gamma_1 h_1 = (20 + 18 \times 6)\ \text{kPa} = 128\text{kPa}$

$\sigma_a = (q + \gamma_1 h_1)K_{a1} = 128 \times 0.333\text{kPa} = 42.62\text{kPa}$

b 点下　　$\sigma_z = q + \gamma_1 h_1 = (20 + 18 \times 6)\text{kPa} = 128\text{kPa}$

$$\sigma_a=(q+\gamma_1h_1)K_{a2}=128\times0.271\text{kPa}=34.69\text{kPa}$$

c点上　$\sigma_z=q+\gamma_1h_1+\gamma_2h_2=(128+20\times4)\text{kPa}=208\text{kPa}$

$$\sigma_a=(q+\gamma_1h_1+\gamma_2h_2)K_{a2}=208\times0.271\text{kPa}=56.37\text{kPa}$$

(2) 将以上计算结果绘于图中得土压力强度分布图，如图4-13所示。

(3) 由土压力强度分布图求面积得主动土压力合力 E_a，并可求出合力作用点位置 y。

$$E_a=[6.66\times6+(42.62-6.66)\times6/2+34.69\times4+(56.37-34.69)\times4/2]\text{kN/m}$$
$$=(39.96+107.88+138.76+43.36)\text{kN/m}=330\text{kN/m}$$

$$y=[39.96\times(4+3)+107.88\times(4+2)+138.76\times2+43.36\times4/3]/330\text{m}$$
$$=3.83\text{m}$$

例4-5　某挡土墙高6m，墙背铅直光滑，无黏性填土表面水平，如图4-14所示。地下水埋深2m，水上土体重度 $\gamma=18\text{kN/m}^3$，水下土体饱和重度 $\gamma_{sat}=19.3\text{kN/m}^3$，土体内摩擦角 $\varphi=35°$（水上水下相同），试计算作用在挡土墙上的主动土压力及水压力。

解：(1) 已知 $\varphi=35°$，则 $K_a=\tan^2(45°-35°/2)=0.271$，计算得图4-14中 A、B、C 三点处的土压力强度分别为

A点　$\sigma_{zA}=0$，$\sigma_{aA}=0$

B点　$\sigma_{zB}=\gamma_1h_1=18\times2\text{kPa}=36\text{kPa}$

$$\sigma_{aB}=\sigma_{zB}K_a=36\times0.271\text{kPa}=9.76\text{kPa}$$

C点　$\sigma_{zC}=\gamma_1h_1+\gamma'h_2=[36+(19.3-9.8)\times4]\text{kPa}=74\text{kPa}$

$$\sigma_{aC}=\sigma_{zC}K_a=74\times0.271\text{kPa}=20.059\text{kPa}$$

(2) 绘出土压力分布图，如图4-14所示。合力为土压力分布图形面积，即

$$E_a=\left[\frac{1}{2}\times9.76\times2+9.76\times4+\frac{1}{2}\times(20.05-9.76)\times4\right]\text{kN/m}$$
$$=(9.76+39.04+20.58)\text{kN/m}=69.38\text{kN/m}$$

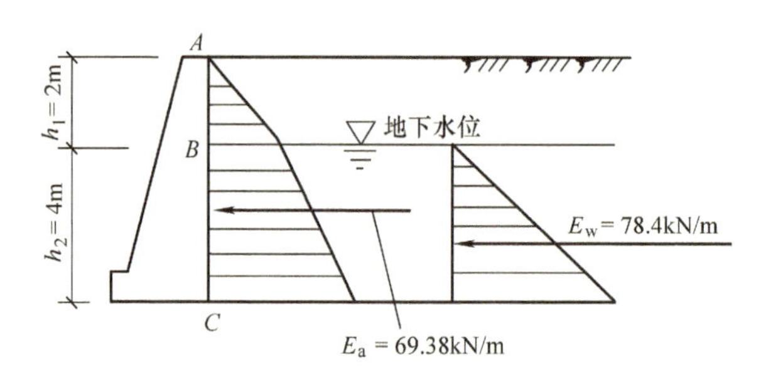

图4-14　例4-5图

(3) 墙背上的静水压力呈三角形分布，总水压力为

$$E_w=\frac{1}{2}\gamma_wh_w^2=\frac{1}{2}\times9.8\times4^2\text{kN/m}=78.40\text{kN/m}$$

(4) 挡土墙背上的总压力为

$$E=E_a+E_w=(69.38+78.40)\text{kN/m}=147.78\text{kN/m}$$

合力作用点位置

$$y_c=\frac{9.76\times(4+\frac{2}{3})+39.04\times2+20.58\times\frac{4}{3}+78.40\times\frac{4}{3}}{69.38+78.40}\text{m}=1.73\text{m}$$

例 4-6　某挡土墙高 $h=5\text{m}$，墙背垂直光滑，墙后填土面水平。填土分两层，第 1 层土：$\varphi_1=28°$，$c_1=0$，$\gamma_1=18.5\text{kN/m}^3$，$h_1=3\text{m}$；第 2 层土：$\gamma_{sat}=21\text{kN/m}^3$，$\varphi_2=20°$，$c_2=10\text{kPa}$，$h_2=2\text{m}$。$\gamma_w=10\text{kN/m}^3$，地下水位距地面以下 3m，试求墙背总侧压力 E_a 并绘出侧压力分布图。

解：（1）计算主动土压力系数

$K_{a1}=\tan^2(45°-\varphi_1/2)=\tan^2(45°-28°/2)=0.36$

$K_{a2}=\tan^2(45°-\varphi_2/2)=\tan^2(45°-20°/2)=0.49$

（2）计算土压力强度分布

第 1 层土顶面处　$\sigma_{a0}=0$

第 1 层土底面处　$\sigma_{a1上}=\gamma_1h_1K_{a1}=(18.5\times3\times0.36)\text{kPa}=19.98\text{kPa}$

第 2 层土顶面处　$\sigma_{a1下}=\gamma_1h_1K_{a2}-2c_2\sqrt{K_{a2}}=13.20\text{kPa}$

第 2 层土底面处　$\sigma_{a2}=(\gamma_1h_1+\gamma_2h_2)K_{a2}-2c_2\sqrt{K_{a2}}$

$=\{[18.5\times3+(21-10)\times2]\times0.49-2\times10\times\sqrt{0.49}\}\text{kPa}$

$=23.98\text{kPa}$

(3)计算主动土压力

$E_a=[19.98\times3/2+(13.20+23.98)\times2/2]\text{kN/m}=67.15\text{kN/m}$

（4）计算静水压力强度

$\sigma_w=\gamma_wh_2=(10\times2)\text{ kPa}=20\text{kPa}$

（5）计算静水压力

$E_w=(20\times2/2)\text{ kN/m}=20\text{kN/m}$

（6）计算总侧压力

$E=E_a+E_w=(67.15+20)\text{ kN/m}$

$=87.15\text{kN/m}$

（7）土压力分布如图 4-15 所示。

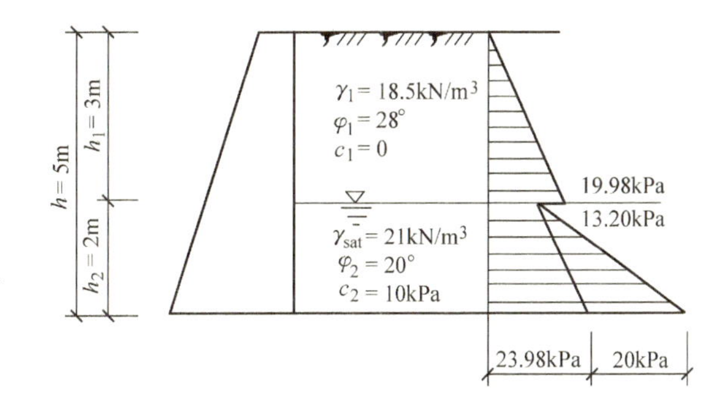

图 4-15　例 4-6 图

三、库仑土压力理论

库仑土压力理论（1773 年）是根据墙后土体处于极限平衡状态并形成一滑动楔体时，从楔体的静力平衡条件得出的土压力计算理论。其基本假设是：①墙后填土是理想的散粒体（黏聚力 $c=0$）；②滑动破裂面为通过墙踵的平面。它与朗肯土压力理论的区别是可以解决墙背倾斜、填土表面倾斜的一般土压力问题。

（一）主动土压力

设一挡土墙如图 4-16 所示，墙高为 h，墙背俯斜，与垂线的夹角 ε，墙后填土为砂土，填土面与水平面的夹角为 β，墙背与填土间的摩擦角（称为外摩擦角）为 δ。当墙体背离填土方向移动或转动而使墙后土体处于主动极限平衡状态时，墙后填土形成一滑动楔体 ABC，其破裂面为通过墙踵 B 点的平面 BC，破裂面与水平面的夹角为 θ。取 1m 墙长计算，作用于楔体 ABC 上的力有：

（1）土楔体自重 $W=\gamma\triangle ABC$　其中 γ 为填土重度。当确定了破裂面 BC 的位置后，便可求出 W 的大小，其方向铅垂向下。

（2）破裂面 BC 上的反力 R_0　其大小未知，方向已知。其与破裂面 BC 的法线 N_1 的夹角等于土的内摩擦角 φ，并位于法线的下方。

（3）墙背对土楔体的反力 E_a　其大小未知，方向已知。其与墙背 AB 的法线 N_2 的夹角为 δ，并位于法线下方。与反力 E_a 大小相等、方向相反的作用力就是作用在墙背上的主动土压力。

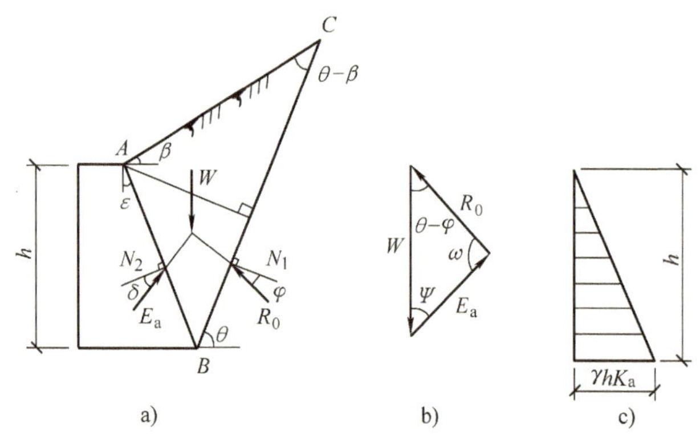

图4-16　库仑主动土压力计算图

a）土楔体 ACB 上的作用力　b）力矢三角形　c）主动土压力分布

土楔体 ABC 在以上三力的作用下处于静力平衡状态，由平衡条件可得

$$E_a=\frac{1}{2}\gamma h^2K_a \tag{4-13}$$

其中

$$K_a=\frac{\cos^2(\varphi-\varepsilon)}{\cos^2\varepsilon\cos(\delta+\varepsilon)\left[1+\sqrt{\dfrac{\sin(\delta+\varphi)\sin(\varphi-\beta)}{\cos(\delta+\varepsilon)\cos(\varepsilon-\beta)}}\right]^2} \tag{4-14}$$

式中　K_a——库仑主动土压力系数，按式（4-14）计算或参考有关书籍查表；

ε——墙背倾斜角（°），俯斜时取正号，仰斜时取负号（墙背的俯斜和仰斜形式见图4-26）；

β——填土面的倾角（°）；

δ——墙背与土体的外摩擦角（°）。

当墙背垂直（$\varepsilon=0$），光滑（$\delta=0$），填土面水平（$\beta=0$）时，式（4-14）变为 $K_a=\tan^2(45°-\varphi/2)$。由此可见在上述条件下，库仑主动土压力公式与朗肯主动土压力公式相同，说明朗肯理论是库仑理论的一个特例。

由式（4-13）可知，主动土压力强度沿墙高呈三角形分布，主动土压力的合力作用点在距墙底 $h/3$ 处。

（二）被动土压力

挡土结构在外力作用下向填土方向移动或转动，直至土体沿某一破裂面 BC 破坏时，土楔体 ABC 向上滑动，并处于被动极限平衡状态时，竖向应力保持不变，是小主应力，而水平应力却逐渐增大，直至达到最大值，故水平应力是大主应力，也就是被动土压力强度。此时作用在土楔体 ABC 上仍为3个力，即土楔体自重 W，滑裂面的反力 R 和墙背反力 E_p。由于土楔体上滑，故反力 R 和 E_p 的方向分别在 BC 和 AB 法线的上方（见图4-17a）。按照求主

动土压力的原理和方法，可求得被动土压力的计算公式为

$$E_p = \frac{1}{2}\gamma h^2 K_p \tag{4-15}$$

其中
$$K_p = \frac{\cos^2(\varphi+\varepsilon)}{\cos^2\varepsilon\cos(\varepsilon-\delta)\left[1-\sqrt{\dfrac{\sin(\delta+\varphi)\sin(\varphi+\beta)}{\cos(\varepsilon-\delta)\cos(\varepsilon-\beta)}}\right]^2} \tag{4-16}$$

式中　K_p——库仑被动土压力系数；
其他符号同前。

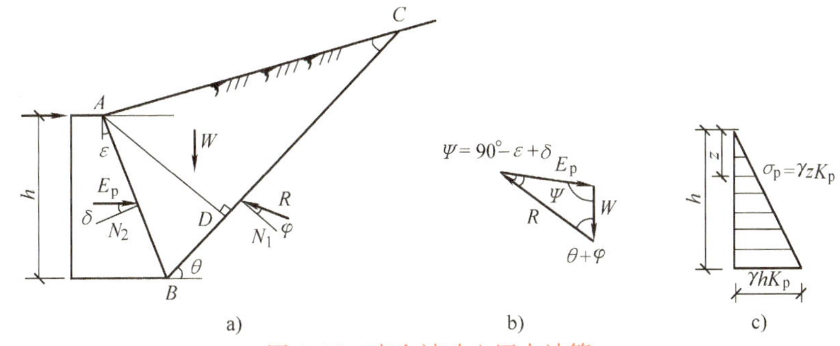

图 4-17　库仑被动土压力计算

a）土楔体 ABC 上的作用力　b）力矢三角形　c）被动土压力分布图

当墙背垂直（$\varepsilon=0$），光滑（$\delta=0$），填土面水平（$\beta=0$）时，式（4-16）变为 $K_p=\tan^2(45°+\varphi/2)$。由此可见在上述条件下，库仑被动土压力公式与朗肯被动土压力公式也相同，再次说明朗肯理论是库仑理论的一个特例。

库仑被动土压力强度沿墙高也呈三角形分布，土压力合力作用点在距离墙底 $h/3$ 处。

库仑理论考虑了墙背与填土之间的摩擦力，并可用于填土面倾斜、墙背倾斜的情况。但由于该理论假定填土为理想的散粒体，故不能直接应用库仑公式计算黏性土的土压力。此外，库仑理论假定通过墙踵的破裂面为平面，而实际却为一曲面，试验证明，只有当墙背倾角及墙背与填土间的外摩擦角较小时，主动土压力的破裂面才接近平面，因此计算结果与实际有较大出入。至于被动土压力的计算，库仑理论误差较大，一般不用。

库仑理论适用范围较广，计算主动土压力值接近实际，并略为偏低，因此用来设计无黏性土重力式挡土墙一般是经济合理的。如果计算悬壁式和扶臂式挡土墙的主动土压力值，则用朗肯理论较方便。

四、《地基规范》法

对于图 4-18 所示的挡土结构，《地基规范》规定边坡支挡结构土压力计算应符合以下规定：①计算支挡结构的土压力时，可按主动土压力计算；②边坡工程主动土压力应按下式进行计算：

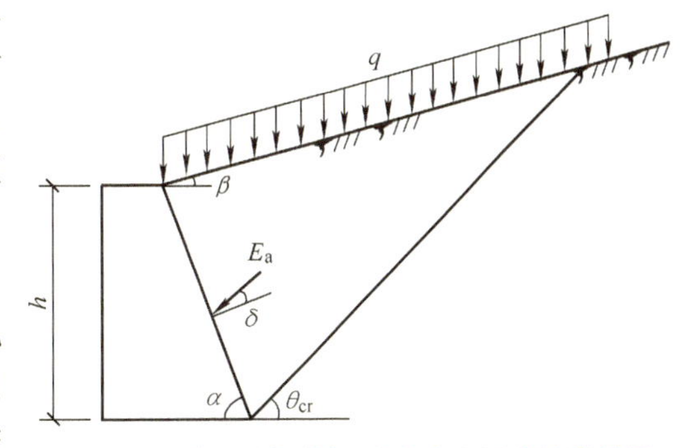

图 4-18　《地基规范》法主动土压力计算简图

$$E_a = \psi_c \frac{1}{2}\gamma h^2 K_a \tag{4-17}$$

其中 K_a——主动土压力系数，按《地基规范》附录L确定，即

$$K_a=\frac{\sin(\alpha+\beta)}{\sin^2\alpha\sin^2(\alpha+\beta-\varphi-\delta)}\{K_q[\sin(\alpha+\beta)\sin(\alpha-\delta)+\sin(\varphi+\delta)\sin(\varphi-\beta)]+2\eta\sin\alpha\cos\varphi\cos(\alpha+\beta-\varphi-\delta)-2[(K_q\sin(\alpha+\beta)\sin(\varphi-\beta)+\eta\sin\alpha\cos\varphi)\times(K_q\sin(\alpha-\delta)\sin(\varphi+\delta)+\eta\sin\alpha\cos\varphi)]^{\frac{1}{2}}\} \quad (4\text{-}18)$$

$$K_q=1+\frac{2q\sin\alpha\cos\beta}{\gamma h\sin(\alpha+\beta)}$$

$$\eta=\frac{2c}{\gamma h}$$

式中 q——填土面的均布荷载（以单位水平投影面上的荷载强度计）(kPa)；

α——墙背与水平面的夹角（°）；

K_q——考虑填土表面均布荷载影响的系数；

ψ_c——主动土压力增大系数，土坡高度小于5m时宜取1.0，高度为5～8m时宜取1.1，高度大于8m时宜取1.2；

E_a 作用点距墙底的距离 z_a 计算如下：

$$z_a=\frac{h}{3}\cdot\frac{1+\frac{3}{2}\left(\frac{2q}{\gamma h}\right)}{1+\frac{2q}{\gamma h}} \quad (4\text{-}19)$$

当 $q=0$ 时，$z_a=h/3$

为了避免主动土压力系数的烦琐计算，《地基规范》对墙高 $h\leq5$m 的挡土墙，当填土和排水条件符合规范规定时，根据土类、α 和 β 值给出了土压力系数 K_a 的曲线图，如图4-19所示。当地下水丰富时，应考虑水压力的作用。图中土类、填土质量应满足下列要求：

1）Ⅰ类：碎石土，密实度应为中密，干密度大于或等于2000kg/m^3。

2）Ⅱ类：砂土，包括砾砂、粗砂、中砂，其密实度应为中密，干密度应大于或等于1650kg/m^3。

3）Ⅲ类：黏土夹块石，干密度应大于或等于1900kg/m^3。

4）Ⅳ类：粉质黏土，干密度大于或等于1650kg/m^3。

五、影响土压力的因素

以上分析了土压力的计算方法，不难看出土压力大小与荷载条件、填土的性质、墙体形状与变形、计算深度等有关。

（1）荷载条件对土压力的影响　填土表面有荷载作用时，将导致主动土压力增大，土压力的分布也随荷载大小和分布不同而存在差异。

（2）填土的性质对土压力的影响　物理力学性质不同的填土，其土压力也不同。一般说来，填土的内摩擦角 φ 和黏聚力 c 越大，主动土压力越小，被动土压力越大。反之，则主动土压力越大，被动土压力越小。土和墙之间的摩擦角越大，主动土压力越小，被动土压力越大。填土的容重值越大，主动土压力越大。

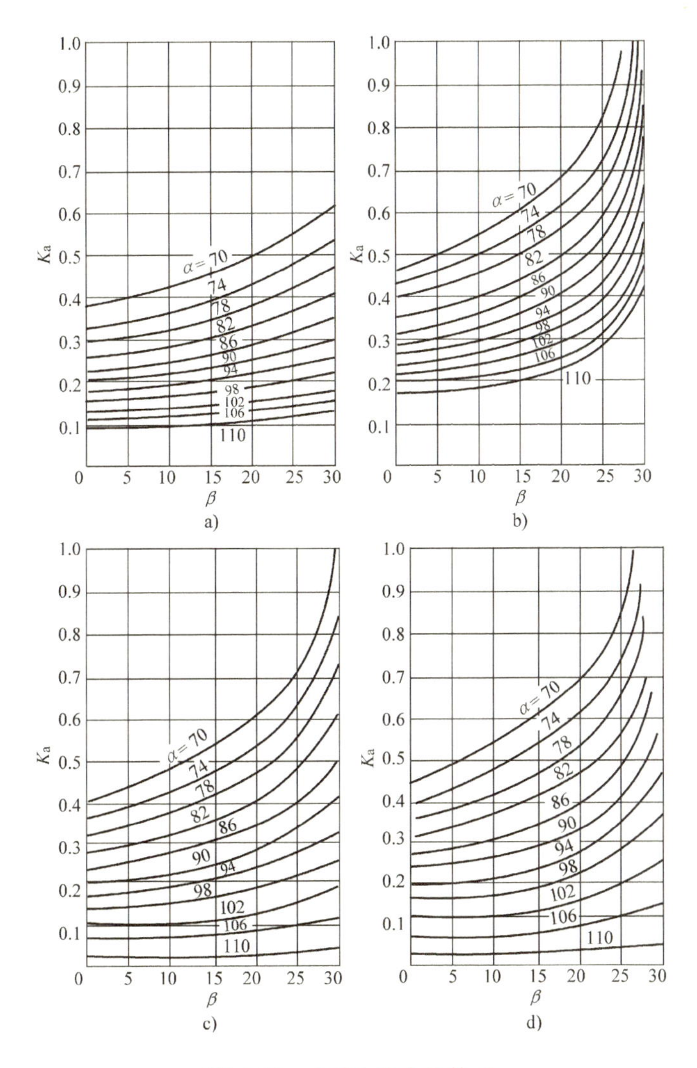

图 4-19　主动土压力系数 K_a

a）Ⅰ类土土压力系数（$\delta=\varphi/2$，$q=0$）　b）Ⅱ类土土压力系数（$\delta=\varphi/2$，$q=0$）

c）Ⅲ类土土压力系数（$\delta=\varphi/2$，$q=0$）　d）Ⅳ类土土压力系数（$\delta=\varphi/2$，$q=0$）

（3）墙背形状对土压力的影响　重力式挡土墙墙背按倾斜情况可分为仰斜、直立、俯斜三种形式。对于墙背不同倾斜方向的挡土墙，如用相同的计算方法和计算指标进行计算，其主动土压力以仰斜最小，直立居中，俯斜最大。

挡土墙墙背如果较为平缓，其倾角 ε 大于临界角 ε_{cr}，土楔可能不再沿着原滑动面滑动，而出现第二滑动面，如图 4-20 所示。出现第二滑动面的挡土墙常定义为“坦墙”。在第二滑动面上，由于是土与土之间的摩擦，因而 E 力与 $A'B$ 的法线的夹角为 φ，而不是 δ 角。这样，作用在墙背上的土压力，应该是 $\triangle ABA'$ 的土重与 E 力的合力。

（4）挡土墙结构形式和刚度对土压力的影响　如前所述，刚性挡土墙由于具有墙体断面大、墙身较重的特点，故墙体变形对土压力的影响可以忽略不计。而柔性墙，如板桩墙、围护用的排桩和地下连续墙之类的结构物，当其上作用有侧向压力时，其土压力的分布的大小和墙体变形密切相关。

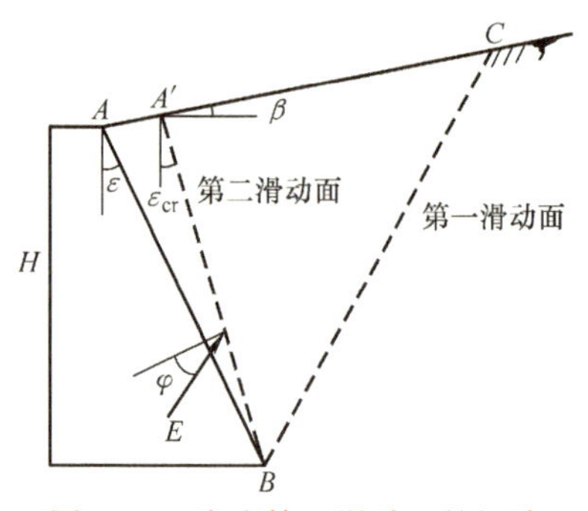

图4-20 产生第二滑动面的坦墙

六、减小主动土压力的措施

（1）选择墙后填料 由土压力计算公式和影响土压力的因素分析可知，填土的内摩擦角 φ 值与黏聚力值 c 越大，土压力值越小，因此，选择 φ、c 大的土体作为填料，无疑起着降低主动土压力的作用，如挡土墙后常设减压棱体，填砂、砂砾、块石等，这都起着较好的效果。

（2）严格控制填土的填筑质量 控制填土质量是减小主动土压力的有效方法。填土质量越好，土的抗剪强度越高，主动土压力越小；反之，填土质量越差，主动土压力越大。故对黏性土，应在最优含水量下碾压回填，可取得良好的降低主动土压力的效果。此外，新填土地基沉降过大，也会增加土压力。

（3）改变挡土墙断面的形状 如前所述，折线形墙背、坦墙、卸荷板都会显著降低土压力。

任务2 土坡稳定分析及挡土墙设计

问题引出

某拟建建筑结构类型为框支剪力墙结构，属民用建筑。场地原始地面为第四系均匀的中软土、软弱土，属Ⅱ类建筑场地，建筑抗震设防烈度为6度，设计地震分组为第一组，为建筑抗震一般地段。根据《建筑边坡工程技术规范》（GB 50330—2013）的相关规定，边坡工程安全等级为一级。

拟建挡土墙位于一期和二期建筑合围形成的中庭坡地上，一期、二期建筑的正负零高差约25m，长约120m。挡土墙须结合园林景观、水景和步道建设，形成多平台且通过人行步道相互连通的具有层次感的支护结构。

问题：超高边坡的稳定性应该如何保证？

想一想：如此高的边坡工程的施工难度是很大的，为了保证施工安全，应该采取哪些措施呢？

学习目标

1. 知道无黏性土坡的稳定分析方法。
2. 会用瑞典圆弧法对黏性土坡进行稳定性分析。
3. 知道土坡失稳的原因，提出合理的治理措施。
4. 了解常见挡土墙的类型及稳定性校核方法。

一、土坡稳定分析

在工程建设中会涉及大量土坡稳定问题。对土坡进行稳定分析是土力学中的经典和热点问题。土坡稳定与否关系到工程能否顺利施工和安全使用。是否需要对土坡进行加固，以及采用何种措施，与对土坡的稳定性评价的结果有关，而土坡的稳定安全因数是岩土工程师评价土坡是否稳定的关键依据。

（一）土坡类型

土坡就是由土体构成、具有倾斜坡面的土体或岩体。一般而言，土坡有两种类型。由自然地质作用所形成的土坡称为天然土坡，如山坡、江河岸坡等；由人工开挖或回填而形成的土坡称为人工土（边）坡，如基坑、土坝、路堤、渠道等的边坡。当土坡由均质土组成且顶面和地面都是水平的，并延伸至无限远时称为简单土坡，简单土坡各部位名称如图4-21所示。

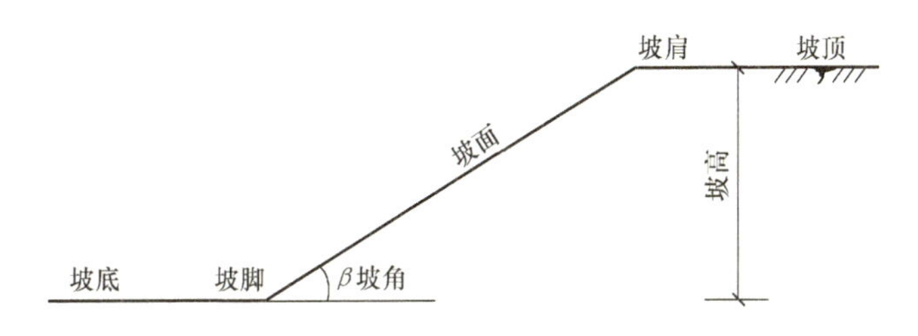

图4-21　简单土坡各部位名称

（二）土坡稳定性的概念及其主要影响因素

土坡由于坡面倾斜，在坡体自重及其他外力作用下，整个坡体有从高处向低处滑动的趋势，同时，由于坡体土（岩）自身具有一定的强度和人为的工程措施，它会产生阻止坡体下滑的抵抗力。一般来说，若土坡土体内部某一个面上的滑动力超过了土体抵抗滑动的能力，土坡将产生滑动，即失去稳定；如果滑动力小于抵抗力，则认为土坡是稳定的。

土坡沿着某一滑裂面滑动的安全因数 K 是这样定义的：将土的抗剪强度指标降低为 c'/K 和 $\tan\varphi'/K$，则土体沿着此滑裂面每一点都达到极限平衡，即

$$\tau = c'_e + \sigma'_n \tan\varphi'_e \tag{4-20}$$

式中
$$c'_e = \frac{c'}{K},\quad \tan\varphi'_e = \frac{\tan\varphi'}{K}$$

这种定义安全因数的方法是将材料的强度指标除以 K。在计算中，逐渐增加 K 使其强度降低，直到使土坡失稳为止，相应的 K 就是安全因数。这样求出的 K 具有“材料强度储备系数”的意义。这种将强度指标的储备作为安全因数的方法是工程界广泛采用的做法。

按照上述土坡稳定性的概念，显然，$K>1$，土坡稳定；$K<1$，土坡失稳；$K=1$，土坡处于极限状态。

影响土坡稳定性的因素较多，简单归纳起来有以下几方面的原因：

（1）坡体自身材料的物理力学性质　边坡材料一般为土体、岩石、岩土及其他材料的混合堆积体或混合填筑体（如工业废渣、城市垃圾等），其材料自身的物理力学性质（如土的抗剪强度、重度等）对边坡的稳定性影响很大。

（2）边坡的形状和尺寸　这里指边坡的断面形状、坡度、高度等。一般来说，边坡越陡，越容易失稳；高度越大，越容易失稳。

（3）边坡的工作条件　这是指边坡的外部荷载，包括边坡和坡顶上的荷载、坡后传递的荷载，如公路路堤的汽车荷载，水坝后方的水压力等。此外，坡体后方的水流和水位变化也是影响边坡稳定的一个重要因素，它除了自身对边坡产生作用外，还影响坡体材料的物理力学指标。

（4）边坡的加固措施　边坡加固是指采取人工措施将边坡的滑动力传递或转移到另一部分稳定体中，使整个坡体达到新的平衡。目前边坡的加固措施多种多样，如各种挡土墙、土钉支护结构等，不同的加固措施对边坡稳定的影响和作用也不相同。

（三）土坡稳定分析

大量观测数据表明，土坡失稳破坏时会形成一滑动面。滑动面的形状主要因土质而异，经实际调查表明：由砂土、卵石、风化砾石等粗粒料筑成的无黏性土坡，其滑动面常近似为一平面；而对均质黏性土坡来说，滑动面通常是一光滑的曲面，顶部曲率半径较小，常垂直于坡顶，底部则比较平缓。根据经验，在稳定计算时，滑动面的形状假定得稍有出入，对安全因数影响不大，因此为方便起见，常将均质黏性土坡破坏时的滑动面假定为一圆柱面，其在平面上的投影就是一个圆弧，称为滑弧。边坡稳定性分析方法根据破裂面形状不同可分为直线破裂面法、圆弧破裂面法。

1. 直线破裂面法

直线破裂面法适用于砂土和砂性土（两者合称砂类土），土的抗力以内摩擦力为主，黏聚力甚小，边坡破坏时，破裂面近似平面，在断面上近似呈一条直线。

在无黏性土坡表面取一小块土体来进行分析，如图4-22所示。设该小块土体的重量为W，其法向分力$N=W\cos\beta$，切向分力$T=W\sin\beta$。法向分力产生摩擦阻力，阻止土体下滑，称为抗滑力，其值为$R=N\tan\varphi=W\cos\beta\tan\varphi$。切向分力$T$是促使土体下滑的滑动力。土体的稳定安全因数$K$为

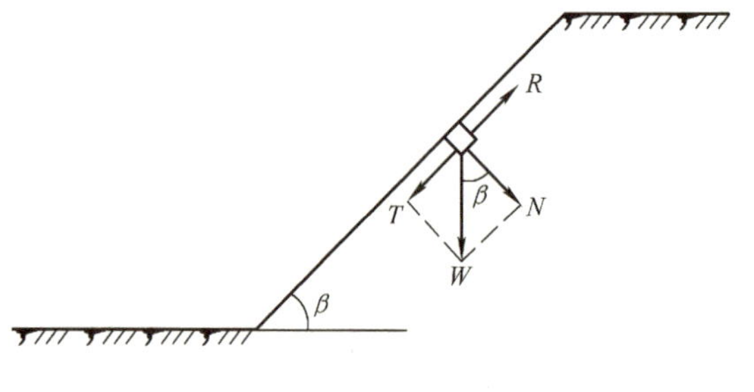

图4-22　无黏性土坡

$$K=\frac{\text{抗滑力}}{\text{滑动力}}=\frac{R}{T}=\frac{W\cos\beta\tan\varphi}{W\sin\beta}=\frac{\tan\varphi}{\tan\beta} \tag{4-21}$$

式中　φ——土的内摩擦角（°）；

β——土坡坡角（°）。

由式（4-21）可见，对于均质无黏性土坡，只要坡角β小于土的内摩擦角φ，则无论土坡的高度为多少，土坡总是稳定的。$K=1$时，土坡处于极限平衡状态，此时的坡角β就等于无黏性土的内摩擦角φ，称为自然休止角。

为了保证土坡的稳定，必须使稳定安全因数大于1，一般可取1.1~1.5。

2. 圆弧破裂面法——圆弧条分法

条分法的基本思路是：假定土坡的破坏是由于土坡内产生了滑动面，部分坡体沿滑动面

滑动造成的；假设滑动面的位置已知，考虑滑动面形成的隔离体的静力平衡，确定沿滑动面发生滑动时的破坏荷载，或判断滑体的稳定状态。该滑动面是人为确定的，其形状可以是平面、圆弧面、对数螺旋面或其他不规则曲面。隔离体的静力平衡条件可以是滑动面上力的平衡或力矩的平衡。隔离体可以是以整体，也可以人为地划分为若干土条进行分析。由于滑动面是人为假定的，只有通过求出一系列可能的滑动面的安全因数，其中最小的安全因数所对应的滑动面即最危险滑动面。

用条分法进行土坡稳定分析实际上是一个求解高次超静定问题。工程上为使问题便于解决，往往做出各种简化假定，以减少未知量或增加方程数。采用的假定和简化不同，导出的计算方法也不同，其中常用的有：瑞典圆弧法、Bishop 条分法、Janbu 条分法等。瑞典圆弧法是由瑞典人彼得森（K. E. Petterson）在 1916 年提出的，是一种刚体极限平衡分析方法，以下进行简单介绍。

瑞典圆弧法是一种试算法，先将土坡按比例画出，如图 4-23a 所示，然后任选一圆心 O，以 R 为半径作圆弧，此圆弧 AC 为假定的滑动面，将滑动体 ABC 分成若干竖直土条。现取出其中第 i 土条分析其受力状况（见图 4-23b）。作用在土条上的力有：土条的自重 W_i，土条两侧作用的法向力 E_{1i}、E_{2i} 和切向力 x_{1i}、x_{2i}，滑动面 cd 上的法向压力 N_i 和切向分力 T_i。这一力系是超静定的，为了简化计算，假定 E_{1i} 和 x_{1i} 的合力等于 E_{2i} 和 x_{2i} 的合力且作用方向在同一直线上，作用互相抵消。这样，由土条的静力平衡条件可得

法向力　$$N_i = W_i\cos\alpha_i$$

切向力　$$T_i = W_i\sin\alpha_i$$

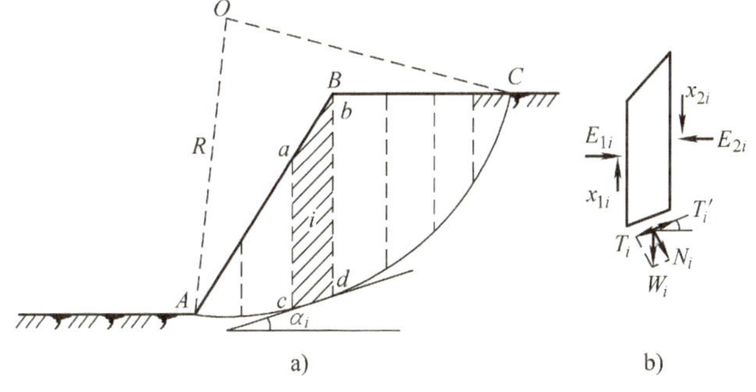

图 4-23　土坡稳定分析

a）土坡剖面　b）作用于 i 土条上的力

此切向力即为引起土条滑动的力，称为滑动力。土条弧面 cd 上的切向抗滑力为

$$T'_i = cl_i + N_i\tan\varphi = cl_i + W_i\cos\alpha_i\tan\varphi$$

式中　l_i——cd 弧的长度。

以圆心 O 为转动中心，各土条对圆心的总滑动力矩为

$$M_s = \sum T_iR = R\sum W_i\sin\alpha_i$$

各土条抗滑力 T'_i 对圆心 O 的总抗滑力矩为

$$\begin{aligned}M_r &= \sum T'_iR = R\sum(cl_i + W_i\cos\alpha_i\tan\varphi)\\ &= R(cl_{AC} + \tan\varphi\sum W_i\cos\alpha_i)\end{aligned}$$

总抗滑力矩与总滑动力矩之比值称为稳定安全因数 K，即

$$K = \frac{M_r}{M_s} = \frac{R(cl_{AC} + \tan\varphi W_i\cos\alpha_i)}{RW_i\sin\alpha_i}$$

$$= \frac{cl_{AC} + \tan\varphi \sum W_i\cos\alpha_i}{\sum W_i\sin\alpha_i} \tag{4-22}$$

式中　K——土坡稳定安全因数；

φ——土的内摩擦角（°）；

c——土的黏聚力（kPa）；

α_i——第 i 土条 cd 弧面的倾角（°）；

l_{AC}——滑弧面 AC 的长度。

由于试算的滑动圆心是任意选定的，因此所选滑弧不一定是真正的最危险滑弧。为了求得最危险滑弧，必须选择若干个滑动圆弧，按上述方法分别算出相应的稳定安全因数 K，其中最小安全因数 K_{min} 相应的滑弧就是最危险滑弧。从理论上说 $K_{min}>1$ 时土坡是稳定的。

这种试算计算工作量很大，目前可用电子计算机进行计算。在用计算机编程计算土坡稳定时，可先在坡顶上方根据边坡特点或工程经验，设定一可能的圆弧滑动面圆心范围，画成正交网格。网格长可根据精度要求确定，网格交点即为可能的圆弧滑动面的圆心，如图4-24所示。对每个网节点分别采用不同的半径，用式（4-22）进行计算，得到对应该圆心的最危险滑动面。比较全部网节点的 K_{min}，最小的 K_{min} 值所对应的圆心和半径所确定的圆弧就是所求的边坡的最危险滑动面。为了更精确计算，可以该圆心为原点，再细分小区域网格，按前述方法再计算，可以找出该小区域网格中最小的 K_{min}。

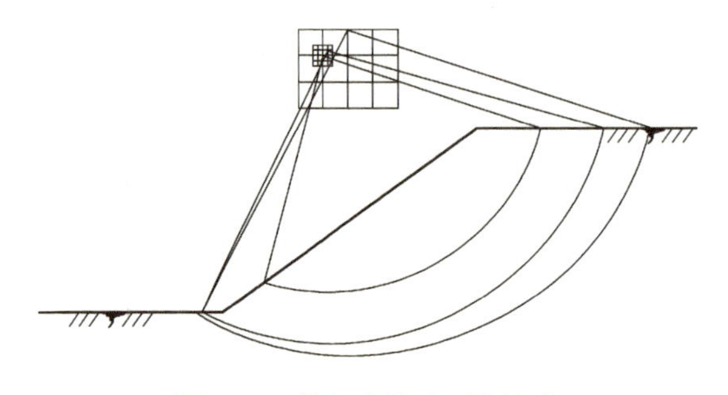

图4-24　最危险滑动面的搜索

（四）人工边坡的确定

工程中，对于相对简单的人工边坡，其坡度的允许值，可按《地基规范》的有关规定查表确定。

（1）压实填土的边坡允许值　应根据压实填土的厚度、填料的性质等因素，按表4-1的数值确定。

表 4-1　压实填土的边坡允许值

填料类别	压实系数 (λ_c)	边坡允许值（宽高比）	
		坡高在 8m 以内	坡高为 8～15m
碎石、卵石碎石	0.94～0.97	1∶1.50～1∶1.25	1∶1.75～1∶1.50
砂夹石（其中碎石、卵石占全重 30%～50%）		1∶1.50～1∶1.25	1∶1.75～1∶1.50
土夹石（其中碎石、卵石占全重 30%～50%）		1∶1.50～1∶1.25	1∶2.00～1∶1.50
粉质黏土、黏粒含量大于等于 10% 的粉土		1∶1.75～1∶1.50	1∶2.25～1∶1.75

注：当压实填土厚度大于 20m 时，可设计成台阶进行压实填土的施工。

（2）开挖边坡坡度允许值　在山坡整体稳定的条件下，土质边坡的开挖，当土质良好均匀、无不良地质现象、地下水不丰富时，其坡度可按表 4-2 确定。

表 4-2　土质边坡坡度允许值

土的类别	密实度或状态	坡度允许值（高宽比）	
		坡高在 5m 以内	坡高为 5～10m
碎石土	密实	1∶0.35～1∶0.50	1∶0.50～1∶0.75
	中密	1∶0.50～1∶0.70	1∶0.75～1∶1.00
	稍密	1∶0.75～1∶1.00	1∶1.00～1∶1.25
黏性土	坚硬	1∶0.75～1∶1.00	1∶1.00～1∶1.25
	硬塑	1∶1.00～1∶1.25	1∶1.25～1∶1.50

注：1. 表中碎石土的充填物为坚硬或硬塑状态的黏性土。
2. 砂土或充填物为砂土的碎石土，其边坡坡度允许值均按自然休止角确定。

二、挡土墙设计

（一）挡土墙的类型

挡土墙按其结构形式可分为以下三种主要类型：

（1）重力式挡土墙　这种形式的挡土墙（见图 4-25a）一般由块石和素混凝土砌筑而成，靠自身的重力来维持墙体稳定，故墙身的截面尺寸较大，墙体的抗拉强度较低，一般用于低挡土墙。重力式挡土墙具有结构简单、施工方便，能够就地取材等优点，因此在工程中应用较广，施工时推荐采用绿色环保建筑材料填筑。

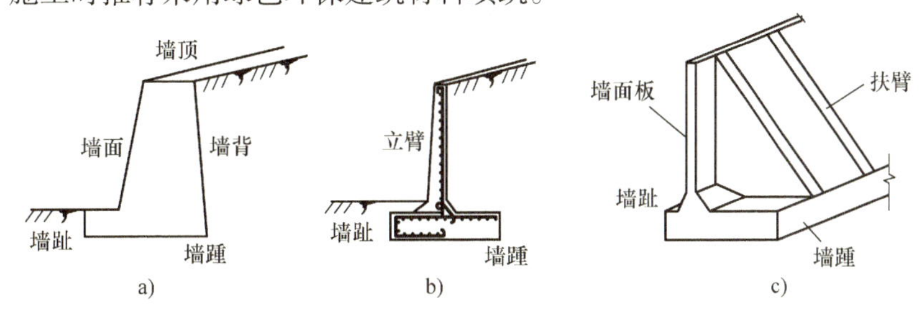

图 4-25　挡土墙的类型

a）重力式挡土墙　b）悬臂式挡土墙　c）扶臂式挡土墙

重力式挡土墙按墙背的倾斜形式又可分为仰斜式、垂直式和俯斜式三种形式，如图4-26所示。其中俯斜式挡土墙上作用的主动土压力最大，仰斜式挡土墙上作用的主动土压力最小。

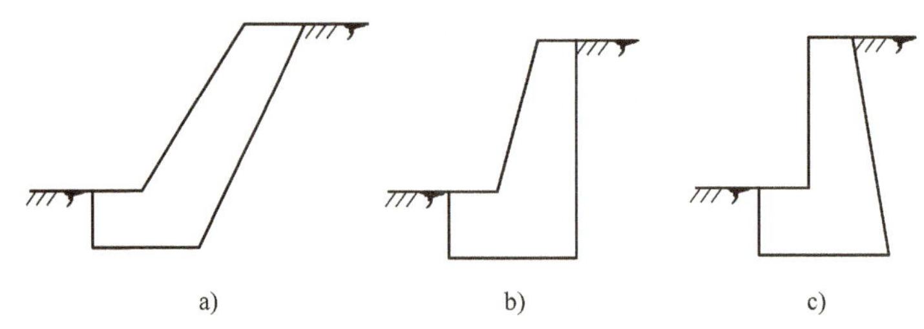

图4-26　重力式挡土墙墙背的倾斜形式

a）仰斜式　b）垂直式　c）俯斜式

（2）悬臂式挡土墙　悬臂式挡土墙一般用钢筋混凝土建造，它由三个悬臂板组成，即立臂、墙趾和墙踵，如图4-25b所示。墙的稳定主要靠墙踵上的土重维持，墙体内的拉应力由钢筋承受。这类挡土墙的优点是能充分利用钢筋混凝土的受力特性，墙体截面尺寸较小，在市政工程以及厂矿储库中较常用。

（3）扶臂式挡土墙　当挡土墙较高时，为了增强悬臂式挡土墙中立臂的抗弯性能，常沿墙的纵向每隔一定距离设置一道扶臂，故称之为扶臂式挡土墙，如图4-25c所示。墙体稳定主要靠扶臂间填土重维持。

此外，还有其他形式的挡土墙，例如：锚杆式挡土墙、锚定板挡土墙、混合式挡土墙、垛式挡土墙、加筋土挡土墙、土工织物挡土墙及板桩墙等。

图4-27a为锚定板挡土墙简图，一般由预制的钢筋混凝土面板、立柱、钢拉杆和埋在土中的锚定板所组成，挡土墙的稳定由钢拉杆和锚定板来保证。锚杆式挡土墙则是利用伸入岩层的灌浆锚杆承受拉力的挡土结构（见图4-27b），与重力式挡土墙相比，其结构轻便并有柔性，造价低、施工方便，特别适合于地基承载力不大的挡土墙。

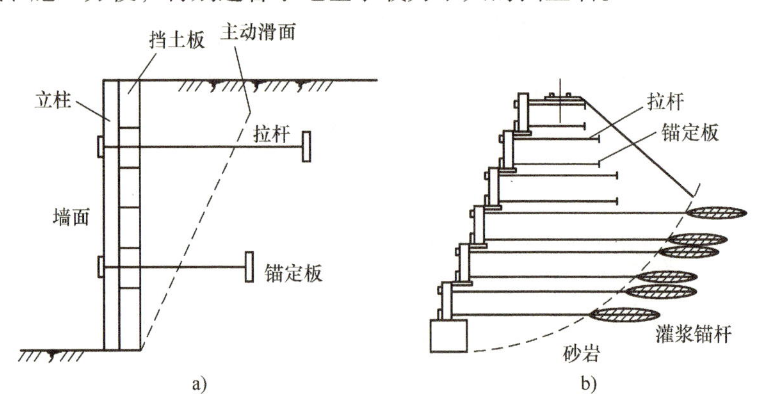

图4-27　锚杆挡土结构

a）锚定板挡土墙　b）锚杆式挡土墙

（二）重力式挡土墙的计算

设计挡土墙时，一般先根据挡土墙所处的条件（工程地质、填土性质、荷载情况，以及建筑材料和施工条件等）凭经验初步拟定截面尺寸，然后进行挡土墙的各种验算。如不满足要求，则应改变截面尺寸或采取其他措施。

挡土墙的计算通常包括下列内容：①稳定性验算，包括倾覆稳定性验算和滑动稳定性验算；②地基承载力验算，验算方法及要求见单元六；③墙身强度验算，验算方法参见《混凝土结构设计规范》（GB 50010—2010）（2015 年版）和《砌体结构设计规范》（GB 50003—2011）。

作用在挡土墙上的力主要有墙身自重、土压力和基底反力（见图 4-28）。如果墙后填土中有地下水且排水不良，应考虑静水压力；如墙后有堆载或建筑物，则需考虑由超载引起的附加压力；在地震区还要考虑地震的影响。

挡土墙的稳定性破坏通常有两种形式：一种是在土压力作用下绕墙趾 O 点外倾（见图 4-29a），对此应进行倾覆稳定性验算；另一种是土压力作用下沿基底滑移（见图 4-29b），对此应进行滑动稳定性验算。

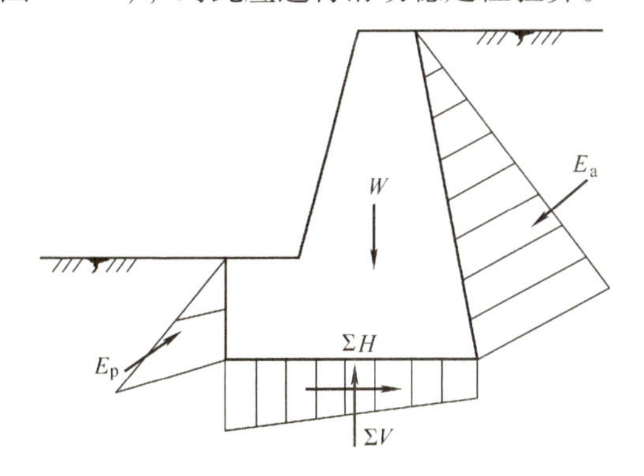

图 4-28　作用在挡土墙上的力

W—挡土墙的墙身自重　E_p—被动土压力　E_a—主动土压力

ΣH—水平反力　ΣV—垂直反力

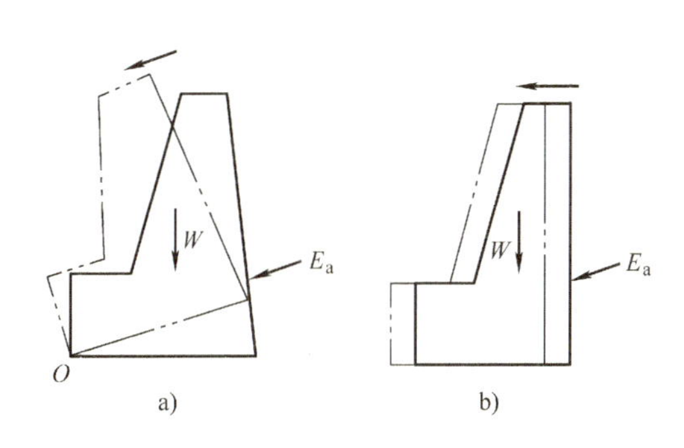

图 4-29　挡土墙的倾覆和滑移

a）倾覆　b）滑移

1. 倾覆稳定性验算

图 4-30 所示为一基底倾斜的挡土墙，将主动土压力分解为水平分力 E_{ax} 和垂直分力 E_{az}，抗倾覆力矩（$Gx_0+E_{az}x_f$）与倾覆力矩之比称为抗倾覆安全因数，其应满足下式要求：

$$K_t=\frac{Gx_0+E_{az}x_f}{E_{ax}z_f}\geqslant 1.6 \tag{4-23}$$

其中

$$E_{ax}=E_a\sin(\alpha-\delta)$$

$$E_{az}=E_a\cos(\alpha-\delta)$$

$$x_f=b-z\cot\alpha$$

$$z_f=z-b\tan\alpha_0$$

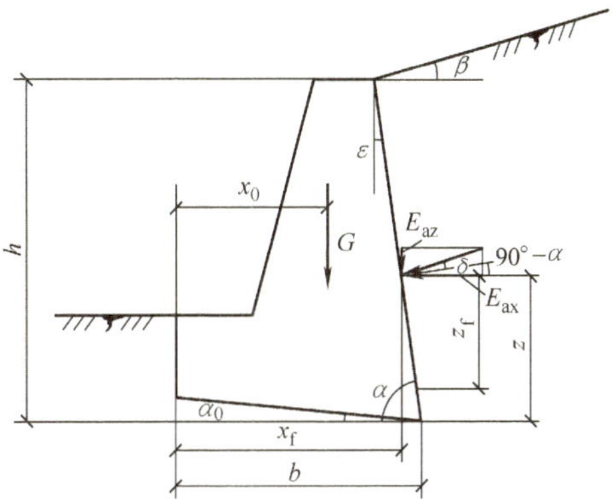

图 4-30　挡土墙的稳定性验算

式中　G——挡土墙每延米自重（kN/m）；

x_0——挡土墙重心离墙趾 O 的水平距离（m）；

x_f——土压力的垂直分力 E_{az} 距墙趾 O 的水平距离（m）；

z——土压力作用点距墙踵的高度（m）；

z_f——土压力作用点距墙趾的高度（m）；

α——挡土墙背与水平面的夹角（°）；

α_0——挡土墙基础底面与水平面的夹角（°）；

b——基底的水平投影宽度（m）。

当验算结果不满足式（4-23）的要求时，可采取下列措施加以解决：

1）增大挡土墙断面尺寸，加大 G，但该措施将增加工程量。

2）将墙背做成仰斜式，以减少土压力。

3）在挡土墙后做卸荷台，如图4-31所示。卸荷台以上土的自重增加了挡土墙的自重与抗倾覆力矩。

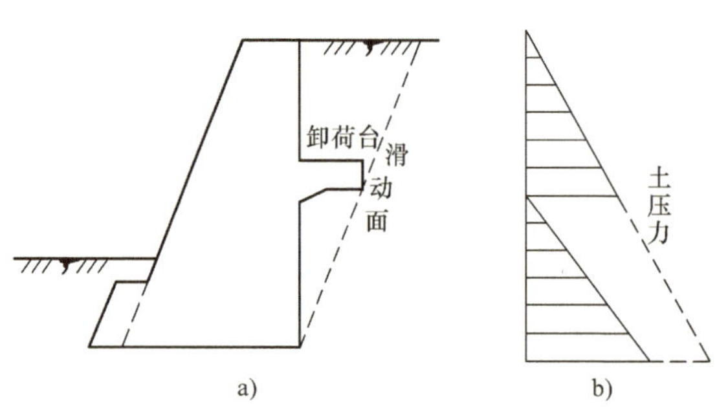

图4-31　有卸荷台的挡土墙

2. 滑动稳定性验算

在滑动稳定性验算中，将 G 和 E_a 分别分解为垂直和平行于基底的分力，抗滑力与滑动力之比称为抗滑稳定安全因数 K_s，其应满足下式要求：

$$K_s = \frac{(G_n + E_{an})\mu}{E_{at} - G_t} \geqslant 1.3 \tag{4-24}$$

其中

$$G_n = G\cos\alpha_0$$

$$G_t = G\sin\alpha_0$$

$$E_{an} = E_a\cos(\alpha - \delta - \alpha_0)$$

$$E_{at} = E_a\sin(\alpha - \delta - \alpha_0)$$

式中　δ——土对挡土墙背的摩擦角，可按表4-3选用；

μ——土对挡土墙基底的摩擦因数，可按表4-4选用。

当验算结果不满足式（4-24）的要求时，可采取下列措施：

1）适当增大挡土墙断面尺寸，加大 G。

2）在挡土墙底面做砂、石垫层，以加大 μ。

3）在挡土墙底做逆坡，利用滑动面上部分反力来抗滑。

4）在软土地基上，当其他方法无效或不经济时，可在墙踵后加拖板，利用拖板上的土重来抗滑。拖板与挡土墙之间用钢筋连接。

表4-3　土对挡土墙背的摩擦角 δ

挡土墙情况	摩擦角 δ
墙背平滑，排水不良	$(0\sim0.33)\varphi_k$
墙背粗糙，排水良好	$(0.33\sim0.50)\varphi_k$
墙背很粗糙，排水良好	$(0.50\sim0.67)\varphi_k$
墙背与填土间不可能滑动	$(0.67\sim1.00)\varphi_k$

注：φ_k 为墙背填土的内摩擦角标准值。

表 4-4　土对挡土墙基底的摩擦因数μ

土的类别		摩擦因数μ
黏性土	可塑	0.25～0.30
	硬塑	0.30～0.35
	坚硬	0.35～0.45
粉土		0.30～0.40
中砂、粗砂、砾砂		0.40～0.50
碎石土		0.40～0.60
软质岩		0.40～0.60
表面粗糙的硬质岩		0.65～0.75

注：1. 对易风化的软质岩和塑性指标I_P大于 22 的黏性土，基底摩擦因数应通过试验确定。
2. 对碎石土，基底摩擦因数可根据其密实程度、填充物状态、风化程度确定。

例 4-7　某挡土墙高h为 6m，墙背垂直光滑（$\varepsilon=0$，$\delta=0$，$\alpha_0=0$），填土面水平($\beta=0$)，挡土墙采用毛石和 M2.5 水泥砂浆砌筑，墙体重度$\gamma_k=22\text{kN/m}^3$，填土内摩擦角$\varphi=40°$，$c=0$，填土重度$\gamma=18\text{kN/m}^3$，基底摩擦因数$\mu=0.5$，地基承载力设计值$f_{ak}=170\text{kPa}$，试设计该挡土墙。

解：（1）确定挡土墙的断面尺寸　一般重力式挡土墙的顶宽约为$h/12$，底宽宜取$(1/3\sim1/2)h$，初步选取顶宽 0.6m，底宽$b=2.5\text{m}$。

（2）计算主动土压力E_a

$$E_a=\frac{1}{2}\gamma h^2\tan^2\left(45°-\frac{\varphi}{2}\right)=\left[\frac{1}{2}\times18\times6^2\times\tan^2\left(45°-\frac{40°}{2}\right)\right]\text{kN/m}=70.45\text{kN/m}$$

土压力作用点离墙底距离

$$h_a=\frac{1}{3}h=\frac{1}{3}\times6\text{m}=2\text{m}$$

（3）计算挡土墙自重及重心　为计算方便，将挡土墙截面分成一个矩形和一个三角形（见图 4-32），并分别计算它们的每延米自重：

$$G_1=\frac{1}{2}\times1.9\times6\times22\text{kN/m}=125.4\text{kN/m}$$

$$G_2=0.6\times6\times22\text{kN/m}=79.2\text{kN/m}$$

G_1、G_2的作用点距O点的距离x_1、x_2分别为

$$x_1=\frac{2}{3}\times1.9\text{m}=1.27\text{m}$$

$$x_2=\left(1.9+\frac{1}{2}\times0.6\right)\text{m}=2.2\text{m}$$

（4）倾覆稳定性验算

$$K_t=\frac{G_1x_1+G_2x_2}{E_ah_a}=\frac{125.4\times1.27+79.2\times2.2}{70.45\times2}=2.37>1.6$$

（5）滑动稳定性验算

$$K_s=\frac{(G_1+G_2)\mu}{E_a-G_t}=\frac{(125.4+79.2)\times0.5}{70.45-0}=1.45>1.3$$

（6）地基承载力验算（见图4-32）

作用在基底的总垂直力

$N = G_1 + G_2 = (125.4 + 79.2)\ \text{kN/m} = 204.6\text{kN/m}$

合力作用点离 O 点距离

$$e_1 = \frac{G_1x_1 + G_2x_2 - E_ah_a}{N} = \left(\frac{125.4 \times 1.27 + 79.2 \times 2.2 - 70.45 \times 2}{204.6}\right)\text{m} = 0.94\text{m}$$

偏心距 $e = \frac{b}{2} - e_1 = \left(\frac{2.5}{2} - 0.94\right)\text{m} = 0.31\text{m} < \frac{b}{6}$

基底压力 $p = \frac{N}{b} = \frac{204.6}{2.5}\text{kPa} = 81.84\text{kPa} < f = 170\text{kPa}$，满足要求

$$p_{\min}^{\max} = \frac{N}{b}\left(1 \pm \frac{6e}{b}\right) = \left[\frac{204.6}{2.5} \times \left(1 \pm \frac{6 \times 0.31}{2.5}\right)\right]\text{kPa} = [81.84 \times (1 \pm 0.744)]\text{kPa} = \begin{matrix}142.73\\20.95\end{matrix}\text{kPa}$$

$p_{\max} < 1.2f_{ak} = 1.2 \times 170\text{kPa} = 204\text{kPa}$，满足要求

（7）墙身强度验算（略）

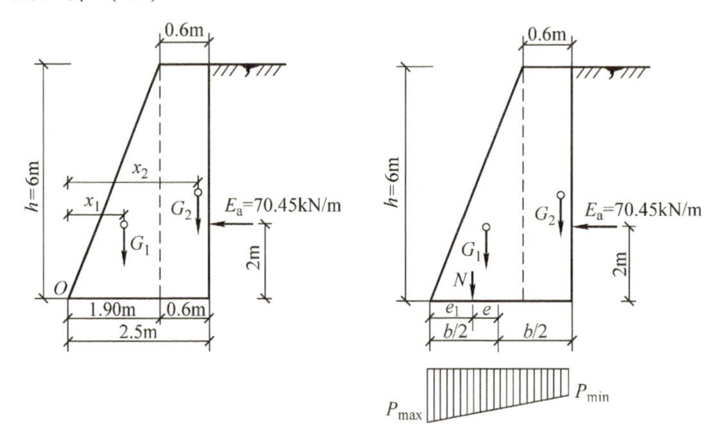

图4-32 例4-7图

（三）重力式挡土墙的构造措施

1. 挡土墙截面尺寸及墙背倾斜形式

一般重力式挡土墙的顶宽约为墙高的1/12，对于块石挡土墙不应小于0.5m，混凝土墙可缩小为0.2～0.4m。底宽约为墙高的1/3～1/2。挡土墙的埋置深度一般不应小于0.5m，对于岩石地基应将基底埋入未风化的岩层内。

墙背的倾斜形式应根据使用要求、地形和施工要求综合考虑确定。从受力情况分析，仰斜墙的主动土压力最小，而俯斜墙的土压力最大。从挖填方角度来看，如果边坡是挖方，墙背采用仰斜较合理，因为仰斜墙背可与边坡紧密贴合；若边坡是填方，则墙背以垂直或俯斜较合理，因仰斜墙背填方的夯实施工比较困难。当墙前地面较陡时，墙面可取1∶0.05～1∶0.2仰斜坡度，也可直立。当墙前地形较为平坦时，对于中、高挡土墙，墙面坡度可较缓，但不宜缓于1∶0.4，以免增高墙身或增加开挖宽度。仰斜墙背坡度越缓，主动土压力越小，但为避免施工困难，仰斜墙背坡度一般不宜缓于1∶0.25，墙面坡应尽量与墙背坡平行。

为了增强挡土墙的抗滑稳定性，可将基底做成逆坡，如图4-33a所示。一般土质地基的

基底逆坡不宜大于0.1∶1，对岩石地基一般不宜大于0.2∶1。当墙高较大时，为了使基底压力不超过地基承载力设计值，可加设墙趾台阶（见图4-33b），其宽高比可取$h:a=2:1$，a不得小于20cm。

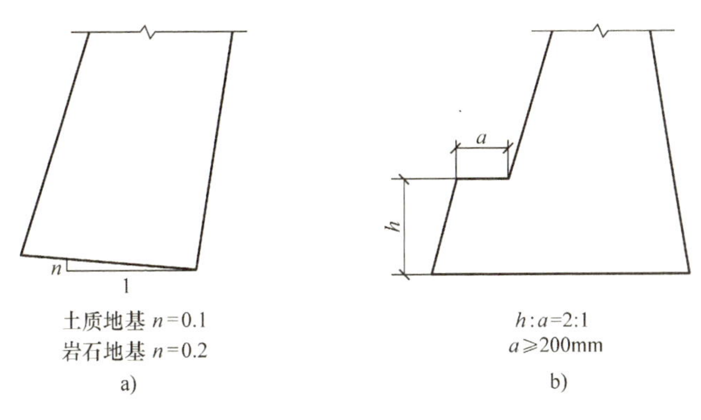

图4-33　基底逆坡及墙趾台阶

2. 墙后排水措施

挡土墙排水不畅可使填土中存在大量积水，使填土重度增加，抗剪强度降低，土压力增大；有时还会因水的渗透和静水压力的影响，使挡土墙破坏。因此，挡土墙应设置泄水孔，其间距宜取2～3m，外斜5%，孔眼尺寸不宜小于ϕ100mm。墙后要做好滤水层和必要的排水盲沟，在墙顶背后的地面铺设防水层。当墙后有山坡时，还应在坡下设置截水沟。图4-34所示的是排水措施的两个工程实例。

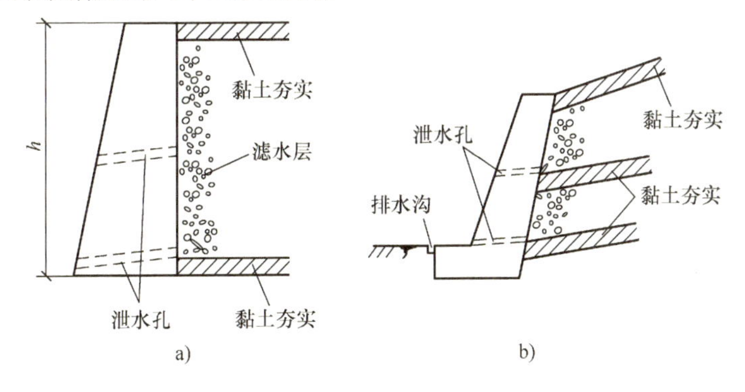

图4-34　挡土墙排水措施

a）方案一　b）方案二

3. 填土质量要求

挡土墙填土宜选择透水性较大的土，例如砂土、砾石、碎石等，因为这类土的抗剪强度较稳定，易于排水。不应采用淤泥、耕植土、膨胀黏土等作为填料，填土料中也不应掺杂大的冻结土块、木块或其他杂物。当采用黏性土作为填料时，宜掺入适量的块石，墙后填土应分层夯实。

4. 其他

挡土墙应每隔10～20m设置沉降缝。当地基有变化时，宜加设沉降缝。在拐角处，应适当采取加强的构造措施。

综合能力训练

1. 某施工单位承建某综合楼工程施工，该工程地下2层，地上10层，基础底板标高 −12.90m，场地整平标高为 −4.90m，基础类型为箱形基础，结构形式为现浇框架结构，楼板采用后张法预应力混凝土。根据业主单位提供的岩土工程勘察报告显示的该场地的地层结构及土的物理力学指标，如图4-35所示，自上而下为：上层土厚5m，$\gamma_1=18\text{kN/m}^3$，$c_1=20\text{kPa}$，$\varphi_1=18°$；下层土厚3m，$\gamma_2=20\text{kN/m}^3$，$c_2=0$，$\varphi_2=35°$。

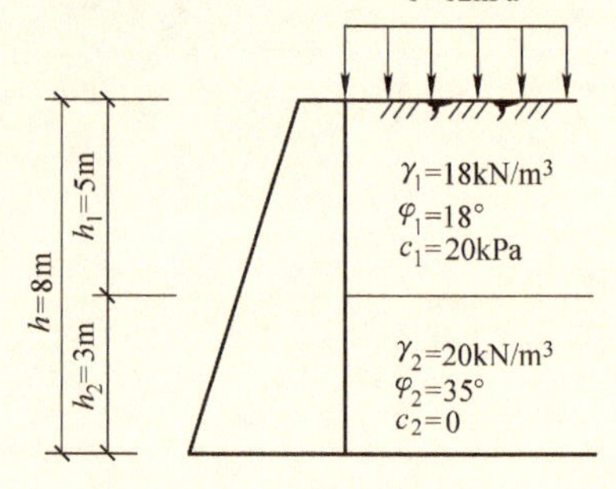

图4-35　综合能力训练1图

（1）请问该工程中箱形基础的外墙将承受何种类型的土压力？

（2）试计算出该箱形基础的外墙所承受的土压力合力大小。

（3）在图中画出土压力分布图，并标出作用点位置。

2. 接上题，当施工单位完成箱形基础的一层时，由于场地狭窄，施工人员立即进行基础回填工作，由于回填的土方过于集中，该箱形基础一侧的外墙受到巨大侧压力的作用，出现严重变形。经事故调查，在基础回填作业中，施工人员为了执行项目经理做出的赶工期、挪场地的指示，在浇筑的混凝土墙体未达到一定强度时就开始回填作业。在施工中，现场管理人员对这一现象又未能及时发现，监督检查不力，从而出现不良的质量问题。假若该箱形基础外墙铅直光滑：

（1）请问此时该工程中箱形基础的外墙将承受何种类型的土压力作用？

（2）试计算出此时该箱形基础的外墙所承受的土压力合力大小。

（3）在图中画出土压力分布图，并标出作用点位置。

（4）要避免出现此情况，可以采取哪些有效措施？

3. 某高层建筑基坑开挖，边坡高度为6.5m，边坡土体天然重度 $\gamma=19\text{kN/m}^3$，内摩擦角 $\varphi=23°$，黏聚力 $c=30\text{kPa}$。

（1）试根据图4-36所示假设滑动面，采用瑞典圆弧法计算基坑边坡的稳定安全因数。

（2）确保基坑边坡安全可以采取哪些措施？

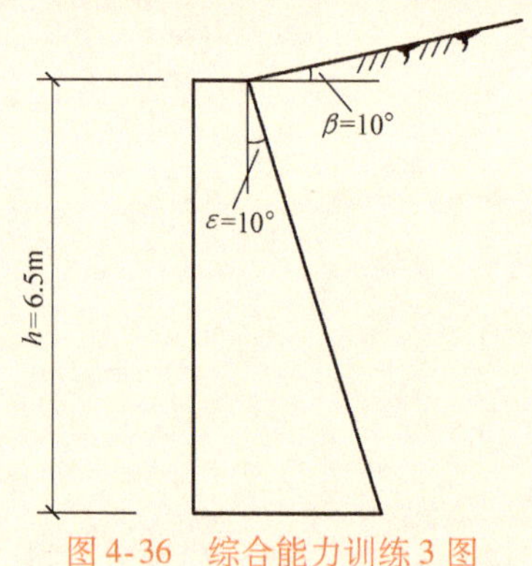

图4-36　综合能力训练3图

第二篇　基础工程施工

单元五

工程地质勘察

任务1　地质工程勘察

问题引出

某工厂新建一生活区，共12幢六层砖混结构住宅楼，在工程建设前，厂方委托一家工程地质勘察单位按要求对建筑地基进行详勘。建设完成一年后相继发现其中4幢住宅的部分墙体开裂，裂缝多为斜向裂缝，另有2幢住宅楼发生整体倾斜。经现场观察分析，此6幢住宅楼均产生严重的地基不均匀沉降，最大沉降差达160mm。事故发生后，有关部门对该工程质量事故进行了鉴定，审查了工程的有关勘察、设计、施工资料，对工程地质又进行了详细的补勘。经查明，在新建生活区的地下有一古河道通过，古河道沟谷内沉积了淤泥层，该淤泥层系新近沉积物，土质特别柔软，属于高压缩性、低承载力土层，且厚度较大，在建筑基底附加压力作用下，产生较大的沉降。该工程经地基加固处理后投入正常使用，但造成了较大的经济损失，经法院审理判决，工程地质勘察单位向厂方赔偿经济损失296万元。

问题：工程地质勘察时应该注意哪些问题?

想一想：要想避免类似事情的发生，工程人员应具备哪些职业素养?

学习目标

1. 知道岩土工程勘察阶段划分及技术要点。
2. 知道地基勘察方法及原位测试要点。
3. 能够正确识读工程地质勘察报告。

地基的工程特性将直接影响建筑物的使用安全。因此在项目设计与施工之前，必须先了解建设场地的自然环境及工程地质条件，通过各种勘察手段和测试方法，对拟建场地进行岩土工程勘察，为设计提供翔实、可靠的工程地质资料，严格贯彻先勘察、后设计、再施工的建设程序。

一、岩土工程勘察阶段划分及技术要点

（一）岩土工程勘察的目的及内容

工程勘察的目的在于以各种勘察手段和方法，调查研究和分析评价建筑场地和地基的工程地质条件，为设计和施工提供所需的工程地质资料。

工程勘察的主要内容有：

1）查明建设场地与地基的稳定性问题。主要查明场地与断裂构造的位置关系，断裂地质构造的活动性以及规模，地震的基本烈度，砂土液化的可能性，场地有无滑坡、泥石流等不良地质现象及其危害程度。

2）查明场地的地层类别、成分、厚度和坡度变化。

3）查明场地的水文地质条件。重点查明地下水的类型、补给来源、排泄条件、埋藏深度及污染程度等。

4）查明地基土的物理力学性质指标。

5）确定地基承载力，预估基础沉降。

6）提出地基基础设计方案的建议。

（二）岩土工程勘察阶段及技术要点

一般工程勘察，根据基本建设程序可以分为三个阶段：选址勘察（可行性研究勘察）、初步勘察、详细勘察（有些项目还要进行施工勘察）。

1. 选址勘察（可行性研究勘察）

选址勘察的目的在于通过踏勘了解现场地形地貌、地质构造、岩土工程特性、地下水情况以及不良地质现象，是否存在影响建筑物基础的地下设施及采空区等，同时了解场地位置，当地建筑经验及人文、交通等状况。选址勘察时应尽量避开对工程建设不利的地段及区域。

2. 初步勘察（初勘）

初勘的目的在于通过勘察，判定场地的工程地质和水文地质条件。根据初步设计或扩初设计提供的方案，对场地进行全面的普查。通过普查，查明拟建场地的以下情况：

1）地层及地质构造。

2）岩石和土的物理力学性质。

3）地下水埋藏条件。

4）土的冻结深度。

5）不良地质现象及地震效应。

3. 详细勘察（详勘）

详勘是在初步勘察基础上，配合施工图设计的要求，对建筑地基所做的岩土工程勘察。详勘阶段的主要任务是：

1）查明建筑物基础范围内地层结构，岩土的物理力学性质。

2）对地基的稳定性和承载力做出评价。

3）选择地基基础设计方案。

4）提供不良地质现象防治措施及地基处理方案。

5）查明有关地下水的埋藏条件和侵蚀性。

4. 施工勘察

施工勘察是配合施工过程中出现的技术问题进行的勘察工作。

二、地基勘察方法及原位测试

（一）勘探点的布置

1. 勘探点的间距

详勘阶段勘探点的间距应满足表5-1的要求。

表5-1　详细勘察勘探点的间距　（单位：m）

地基复杂程度等级	勘探点间距
复杂	10～15
中等复杂	15～30
简单	30～50

详勘阶段勘探点的布置，应符合下列规定：

1）勘探点宜按建筑场地周边线和角点布置。

2）同一建筑范围内的主要受力层或受影响的下卧层起伏较大时，应加密勘探点，查明其变化。

3）重大设备基础应单独布置勘探点；重大的动力机器基础和高耸构筑物，勘探点不宜少于3个。

4）单栋高层建筑勘探点的布置，应满足对地基均匀性的要求，且不应少于4个。

5）在复杂地质条件及特殊性土建筑场地，宜布置适量探井。

2. 勘探点的深度

详细勘察的勘探孔深度自基础底面算起，应符合下列规定：

1）勘探孔深度应能控制地基主要受力层。当基础底面宽度不大于5m时，勘探孔的深度对条形基础不应小于基础底面宽度的3倍，对单独柱基不应小于1.5倍，且不应小于5m。

2）对高层建筑和需做变形计算的地基，控制性勘探孔深度应超过地基变形计算深度；高层建筑的一般性勘探孔应达到基底下0.5～1.0倍的基础宽度，并深入稳定分布的地层。

3）对仅有地下室的建筑或高层建筑的裙房，当不能满足抗浮设计的要求，需设置抗浮桩或锚杆时，勘探孔深度应满足抗拔承载力评价的要求。

4）当有大面积地面堆载或软弱下卧层时，应适当加深控制性勘探孔的深度。

5）大型设备基础勘探孔深度不宜小于基础底面宽度的2倍。

6）当需进行地基处理和采用桩基时，勘探孔的深度应满足相应规范的要求。

7）在上述规定深度内当遇基岩或厚层碎石土等稳定地层时，勘探孔深度应根据情况进行调整。

（二）地基勘察方法

地基勘察的主要方法有以下几种：

1. 钻探

钻探是勘探方法中应用最广泛的一种，它是采用钻探机具向下钻孔，以鉴别和划分地层、观测地下水位，并采取原状土样以供室内试验，确定土的物理性质、力学性质指标。需要时还可以在钻孔中进行原位测试。

钻探的钻进方式可分为回转式、冲击式、振动式、冲洗式四种。每种钻进方法各有独自特点，分别适用于不同的地层。根据《岩土工程勘察规范》（GB 50021—2001）（2009年版）的规定，钻进方法可根据地层类别及勘察要求按表5-2进行选择。

表 5-2　钻探方法的适用范围

钻探方法		钻进地层					勘察要求	
		黏性土	粉土	砂土	碎石土	岩石	直观鉴别、采取不扰动试样	直观鉴别、采取扰动试样
回转式	螺旋钻探	+ +	+	+	−	−	+ +	+ +
	无岩芯钻探	+ +	+ +	+ +	+	+ +	−	−
	岩芯钻探	+ +	+ +	+ +	+	+ +	+ +	+ +
冲击式	冲击钻探	−	+	+ +	+ +	−	−	−
	锤击钻探	+ +	+ +	+ +	+	−	+ +	+ +
振动式钻探		+ +	+ +	+ +	+	−	+	+ +
冲洗式钻探		+	+ +	+ +	−	−	−	−

注："+ +"适用，"+"部分适用，"−"不适用。

（1）钻孔规格　钻探口径应根据钻探目的和钻探工艺确定，应满足取样、测试以及钻进工艺的要求。采取原状土样的钻孔，口径不得小于 91mm；仅需鉴别地层的钻孔，口径不宜小于 36mm；在湿陷性黄土中，钻孔口径不宜小于 150mm。

（2）钻进要求　对要求鉴别地层和取样的钻孔，均应采用回转方式钻进，取得岩土样品。遇到卵石、漂石、碎石、块石等类地层不适用于回转钻进时，可采用振动式钻进。对鉴别地层天然湿度的钻孔，在地下水位以上应进行干钻，当必须加水或使用循环液时，应采用双层岩芯管钻进，钻进宜采用金刚石钻头。在湿陷性黄土中必须采用螺旋钻头钻进。

（3）地下水位观测　钻进中遇见地下水时，应停钻并测量初见水位。为测得单个含水层的初见水位，对砂石和碎石土停钻时间不少于 30min，对粉土和黏性土不少于 8h，并应在全部钻孔结束后同一天测量各孔的静止水位。水位允许误差为 ±2.0cm。钻探深度内有两个含水层，如有要求，应分别测量。因采用泥浆护壁影响地下水位观测时，应设置专用的地下水位观测孔。

2. 井探或槽探

当用钻探方法难以查明地下情况时，可采用探井、探槽等探坑（见图 5-1）进行勘探，直接观察地基土层情况，并从探井（槽）中取原状土样进行试验分析。探井、探槽主要是人力开挖，但也可用机械开挖。

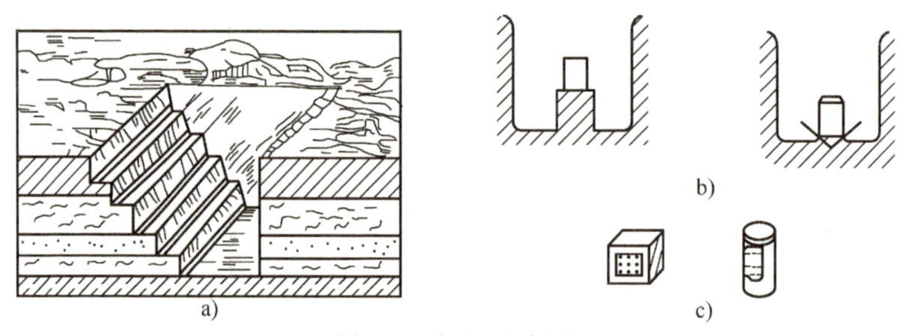

图 5-1　探坑示意图

a）探坑　b）在探坑中取原状土　c）原状土样

为了减少开挖土方量，探井（槽）的断面不宜过大。一般圆形探井直径为 0.8 ~ 1.0m，矩形探井可采用 0.8m × 1.2m。探井深度超过地下水埋深时，应有排水措施。

（三）地基原位测试

原位测试是在岩土原来所处的位置上，使土样基本保持其天然结构、天然含水量及天然应力状态下进行的测试技术。原位测试方法有：静载荷试验、静力触探试验、动力触探试验、十字板剪切试验、旁压试验及其他现场试验。

1. 静载荷试验

静载荷试验是在天然地基上模拟建筑场地的基础荷载条件，通过承压板向地基施加竖向荷载，观察所研究地基土的强度和变形规律的一种原位试验方法。

试验前在试验点开挖试坑，试坑宽度和直径不应小于承压板宽度和直径的3倍。深度与被测土层深度相同。静载荷试验采用堆载或液压千斤顶均匀加载，承压板形状宜采用方形或圆形，面积可采用0.25~0.5m^2。试验装置如图5-2所示。

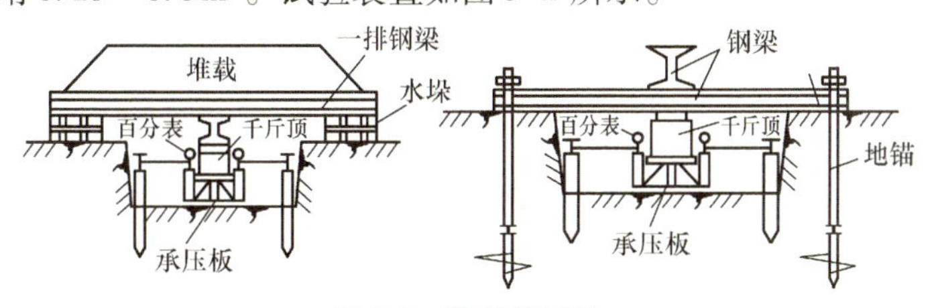

图5-2　静载荷试验

试验时，荷载应分10~12级增加，并不得少于8级。最大加载量不应小于设计要求的2倍。每级荷载施加后，间隔5min、5min、10min、10min、15min、15min测读一次沉降，以后每隔30min读一次沉降，当连续2小时内每小时沉降量小于0.1mm时，则认为地基变形已趋稳定，可施加下一级荷载。当出现下列情况之一时，可终止试验：

1）承压板周边的土出现明显侧向挤出，隆起。

2）在某级荷载下24h沉降速率不能达到相对稳定标准。

3）总沉降量与承压板直径（或宽度）之比超过0.06。

4）本级荷载的沉降量大于前级荷载沉降量的5倍，荷载与沉降曲线出现明显陡降。

根据试验结果，可绘制如图5-3a所示的荷载沉降量 s 与时间 t 关系的曲线和图5-3b所示的压力 p 与稳定沉降量 s 的关系曲线。

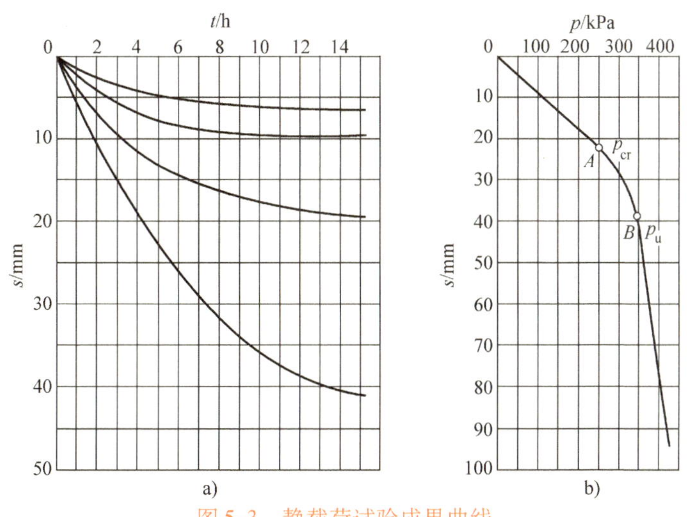

图5-3　静载荷试验成果曲线

a）$s-t$ 曲线　b）$p-s$ 曲线

$p-s$ 曲线通常可分为三个阶段：直线变形阶段、局部剪切阶段、破坏阶段。在 $p-s$ 曲线中，A 点所对应的荷载称为比例界限荷载 p_{cr}；B 点所对应的荷载为极限荷载 p_u。利用$p-s$ 曲线的特征点，可以确定比例界限荷载与极限荷载，提供地基承载力标准值。

2. 静力触探试验

静力触探试验是通过静压力将一个内部装有传感器的触探头匀速压入土中，通过量测土对探头的阻力，推测被测土层的工程性质。

静力触探设备主要由触探头、触探机和记录器三部分组成，其中触探头是静力触探设备中的核心部分。触探头按其构造分类，可以分为单桥探头和双桥探头，它们的构造如图 5-4 和图 5-5 所示。

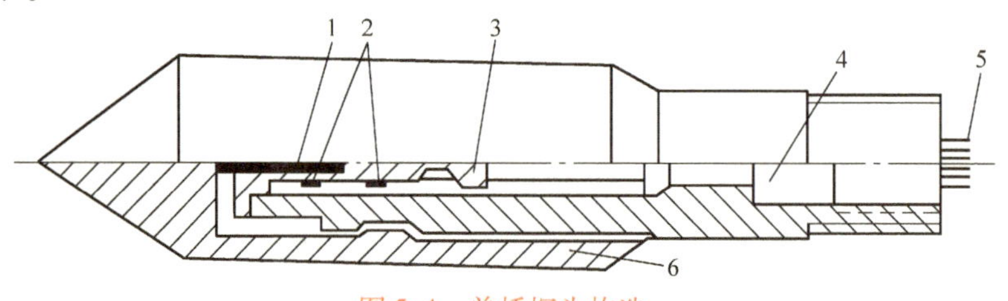

图 5-4　单桥探头构造

1—顶柱　2—电阻应变片　3—传感器　4—密封垫圈套　5—四芯电缆　6—外套筒

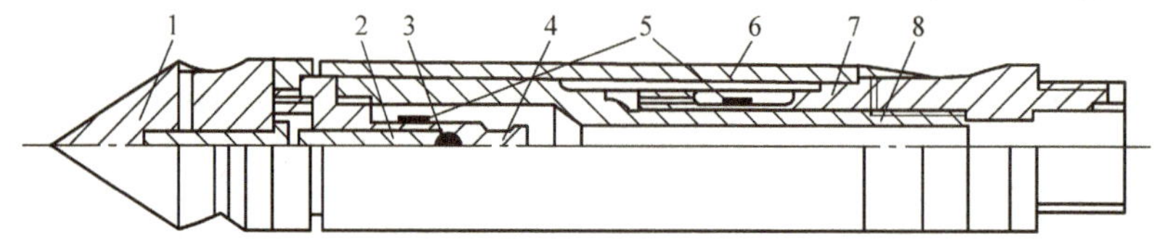

图 5-5　双桥探头构造

1—锥尖头　2—顶柱　3—钢珠　4—锥尖传感器　5—电阻应变片　6—摩擦筒　7—摩擦传感器　8—传力杆

当触探杆将探头匀速压入土层时，一方面引起锥尖以下局部土层的压缩，产生了作用于锥尖的阻力，另一方面又在孔壁周围形成一圈挤密层，产生了作用于探头侧壁的摩擦阻力。探头的这两种阻力是土的力学性质的综合反映。探头置入土中时产生的这种阻力通过内贴于探头内的电阻应变片转变成电信号，并由仪表测量出来。

单桥探头所测到的是包括锥尖阻力和侧壁摩阻力在内的总贯入阻力 Q（kN），通常用比贯入阻力 p_s表示：

$$p_s = Q/A \tag{5-1}$$

式中　A——探头截面面积（m^2）；

Q——探头总贯入阻力（kN）。

双桥探头能分别测定锥底的总阻力 Q_c和侧壁的总摩擦阻力 Q_s。单位面积上的锥尖阻力 q_c和单位面积上的侧壁阻力 f_s分别为

$$q_c = Q_c/A \tag{5-2}$$

$$f_s = Q_s/A_s \tag{5-3}$$

式中　q_c——单位面积锥尖阻力（kPa）；

f_s——侧壁单位面积摩阻力（kPa）；

A——探头截面面积（m^2）；

A_s——外套筒的总侧面积（m^2）。

地基土的承载力取决于土本身的力学性质，而静力触探所得的比贯入阻力等指标在一定

程度上反映了土的某些力学性质。根据静力触探试验资料和其他的测试结果（如取原状土在室内进行测试）相互对比，建立相关关系，或者可间接地按地区性的经验关系估算土的承载力、压缩性指标、单桩承载力、沉桩可能性和液化趋势等。

静力触探试验适用于黏性土、粉土、砂土及含少量碎石的土层，尤其适合地层变化较大的复杂场地以及不易取得原状土样的饱和砂土和高灵敏度软黏土地层。但静力触探不能直接识别地层，而且对碎石类地层和较密实的砂土层难以贯入，因此经常与钻探配合使用。

3. 动力触探试验

动力触探是利用一定的锤击能量，将一定形式的探头贯入土中，并记录贯入一定深度所需的锤击数，以此判断土的性质。动力触探试验设备简单、效率高，故在岩土工程勘察中应用较广。动力触探依照探头形式分为标准贯入试验和圆锥动力触探两种类型。

（1）标准贯入试验　主要适用于砂土、粉土及一般黏性土，其设备如图5-6所示，主要由贯入器、触探杆和穿心锤三部分组成。触探杆一般采用直径42mm的钻杆，穿心锤重63.5kg，落距760mm。

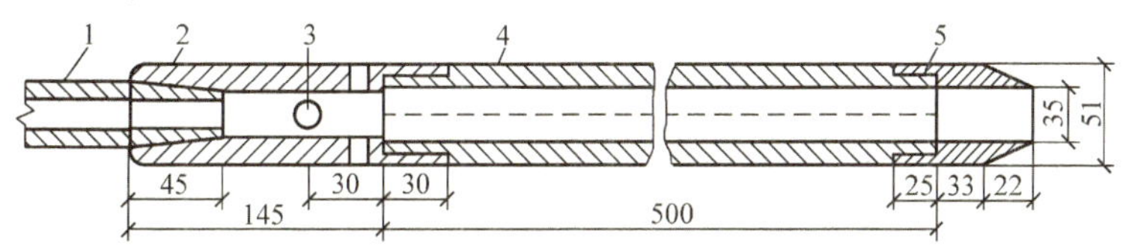

图5-6　标准贯入器

1—触探杆　2—贯入器　3—出水孔　4—由两个半圆形管合成的贯入器身　5—贯入器靴

试验时，先将贯入器垂直打入土层中15cm，然后记录每打入30cm的锤击数，该数即为标准贯入试验的锤击数。

试验后拔出贯入器，取出其中的土样进行鉴别描述。根据标准试验锤击数N值，可对砂土、粉土、黏性土的物理状态、土的强度、地基承载力、单桩承载力等做出评价，同时也可以判断地基土层是否液化的。

（2）圆锥动力触探　根据锤击能量将圆锥动力触探分为轻型、重型和超重型三种，其规格和适用土类应符合表5-3的规定。

试验时，先用钻具钻至试验土层标高，然后对所需试验土层连续进行触探。使穿心锤自由下落，将触探杆竖直打入土层中，记录每打入土中10cm（或30cm）的锤击数$N_{63.5}$（或N_{10}）。根据圆锥动力触探试验指标，并结合地区经验，可以判断不同地基土的工程特性。利用轻型触探锤击数N_{10}，可以确定黏性土和素填土的承载力标准值以及判定砂土的密实度；利用重型动力触探头的锤击数$N_{63.5}$，可以确定砂土、碎石土的孔隙比和砂土的密实度，还可以确定地基土的承载力以及单桩承载力标准值；利用超重型动力触探锤击数N_{120}，可以确定各类砂土和碎石土的承载力等。

表5-3　圆锥动力触探类型

类型	锤重/kg	落距/cm	探头	贯入指标	主要适用岩土
轻型	10	50	直径40mm，锥角60°	贯入30cm的读数N_{10}	浅部的填土、砂土、粉土、黏性土
重型	63.5	76	直径74mm，锥角60°	贯入10cm的读数$N_{63.5}$	砂土、中密以下的碎石土、极软岩
超重型	120	100	直径74mm，锥角60°	贯入10cm的读数N_{120}	密实和很密实的碎石土、软岩、极软岩

三、工程地质勘察报告

（一）工程地质勘察报告的编制

工程地质勘察的最终成果是以报告书的形式提出的。勘察工作结束以后，要把野外工作和室内试验取得的记录和数据以及收集到的有关资料进行分析整理、检查校对、归纳总结，最后，对拟建场地的工程地质做评价，整个过程要秉承实事求是的工作态度，认真对待每一条记录和数据。

工程地质勘察报告一般分为文字和图表两部分。文字部分一般包括：任务要求及勘察工作概况，场地位置，地形地貌，地质构造，不良地质现象及地震设计烈度，场地的地层分布，岩石和土的均匀性、物理力学性质，地基承载力和其他设计计算指标，地下水的埋藏条件和腐蚀性，土层的冻结深度，对建筑场地及地基进行的综合工程地质评价，对场地的稳定性和适宜性做出的结论，存在的问题和有关地基基础方案的建议。图表部分一般包括：勘探点平面布置图、工程地质剖面图、地质柱状图或综合地质柱状图、地下水位线、土工试验成果表、其他测试成果图表（如现场载荷试验、标准贯入试验、静力触探试验、旁压试验等）。

图5-7和图5-8是《某学院1#教学楼的岩土工程勘察报告》中的勘探点平面布置图和工程地质剖面图。

（二）工程地质勘察报告的阅读和使用

为了充分发挥工程地质勘察报告在设计和施工中的作用，必须认真阅读工程地质勘察报告的内容，了解勘察报告的结论和建议，分析各项岩土参数的可靠程度，从而能正确地使用工程地质勘察报告。

1. 持力层的选择

地基持力层的选择应该从地基、基础和上部结构的整体概念出发，综合考虑场地的土层分布情况和土层的物理力学性质、建筑物的体形、结构类型、荷载等情况。对不会发生场地稳定性不良现象的建筑区段，地基基础设计必须满足地基承载力和基础沉降两项基本要求。同时，本着经济节约和充分发挥地基潜力的原则，应尽量采用天然地基上浅基础的设计方案。

根据勘察资料，合理地确定地基承载力是选择持力层的关键。而地基承载力的确定取决于很多因素，单纯依靠某种方法确定的承载力值不一定完全合理，只有通过认真阅读勘察报告，分析所得到的有关野外和室内的各种资料，并结合当地实践经验，才能确定地基承载力。然后在熟悉场地各土层的分布和物理力学性质（层状分布情况、状态、压缩性和抗剪强度、厚度、埋深及均匀程度等）的基础上，结合拟建工程的具体情况初步确定持力层，并经过试算或方案比较，最后做出决定。

2. 场地稳定性的评价

对于地质条件复杂的地区，综合分析的首要任务是评价场地的稳定性，然后才是研究地基土的承载力和变形问题。

场地的地质构造（褶皱、断层等）、不良地质现象（滑坡、泥石流、塌陷等）、地层成层条件和地震等都会影响场地的稳定性，在勘察中必须查明其分布规律、具体条件、危害程度。

在不良地质现象发育且对场地稳定性有直接危害或潜在威胁的地区修建建筑物，必须慎重对待。如不得不在其中较为稳定的地段进行建筑，要事先采取有力措施、防患于未然，以免造成损失。

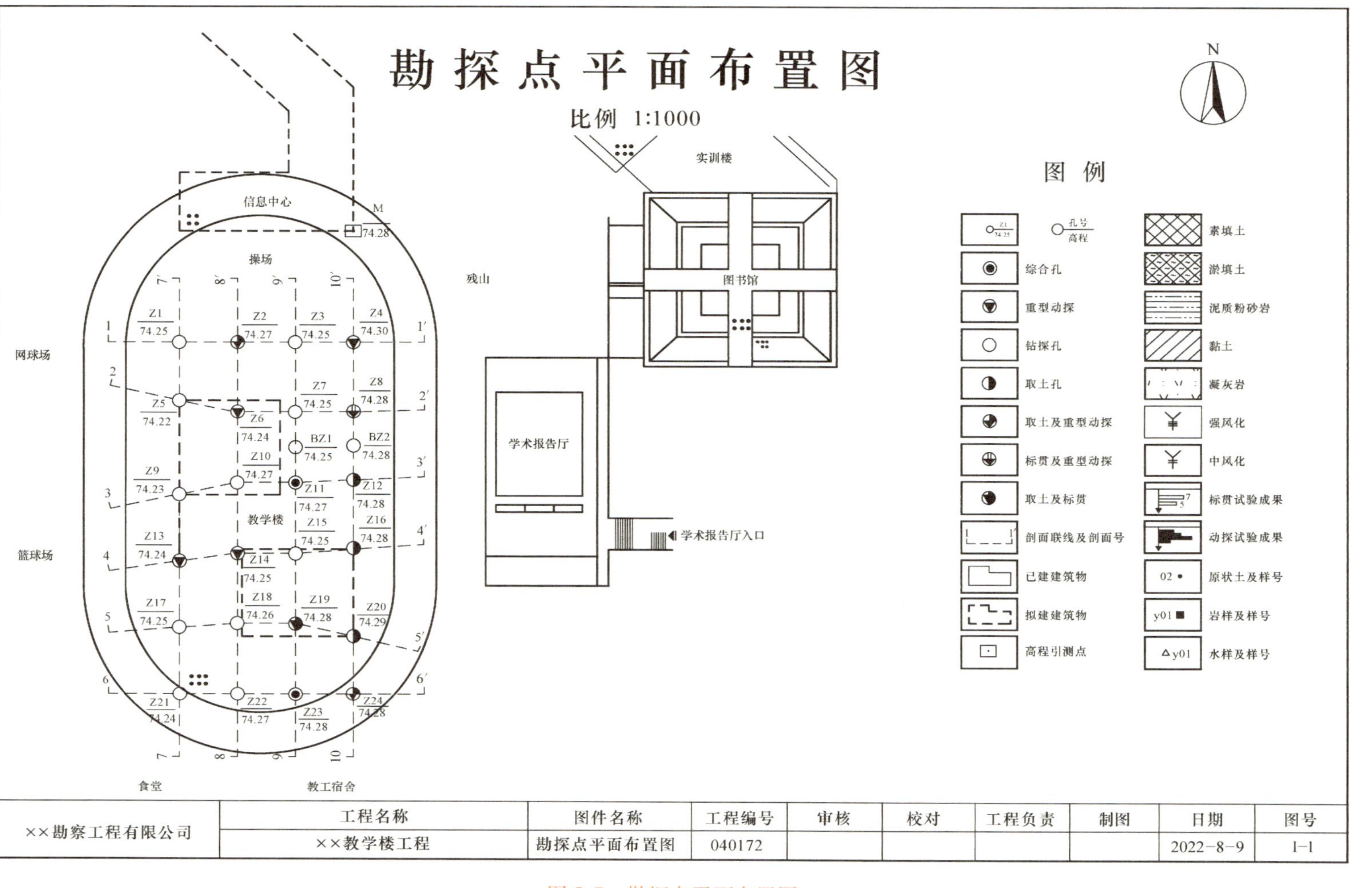

图5-7　勘探点平面布置图

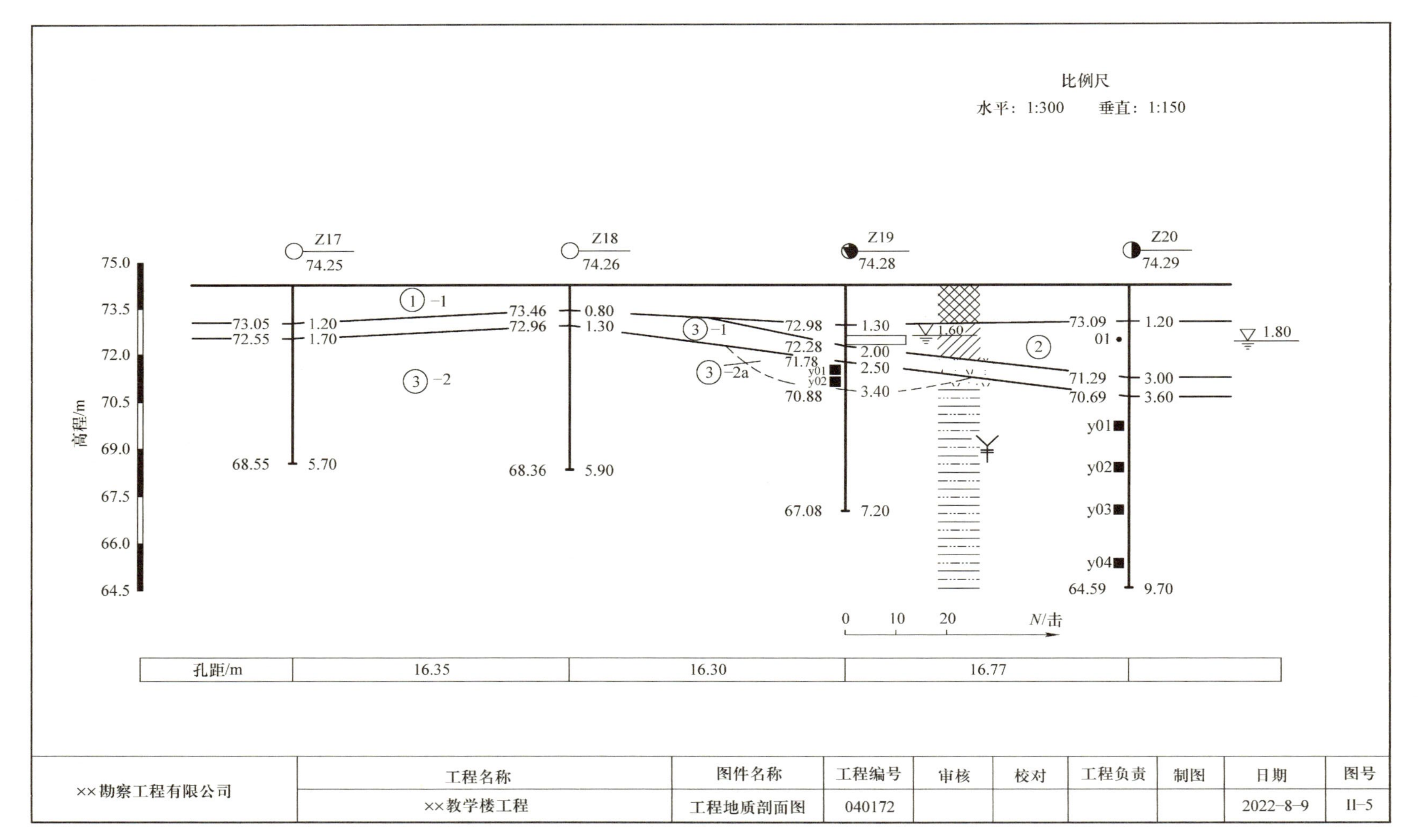

图5-8　工程地质剖面图（5-5）

任务2 地基验槽

问题引出

任务1的“问题引出”中，该工程地质勘察单位在对工程地质进行详勘时，对所勘察的数据（如淤泥质土的标准贯入度仅为3，而其他地方为7～12）未能引起足够的重视。基坑开挖后对揭露地层没有认真核对，也没有对软弱下卧层进行触探和钎探，导致工程事故发生。

问题：什么是地基验槽？为什么要进行地基验槽？

想一想：上文中说工程地质勘察单位对数据未能引起足够的重视，说明相关工程人员的工作态度不严谨，请问工程人员应具备哪些工匠精神？

学习目标

1. 了解地基验槽的概念。
2. 知道地基验槽的方法及要求。

当基坑（槽）开挖至设计标高时，施工单位应组织勘察、设计、质量监督和建设单位等有关人员共同检查坑底土层是否与设计、勘察资料相符，是否存在填井、填塘、暗沟、墓穴等不良地质情况，这个过程称为验槽。

验槽的方法以观察为主，辅以夯、拍或轻便触探、钎探等方法。

（一）观察验槽

观察验槽首先应根据槽断面土层分布情况及走向，初步判明槽底是否已挖至设计要求深度的土层；其次，检查槽底。检查时应观察刚开挖的未受扰动的土的结构、孔隙、湿度、含有物等，确定是否为原设计所提出的持力层土质，应重点注意柱基、墙角、承重墙下或其他受力较大的部位。除在重点部位取土鉴定外，还应在整个槽底进行全面观察，观察槽底土的颜色是否均匀一致、土的坚硬度是否一样、有没有局部含水量异常的现象等，对可疑之处，都应查明原因，以便为地基处理或设计变更提供可靠的依据。

（二）夯、拍或轻便勘探

夯、拍验槽是用木夯、蛙式打夯机或其他施工工具对干燥的基坑进行夯、拍（对潮湿和软土地基不宜夯、拍，以免破坏槽底土层），根据夯、拍声音判断土中是否存在洞或墓穴。对可疑之处可采用轻便勘探方法进行进一步调查。

轻便勘探验槽是用钎探、轻便触探、手摇小螺纹钻、洛阳铲等对地基主要受力层范围的土层进行勘探，或对前述观察、夯或拍发现的异常情况进行探查。

钎探是用直径22～25mm的钢筋作钢钎，钎尖呈60°锥状（见图5-9a）。长度为1.8～2.0m，每300mm作一刻度。钎探时，用质量为4～5kg的大锤将钢钎打入土中，落锤高500～700mm，记录每打入300mm的锤击数，据此可判断土质的软硬程度。

钎孔的布置和深度应根据地基土的复杂程度和基槽形状、宽度而定。孔距一般取1～2m，对于较软弱的人工填土及软土，钎孔间距不应大于1.5m。发现洞穴等应加密探点，以确定洞穴的范围。钎孔的平面布置可采用行列式和梅花形。钎孔的深度约1.5～2.0m。

在钎探以前，需绘制基槽平面图，在图上根据要求确定钎探点的平面布置，并依次编号，绘成钎探平面图。钎探时按钎探平面图标定的钎探点顺序进行，并同时记录钎探结果。每一栋建筑物基坑（槽）钎探完毕后，要全面地逐层分析钎探记录，将锤击数明显过多或过少的钎孔在平面图中标出，以备重点检查。

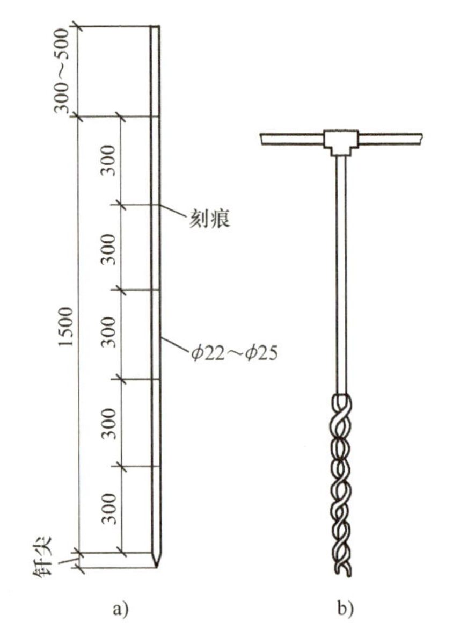

图5-9　两种轻便勘探工具

a）钢钎　b）手摇小螺纹钻

手摇小螺纹钻是一种小型的轻便钻具（见图5-9b），钻头呈螺旋形，上接一T形手把，由人力旋入土中。钻杆根据需要可接长，钻探深度一般为6m，在软土中可达10m，孔径约70mm。每钻入土中300mm（钻杆上有刻度）后将钻竖直拔出，由附在钻头上的土了解土层情况。

根据验槽结果，如果发现有异常现象，针对不同的情况应分别认真对待。如槽底土层与设计不符，须对原设计进行修改（如加大埋深、增加基底面积等）；如遇局部软土、洞穴等不良情况，则要根据局部软弱土层的范围和深度，采取相应的措施。总之，根据具体情况，采用相应的措施，使建筑物基础不均匀沉降被控制在容许范围之内。

1. 某多层住宅长60m，宽12.0m，拟采用条形基础，荷载为400kN/m，建造于河流冲积平原上，地表层有硬壳层，其下为软弱黏性土，埋深10～20m范围内有层位较稳定的砂层分布，七度地震区，拟对场地进行工程地质勘察，问：

（1）地基勘察分哪几个阶段？每个阶段的主要任务是什么？

（2）地基勘察中常见的勘察方法有哪些？静力触探、动力触探，静载荷试验的适用条件及用途分别是什么？

（3）试进行场地勘察方案的设计，提出勘察方案要点。

2. 某工程整体地下室2层、主楼地上24层、裙房地上4层，钢筋混凝土全现浇框架－剪力墙结构，填充墙为小型空心砌块砌筑。基础为整体筏板，地下室外墙为整体剪力墙混凝土刚性防水，外加SBS卷材防水层。平整场地结束后，施工单位立即进行了工程定位和测量放线，然后即进行土方开挖工作。整修基坑采取大放坡开挖，土方开挖至设计要求时，项目总工程师组织监理进行基坑验槽。经钎探检查，发现基坑内裙房部位存在局部软弱下卧层，项目总工召开现场会议，经协商决定采取灌浆补强，并按要求形成相关验收记录。问：

（1）什么是地基验槽？

（2）地基验槽的方法和内容是什么？

单元六 浅基础

任务1 浅基础的类型与设计

某学校实验楼为砖混结构，建筑面积1140m²。建筑物长53m，宽16m，局部高达8.9m。东西向，建筑物的东边为2层建筑，底层为实验室，二层为办公室；建筑物的西边为大功率测试室，为单层排架结构。排架部分与砖混部分之间设沉降缝一道，排架部分为预制钢筋混凝土桩基础，其余部分为条形基础。实验楼于2017年7月开工，2018年8月土建主体基本完成。在施工过程中就出现了不均匀沉降，造成了墙体裂缝。

浅基础设计的基本知识

问题：减轻基础不均匀沉降的措施有哪些？

想一想：请思考这个案例中的工程人员缺乏什么样的职业素养？

学习目标

1. 了解基础的设计等级、浅基础的设计步骤。
2. 知道浅基础的类型、受力特点及构造要求。
3. 知道基础埋置深度和基础底面尺寸的确定方法，初步掌握刚性基础和扩展基础的简单设计。
4. 知道减轻基础不均匀沉降的措施。

基础根据埋置深度不同可分为浅基础和深基础。通常把埋置深度不大（一般小于5m），只需经过一般处理就可施工的基础称为浅基础。在天然地基上修建浅基础，其施工简单，造价较低，因此在保证建筑物的安全和正常使用前提下，应首先选用天然地基上浅基础设计方案。

天然地基上的浅基础设计一般步骤如下：

1）准备资料：包括场地地形图，地质勘察报告，建筑物的平面、立面、剖面图，设备管道布置图以及使用要求，荷载大小，建筑材料供应情况，施工单位设备和技术力量等资料。

2）选择基础的结构类型和材料。

3）选择持力层，确定合适的基础埋置深度。

4）确定地基承载力。

5）根据地基承载力，确定基础底面尺寸。

6）进行必要的验算（包括变形和稳定性验算）。

7）基础的结构和构造设计。

8）绘制基础施工图。

一、地基基础设计的基本规定

（一）建筑物地基基础设计等级

根据地基复杂程度、建筑物规模和功能特征，以及由于地基问题可能造成建筑物破坏或影响正常使用的程度，《地基规范》将地基基础设计分为甲、乙、丙三个设计等级，设计时应根据具体情况，按表6-1选用。

表6-1　地基基础设计等级

设计等级	建筑和地基类型
甲级	1. 重要的工业与民用建筑物 2. 30层以上的高层建筑 3. 体形复杂，层数相差超过10层的高低层连成一体的建筑物 4. 大面积的多层地下建筑物（如地下车库、商场、运动场等） 5. 对地基变形有特殊要求的建筑物 6. 复杂地质条件下的坡上建筑物（包括高边坡） 7. 对原有工程影响较大的新建建筑物 8. 场地和地质条件复杂的一般建筑物 9. 位于复杂地基条件及软土地区的二层及二层以上地下室的基坑工程 10. 开挖深度大于15m的基坑工程 11. 周边环境条件复杂、环境保护要求高的基坑工程
乙级	除甲级、丙级以外的工业与民用建筑物 除甲级、丙级以外的基坑工程
丙级	场地和地基条件简单、荷载分布均匀的7层及7层以下民用建筑及一般工业建筑物；次要的轻型建筑物 非软土地区及场地地质条件简单、基坑周边环境条件简单、环境保护要求不高且开挖深度小于5.0m的基坑工程

地基基础的设计内容和要求与建筑物的地基基础设计等级有关。

（二）基本规定

根据建筑物地基基础设计等级及长期荷载作用下地基变形对上部结构的影响程度，地基基础设计应符合《地基规范》的下列规定：

1）所有建筑物的地基计算均应满足承载力计算的有关规定。

2）设计等级为甲级、乙级的建筑物，均应按地基变形设计。

3）表6-2所列范围内设计等级为丙级的建筑物可不作变形计算，如有下列情况之一时，仍应作变形验算：

① 地基承载力特征值小于130kPa，且体形复杂的建筑。

② 在基础上及附近有地面堆载或相邻基础荷载差异较大，可能引起地基产生过大的不均匀沉降时。

③ 软弱地基上的建筑物存在偏心荷载时。

④ 相邻建筑物距离过近，可能发生倾斜时。

⑤ 地基内有厚度较大或厚薄不均的填土，其自重固结未完成时。

4）对经常受水平荷载作用的高层建筑、高耸结构和挡土墙等，以及建造在斜坡上或边坡附近的建筑物和构筑物，尚应验算其稳定性。

5）基坑工程应进行稳定性验算。

6）当地下水埋藏较浅，建筑地下室或地下构筑物存在上浮问题时，尚应进行抗浮验算。

表 6-2　设计等级为丙级可不作地基变形计算的建筑物范围

地基主要受力层情况	地基承载力特征值 f_{ak}/kPa			$80 \leq f_{ak} < 100$	$100 \leq f_{ak} < 130$	$130 \leq f_{ak} < 160$	$160 \leq f_{ak} < 200$	$200 \leq f_{ak} < 300$
	各土层坡度（%）			≤5	≤10	≤10	≤10	≤10
建筑类型	砌体承重结构、框架结构/层数			≤5	≤5	≤6	≤6	≤7
	单层排架结构（6m 柱距）	单跨	起重机额定起重量/t	10～15	15～20	20～30	30～50	50～100
			厂房跨度/m	≤18	≤24	≤30	≤30	≤30
		多跨	起重机额定起重量/t	5～10	10～15	15～20	20～30	30～75
			厂房跨度/m	≤18	≤24	≤30	≤30	≤30
	烟囱		高度/m	≤40	≤50	≤75		≤100
	水塔		高度/m	≤20	≤30	≤30		≤30
			容积/m^3	50～100	100～200	200～300	300～500	500～1000

注：1. 地基主要受力层系指条形基础底面下深度为 $3b$（b 为基础底面宽度），独立基础下为 $1.5b$，且厚度均不小于 5m 的范围（两层以下一般的民用建筑除外）。

2. 地基主要受力层中如有承载力特征值小于 130kPa 的土层时，表中砌体承重结构的设计，应符合软弱地基的有关要求。

3. 表中砌体承重结构和框架结构均指民用建筑，对于工业建筑可按厂房高度、荷载情况折合成与其相当的民用建筑层数。

4. 表中起重机额定起重量、烟囱高度和水塔容积的数值系指最大值。

（三）荷载效应最不利组合与相应的抗力限值

地基基础设计时，所采用的荷载效应最不利组合与相应的抗力限值，应符合《地基规范》的下列规定：

1）按地基承载力确定基础底面积及埋深或按单桩承载力确定桩数时，传至基础或承台底面上的荷载效应应按正常使用极限状态下荷载效应的标准组合。相应的抗力应采用地基承载力特征值或单桩承载力特征值。

2）计算地基变形时，传至基础底面上的荷载效应应按正常使用极限状态下荷载效应的准永久组合，不应计入风荷载和地震作用。相应的限值应为地基变形允许值。

3）计算挡土墙、地基或滑坡稳定以及基础抗浮稳定时，作用效应应按承载能力极限状态下荷载效应的基本组合，但其分项系数均为 1.0。

4）在确定基础或桩承台高度、支挡结构截面，计算基础或支挡结构内力，确定配筋和验算材料强度时，上部结构传来的荷载效应组合和相应的基底反力、挡土墙土压力以及滑坡推力，应按承载力极限状态下荷载效应的基本组合，采用相应的分项系数。当需要验算基础裂缝宽度时，应按正常使用极限状态下荷载效应的标准组合。

5）基础设计安全等级、结构设计使用年限、结构重要性系数应按有关规范的规定采用，但结构重要性系数 γ_0 不应小于 1.0。

在进行荷载计算时，各种荷载组合的表达式与所包含的系数等执行《建筑结构荷载规范》（GB 50009—2012）有关规定。对于永久荷载效应控制的基本组合，可采用简化规则，荷载效应基本组合的设计值 S 按下式确定：

$$S = 1.35S_k \leq R \tag{6-1}$$

式中 R——结构构件抗力的设计值，按有关建筑结构设计规范的规定确定；

S_k——荷载效应基本组合的标准值。

二、浅基础的类型

浅基础可以分成无筋扩展基础、扩展基础、柱下条形基础、高层建筑筏形基础、岩石锚杆基础、箱形基础和壳体基础。

（一）无筋扩展基础

无筋扩展基础是指由砖、毛石、混凝土或毛石混凝土、灰土和三合土等材料组成的墙下条形基础或柱下独立基础。无筋扩展基础所用材料的抗拉强度很低，不能承受较大的弯曲应力和剪应力，适用于6层或6层以下（三合土基础不宜超过4层）民用建筑和轻型厂房（见图6-1）。

（1）砖基础 砖基础（见图6-1a）取材容易，施工简单，其剖面通常做成阶梯形，称为大放脚。大放脚从垫层上开始砌筑，为保证其刚度，应采取等高式和间隔式。等高式大放脚是每砌两皮砖两边各收进1/4砖长。间隔式大放脚是两皮砖一收与一皮砖一收相间隔，两边各收进1/4砖长。砖基底面以下一般做100mm垫层。砖基础所用的材料具有一定的抗压强度，但抗拉和抗剪强度较低，按《砌体结构设计规范》（GB 50003—2011）的规定，所用材料的最低强度等级不得低于表6-3的要求。

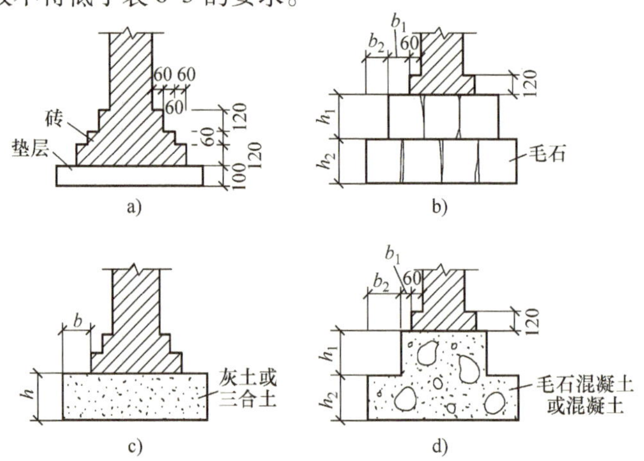

图6-1 无筋扩展基础

a）砖基础 b）毛石基础 c）三合土或灰土基础 d）混凝土或毛石混凝土基础

表 6-3　基础用砖、石料及砂浆最低强度等级

基土的潮湿程度	烧结普通砖、蒸压普通砖	混凝土普通砖	混凝土砌块	石材	水泥砂浆
稍潮湿的	MU15	MU15	MU7.5	MU30	M5
很潮湿的	MU20	MU15	MU10	MU30	M7.5
含水饱和的	MU20	MU20	MU15	MU40	M10

注：1. 在冻胀地区，地面以下或防潮层以下的砌体，不宜采用多孔砖，如采用时，其孔洞应用不低于 M10 的水泥砂浆灌实。当采用混凝土砌体时，其孔洞应采用强度等级不低于 C20 的混凝土灌实。

2. 对安全等级为一级或设计使用年限大于 50 年的房屋，表中材料强度等级应至少提高一级。

（2）毛石基础　毛石基础（见图 6-1b）是选用未经风化的硬质岩石砌筑而成。毛石和砂浆的强度等级应符合表 6-3 的要求。为了保证锁结力，每一阶梯宜用三排或三排以上的毛石。阶梯形毛石基础每一阶伸出宽度不宜大于 200mm，台阶高度不宜小于 400mm。

（3）三合土基础　三合土基础（见图 6-1c）是由石灰、砂和骨料（碎石、碎砖或矿渣等）按体积比1∶2∶4～1∶3∶6 的比例，加水拌匀后分层铺放夯实而成。分层夯实时，第一层应铺 220mm，以后每层 200mm，每层均夯打成 150mm。其厚度不小于 300mm，宽度不小于 700mm。三合土基础一般用于地下水位较低的 4 层或 4 层以下民用建筑。

（4）灰土基础　灰土是用石灰和土料配制而成的。石灰和土料的体积比一般为 3∶7 或 2∶8。将石灰与土料加适量水拌匀，然后铺入基槽内分层夯实，即得灰土基础（见图 6-1c），具体施工方法与三合土基础基本相同。夯实时灰土应控制最优含水量（用手将灰土握成团，两指轻捏即碎为宜）。其厚度不小于 300mm，条形基础宽度不小于 600mm，独立基础宽度不小于 700mm。灰土基础在地下水位较高时不宜采用，且宜埋置在冰冻线以下。灰土基础一般可用于 5 层或 5 层以下的民用建筑。

（5）混凝土或毛石混凝土基础　混凝土基础（见图 6-1d）一般是用强度等级为 C15 的混凝土浇筑而成；为了节约水泥用量，可在混凝土内掺入体积分数为 25%～30% 的毛石，即成为毛石混凝土基础。这种基础的强度、耐久性、抗冻性都比前几种基础要好。

（二）扩展基础

扩展基础（见图 6-2）是指柱下钢筋混凝土现浇独立基础（或预制杯形独立基础）和墙下钢筋混凝土条形基础。这种基础抗弯和抗剪性能良好，在设计中广泛使用，特别适宜于需要“宽基浅埋”的场所。故当建筑物的荷载较大或地基较软弱时，常采用此基础。

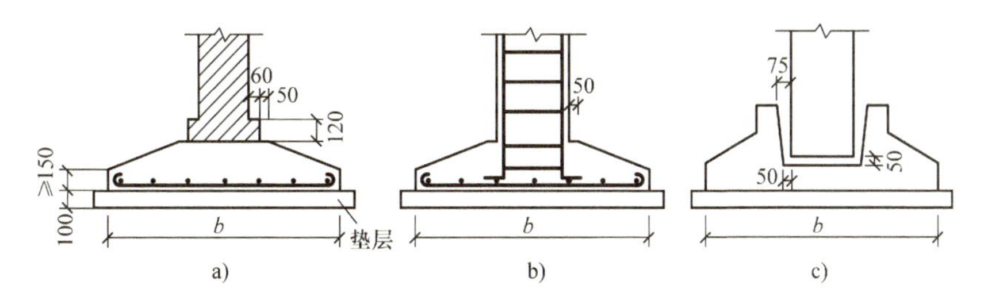

图 6-2　扩展基础

a）墙下钢筋混凝土条形基础　b）柱下钢筋混凝土现浇独立基础　c）预制杯形独立基础

（1）柱下独立基础　柱下独立基础（见图 6-3）是柱基础的主要类型。现浇柱下钢筋

混凝土独立基础的截面可做成梯形或锥形；预制柱下独立基础一般做成杯形，常用在单层工业厂房中。

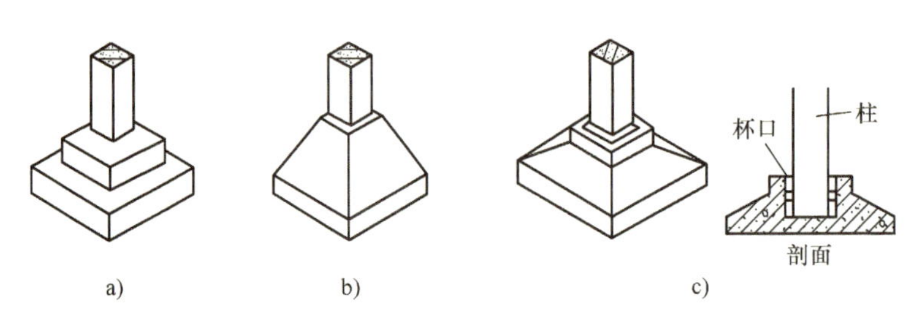

图6-3　柱下独立基础

a）阶梯形　b）锥形　c）杯形

（2）墙下条形基础　条形基础（见图6-4）是一种基础长度远大于基础宽度的基础形式。条形基础是承重墙基础的主要形式。墙下钢筋混凝土条形基础一般做成无肋式，若地基土质不均匀，为了增强基础整体性，减少不均匀沉降，也可做成有肋式的条形基础。

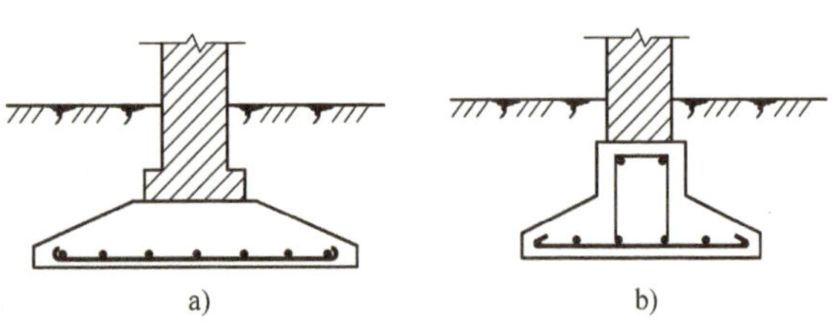

图6-4　墙下钢筋混凝土条形基础

a）无肋式　b）有肋式

（三）柱下钢筋混凝土条形基础

柱下钢筋混凝土条形基础主要用于柱距较小的框架结构，也可用于排架结构。当地基较弱而柱荷载较大时，为加强基础之间的整体性，减少不均匀沉降；或当柱距较小，基础面积较大，相邻基础十分接近时，可以单向在整排柱子下做一条钢筋混凝土梁，将各柱子联合起来，就成为柱下条形基础（见图6-5），当柱网下纵横两方向均设有柱下条形基础时，便成为十字交叉基础（见图6-6）。

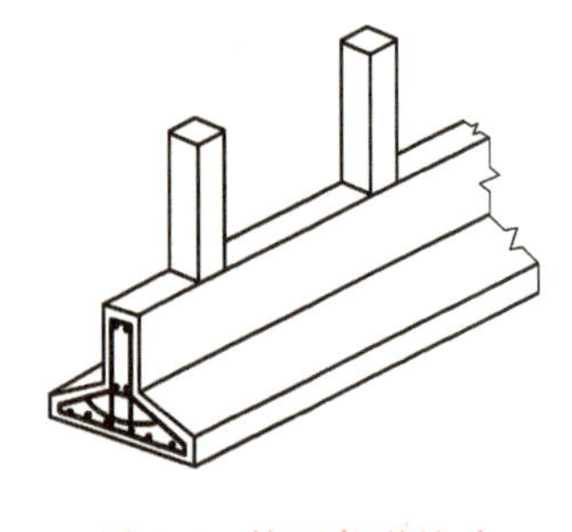

图6-5　柱下条形基础

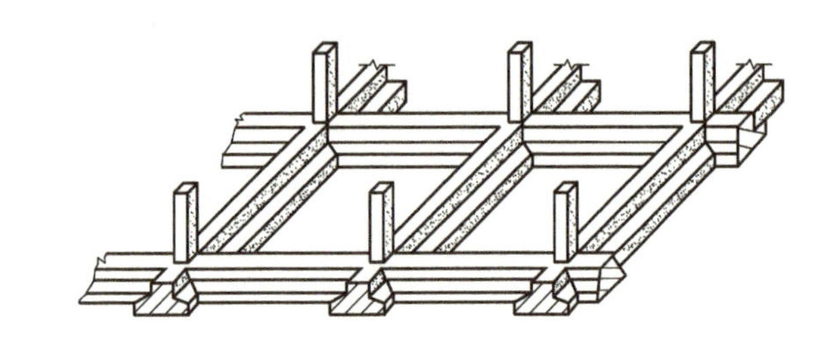

图6-6　十字交叉基础

（四）高层建筑筏形基础

当上部结构传来的荷载很大，采用十字交叉基础还不能提供足够的承载力时，可采用钢筋混凝土筏形基础，即用钢筋混凝土做成连续整片基础。筏形基础由于基底面积大，故可减小基底压力，同时增大了基础的整体刚度。筏形基础在构造上犹如倒置的钢筋混凝土楼盖。筏形基础可分为平板式和梁板式两类（见图6-7）。

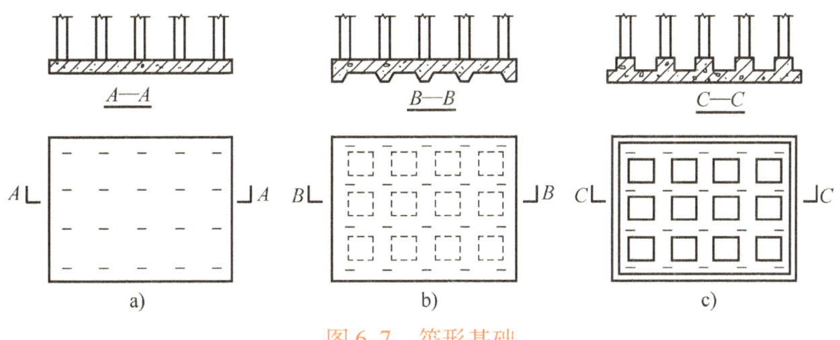

图 6-7 筏形基础

a）平板式 b）下翻梁板式 c）上翻梁板式

（五）岩石锚杆基础

岩石锚杆基础适用于直接建在基岩上的柱，以及承受拉力或水平力较大的建筑物。岩石锚杆基础对锚杆孔直径、锚杆的构造、锚杆插入上部结构的长度、锚杆材料、灌浆材料等都有一定的要求，以确保钢筋锚杆基础与基岩连成整体（见图 6-8a）。

（六）箱形基础

箱形基础是由筏形基础演变而成的，它是由钢筋混凝土顶板、底板和纵横交叉的隔墙组成的空间整体结构（见图 6-8b）。基础内空间可用作地下室，与实体基础相比可减少基底压力。箱形基础较适用于地基软弱、平面形状简单的高层建筑物。某些对不均匀沉降有严格要求的设备或构筑物，也可采用箱形基础。

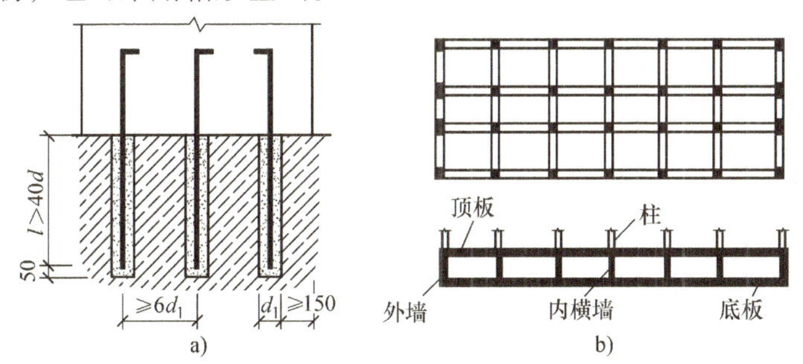

图 6-8 岩石锚杆基础、箱形基础

a）岩石锚杆基础 b）箱形基础

d_1—锚杆孔直径 l—锚杆的有效锚固长度 d—锚杆直径

（七）壳体基础

常用的壳体基础有正圆锥壳、M 形组合壳、内球外锥组合壳。这类基础结构合理，可比一般梁、板式的钢筋混凝土基础减少混凝土用量 50% 左右，节约钢筋 30% 以上，具有良好的经济效果。但壳体基础施工时，修筑土台的技术难度大，易受天气因素的影响，布置钢筋及浇筑混凝土施工困难，较难实行机械化施工，操作技术要求高。壳体基础主要用于烟囱水塔、储仓等构筑物（见图 6-9）。

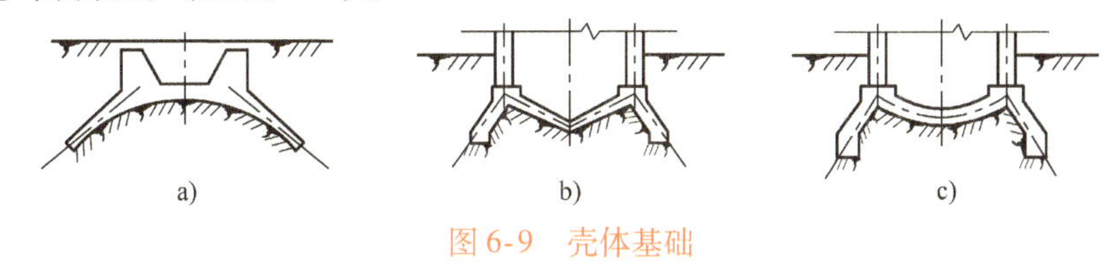

图 6-9 壳体基础

a）正圆锥壳 b）M 形组合壳 c）内球外锥组合壳

三、基础埋置深度的选择

浅基础建筑尺寸的选择

基础的埋置深度是指基础底面到天然地面的垂直距离。选择基础埋置深度，实质上是选择合适的持力层。选择合适的持力层关系到建筑物的稳定与安全。在满足地基稳定和变形要求的前提下，基础应尽量浅埋。影响基础埋置深度的因素很多，应综合考虑以下因素加以确定。

1. 满足建筑物的功能和使用条件

根据建筑设计的要求，确定最小的埋置深度。如需要设置地下室，则基础的埋置深度受地下室空间高度的控制，一般埋置较深；又如大型设备的基础需要一定的空间布置管线，也要求埋置较深。如果在基础范围内有管道或其他地下设备通过时，基础顶面原则上应低于这些设施的底面，通常可将基础整体加深或局部加深。不同类型的基础，其构造特点不同，对埋置深度也会有不同的要求。靠近地面的土层易受自然条件的影响而性质不稳定，故基础埋深不宜小于0.5m。

2. 作用于地基上荷载的大小和性质

一般要求基础置于较好的土层上，对于承受较大水平荷载的基础，必须加大埋置深度以获得土的侧向抗力，保证结构的稳定性。高层建筑对地基稳定性及变形要求更高，基础埋置较深。在抗震设防区，除岩石地基外，基础埋置深度要求不小于建筑物高度的1/5。对承受上拔力的基础也要求有较大埋置深度以提供足够的抗拔力。对于承受振动荷载的基础，则不宜选用易于液化的土层作为持力层。

3. 工程地质和水文地质条件

工程地质条件是影响基础埋置深度的最基本条件之一。在实际工程中，常遇到上下各层土软弱不相同、厚度不均匀、层面倾斜等情况。当地基上层较好、下层较软弱时，基础尽量浅埋。反之，当上层土软弱、下层土坚实时，则需要区别对待。当上层软弱土较薄时，可将基础置于下层坚实土上；当上层软弱土较厚时，可考虑采用宽基浅埋的方法，也可考虑人工加固处理或桩基础方案。必要时，应从施工难易、材料用量等方面进行比较确定。基础底面宜埋置在地下水位以上，以免施工时排水困难，并可减轻地基的冻害。当必须埋在地下水位以下时，应采取措施，保证地基土在施工时不受扰动。当地下水有侵蚀时，应对基础采取防护措施。

4. 相邻建筑物的基础埋置深度

如果新建的建筑物与已有的建筑物距离过近而基础开挖的深度又大于相邻建筑物的基础埋置深度，则开挖基坑会对相邻建筑物产生不利影响。解决的办法是减少基础埋置深度，或增大建筑物之间的距离。当上述要求不能满足时，应采用分段施工，设临时加固支撑、打板桩、地下连续墙等措施，必要时应进行专门的基坑开挖设计，或对原有建筑物地基进行加固。

5. 地基土冻胀和融陷的影响

确定基础埋置深度要考虑地基土的冻胀性。季节性冻土地区，地基土会因冻结而体积增大，引起土体发生膨胀和隆起现象，称为冻胀；冻土融化引起沉陷称为融陷。《地基规范》根据冻土层的平均冻胀率的大小，把地基冻胀性分为不冻胀、弱冻胀、冻胀、强冻胀和特强冻胀五个等级，可查《地基规范》附录G确定。

对于不冻胀土的基础埋深，可不考虑季节性冻土的影响；对于弱冻胀、冻胀和强冻胀土的基础，最小埋置深度 d_{min} 可按下式确定：

$$d_{min}=z_d-h_{max} \tag{6-2}$$

式中 h_{max}——基础底面以下允许残留冻土层的最大厚度（m），可按《地基规范》附录 G.0.2 查取；

z_d——设计冻深（m），见《地基规范》。

在季度性冻土地区的建筑物，应根据《地基规范》的要求，采取必需的防冻害措施。

四、基础底面尺寸的确定

在选择了基础类型，确定基础埋置深度后，就可以根据结构的上部荷载和地基土层的承载力计算基础的底面尺寸。

作用在基础上的竖向荷载包括上部结构物的自重、屋面荷载、楼面荷载和基础（包括基础台阶上填土）的自重等；水平荷载包括土压力、水压力、风压力等。荷载计算按《地基规范》要求进行。

计算荷载时应按传力系统，自建筑物顶面开始，自上而下累计至设计地面。当室内外地坪有高差时，对于外墙或外柱可累计至室内外设计地坪高差的平均值。计算作用在墙下条形基础上的荷载时，要注意计算段的选取，通常有以下几种情况：

1）墙体没有门窗，而且作用在墙上的荷载是均布荷载（如一段内横墙），可以沿墙的长度方向取 1m 长的一段计算。

2）有门窗的墙体且作用在墙上的荷载是均布荷载（如一段外纵墙），可以沿墙的长度方向，取门或窗中线至中线间的一段，即一个开间长为计算段，算出的荷载再均分到全段上，得到作用在每米长度上的荷载。

3）对于有梁等集中荷载作用的墙体，需考虑集中荷载在墙内的扩散作用，计算段的选取应根据实际情况选定。

（一）按持力层承载力确定基础底面尺寸

地基基础设计时，要求作用在基础底面上的压力设计值小于或等于修正后地基承载力特征值，即

$$p_k \leqslant f_a \tag{6-3}$$

式中 p_k——相应于荷载效应标准组合时，基础底面处的平均压力设计值（kPa）；

f_a——修正后的地基承载力特征值（kPa）。

基底压力分布与基底形状、刚度等因素有关。一般情况下，当基底尺寸较小、刚度较大时，可假定基底压力分布为直线形，在这种情况下，可以用材料力学的基本公式来计算基底压力。根据荷载作用的不同组合，可分为对基础产生轴心荷载和偏心荷载两种情况，以下分别对两种情况进行计算。

1. 轴心荷载作用下的基础

轴心荷载作用下的基础，所受的合力通过基底形心（见图 6-10）。基底压力假定为均匀分布，此时基底平均压力按下式计算：

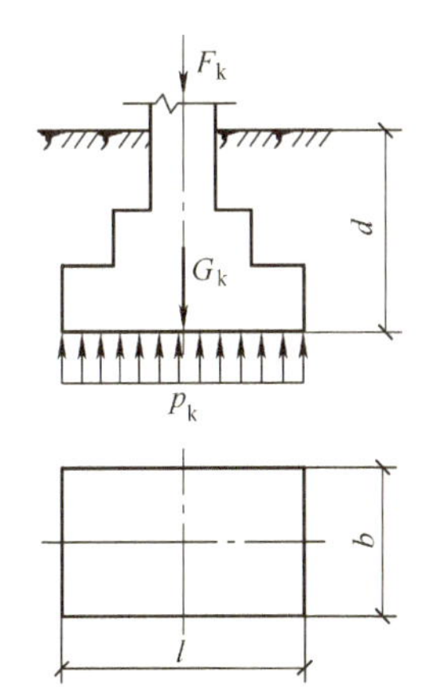

图 6-10 轴心受压基础的基底反力

$$p_k = \frac{F_k + G_k}{A} \tag{6-4}$$

式中　p_k——轴心荷载作用下的基底平均压力（kPa）；

F_k——相应于荷载效应标准组合时，上部结构传至基础顶面的竖向荷载（kN）；

G_k——基础自重和基础上的土重（kN），对一般实体基础，可近似取 $G_k = \gamma_G Ad$；其中 γ_G 为基础及回填土的平均重度（kN/m），一般取 $20kN/m^3$，在地下水位以下部分，应扣除水的浮力；d 为基础埋置深度（m）；

A——基底面积（m^2），$A = bl$。

将式（6-4）代入式（6-3）有

$$A \geqslant \frac{F_k}{f_a - \gamma_G d} \tag{6-5}$$

对条形基础，取基础长度 l 为 1m 计算，F_k 为单位墙长的荷载，此时 $A = lb$，由式（6-5）得

$$b \geqslant \frac{F_k}{f_a - \gamma_G d} \tag{6-6}$$

若荷载较小而地基承载力又比较大时，按上式计算可能基础宽度较小，为保证安全和便于施工，承重墙下的基础宽度不小于600mm。如果用上述公式计算得到的基础宽度（矩形）$b > 3m$ 时，需要修正承载力 f_a 后，再用式（6-5）、式（6-6）重新计算，直到求得比较精确的基底面积。

2. 偏心荷载下的基础

竖向荷载偏心，或在基础顶面有力矩或有水平荷载作用，均会引起基底反力不均匀分布（见图2-5）。如果近似地认为基底压力是按直线分布，在满足 $p_{min} > 0$ 条件下，p 为梯形分布，基底边缘压应力为

$$p_{kmin}^{kmax} = \frac{F_k + G_k}{A} \pm \frac{M_k}{W} \tag{6-7a}$$

式中　p_{kmin}^{kmax}——偏心荷载下的基础底面上的最大和最小压应力（kPa）；

M_k——作用于基础底面的力矩（kN·m）；

W——基础底面的抵抗矩（m^3）。

其他符号同上。

对于矩形基础

$$p_{kmin}^{kmax} = \frac{F_k + G_k}{A}\left(1 \pm \frac{6e_0}{l}\right) \tag{6-7b}$$

式中　e_0——偏心矩（m），$e_0 = \frac{M_k}{F_k + G_k}$，式（6-7b）适用条件为 $e_0 \leqslant l/6$；当 $e_0 > l/6$ 时，按式（2-10）计算 p_{kmax}；

l——基础底面偏心方向边长（m）。

其他符号同上。

偏心荷载作用时，除要满足式（6-3）外，尚应满足下式要求：

$$p_{kmax} \leqslant 1.2f_a \tag{6-8}$$

式中 f_a——地基承载力（kPa）。

根据上述按承载力计算的要求，在计算偏心荷载作用下的基础底面尺寸时，通常通过试算确定，其计算步骤如下：

1）首先按中心受压确定基础底面积，即按式（6-5）求出 A_0。

2）根据偏心的大小把基础底面积 A_0 提高 10% ~40%，即 $A=(1.1\sim1.4)A_0$。

3）按假定的基础底面积 A，用下式进行验算：

$$p_{kmax}=\frac{F_k+G_k}{A}+\frac{M_k}{W}\leqslant1.2f_a$$

$$p=\frac{F_k+G_k}{A}\leqslant f_a$$

式中符号意义同前。

4）如果不满足要求，需重新假设一个基底尺寸，再进行验算，直至满足为止。

（二）软弱下卧层的验算

当地基受力层范围内有软弱下卧层时，按持力层承载力计算得出的基础底面尺寸后，还应进行软弱下卧层承载力验算，即满足

$$p_z+p_{cz}\leqslant f_{az} \tag{6-9}$$

式中 p_z——相应于荷载效应标准组合时，软弱下卧层顶面处的附加压力值（kPa）；

p_{cz}——软弱下卧层顶面处的自重压力值（kPa）；

f_{az}——软弱下卧层顶面处经深度修正后地基承载力特征值（kPa），$f_{az}=f_{ak}+\eta_d\gamma_m(d-0.5)$。

对条形基础和矩形基础，式（6-9）中的 p_z 值可按下列简化计算（见图 6-11）：

条形基础
$$p_z=\frac{b(p-p_c)}{b+2z\tan\theta} \tag{6-10}$$

矩形基础

$$p_z=\frac{lb(p-p_c)}{(b+2z\tan\theta)(l+2z\tan\theta)} \tag{6-11}$$

式中 b——矩形基础或条形基础底边的宽度（m）；

l——矩形基础底边的长度（m）；

p——基底压力设计值（kPa）；

p_c——基础底面处土的自重压力标准值（kPa）；

z——基础底面至软弱下卧层顶面的距离（m）；

θ——基底压力扩散角，即压力扩散线与垂直线的夹角（°），可按表 6-4 选用。

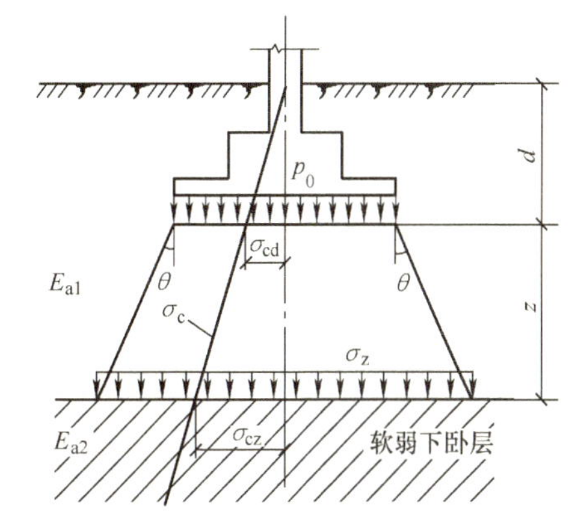

图 6-11 压力扩散角法计算土中附加应力

表 6-4 基底压力扩散角 θ

$\alpha=E_{s1}/E_{s2}$	$z=0.25b$	$z=0.50b$
3	6°	23°
5	10°	25°
10	20°	30°

注：1. E_{s1} 为上层土压缩模量；E_{s2} 为下层土压缩模量；

2. 当 $z<0.25b$ 时，一般取 $\theta=0°$，必要时由试验确定；$z>0.50b$ 时，θ 值不变。

（三）地基的变形验算

如果要求计算地基变形，则在基础底面尺寸初步确定后，还应进行地基变形验算。设计时要满足地基变形值不超过其允许值的条件，以保证不致因地基变形过大而影响建筑物正常使用或危及安全。如果变形不能满足要求，则需调整基础底面尺寸或采取其他措施。

（四）地基稳定性验算

对于经常受水平荷载作用或建在斜坡上的建筑物的地基，应验算稳定性。此外，某些建筑物的独立基础，当承受水平荷载很大时（如挡土墙），或建筑物较轻而水平力的作用点又比较高的情况下（如取水构筑物、水塔、塔架等），也得验算建筑物的稳定性。验算地基稳定性时，荷载按荷载效应的基本组合取值，但荷载分项系数均取 1.0。

承受垂直与水平荷载时的基础设计原则，与上述受偏心荷载时的基础基本上相同，但需验算在水平力作用下，基础是否沿基底滑动、倾斜或与地基一起滑动。

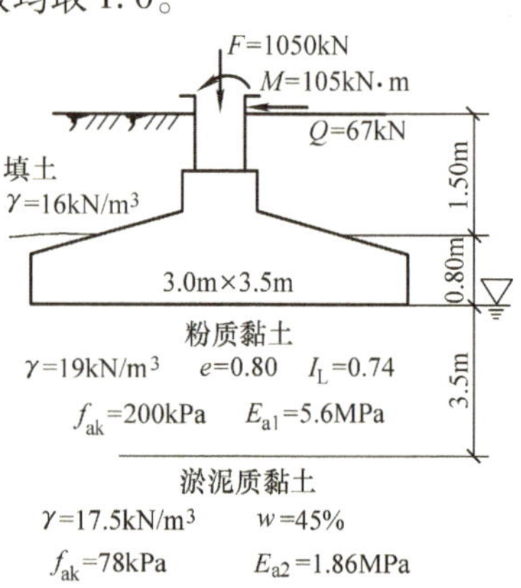

图 6-12　例 6-1 图

例 6-1　某柱基础，作用在设计地面处的柱荷载设计值、基础尺寸、埋置深度及地基条件如图 6-12 所示，试验算持力层承载力。

解： 因 $b=3\text{m}$，$d=2.3\text{m}$，土的孔隙比 $e=0.80<0.85$，土的液性指数 $I_L=0.74<0.85$，查表 3-4 得 $\eta_b=0.3$，$\eta_d=1.6$。

（1）基底以上土的平均重度计算

$$\gamma_m=\sum\gamma_i h_i/h=\frac{16\times1.5+19\times0.8}{2.3}\text{kN/m}^3=17.0\text{kN/m}^3$$

（2）地基承载力的深宽修正

$$\begin{aligned}f_a&=f_{ak}+\eta_b\gamma(b-3)+\eta_d\gamma_m(d-0.5)\\&=[200+0.3\times(19-10)\times(3-3)+1.6\times17\times(2.3-0.5)]\text{kPa}\\&=249.0\text{kPa}\end{aligned}$$

（3）基底平均压力计算

$$p_k=\frac{F_k+G_k}{A}=\frac{1050+3\times3.5\times2.3\times20}{3\times3.5}\text{kPa}=146\text{kPa}\leqslant249.0\text{kPa}\ （满足）$$

（4）基底最大压力计算

$$M_k=(105+67\times2.3)\text{kN}\cdot\text{m}=259.1\text{kN}\cdot\text{m}$$

$$p_{kmax}=\frac{F_k+G_k}{A}+\frac{M_k}{W}=\left(146+\frac{259.1}{3\times3.5^2/6}\right)\text{kPa}=188.3\text{kPa}$$

$$p_{kmax}\leqslant1.2f_a=1.2\times249.0\text{kPa}=298.8\text{kPa}\ （满足要求）$$

所以，持力层地基承载力满足要求。

例 6-2　同上题条件，验算软弱下卧层的承载力。

解：（1）软弱下卧层的承载力特征值计算

因为下卧层系淤泥质土，且 $f_{ak}=78\text{kPa}>50\text{kPa}$，查表 3-4 可得 $\eta_b=0$，$\eta_d=1.0$。则：

下卧层顶面埋深 $d'=d+z=2.3\text{m}+3.5\text{m}=5.8\text{m}$

土的平均重度

$\gamma_m = \sum \gamma_i h_i / h = \{[16\times1.5+19\times0.8+(19-10)\times3.5]/(1.5+0.8+3.5)\}\text{kN/m}^3$

$\quad = 12.19\text{kN/m}^3$

于是下卧层地基承载力特征值

$f_{az} = f_{ak} + \eta_d\gamma_m(d-0.5) = [78+1.0\times12.19\times(5.8-0.5)]\text{kPa} = 142.6\text{kPa}$

（2）下卧层顶面处应力计算

自重应力 $p_{cz} = [16\times1.5+19\times0.8+(19-10)\times3.5]\text{kPa} = 70.7\text{kPa}$

附加应力 p_z 按扩散角计算。由 $E_{s1}/E_{s2}=3$，$z/b=3.5/3=1.17>0.5$，查表 6-4 得 $\theta=23°$。则

$p_0 = p - p_c = [146-(16\times1.5+19\times0.8)]\text{kPa} = 106.8\text{kPa}$

$$p_z = \frac{lbp_0}{(b+2z\tan\theta)(l+2z\tan\theta)}$$

$$= \frac{3.5\text{m}\times3\text{m}\times106.8\text{kPa}}{[(3\text{m}+2\times3.5\text{m}\times\tan23°)(3.5\text{m}+2\times3.5\text{m}\times\tan23°)]}$$

$$= 29.03\text{kPa}$$

作用在软弱下卧层顶面处的总应力为

$p_z + p_{cz} = (29.03+70.7)\text{kPa} = 99.73\text{kPa} \leqslant f_{az} = 142.6\text{kPa}$

软弱下卧层地基承载力满足要求。

例 6-3　某厂房墙下条形基础，上部轴心荷载 $F_k=180\text{kN/m}$，埋深 1.1m；持力层及基底以上地基土为粉质黏土，$\gamma_m=19.0\text{kN/m}^3$，$\gamma_G=20\text{kN/m}^3$，$e=0.80$，$I_L=0.75$，$f_{ak}=200\text{kPa}$，地下水位位于基底处。试确定所需基础宽度。

解：（1）先用未经深宽修正的地基承载力特征值式（6-6）初步计算基础底面尺寸

$$b \geqslant \frac{F_k}{f_a-\gamma_G d} = \frac{180}{200-20\times1.1}\text{m} = 1.01\text{m}，取 b=1\text{m}。$$

（2）地基承载力特征值的深宽修正

由于 $I_L=0.75<0.85$，$e=0.80<0.85$，查表 3-4 可得：$\eta_b=0.3$，$\eta_d=1.6$；$b<3\text{m}$，取 $b=3\text{m}$。按式（3-21）计算，故

$f_{az} = f_{ak} + \eta_d\gamma_m(d-0.5) = [200+1.6\times19.0\times(1.1-0.5)]\text{kPa} = 218.2\text{kPa}$

（3）地基承载力验算

$$p_k = \frac{F_k}{A} + \gamma_G d = \left(\frac{180}{1\times1}+20\times1.1\right)\text{kPa} = 202\text{kPa} < f_{az} = 218.2\text{kPa}（满足要求）$$

例 6-4　已知厂房基础上的荷载如图 6-13 所示，持力层及基底以上地基土为粉质黏土，$\gamma_0=19\text{kN/m}^3$，基础和回填土的平均重度 $\gamma_G=20\text{kN/m}^3$，地基承载力 $f_{ak}=230\text{kPa}$，试设计矩形基础底面尺寸。

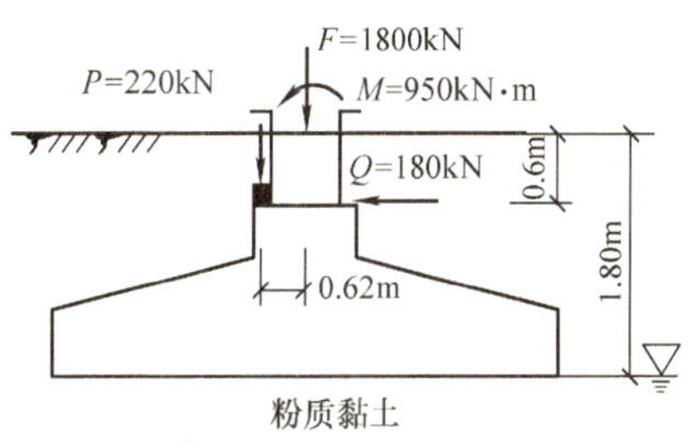

图 6-13　例 6-4 图

解：（1）按轴心荷载初步确定基础底面积

$$A_0 \geqslant \frac{F_k}{f_a-\gamma_G d} = \frac{1800+220}{230-20\times1.8}\text{m}^2 = 10.4\text{m}^2$$

考虑偏心荷载的影响，将 A_0 增大 30%，即

$A = 1.3A_0 = 1.3\times10.4\text{m}^2 = 13.5\text{m}^2$

设长宽比 $n=l/b=2$，则 $A=lb=2b^2$，从而进一步有 $b=2.6\text{m}$，$l=2b=2\times2.6\text{m}=5.2\text{m}$。

（2）计算基底最大压力 p_{kmax}

基础及回填土重 $G_k=\gamma_G Ad=20\times2.6\times5.2\times1.8\text{kN}=487\text{kN}$

基底处竖向力合力 $F_k+G_k=(1800+220+487)\text{kN}=2507\text{kN}$

基底处总力矩 $M_k=[950+220\times0.62+180\times(1.8-0.6)]\ \text{kN}\cdot\text{m}=1302\text{kN}\cdot\text{m}$

偏心距 $e_0=\dfrac{M_k}{F_k+G_k}=1302/2507\text{m}=0.52\text{m}<b/6=0.87\text{m}$

所以，偏心力作用点在基础截面内。

基底最大压力为 $p_{kmax}=\dfrac{F_k+G_k}{A}+\dfrac{M_k}{W}=\left(\dfrac{2507}{2.6\times5.2}+\dfrac{1302}{2.6\times5.2^2/6}\right)\ \text{kPa}=296.7\text{kPa}$

（3）地基承载力特征值及地基承载力验算

根据 $e=0.73$，$I_L=0.75$，查表3-4可得：$\eta_b=0.3$，$\eta_d=1.6$；$b<3\text{m}$。故

$f_{az}=f_{ak}+\eta_b\gamma(b-3)+\eta_d\gamma_m(d-0.5)=[230+0+1.6\times19\times(1.8-0.5)]\text{kPa}$

$=269.5\text{kPa}$

$p_{kmax}=296.7\text{kPa}\leqslant1.2f_a=1.2\times269.5\text{kPa}=323.4\text{kPa}$（满足要求）

$p_k=\dfrac{F_k+G_k}{lb}=\dfrac{2507}{5.2\times2.6}\text{kPa}=185.4\text{kPa}\leqslant f_{az}=269.5\text{kPa}$（满足要求）

所以，基础采用底面尺寸为5.2m×2.6m是合适的。

五、刚性基础设计

刚性基础是指用抗压强度较好，而抗拉、抗弯性能较差的材料所建造的基础。如砖、灰土、混凝土基础等都属这类基础。刚性基础设计主要包括基础底面尺寸计算、基础剖面尺寸计算，同时考虑构造要求。

（一）基础底面宽度

基础底面宽度除满足上一节介绍的地基承载力要求外，还受材料刚性角的限制，即基础底面的宽度，应符合下式要求（见图6-14）：

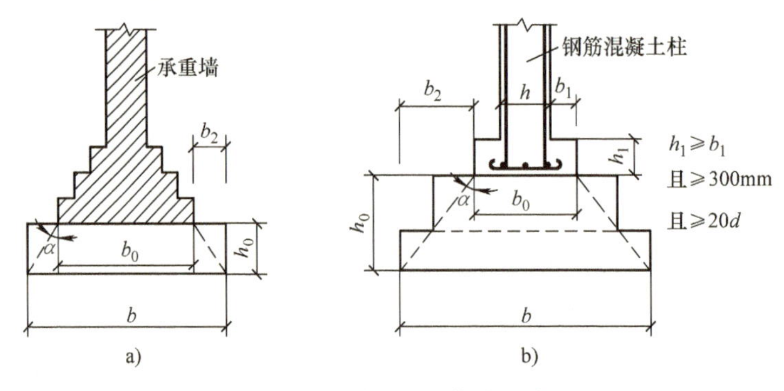

图6-14　刚性基础构造示意

$$b\leqslant b_0+2h_0\tan\alpha \tag{6-12}$$

式中　b——基础底面宽度（m）；

b_0——基础顶面的砌体宽度（m）；

h_0——基础高度（m）；

$\tan\alpha$——基础台阶宽高比的允许值，$\tan\alpha=b_2/h_0$，可按表6-5选取。

按地基承载力要求计算的基础底面宽度 b，当不能满足式（6-12）要求时，可改用强度较高的基础或增加台阶总高度，使之满足式（6-12）的要求。

表 6-5　刚性基础台阶宽高比的允许值

基础材料	质量要求	台阶宽高比的允许值		
		$p_k \leqslant 100kPa$	$100kPa < p_k \leqslant 200kPa$	$200kPa < p_k \leqslant 300kPa$
混凝土基础	C15 混凝土	1:1.00	1:1.00	1:1.25
毛石混凝土基础	C15 混凝土	1:1.00	1:1.25	1:1.50
砖基础	砖不低于 MU10，砂浆不低于 M5	1:1.50	1:1.50	1:1.50
毛石基础	砂浆不低于 M5	1:1.25	1:1.50	—
灰土基础	体积比为 3:7 或 2:8 的灰土，其最小干密度：粉土 $1.55\times10^3kg/m^3$；粉质黏土 $1.50\times10^3kg/m^3$；黏土 $1.45\times10^3kg/m^3$	1:1.25	1:1.50	—
三合土基础	体积比为 1:2:4～1:3:6（石灰:砂:骨料），每层约虚铺 220mm，夯至 150mm	1:1.50	1:2.00	—

注：p_k 为荷载效应标准组合时基础底面处的平均压力值（kPa）。

（二）基础剖面尺寸

基础剖面尺寸主要有基础高度 h，总外伸长度 b_2，以及每一台阶的宽度和高度。基础总是埋置于地下一定深度（基础顶面至地面 100～200mm），因此基础高度通常小于埋深；同时为了保证基础内的拉应力不超过材料的抗拉强度，基础高度应满足下式要求：

$$\frac{b_2}{h_0} \leqslant \tan\alpha \tag{6-13}$$

式中　h_0——基础有效高度（m），为基础高度减去混凝土保护层厚度；

α——基础的刚性角；

b_2——基础总外伸宽度（m）。

刚性基础通常做成台阶形，不仅要求基础总外伸宽度 b_2 和基础有效高度 h_0 符合上式要求，而且要求各级台阶的内缘处于刚性角 α 的斜线以外（包括与斜线相交）。若台阶的内缘有处于刚性角 α 的斜线以内的，则这类基础是不安全的。

常用的砖基础，其习惯砌筑方法为“等高法”或“间隔法”。

刚性基础底部常浇筑一个垫层，一般用灰土、三合土或素混凝土为材料，厚度大于或等于 100mm。薄的垫层不作为基础考虑。对于厚度为 150～200mm 的垫层，可作为基础的一部分考虑。若垫层材料小于基础材料强度，需对垫层做抗压验算。

例 6-5　某承重砖墙混凝土基础的埋深为 1.5m，上部结构传来的轴向压力 $F_k=200kN/m$。持力层为粉质黏土，其天然重度 $\gamma_0=17.5kN/m^3$，基础和回填土的平均重度 $\gamma_G=20kN/m^3$，土的孔隙比 $e=0.843$，土的液性指数 $I_L=0.76$，地基承载力特征值 $f_{ak}=150kPa$，地下水位在基础底面以下，试设计此刚性基础。

解：（1）地基承载力特征值的深宽修正

先按基础宽度 b 小于3m考虑，不作宽度修正。由于持力层土的孔隙比及液性指数均小于0.85，查表3-4得 $\eta_d=1.6$；而 $\gamma_m=\gamma_0=17.5\text{kN/m}^3$，$d=1.5\text{m}$，则

$$f_{az}=f_{ak}+\eta_d\gamma_m(d-0.5)=[150+1.6\times17.5\times(1.5-0.5)]\text{kPa}=178.0\text{kPa}$$

（2）按承载力要求初步确定基础宽度

$$b_{min}=\frac{F_k}{f_a-\gamma_G d}=\frac{200}{178-20\times1.5}\text{m}=1.35\text{m}$$

初步选定基础宽度为1.40m。

（3）基础剖面布置

初步选定基础高度 $h=0.3\text{m}$。大放脚采用标准砖砌筑，每皮宽度 $b_1=60\text{mm}$，$h_1=120\text{mm}$，共砌5皮；大放脚的底面宽度 $b_0=(240+2\times5\times60)\text{mm}=840\text{mm}$，如图6-15所示。

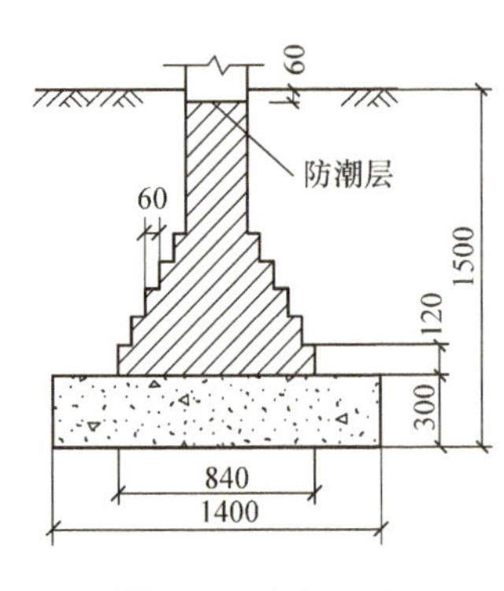

图6-15　例6-5图

（4）按台阶的宽高比要求验算基础的宽度

基础采用C15素混凝土砌筑，而基底的平均压力为

$$p_k=\frac{F_k+G_k}{A}=\frac{200+20\times1.4\times1.5}{1.4\times1.0}\text{kPa}=172.8\text{kPa}$$

查表6-5，得基础台阶的允许宽高比 $\tan\alpha=b_2/h=1.0$，于是

$$b_{max}=b_0+2h\tan\alpha=(0.84+2\times0.3\times1.0)\text{m}=1.44\text{m}$$

则取基础宽度为1.4m，满足设计要求。

六、扩展基础设计

扩展基础系指柱下钢筋混凝土独立基础和墙下钢筋混凝土条形基础。

（一）扩展基础的构造要求

1）锥形基础的边缘高度不宜小于200mm，坡度 $i\leqslant1:3$；阶梯形基础每阶高度宜为300~500mm。

2）垫层的厚度不宜小于70mm；垫层的混凝土强度等级不宜低于C10。

3）扩展基础底板受力钢筋的最小直径不宜小于10mm，间距不宜大于200mm，也不宜小于100mm。墙下钢筋混凝土条形基础纵向分布钢筋的直径不小于8mm；间距不大于300mm；每延米分布钢筋的截面面积应不小于受力钢筋截面面积的1/10。当有垫层时钢筋保护层的厚度不小于40mm；无垫层时不小于70mm。

4）混凝土强度等级不应低于C20。

5）当柱下钢筋混凝土独立基础的边长和墙下钢筋混凝土条形基础的宽度 $b\geqslant2.5\text{m}$ 时，底板受力钢筋的长度可取边长或宽度 b 的0.9倍，并宜交错布置（见图6-16a）。

6）钢筋混凝土条形基础底板在T形及十字形交接处，底板横向受力钢筋仅沿一个主要受力方向通长布置，另一方向的横向受力钢筋可布置到底板宽度 b 的1/4处（见图6-16b）；在拐角处底板横向受力钢筋应沿两个方向布置（见图6-16c）。

7）现浇柱的基础，其插筋的数量、直径以及钢筋种类应与柱内纵向受力钢筋相同。插筋的锚固长度，与柱的纵向受力钢筋的连接方法应符合现行《混凝土结构设计规范》（GB 50010—2010）（2015年版）要求。插筋的下端宜做成直钩放在基础底板钢筋网上，应由上下两个箍筋固定。当柱为轴心受压或小偏心受压，基础高度 $h\geqslant1200\text{mm}$，或柱为大偏心受

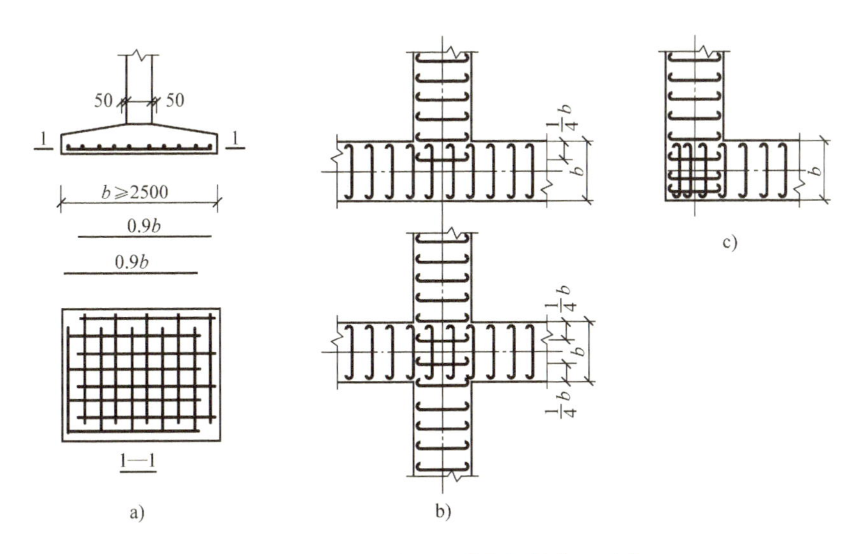

图 6-16　扩展基础底板受力钢筋布置示意

a）底板钢筋长度及布置　b）T 形及十字形交接处底板横向受力钢筋　c）拐角处底板横向受力钢筋

压，基础高度$h \geqslant 1400$mm 时，可将四角的插筋伸到底板钢筋网上，其余插筋锚固在基础顶面下 l_a处（见图 6-17）。插筋与柱筋的搭接位置一般在基础顶面，如需要提前回填土，搭接位置也可以在室内地面处。

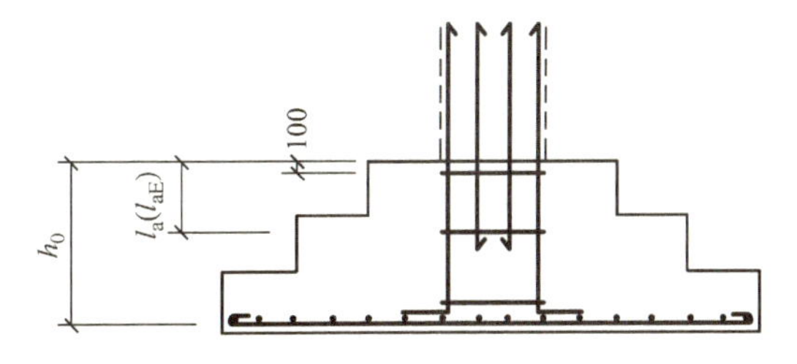

图 6-17　现浇柱的基础中插筋构造示意

l_{aE}—纵向受力钢筋的抗震锚固长度

l_a—纵向受拉钢筋的锚固长度

8）预制钢筋混凝土柱与杯口基础的连接，应符合下列要求（见图 6-18）：柱的插入深度 h_1可按表 6-6 选取，并满足钢筋锚固长度要求和吊装时柱的稳定性要求；基础的杯底厚度和杯壁厚度，可按表 6-7 选取；当柱为轴心受压或小偏心受压且 $t/h_2 \geqslant 0.65$ 时，或大偏心受压且 $t/h_2 \geqslant 0.75$ 时，杯壁可不配筋；当柱为轴心受压或小偏心受压且 $0.5 \leqslant t/h_2 < 0.65$时，杯壁可按表 6-8 构造配筋；其他情况应按计算配筋。

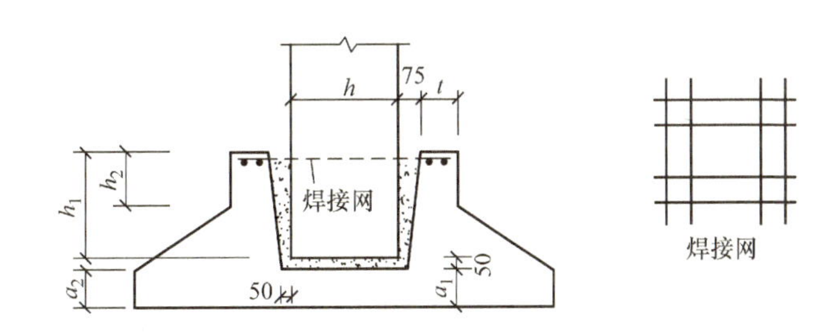

图 6-18　预制钢筋混凝土柱独立基础示意

注：$a_2 \geqslant a_1$

表6-6　柱的插入深度 h_1　（单位：mm）

矩形或工字形柱				双肢柱
$h<500$	$500\leqslant h<800$	$800\leqslant h\leqslant 1000$	$h>1000$	
$h\sim1.2h$	h	$0.9h$ 且 $\geqslant 800$	$0.8h$ 且 $\geqslant 1000$	$(1/3\sim2/3)\ h_a$ $(1.5\sim1.8)\ h_b$

注：1. h 为柱截面长边尺寸；h_a 为双肢柱全截面长边尺寸；h_b 为双肢柱全截面短边尺寸。

2. 柱轴心受压或小偏心受压时，h_1 可适当减少，偏心距大于 $2h$ 时，h_1 应适当增大。

表6-7　基础的杯底厚度和杯壁厚度　（单位：mm）

柱截面长边尺寸 h	杯底厚度 a_1	杯壁厚度 t	柱截面长边尺寸 h	杯底厚度 a_1	杯壁厚度 t
$h<500$	$\geqslant150$	$150\sim200$	$1000\leqslant h<1500$	$\geqslant250$	$\geqslant350$
$500\leqslant h<800$	$\geqslant200$	$\geqslant200$	$1500\leqslant h<2000$	$\geqslant300$	$\geqslant400$
$800\leqslant h<1000$	$\geqslant200$	$\geqslant300$			

注：1. 双肢柱的杯底厚度值 a_1，可适当增大。

2. 当有基础梁时，基础梁下的杯壁厚度 t，应满足其支承宽度的要求。

3. 柱子插入杯口的表面应凿毛，柱子与杯口之间的空隙，应用比基础混凝土强度等级高一级的细石混凝土充填密实，当材料强度达到设计强度的70%以上时，方能进行上部吊装。

表6-8　杯壁构造配筋　（单位：mm）

柱截面长边尺寸	$h<1000$	$1000\leqslant h<1500$	$1500\leqslant h<2000$
钢筋直径	$8\sim10$	$10\sim12$	$12\sim16$

注：表中钢筋置于杯口顶部，每边两根（见图6-18）。

（二）墙下钢筋混凝土条形基础设计

1. 墙下条形基础结构的设计要求

墙下钢筋混凝土条形基础的内力计算一般可按平面应变问题处理，在长度方向上取单位长度计算。设计的内容主要包括基础底面宽度 b 和基础的高度 h 及基础底板配筋等。

2. 基础截面的设计步骤

（1）计算地基净反力　如图6-19所示，基础底板的受力情况犹如一倒置的悬臂梁，由自重 G 产生的均布压力与相应的地基反力相抵消，底板仅受到由上部结构传来的荷载设计值产生的地基净反力的作用。地基净反力以 p_j 表示，可用下式计算：

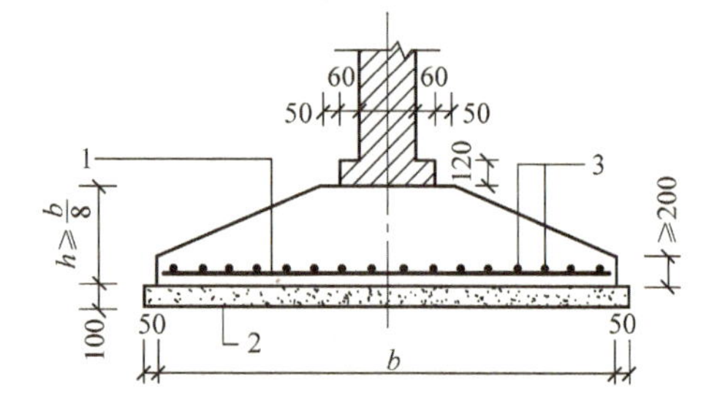

图6-19　墙下钢筋混凝土条形基础的构造示意

1—受力钢筋　2—C15混凝土垫层　3—构造钢筋

$$p_{\rm jmin}^{\rm jmax}=\frac{F}{b}\pm\frac{6M}{b^2}=\frac{F}{b}\left(1\pm\frac{6e_0}{b}\right)\tag{6-14}$$

式中　F——相应于荷载效应基本组合时，上部结构传至基础顶面的每延米竖向力值（kN/m）；

M——相应于荷载效应基本组合时对基底中心每延米的力矩总和（kN·m/m）；

b——基础宽度（m）；

e_0——偏心距（m），$e_0 = M/F$。

荷载 F（kN/m）和 M（kN·m/m）均为单位长度数值。

（2）最大内力设计值（取墙边截面） 基础验算截面Ⅰ的剪力设计值 V_{I}（kN/m）为

$$V_{\mathrm{I}} = \left(\frac{p_{\mathrm{jmax}} + p_{\mathrm{jI}}}{2}\right) b_{\mathrm{I}} = \frac{b_{\mathrm{I}}}{2b}\left[(2b - b_{\mathrm{I}}) p_{\mathrm{jmax}} + b_{\mathrm{I}} p_{\mathrm{jmin}}\right] \tag{6-15}$$

式中 b_{I}——验算截面Ⅰ距基础边缘的距离（m），如图6-20所示，当墙体材料为混凝土时，验算截面Ⅰ在墙脚处，b_{I}等于基础边缘至墙脚的距离 a_1，当墙体材料为砖墙且墙脚伸出不大于1/4砖长时，验算截面Ⅰ在墙面处，$b_{\mathrm{I}} = a_1 + 1/4$（砖长）。

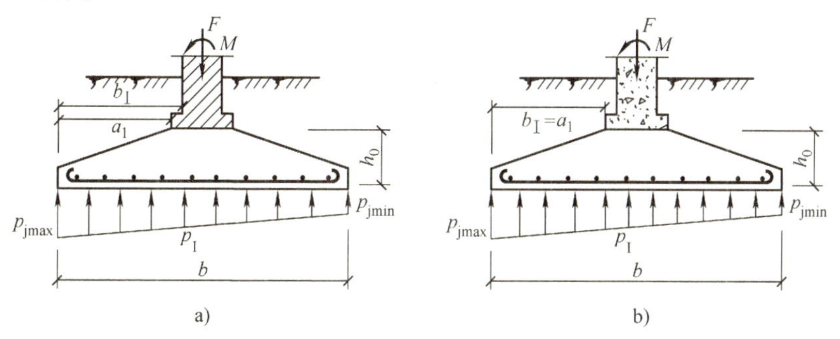

图6-20 墙下条形基础的计算

a）砖墙 b）混凝土墙

当轴心荷载作用时，基础验算截面Ⅰ的每延米剪力设计值 V_{I} 可简化为如下形式：

$$V_{\mathrm{I}} = \frac{b_{\mathrm{I}}}{b} F \tag{6-16}$$

基础验算截面Ⅰ每延米的弯矩设计值 M_{I} 可按下式计算：

$$M_{\mathrm{I}} = \frac{1}{2} V_{\mathrm{I}} b_{\mathrm{I}} \tag{6-17}$$

式中 V_{I}——基础验算截面Ⅰ的每延米剪力设计值（kN/m）；

M_{I}——基础验算截面Ⅰ每延米的弯矩设计值（kN·m/m）；

b_{I}——为验算截面Ⅰ距基础边缘的距离（m）。

（3）基础底板厚度 为了防止因剪力作用使基础底板发生剪切破坏，要求底板应有足够的厚度。因基础底板内不配置箍筋和弯筋，因而基础底板应满足下式要求：

$$V_{\mathrm{I}} \leqslant 0.07 f_c h_0 \tag{6-18}$$

或

$$h_0 \geqslant \frac{V}{0.07 f_c} \tag{6-19}$$

式中 f_c——混凝土轴心抗压强度设计值（N/mm²）；

h_0——基础底板有效厚度（mm），当有垫层时 $h_0 = h - 40$，当无垫层时 $h_0 = h - 70$。

（4）基础底板配筋

$$A_s = \frac{M}{0.9 f_y h_0} \tag{6-20}$$

式中　M——基础底板每延米最大弯矩设计值（kN·m/m）；

A_s——条形基础每延米基础底板受力钢筋面积（mm^2/m）；

f_y——钢筋抗拉强度设计值（N/mm^2）。

例 6-6　某厂房采用钢筋混凝土条形基础，墙厚 240mm（图 6-21），上部结构传至基础顶部的每延米轴心荷载 $F=300kN/m$，每延米弯矩 $M=28.0kN\cdot m/m$。条形基础底面宽度 b 已由地基承载力条件确定为 2.0m。试设计基础的高度并进行底板配筋。

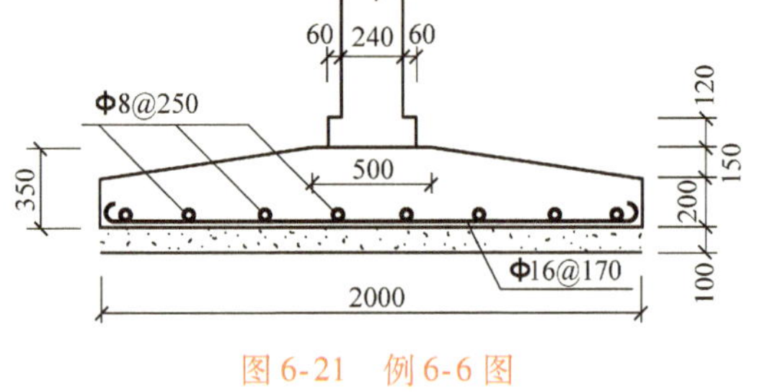

图 6-21　例 6-6 图

解：（1）选用混凝土的强度等级为 C15，查得 $f_c=7.2MPa$；采用 HPB300 钢筋，查得 $f_y=270MPa$。

（2）基础边缘处的最大和最小地基净反力

$$p_{\text{jmin}}^{\text{jmax}}=\frac{F}{b}\pm\frac{6M}{b^2}=\left(\frac{300}{2.0}\pm\frac{6\times28.0}{2.0^2}\right)\text{kPa}$$

$$=\frac{192.0}{108.0}\text{kPa}$$

（3）验算截面Ⅰ距基础边缘的距离

$$b_{\text{I}}=(2.0-0.24)\text{m}/2=0.88\text{m}$$

（4）验算截面的每延米剪力设计值

$$V_{\text{I}}=\frac{b_{\text{I}}}{2b}[(2b-b_{\text{I}})p_{\text{jmax}}+b_{\text{I}}p_{\text{jmin}}]$$

$$=\frac{0.88}{2\times2.0}[(2\times2.0-0.88)\times192.0+0.88\times108.0]\text{kN/m}$$

$$=152.7\text{kN/m}$$

（5）计算基础有效高度

$$h_0\geqslant\frac{V_{\text{I}}}{0.07f_c}=\frac{152.7}{0.07\times7.2}\text{mm}=302.9\text{mm}$$，故取基础设计高度 $h=350mm$。

（6）验算基础截面每延米的弯矩设计值

$$M_{\text{I}}=\frac{1}{2}V_{\text{I}}b_{\text{I}}=\frac{1}{2}\times152.7\times0.88\text{kN}\cdot\text{m/m}=67.2\text{kN}\cdot\text{m/m}$$

（7）基础每延米的受力钢筋截面面积

$$h_0=(350-40)\text{mm}=310\text{mm}$$

$$A_s=\frac{M}{0.9f_yh_0}=\frac{67.2\times10^6}{0.9\times270\times310}\text{mm}^2=892\text{mm}^2$$

选配受力钢筋Φ16@170，$A_s=1183mm^2$，沿垂直于砖墙长度方向配置。在砖墙长度方向配置Φ8@250 的分布钢筋。基础配筋如图 6-21 所示。

（三）柱下钢筋混凝土独立基础设计

根据地基承载能力确定柱下独立基础的底面尺寸后，可根据其内力计算结果进行基础截面的设计验算，其主要内容包括基础截面的抗冲切验算和纵、横方向的抗弯验算，并由此确定基础的高度和底板纵、横方向的配筋量。

截面的设计计算步骤如下：

1. 地基净反力计算。

矩形基础在轴心或单向偏心荷载作用下地基净反力可用下式计算：

轴心受压
$$p_j = F/A \tag{6-21}$$

偏心受压
$$p_{jmin}^{jmax} = \frac{F}{A} \pm \frac{M}{W} = \frac{F}{A}\left(1 \pm \frac{6e_0}{l}\right) \tag{6-22}$$

式中 p_j、p_{jmin}^{jmax}——分别为轴心或单向偏心荷载作用下地基净反力（kPa）；

A——基础受压面积（m^2）；

F——相应于荷载效应基本组合时，上部结构传至基础顶面的竖向力值（kN）；

M——相应于荷载效应基本组合时对基底中心的力矩总和（kN·m）；

e_0——偏心距（m），$e_0 = M/F$。

2. 基础高度确定

（1）轴心受压基础　基础高度由抗冲切条件确定，当沿柱周边（或变阶处）的基础高度不够时，底板将发生如图6-22所示的冲切破坏。为防止发生这种破坏，基础应有足够的高度，使基础冲切面以外的地基净反力产生的冲切力 F_l 不大于基础冲切面混凝土的抗冲切强度，即

$$F_l \leqslant 0.7 f_t \beta_{hp} a_m h_0 \tag{6-23}$$

式中 f_t——混凝土抗拉强度设计值（kPa）；

β_{hp}——受冲切承载力截面高度影响系数，当基础冲切破坏锥体的高度 $h \leqslant 800$mm 时，取 $\beta_{hp} = 1.0$；当基础冲切破坏锥体的高度 $h \geqslant 2000$mm 时，取 $\beta_{hp} = 0.9$；其间按线性内插取用；

a_m——基础冲切破坏锥体最不利一侧的计算长度（m），$a_m = (a_t + a_b)/2$；

a_t——基础冲切破坏锥体最不利一侧斜截面的上边长（m），当计算柱与基础交接处的抗冲切承载力时，取柱宽；当计算基础变阶处的受冲切承载力时，取上阶宽；

a_b——基础冲切破坏锥体最不利一侧斜截面的下边长（m），当冲切破坏锥体的底面落在基础底面以内，如图6-22b所示，计算柱与基础交接处的受冲切承载力时，a_b 取柱宽 a 加两倍基础有效高度；计算基础变阶处的受冲切承载力时，a_b 取上阶宽加该处的两倍基础有效高度；当冲切破坏锥体的底面在 l 方向落在基础底面以外，如图6-22c所示，即 $a + 2h_0 > l$ 时，$a_b = l$；

h_0——基础冲切破坏锥体的有效高度（m）；

F_l——基础受冲切承载力设计值（kN），相当于荷载效应基础组合时在 A_l 上的地基土净反力设计值，$F_l = p_j A_l$；

p_j——地基净反力设计值（kPa）；

A_l——冲切截面的水平投影面积（见图6-22中阴影面积）（m^2）。

对于矩形基础，由于矩形基础的两个边长情况不同，冲切破坏时所引起的 A_l 也不同，往往基础短边一侧冲切破坏的可能性比长边一侧大，所以一般只需根据短边冲切破坏条件确定基础高度。

当 $l \geqslant a_t + 2h_0$ 时（见图6-22b）

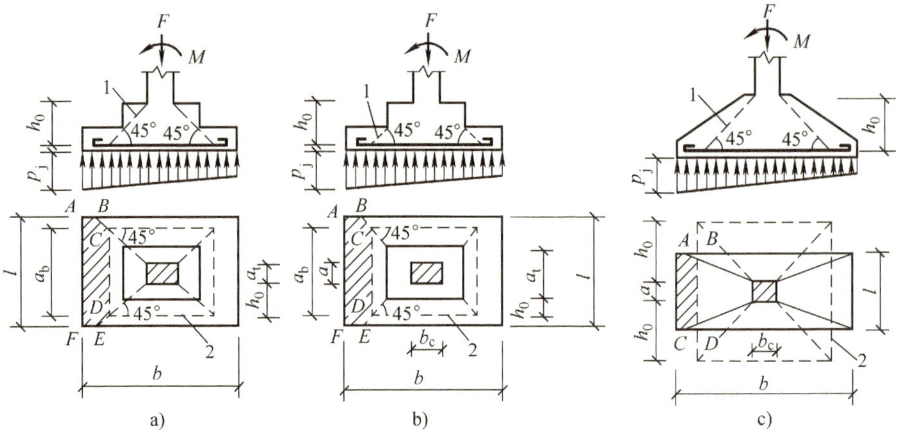

图6-22　柱下独立基础的抗冲切验算

a）柱与基础交接处　b）基础变阶处（$l \geqslant a_t + 2h_0$）　c）基础变阶处（$l < a + 2h_0$）

1—冲切破坏锥体最不利一侧的斜截面　2—冲切破坏锥体的底面线

$$A_l = \left(\frac{b}{2} - \frac{bc}{2} - h_0\right)l - \left(\frac{l}{2} - \frac{a_t}{2} - h_0\right)^2 \tag{6-24}$$

当 $l < a + 2h_0$ 时（见图6-22c）

$$A_l = \left(\frac{a}{2} - \frac{b_c}{2} - h_0\right)l \tag{6-25}$$

式中　b、l——分别为基础长边和短边长（m）；

a、b_c——分别为 l 及 b 方向的柱边长（m）。

（2）偏心受压基础

偏心荷载作用下基础高度的计算方法与中心荷载作用时基本相同，仅需将式（6-23）中 $F_l = p_j A_l$，改为 $F_l = p_{jmax} A_l$ 即可，此时 $p_{jmax} = \frac{F}{A}\left(l + \frac{6e_0}{l}\right)$。

3. 基础底板配筋

基础底板在地基净反力作用下沿柱周边向上弯曲，故两个方向均需配筋。底板可看作固定在柱边梯形的悬臂板，计算截面取柱边或变阶处。如图6-23所示，在轴心或单向偏心荷载作用下底板可按下列简化方法计算：

对于矩形基础，当台阶的宽高比小于或等于2.5和偏心距小于或等于1/6基础宽度时，任意截面的弯矩可按下列公式计算

长边方向

$$M_{\mathrm{I}} = \frac{1}{12}a_1^2\left[(2l + a')(p_{max} + p_{\mathrm{I}} - 2G/A) + (p_{max} - p_{\mathrm{I}})l\right] \tag{6-26}$$

短边方向

$$M_{\mathrm{II}} = \frac{1}{48}(l - a')^2(2b + b')(p_{max} + p_{min} - 2G/A) \tag{6-27}$$

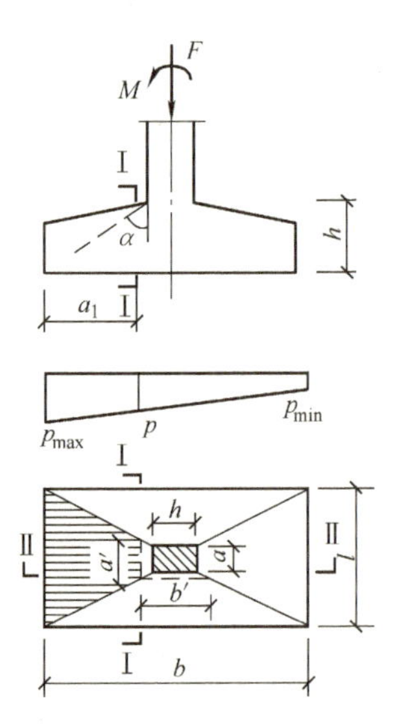

图6-23　矩形基础底板的抗弯计算示意

式中 M_{I}、M_{II}——任意截面Ⅰ—Ⅰ、Ⅱ—Ⅱ处的弯矩设计值（kN·m）；

p_{max}、p_{min}——相应于荷载效应基本组合时基底边缘最大与最小地基反力设计值（kPa）；

a_1——任意截面至基底边缘最大反力处的距离（m）；

l、b——分别为基础底面的长度和宽度（m）；

p_{I}——相应于荷载效应基本组合时Ⅰ—Ⅰ截面处基础底面地基反力设计值（kPa）；

G——考虑荷载分项系数的基础自重及其上的土自重；当组合值由永久荷载控制时，$G=1.35G_k$，G_k为基础及其上土的标准自重（kN）。

柱下独立基础的抗弯验算截面通常可取在柱与基础交接处，此时，a'和b'取柱截面的宽度a和高度h；当对变阶处进行抗弯验算时，a'和b'取相应台阶的宽度和长度。

柱下独立基础的底板应在两个方向配置钢筋，底板长边方向和短边方向的受力钢筋面积$A_{s\mathrm{I}}$和$A_{s\mathrm{II}}$分别为

$$A_{s\mathrm{I}}=\frac{M_{\mathrm{I}}}{0.9f_yh_0} \tag{6-28}$$

$$A_{s\mathrm{II}}=\frac{M_{\mathrm{II}}}{0.9f_yh_0} \tag{6-29}$$

同一方向有柱周和台阶处抗弯验算时，取钢筋面积较大值。

例6-7 图6-24为某柱下锥形独立基础，底面尺寸2200mm×3000mm，上部结构柱荷载$F=750$kN，$M=110$kN·m，柱截面尺寸为400mm×400mm，基础采用C20级混凝土和HRB335钢筋。试确定基础高度，并进行基础配筋。

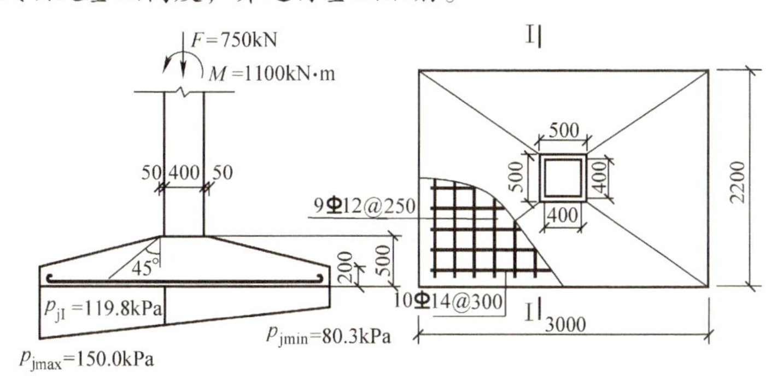

图6-24 例6-7图

解：（1）设计基本数据 根据构造要求，可在基础下设置100mm厚的混凝土垫层，强度等级为C10；假设基础高度为$h=500$mm，则基础有效高度$h_0=0.5\mathrm{m}-0.04\mathrm{m}=0.46\mathrm{m}$；C20级混凝土的$f_t=1.1\times10^3$kPa，HRB335钢筋的$f_y=300$MPa。

（2）基底净反力按式（6-22）计算

$$p_{jmin}^{jmax}=\frac{F}{A}\pm\frac{M}{W}=\frac{750}{3.0\times2.0}\mathrm{kPa}\pm\frac{110}{2.2\times3.0^2/6}\mathrm{kPa}=\begin{matrix}150.0\\80.3\end{matrix}\mathrm{kPa}$$

（3）基础高度验算 基础短边长度$l=2.2$m，柱截面的宽度和高度$a=b_c=0.4$m。$\beta_{hp}=1.0$，$a_t=a=0.4$m，$a_b=a+2h_0=1.32$m，故

$$a_m=\frac{a_t+a_b}{2}=\frac{0.4+1.32}{2}\text{m}=0.86\text{m}$$

由于 $l>a_t+2h_0$，按式（6-24）计算，于是

$$A_l=\left(\frac{b}{2}-\frac{b_c}{2}-h_0\right)l-\left(\frac{l}{2}-\frac{a}{2}-h_0\right)^2=\left[\left(\frac{3.0}{2}-\frac{0.4}{2}-0.46\right)\times2.2-\left(\frac{2.2}{2}-\frac{0.4}{2}-0.46\right)^2\right]\text{m}^2$$

$$=1.65\text{m}^2$$

$$F_l=p_{max}A_l=150.0\text{kPa}\times1.65\text{m}^2=247.5\text{kN}$$

$$0.7f_t\beta_{hp}a_mh_0=0.7\times1.1\times10^3\times1.0\times0.86\times0.46\text{kN}=304.6\text{kN}$$

满足 $F_l\leqslant0.7f_t\beta_{hp}a_mh_0$ 条件，选用基础高度 $h=500\text{mm}$ 合适。

（4）内力计算与配筋　设计控制截面在柱边处，此时相应的 a'，b'，a_1 和 $p_{j\text{I}}$ 值为

$a'=b'=0.4\text{m}$，$a_1=(b-b')/2=(3.0-0.4)\text{m}/2=1.3\text{m}$

$$p_{j\text{I}}=p_{jmin}+(p_{jmax}-p_{jmin})\times\frac{b-a_1}{b}=80.3\text{kPa}+(150-80.3)\times\frac{3.0-1.3}{3.0}\text{kPa}=119.8\text{kPa}$$

长边方向　$M_\text{I}=\frac{1}{12}a_1^2[(2l+a')(p_{max}+p_\text{I}-2G/A)+(p_{max}-p_\text{I})l]=182.4\text{kN}\cdot\text{m}$

短边方向　$M_\text{II}=\frac{1}{48}(l-a')^2(2b+b')(p_{max}+p_{min}-2G/A)=99.5\text{kN}\cdot\text{m}$

长边方向配筋　$A_{s\text{I}}=M_\text{I}/0.9f_yh_0$，选用 10⌀14@300（$A_{s\text{I}}=1538.6\text{mm}^2$）。

短边方向配筋　$A_{s\text{II}}=M_\text{II}/0.9f_yh_0$，选用 9⌀12@250（$A_{s\text{II}}=1017.36\text{mm}^2$）。

基础的配筋见图 6-24。

七、减轻基础不均匀沉降的措施

当建筑物的不均匀沉降过大时，建筑物会开裂损坏并影响使用。对于高压缩性土、膨胀土、湿陷性黄土以及软硬不均等不良地基上的建筑物，由于总沉降量大，故不均匀沉降相应也大。如何防止或减轻不均匀沉降，是设计中必须认真思考的问题。通常的方法有：①采用桩基础或其他深基础；②对地基进行处理，以提高原地基的承载力和压缩模量；③在建筑、结构和施工中采取措施。总之，采取措施的目的一方面是减少建筑物的不均匀沉降，另一方面是增强上部结构对沉降和不均匀沉降的适应能力。

（一）建筑措施

在满足使用和其他要求的前提下，建筑体形力求简单。当建筑体形比较复杂时，宜根据其平面形状和高度差异情况，在适当部位设置沉降缝；当高度差异或荷载差异较大时，可将两者隔开一定距离，或采用自由沉降的连接构造。

建筑物的下列部位，宜设置沉降缝：①建筑平面的转折部位；②高度差异或荷载差异较大处；③长高比过大的砌体承重结构或钢筋混凝土框架的适当部位；④地基土的压缩性有明显差异处；⑤建筑结构或基础类型不同处；⑥分期建造房屋的交界处。

沉降缝应有足够的宽度，缝宽可按表 6-9 选取。

表 6-9　建筑物沉降缝的宽度

建筑物层高/m	沉降缝宽度/mm	建筑物层高/m	沉降缝宽度/mm
2～3	50～80	5 以上	≥120
4～5	80～120		

相邻建筑物基础间的净距，可按表6-10选用。

表6-10　相邻建筑物基础间的净距　（单位：m）

被影响建筑物的预估平均沉降量/mm ＼ 被影响建筑物的长高比	$2.0 \leqslant L/H_f < 3.0$	$3.0 \leqslant L/H_f < 5.0$
70~150	2~3	5~6
160~250	3~6	6~9
260~400	6~9	9~12
>400	9~12	≥12

注：1. 表中L为建筑物长度或沉降缝分隔的单元长度（m）；H_f为自基础底面起算的建筑物高度（m）；
2. 当被影响建筑物的长高比为$1.5 < L/H_f < 2.0$时，其间隔净距离可适当缩小。

相邻高耸结构或对倾斜要求严格的构筑物的外墙间隔距离，应根据倾斜允许值计算确定。建筑物各组成部分的标高应根据可能产生的不均匀沉降采取下列相应措施：

1）室内地坪和地下设施的标高，应根据预估沉降量予以提高。建筑物各部分（或设备之间）有联系时，可将沉降较大者标高提高。

2）建筑物与设备之间，应留有净空。当建筑物有管道穿过时，应预留孔洞，或采用柔性的管道接头等。

（二）结构措施

为了减少建筑物沉降和不均匀沉降，可采取下列措施：①选用轻型结构，减少墙体自重，采用架空地板代替室内填土；②设置地下室或半地下室，采用覆土少、自重轻的基础形式；③调整各部分的荷载分布、基础宽度或埋置深度。

对于体形复杂、荷载差异较大的框架结构，可采用箱基、桩基、筏基等加强基础整体刚度，减少不均匀沉降。

对于砌体承重结构的房屋，宜采用下列措施增强整体刚度和强度：

1）对于砌体承重结构的房屋，其长高比L/H_f宜小于或等于2.5。当房屋的长高比为$2.5 < L/H_f \leqslant 3.0$时，宜做到纵墙不转折或少转折，并控制其内横墙间距或增强基础刚度和强度。当房屋的预估最大沉降小于或等于120mm时，其长度比可不受限制。

2）墙体内宜设置钢筋混凝土或钢筋砖圈梁。

3）在墙体上开洞时，宜在开洞部位配筋或采用构造柱及圈梁加强。

（三）施工措施

对于淤泥及淤泥质黏土等软土地基，以及高灵敏度的黏土，要注意施工时不要扰动其原状结构。开挖基坑时，可保留一定的原土（约200mm），待垫层施工时才挖除。如坑底已被扰动，应挖去被扰动部分，或在其上先铺中砂，然后再用碎砖（或碎石）等夯实处理。基础完成后，及时进行回填。

在软弱地基上建筑房屋时，通常将重、高的房屋先施工，使有一定的沉降后再施工轻、低的房屋，或先施工主体部分，再施工附属部分，这样均能减少部分沉降差。如果在高低层之间使用连接体，应最后修建连接体，这样可以减少或调整部分不均匀沉降。活荷载较大的构筑物或构筑群（如料仓、油罐等），使用前期应根据沉降情况控制加载速率，掌握加载间隔时间，或调整活荷载分布，避免过大倾斜。

任务2　浅基础施工

某写字楼，建筑面积45000m²，建筑高度99m，33层现浇框架－剪力墙结构，地下两层。基础采用3m厚的筏板（平板式筏形）基础，施工中采用的混凝土材料为42.5级普通硅酸盐水泥、中砂、花岗岩碎石，混凝土强度等级为C30。该基础混凝土采用溜槽施工，分两层浇筑，每层厚度1.5m。筏板混凝土浇筑时当地最高气温为38℃，浇筑完成12h后覆盖一层塑料膜一层保温岩棉养护7d。测温记录显示：混凝土内部最高温度75℃，其表面最高温度45℃。监理工程师检查发现筏板表面混凝土有裂缝，经钻芯取样，取样样品均有贯通裂缝。

问题：本工程筏板基础浇筑方案是否合理?

1. 了解砖砌大放脚条形基础砖的组砌方式及施工工艺要求。
2. 知道钢筋混凝土条形基础、独立基础的施工方法。
3. 知道筏板基础大体积混凝土的模板支设要求和混凝土浇筑要求。

一、砖砌大放脚条形基础施工

（一）砖砌大放脚条形基础施工准备工作

1. 砖

1）标准砖是240mm×115mm×53mm的立方体。砌体工程用砖有烧结普通砖、烧结多孔砖、蒸压灰砂砖、粉煤灰砖等，现主要采用页岩实心砖或粉煤灰实心砖等。由于烧结砖极易吸水，在砌筑时容易过多吸收砌筑砂浆中的水分而降低砂浆性能（流动性、黏结力和强度）和影响砌筑质量，因此在使用前应浇水润湿，但也不能使砖浸透，否则因不能吸收砂浆中的多余水分而影响与砂浆的黏结力，还会产生坠灰和砖滑动现象。

2）砖进场后应按规定及时抽样复检。砖的强度等级必须符合设计要求。抽样送样工作应在现场监理人员的监督下进行。每一生产厂家的砖进场后按烧结砖15万块、多孔砖5万块、灰砂砖及粉煤灰砖10万块各为一个验收批抽检一组。

2. 砌筑砂浆

1）砌筑砂浆主要有水泥砂浆和水泥混合砂浆。水泥砂浆由水泥、砂和水组成，强度高，防潮性好，常用于±0.000以下砌体砌筑。混合砂浆里面掺加了石灰膏，提高了砂浆的和易性，所以±0.000以上部位的砌体主要用混合砂浆砌筑。

2）水泥进场使用前，应分批对其强度、安定性进行复验。检验批应以同一生产厂家、同一编号为一批。当在使用中对水泥质量有怀疑或水泥出厂超过三个月时，应复查检验，并按检验结果使用。不同品种的水泥，不得混合使用。

3）凡在砂浆中掺入的有机塑化剂、早强剂、缓凝剂、防冻剂等，应经检验和试配，符合要求后方可使用。

4）砌筑砂浆应采用机械搅拌，自投料完算起搅拌时间应符合以下要求：

水泥砂浆和水泥混合砂浆不得少于2min；水泥粉煤灰砂浆和掺用外加剂的砂浆不得少于3min；掺用有机塑化剂的砂浆应为3～5min。

5）砂浆应随拌随用，水泥砂浆和水泥混合砂浆应分别在3h和4h内使用完毕；当施工期间最高气温超过30℃时，应分别在拌成后2h和3h内使用完毕。

6）每一检验批且不超过$250m^3$砌体的各种类型及强度等级的砌筑砂浆，每台搅拌机应至少抽检一次。在搅拌机出料口随机取样制作砂浆试块（每盘砂浆只应制作一组试块）。

7）砌筑砂浆试块强度验收时其强度合格标准必须符合以下规定：

同一验收批砂浆试块抗压强度平均值应大于或等于设计强度等级值的1.10倍；同一验收批砂浆试块抗压强度的最小一组平均值应大于或等于设计强度等级值的85%。砌筑砂浆的验收批，同一类型、强度等级的砂浆试块不应少于3组。当只有一组时，该组试块抗压强度的平均值应大于或等于设计强度等级值的1.10倍。砂浆强度应以标准养护，龄期为28天的试块抗压强度试验结果为准。

（二）砖基础的组砌形式及要求

1. 常见的砖砌体组砌形式与方法

1）"一顺一丁"砌法（见图6-25a）是一层顺砖与一层丁砖相互间隔砌筑，上下层错缝1/4砖长，适用于一砖和一砖以上的墙厚。

2）"三顺一丁"砌法（见图6-25b）是三层顺砖与一层丁砖相互间隔砌筑，上下层错缝1/4砖长，适用于一砖和一砖以上的墙厚。

3）"梅花丁"砌法（见图6-25c）是每层中顺砖与丁砖相互间隔砌筑，上下层错缝1/4砖长，适用于一砖和一砖以上的墙厚。

4）"全顺"砌法是全部用顺砖砌筑，上下层错缝1/2砖长，仅用于砌筑半砖厚的墙体。

5）"全丁"砌法是全部用丁砖砌筑，上下层错缝1/4砖长，仅用于砌筑圆弧形砌体。

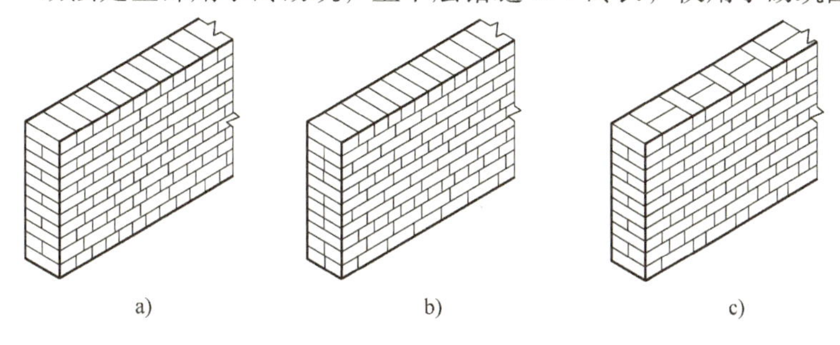

图6-25　常见的砖砌体组砌形式

a）一顺一丁　b）三顺一丁　c）梅花丁

2. 砌筑的基本要求及注意事项

1）砌体上下层砖之间应错缝搭砌。搭砌长度为1/4砖长，方法如上所述（见图6-25）。为保证砌体的结构性，组砌时第一层和砌体顶部的一层砖为丁砌。

2）砌体转角和内外墙应相互搭砌咬合，以保证有较好的结构整体性。

3）砌体的结构性能与灰缝有直接的关系，因此要求砌体的灰缝大小应均匀，一般不大于12mm，不小于8mm，通常为10mm。其水平灰缝的砂浆饱满度应不小于80%，用百格网随进度抽查检查。竖向灰缝不得出现透明缝、瞎缝和假缝。

4）砖砌体的转角处和交接处应同时砌筑。严禁无可靠措施的内外墙分砌施工。对不能同时砌筑而又必须留置的临时间断处应砌成斜槎，斜槎水平投影长度不应小于高度的2/3，多孔砖砌体的斜槎长高比不应小于1/2。斜槎高度不应超过一步脚手架的高度。

非抗震设防及抗震设防烈度为6度、7度地区的临时间断处，当不能留斜槎时，除转角处外，可留直槎，但必须做成凸槎。留直槎处应加设拉结钢筋，拉结钢筋的数量为每120mm墙厚放置1Φ6拉结钢筋（120mm厚墙应放置2Φ6），间距沿墙高不应超过500mm；埋入长度从留槎处算起每边均不小于500mm，对抗震设防烈度6度、7度地区不应小于1000mm；末端应有90°弯钩，如图6-26所示。分段施工时施工段高差不能超过一个楼层且不超过4m，有抗震设防要求或其他要求的，应按其规定处理，如加拉结钢筋、钢筋网片等。

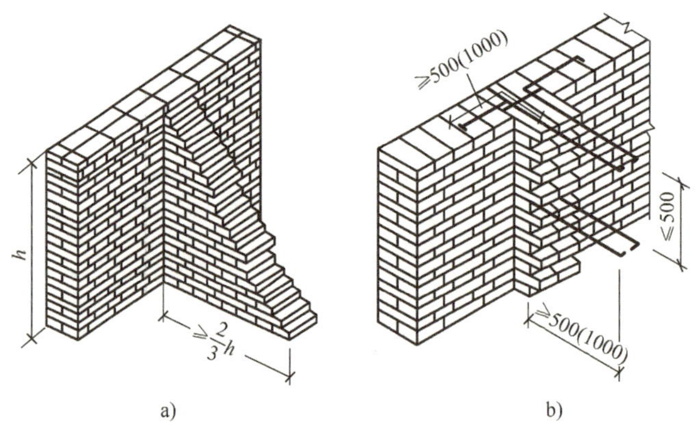

图6-26　斜槎和直槎

a）斜槎　b）直槎

5）正常施工条件下，砖砌体每日砌筑高度宜控制在1.5m或一步脚手架高度内。防止因气候的变化或人为碰撞而发生变形和倾覆。同时砌筑速度过快，砌体会因砂浆压缩而造成变形。

6）构造柱处的砌筑方法：按构造要求应砌成大马牙槎（见图6-27），通常采用“五退五进”的砌筑方法，应先退砌后进砌，同时将拉结钢筋按设计要求砌入墙体中。

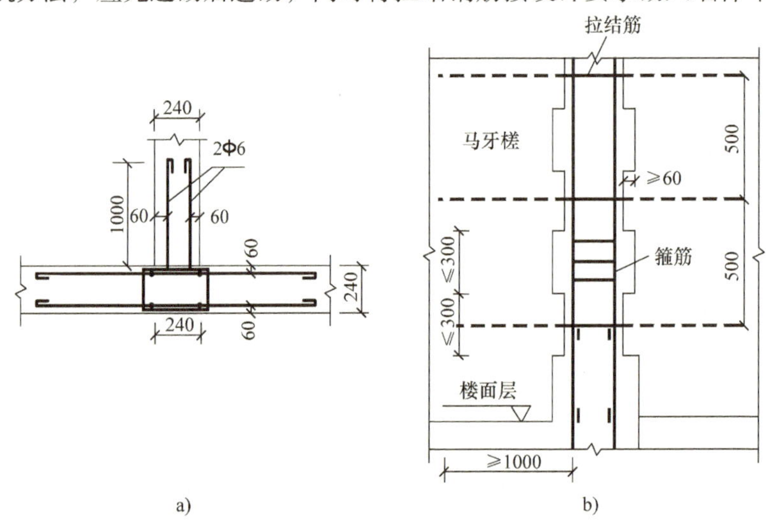

图6-27　大马牙槎及拉结钢筋示意图

a）剖面图　b）立面图

当两相邻的构造柱之间墙体净宽度不大于365mm时，施工会很困难，且不能保证此处墙体的稳定性，尤其在安装模板中，极易损伤其结构性，因此可在图纸会审中提出建议，将其改为素混凝土与构造柱同时浇筑，具体应由设计人员确定。

7）基底标高不同时，应从低处砌起，并应由高处向低处搭砌。当设计无要求时搭接长度 L 不应小于基础底的高差 H，搭接长度范围内下层基础应扩大砌筑（见图6-28）。

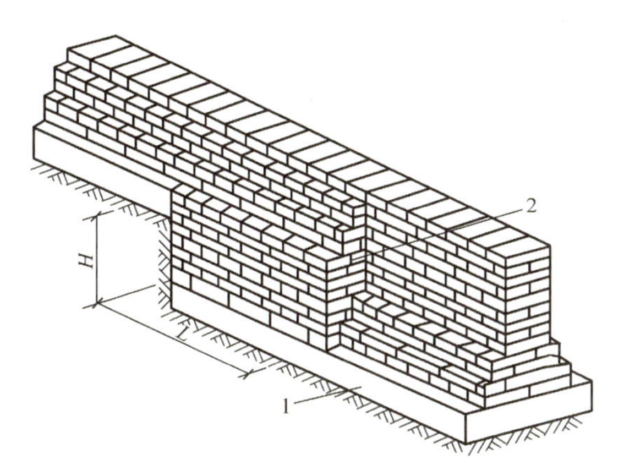

图6-28 基底标高不同时的搭砌示意图

1—混凝土垫层 2—基础扩大部分

（三）砖砌大放脚条形基础施工

1. 施工顺序

定位放线→土方开挖（地基处理）→地基验槽→垫层施工→砌筑基础→构造柱、地圈梁施工→基础验收→土方回填。

2. 施工工艺

砖基础施工主要是大放脚的砌筑，基本工艺流程如下：抄平放线→试摆砖→立皮数杆→组砌→勾缝→清理。

（1）抄平放线 垫层施工完成后，应测出四大角、平面几何特征变化处以及立皮数杆处等点的实际高程，找出与设计标高的差值并标注在垫层上，同时记录在放线记录上，以便确定和计算砌筑高度、灰缝厚度和组砌层数，保证砌体上口标高一致。放线则是利用控制桩找出基础中心线及交点，然后用墨斗弹出所需的线。通常是在垫层上弹出大放脚底宽边线、轴线。放线完成后应进行校验，其允许误差应满足表6-11要求。

表6-11 放线尺寸的允许偏差

长度 L、宽度 B/m	允许偏差/mm	长度 L、宽度 B/m	允许偏差/mm
L（或 B）≤30	±5	60<L（或 B）≤90	±15
30<L（或 B）≤60	±10	L（或 B）>90	±20

（2）试摆砖 试摆砖又称干摆砖，其目的是在墙体砌筑前，沿墙的纵横方向，特别是在内外墙交接处，通过调节竖向灰缝的宽窄，保证每一层砖的组砌都能规则统一并符合模数。当砖的长宽尺寸有正负差时，要注意丁砌和顺砌砖的竖向灰缝要相互协调，尽量避免竖向灰缝大小不匀。

（3）立皮数杆　为了保证砌体在高度上层数统一，并控制灰缝大小和砌筑竖向尺寸，墙体砌筑前应立皮数杆。皮数杆一般为木制，上面画有砖和灰缝的厚度、层数，门窗洞口及梁板构件标高位置等高度标识。用于基础施工的通常是小皮数杆。安装时，应根据垫层表面各点标高值，确定一个底平面标高值，以此确定值为依据，调整皮数杆标识并安放皮数杆，保证各点的组砌模数和上口标高一致。

（4）大放脚砌筑

1）砌基础时可依皮数杆先砌几层转角及交接处部分的砖，然后在其间拉准线砌中间部分。内外墙基础应同时砌起，如因其他情况不能同时砌筑时，应留置斜槎。

2）一般大放脚采用“一顺一丁”砌法，上、下层应错开缝，错缝宽度应不小于60mm。要注意十字及丁字接头处砖块的搭接，在这些交接处，纵横墙要隔皮砌通。大放脚的最下一皮和每个台阶的上面一皮应以丁砖为主，这样传力较好，砌筑及回填时，也不易碰坏。

3）如基础水平灰缝中配有钢筋，则埋设钢筋的灰缝厚度应比钢筋直径大4mm以上，以保证钢筋上下至少各有2mm厚的砂浆层包裹。

4）砖基础中的洞口、管道、沟槽等，应在砌筑时正确留出，宽度超过500mm的洞口，其上方应砌筑平拱或设置过梁。

5）抹防潮层前应将基础墙顶面清扫干净，浇水湿润，随即抹平防水砂浆。

（5）清理　基础完成后及时清理砖缝，墙面及落地砂浆等。

3. 操作要点

（1）砌筑方法　在砌筑施工中，正确的砌筑方法是保证砌体质量的重要条件。通常采用“三一法”、挤浆法、满口灰法等。“三一法”即一铲灰（砂浆）、一块砖、一揉压，它是较好的砌筑方法。西南地区常用挤浆法，即先用砖刀或小方铲在墙上铺500～600mm长的砂浆，用砖刀调整好砂浆的厚度，再将砖沿砂浆面向接口处推进并揉压，使竖向灰缝有2/3高的砂浆，再用砖刀将砖调平，依次操作。挤浆法要求砂浆有较好的和易性。

（2）技术控制　为保证基础及墙面平整、垂直、灰缝均匀、层数一致，砌筑中可在四大角或相应的位置上立放皮数杆。可以在下一层圈梁外侧做出准确的标高点，或在构造柱钢筋上画出标高点，依此点安放皮数杆，保证其竖向标高和尺寸的准确。与此同时用水平仪检查四大角或结构特征变化处的实际标高，如误差较大，则应用细石混凝土填平补齐，再进行试摆砖，然后依皮数杆拉线砌筑。拉线的长度一般不大于10m，否则应采取措施保证线的平直。为使墙体观感效果更好，可采用双面拉线措施。砌筑中应做到“三线一吊”“五线一靠”。“三线一吊”是指砌筑完三层砖高时，就用吊线锤校验墙面垂直度；“五线一靠”则是砌筑完五层砖高时，用靠线板（鱼尾板）检查校正墙面垂直度。

4. 安全技术要求

1）在砌筑操作前，必须检查施工现场各项准备工作是否符合安全要求，如道路是否畅通、机具是否完好牢固，安全设施和防护用品是否齐全。

2）施工人员进入现场必须戴好安全帽。砌基础时，应检查和注意基坑土质的变化情况。堆放砖石材料应离开坑边1m以上。砌墙高度超过地坪1.2m以上时，应搭设脚手架。架上堆放材料不得超过规定荷载值，堆放高度不得超过三皮砖，同一块脚手板上的操作人员不应超过2人。按规定搭设安全网。

3）不准站在墙顶上做划线、刮缝及清扫墙面或检查大角垂直等工作。不准用不稳固的工具或物体在脚手板上进行垫高操作。

4）砍砖时应面向墙面，工作完毕应将脚手板和砖墙上的碎砖、灰浆清扫干净，防止掉落伤人。正在砌筑的墙上不准走人。山墙砌完后，应立即安装桁条或临时支撑，防止倒塌。

5）雨天或每日下班时，应做好防雨准备，以防雨水冲走砂浆，致使砌体倒塌。冬期施工时，脚手板上如有冰霜、积雪，应先清除后再上架操作。

6）砌石施工时不准在墙顶或架上修石材，以免振动墙体影响质量或石片掉下伤人。不准徒手移动上墙的石块，以免压破或擦伤手指。石块不得往下掷。运石上下时，脚手板要钉装牢固，并钉防滑条及扶手栏杆。

7）对有部分破裂和脱落危险的砌块，严禁起吊。起吊砌块时，严禁将砌块停留在操作人员的上空或在空中整修。砌块安装时，不得在下一层楼面上进行其他任何工作。卸下砌块时应避免冲击，砌块堆放应尽量靠近楼板两端，不得超过楼板的承重能力。砌块安装就位时，应待砌块放稳后，方可松开夹具。

8）脚手架搭设好后，须经验收，合格后方准使用。

二、钢筋混凝土条形基础施工

（一）施工准备工作

1. 作业条件

1）办完地基验槽及隐检手续。

2）办完基槽验线验收手续。

3）有混凝土配合比通知单、准备好试验用工具。

2. 材料要求

1）水泥：水泥品种、强度等级应根据设计要求确定，质量符合现行水泥标准。工期紧时可做水泥快测。

2）砂、石子：根据结构尺寸、钢筋密度、混凝土施工工艺、混凝土强度等级的要求确定石子粒径、砂子细度。砂、石质量符合现行标准要求。

3）水：自来水或不含有害物质的洁净水。

4）外加剂：根据施工组织设计要求，确定是否采用外加剂。外加剂必须经试验，合格后方可在工程上使用。

5）掺合料：根据施工组织设计要求，确定是否采用掺合料。掺合料质量应符合现行标准要求。

6）钢筋：钢筋的级别、规格必须符合设计要求，质量符合现行标准要求。钢筋表面应保持清洁，无锈蚀和油污。

7）脱模剂：水质隔离剂。

3. 施工机具

搅拌机、磅秤、手推车或翻斗车、铁锹、振捣棒、刮杆、木抹子、橡胶手套、串桶或溜槽、钢筋加工机械、木制井字架等。

（二）施工工艺

基槽清理、验槽→混凝土垫层浇筑、养护→抄平、放线→基础柱梁钢筋绑扎、支模板→相关专业施工（如避雷接地施工）→钢筋、模板质量检查，清理→基础混凝土浇筑→混凝土养护→拆模。

1. 清理及垫层混凝土浇筑

地基验槽完成后，清理表层浮土及扰动土，确保无积水。基槽验槽、清理后立即进行垫层混凝土施工。混凝土必须振捣密实，表面平整。严禁晾晒基土。

2. 钢筋绑扎

垫层浇筑完成达到一定强度后，在其上弹线、支模、铺放钢筋网片。上下部垂直钢筋绑扎牢，将钢筋弯钩朝上，按轴线位置校核后用方木架成井字形，将插筋固定在基础外模板上。底部钢筋网片应用与混凝土保护层同厚度的水泥砂浆或塑料垫块垫塞，以保证位置正确。钢筋绑扎不允许漏扣，柱插筋除满足冲切要求外，应满足锚固长度的要求。当基础高度在900mm以内时，插筋伸至基础底部的钢筋网上，并在端部做成直弯钩；当基础高度较大时，位于柱子四角的插筋应伸到基础底部，其余的钢筋只需伸至锚固长度即可。插筋伸出基础部分长度应按柱的受力情况及钢筋规格确定。与底板筋连接的柱四角插筋常与底板筋成45°绑扎，连接点处必须全部绑扎。距底板5cm处绑扎第一个箍筋，距基础顶5cm处绑扎最后一道箍筋，作为标高控制筋及定位筋。柱插筋最上部再绑扎一道定位筋。上下箍筋及定位箍筋绑扎完成后将柱插筋调整到位并用井字木架临时固定，然后绑扎剩余箍筋，以保证柱插筋不变形走样。两道定位筋在浇筑混凝土前必须进行更换。钢筋混凝土条形基础，在T字形与十字形交接处的钢筋沿一个主要受力方向通长放置。

3. 模板安装

钢筋绑扎及相关专业施工完成后立即进行模板安装。模板采用组合钢模板或木模，利用钢管或木方加固。锥形基础坡度大于30°时，采用斜模板支护，利用螺栓与底板钢筋拉紧，防止上浮，模板上部设透气及振捣孔；坡度小于或等于30°时，利用钢丝网（间距30cm）防止混凝土下坠，上口设井字木控制钢筋位置。不得用重物冲击模板，不准在吊帮的模板上搭设脚手架，保证模板的牢固和严密。

4. 清理

清除模板内的木屑、泥土等杂物，木模浇水湿润，堵严板缝及孔洞，清除积水。

5. 混凝土搅拌

根据配合比及砂石含水率计算出每盘混凝土材料的用量。认真按配合比用量投料，严格控制用水量，搅拌均匀，搅拌时间不少于90s。

6. 混凝土浇筑

浇筑柱下条形基础时，注意柱子插筋位置的正确，防止造成位移和倾斜。在浇筑开始时，先满铺一层5～10cm厚的混凝土并捣实，使柱子插筋下段和钢筋网片的位置基本固定，然后对称浇筑。条形基础根据高度分段分层连续浇筑，不留施工缝。浇筑时先使混凝土充满模板内边角，然后浇筑中间部分，以保证混凝土密实。分层下料，每层厚度为振捣棒的有效振动长度，防止由于下料过厚、振捣不实或漏振、吊帮的根部砂浆涌出等原因造成蜂窝、麻面或孔洞。

7. 混凝土振捣

采用插入式振捣器，插入的间距不大于振捣器作用部分长度的1.25倍。上层振捣棒插入下层3～5cm，尽量避免碰撞预埋件、预埋螺栓，防止预埋件移位。

8. 混凝土找平

混凝土浇筑后，表面比较大的混凝土，使用平板振捣器振一遍，然后用木杆刮平，再用木抹子搓平。收面前必须校核混凝土表面标高，不符合要求处立即整改。

9. 混凝土养护

已浇筑完的混凝土，常温下，应在12h左右覆盖和浇水。一般常温养护不得少于7d，特种混凝土养护不得少于14d。养护设专人检查落实，防止由于养护不及时而造成混凝土表面裂缝。

10. 模板拆除

侧面模板在混凝土强度能保证其棱角不因模板而受损坏时方可拆除。拆模前设专人检查混凝土强度。拆除时采用撬棍从一侧顺序拆除，不得采用大锤砸或撬棍乱撬，以免造成混凝土棱角破坏。

三、钢筋混凝土独立基础施工

工艺流程：清理→混凝土垫层施工→钢筋绑扎→相关专业施工→清理→支模板→清理→混凝土搅拌→混凝土浇筑→混凝土振捣→混凝土找平→混凝土养护→模板拆除。

（一）模板制作与安装

独立基础为各自分开的基础，有的带地梁，有的不带地梁，多数为台阶式。台阶式（阶形）基础的模板布置与单阶基础基本相同。但是，上阶模板应搁置在下阶模板上，各阶模板的相对位置要固定结实，以免浇筑混凝土时模板发生位移。

阶形基础，可分次支模。当基础大放脚不厚时，可采用斜撑；当基础大放脚较厚时，应按计算设置对拉螺栓，上部模板可用工具式梁卡固定，亦可用钢管吊架固定。

模板采用小钢模或木模，利用架子管或木方加固。锥形基础坡度大于30°时，采用斜模板支护，利用螺栓与底板钢筋拉紧，防止上浮，模板上部设透气及振捣孔；坡度小于或等于30°时，利用钢丝网（间距30cm）防止混凝土下坠，上口设井字木控制钢筋位置。不得用重物冲击模板，不准在吊帮的模板上搭设脚手架，保证模板的牢固和严密。

（二）独立基础钢筋加工与绑扎

1. 准备工作

1）钢筋下料完成后，核对基础成品钢筋的钢号、直径、形状、尺寸和数量与料单、料牌是否相符，如有不符，必须立即纠正。

2）准备好常用的绑扎工具（钢筋钩子、钢筋运输车、石笔、墨斗、尺子等）和足够数量的扎丝、混凝土垫块（或撑脚）。

2. 独立基础钢筋的绑扎

独立基础钢筋绑扎工艺流程为：基础垫层清理→弹放底板钢筋位置线→按钢筋位置线布置钢筋→绑扎钢筋→布置垫块→绑柱预留插筋。

（1）基础垫层清理　将垫层清扫干净，混凝土基层要等基层硬化，没有垫层时要把基层清理平整，有水时要将水排净晾干。

（2）弹放底板钢筋位置线　按设计的钢筋间距，直接在垫层上用石笔或墨斗弹放钢筋位置线。

（3）按钢筋位置线布置钢筋　独立基础双向交叉钢筋长向设置在下，短向设置在上。当独立基础的底板长度大于或等于2500mm时，除外侧钢筋外，底板配筋长度可取相应底板长度的0.9倍；当非对称独立基础底板长度大于或等于2500mm，但该基础某侧从柱中心至基础底板边缘的距离小于1250mm时，钢筋在该侧不应减短。

（4）绑扎钢筋　绑扎常用一面顺扣的绑扎形式，对于单向主钢筋的钢筋网，沿基础四周的两行钢筋交叉点应每点绑扎牢固，中间部分每隔一根相互成梅花式扎牢，必须保证受力钢筋不发生位移。对于双向主钢筋的钢筋网，必须将交叉点全部扎牢。绑扎时应注意相邻绑扎点的扎扣要成八字形，以免网片歪斜变形。

（5）布置垫块

1）基础底板采用单层钢筋网片时，基础钢筋网绑扎好以后，可以用小撬棍将钢筋网略向上抬后，放入准备好的混凝土垫块，将钢筋网垫起。

2）基础底板采用双层钢筋网片时，在上层钢筋网下面应设置钢筋撑脚或混凝土撑脚，以保证钢筋上下位置正确。上层钢筋弯钩应朝下，而下层钢筋弯钩应朝上，弯钩不能倒向一边。

为了保证基础混凝土的保护层厚度，避免钢筋锈蚀，基础中纵向受力的钢筋混凝土保护层厚度不应小于40mm，若基础无垫层时不应小于70mm。

（6）绑柱预留插筋　现浇独立基础与柱的连接是在基础内预埋柱子的纵向钢筋。这里往往是柱子的最低部位，要保证柱子轴线位置准确，柱子插筋位置一定要准确，且要绑扎牢固，以保证浇筑混凝土时不偏移。因此，柱子插筋下端用90°弯钩与基础钢筋网绑扎连接。再用井字形架将插筋上部固定在基础的外模板上。其箍筋应比柱的箍筋小一个柱纵筋直径，以便与下道工序的连接。箍筋不少于3道，位置一定要正确，并扎牢固，以免造成柱轴线偏移。

（三）独立基础混凝土的浇筑

1. 混凝土制备

（1）现场搅拌混凝土　投料顺序为：石子→水泥→外加剂粉剂→掺合料→砂子→水→外加剂液剂。搅拌时间：强制式搅拌机，不掺外加剂时，不少于90s，掺外加剂时，不少于120s；自落式搅拌机，在强制式搅拌机搅拌时间的基础上增加30s。当一个配合比第一次使用时，应由施工技术负责人主持做混凝土开盘鉴定。如果混凝土和易性不好，可以在维持水胶比不变的前提下，适当调整砂率、水及水泥用量，直到和易性良好为止。

（2）商品混凝土　这是由水泥、骨料、水及根据需要掺入的外加剂、矿物掺合料等组分按照一定比例，在搅拌站经计量、拌制后出售，并采用运输车在规定时间内运送到使用地点的混凝土拌合物。

2. 混凝土浇筑

混凝土浇筑应分层连续进行，间歇时间不超过混凝土初凝时间，一般不超过2h。为保证钢筋位置正确，先浇一层5～10cm厚混凝土固定钢筋。台阶形基础每一台阶高度整体浇捣，每浇完一台阶停顿0.5h待其下沉，再浇上一层。分层下料，每层厚度为振捣棒的有效振动长度。防止由于下料过厚、振捣不实或漏振、吊帮的根部砂浆涌出等原因造成蜂窝、麻面或孔洞。

若采用泵送混凝土，则混凝土的浇筑顺序应符合下列规定：

1）当采用输送管输送混凝土时，宜由远而近浇筑。

2）同一区域的混凝土，应按先竖向结构后水平结构的顺序，分层连续浇筑。

3）当不允许留施工缝时，区域之间、上下层之间的混凝土浇筑间歇时间，不得超过混凝土从搅拌至浇筑完毕所允许的延续时间。

4）当下层混凝土初凝后，浇筑上层混凝土时，应按留施工缝的规定处理。

若采用泵送混凝土，混凝土的布料方法应符合下列规定：

1）在浇筑竖向结构混凝土时，布料设备的出口离模板内侧面不应小于50mm，且不得向模板内侧面直冲布料，也不得直冲钢筋骨架。

2）浇筑水平结构混凝土时，不得在同一处连续布料，应在2～3m范围内水平移动布料，且宜垂直于模板布料。

3）混凝土落料高度不宜大于2m。

4）混凝土浇筑分层厚度，宜为300～500mm。当水平结构的混凝土浇筑厚度大于500mm时，可按1∶6～1∶10坡度分层浇筑，且上层混凝土应超前覆盖下层混凝土500mm以上。

3. 混凝土振捣

采用插入式振捣器，插入的间距不大于作用半径的1.5倍。上层振捣棒插入下层3～5cm。尽量避免碰撞预埋件、预埋螺栓，防止预埋件移位。

振捣泵送混凝土时，振捣棒移动间距宜为400mm左右，振捣时间宜为15～30s，且隔20～30min后，进行第二次复振。

4. 混凝土找平

混凝土浇筑后，表面比较大的混凝土，使用平板振捣器振一遍，然后用杆刮平，再用木抹子搓平。收面前必须校核混凝土表面标高，不符合要求处立即整改。浇筑混凝土时，应经常观察模板、支架、钢筋、螺栓、预留孔洞（管）有无走动情况，一经发现有变形、走动或位移，立即停止浇筑，并及时修整和加固模板，然后再继续浇筑。

5. 混凝土养护（同条形基础）

四、筏板基础施工

施工工艺流程：基底土质验槽→施工垫层→在垫层上弹线抄平→基础施工。

（一）基础模板施工

钢筋绑扎及相关专业施工完成后立即进行模板安装，筏板基础及独立基础侧面、电梯井壁、防水剪力墙、筒体墙等采用1200mm×2400mm×18mm的复合木工板分段拼装。水平支撑用钢管及50mm×100mm木方、木楔等支在四周基坑侧壁上。

筏基上筒体、防水剪力墙模板，待钢筋骨架完工时，悬支300mm高（止水带位置），浇筑混凝土随时检查校正（模板材料相同）。初凝硬化时拆除。

基础模板支好后，清除模板内的木屑、泥土等杂物，木模浇水湿润，堵严板缝及孔洞。首先由班组和模板工长自检，再由项目部技术负责人、施工员和质检员进行检查，合格后由项目技术负责人向建设方技术负责人、现场监理工程师、总监理工程师报验收，申请对筏板基础的模板及支撑做最后检查验收，同意后才准备现浇筏板混凝土。

大体积混凝土筏板模板施工注意事项：

1）大体积混凝土的模板和支架系统除应按国家现行有关标准的规定进行强度、刚度和稳定性验算外，同时还应结合大体积混凝土的养护方法进行保温构造设计。

2）模板和支架系统在安装、使用或拆除过程中，必须采取防倾覆的临时固定措施。

3）后浇带或跳仓法留置的竖向施工缝，宜用钢板网、铁丝网或小木板拼接支模，也可用快易收口网进行支挡；后浇带的垂直支架系统宜与其他部位分开。

4）大体积混凝土的拆模时间，应满足国家现行有关标准对混凝土的强度要求，混凝土浇筑体表面与大气的温差不应大于20℃；当模板作为保温养护措施的一部分时，其拆模时间应根据规范规定的温控要求确定。

5）大体积混凝土有条件时宜适当延迟拆模，拆模后，应采取预防寒流袭击、突然降温和剧烈干燥等措施。

（二）钢筋施工

1）根据施工规范和材料二次检测规定，每种型号钢筋各取三组试样，分别做抗折、抗拉二次检测，并且各种型号还要做三组焊接试样进行检测。

2）钢筋配料由专人负责，根据设计图计算好下料长度并填写配料单，报技术负责人审批。

3）基础底板除通长钢筋外，局部加强钢筋按结构施工图中所示布置。底板上部钢筋在两端（支座处）接头，下部钢筋在跨中1/3范围处接头。钢筋接头采用机械连接或焊接，同一截面的钢筋接头率不得超过50%，接头位置按规定错开35d且大于500mm（d为钢筋直径）。每个焊头均经施工员检查，要求焊缝饱满，除渣彻底，搭接钢筋的轴线保持一致。

4）筏板钢筋骨架在筏板基底混凝土垫层硬化完工后进行施工，具体流程是：放线→筏板下层第一排钢筋布置、绑扎→筏板下层第二排钢筋布置、绑扎→支撑筋⌀25布置、焊接→筏板上层第二排钢筋布置、绑扎→筏板上层第一排钢筋布置、绑扎→筏板柱墙插筋绑扎→校正、固定。

5）钢筋绑扎前，对筏板基层作全面检查，作业面内的杂物、浮土、木屑等应清理干净。弹位置线时用不同于轴线及模板线的颜色以区分开。

6）绑扎筏筋骨架要求：

① 扎丝选用20#扎丝绑扎。绑扎采用十字兜扎法固定，严禁单向绑扎。

② 底部筏筋双面双向钢筋安装前，根据设计要求，钢筋保护层厚度用40mm厚且至少是C15混凝土垫块作保护层，按间距不大于1m双向安放，布完后再布底筋。绑扎钢筋时保护层垫块应牢固置于底筋下，不得滑动。底筋扎完检查保护层是否符合设计要求，如未满足应垫至规定高度。严禁使用砖头、钢筋、铁件、石块等材料作保护层垫块。

③ 钢筋骨架绑扎后，应检查有无漏筋、漏扎和间距不均匀以及接头有无不合规范等现象，如有应及时纠正，复检报验。

④ 筏板边竖向保护层。在筏板骨架完成，检查合格后，采用专用的塑料保护层垫卡卡牢边筋，留足保护层厚度。

⑤ 筏板钢筋采用八字扣绑扎，相交点全部绑扎，相邻交点的绑扎方向不宜相同。上下层钢筋中间用⌀25支撑钢筋按1.5m间距梅花形摆布在钢筋网内，上、下层钢筋均点焊于支撑钢筋上。保证上层钢筋位置准确，绑扎牢固，无松动。

7）垫层浇灌完成，混凝土达到1.2MPa后，表面弹线进行钢筋绑扎。钢筋绑扎不允许漏扣，柱插筋弯钩部分必须与底板筋成45°绑扎，连接点处必须全部绑扎。距底板5cm处绑扎第一个箍筋，距基础顶5cm处绑扎最后一道箍筋，作为标高控制筋及定位筋。柱插筋最上部再绑扎一道定位筋。上下箍筋及定位箍筋绑扎完成后，将柱插筋调整到位并用井字木架临时固定，然后绑扎剩余箍筋，以保证柱插筋不变形走样。两道定位筋在基础混凝土浇完后，必须进行更换。

钢筋绑扎好后底面及侧面搁置保护层塑料垫块，厚度为设计保护层厚度，垫块间距不得大于1000mm（视设计钢筋直径确定），以防出现露筋的质量通病。注意对钢筋的成品保护，不得任意碰撞钢筋，造成钢筋移位。

8）筏基钢筋制作时要预留柱与钢筋混凝土挡土墙的钢筋。

（三）筏板基础混凝土施工

混凝土结构物实体最小几何尺寸不小于1m的或预计会因混凝土中胶凝材料水化引起的温度变化和收缩而导致有害裂缝产生的混凝土，被称为大体积混凝土。筏板基础混凝土施工多数情况下属于大体积混凝土。

1. 施工技术准备

1）大体积混凝土施工前应进行图纸会审，提出施工阶段的综合抗裂措施，制定关键部位的施工作业指导书。

2）大体积混凝土施工应在混凝土的模板和支架、钢筋工程、预埋管件等工作完成并验收合格的基础上进行。

3）施工现场设施应按施工总平面布置图的要求按时完成，场区内道路应坚实平坦，必要时，应与市政、交管等部门协调，制定场外交通临时疏导方案。

4）施工现场的供水、供电应满足混凝土连续施工的需要，当有断电可能时，应有双路供电或自备电源等措施。

5）大体积混凝土的供应能力应满足混凝土连续施工的需要，不宜低于单位时间所需量的1.2倍。

6）用于大体积混凝土施工的设备，在浇筑混凝土前应进行全面的检修和试运转，其性能和数量应满足大体积混凝土连续浇筑的需要。

7）混凝土的测温监控设备宜按相应规范的规定配置和布设，标定调试应正常，保温用材料应齐备，并应派专人负责测温作业管理。

8）大体积混凝土施工前，应对工人进行专业培训，并应逐级进行技术交底，同时应建立严格的岗位责任制和交接班制度。

2. 大体积混凝土的浇筑工艺

1）混凝土的浇筑厚度应根据所用振捣器的作用深度及混凝土的和易性确定。整体连续浇筑时宜为300～500mm。

2）整体分层连续浇筑或推移式连续浇筑，应缩短间歇时间，并在前层混凝土初凝之前将次层混凝土浇筑完毕。层间最长的间歇时间不应大于混凝土的初凝时间。混凝土的初凝时间应通过试验确定。当层间间隔时间超过混凝土的初凝时间时，层面应按施工缝处理。

3）混凝土浇筑宜从低处开始，沿长边方向自一端向另一端进行。当混凝土供应量有保证时，亦可多点同时浇筑。

4）混凝土宜采用二次振捣工艺；浇筑面应及时进行二次抹压处理。

3. 大体积混凝土分层浇筑及水平施工缝处理

大体积混凝土施工采取分层间歇浇筑混凝土时，水平施工缝的处理应符合下列规定：

1）清除浇筑表面的浮浆、软弱混凝土层及松动的石子，并均匀地露出粗骨料。

2）在上层混凝土浇筑前，应用压力水冲洗混凝土表面的污物，充分润湿，但不得有积水。

3）对非泵送及低流动度混凝土，在浇筑上层混凝土时，应采取接浆措施。

4. 大体积混凝土的温度控制

温控指标宜符合下列规定：

1）混凝土浇筑体在入模温度基础上的温升值不宜大于50℃。

2）混凝土浇筑体的里表温差（不含混凝土收缩的当量温度）不宜大于25℃。

3）混凝土浇筑体的降温速率不宜大于2.0℃/d。

4）混凝土浇筑体表面与大气的温差不宜大于20℃。

5. 混凝土养护

1）大体积混凝土应进行保温保湿养护，在每次混凝土浇筑完毕后，除应按普通混凝土进行常规养护外，尚应及时按温控技术措施的要求进行保温养护，并应符合下列规定：

应专人负责保温养护工作，并应按规范的有关规定操作，同时应做好测试记录。保湿养护的持续时间不得少于14d，应经常检查塑料薄膜或养护剂涂层的完整情况，保持混凝土表面湿润。保温覆盖层的拆除应分层逐步进行，当混凝土的表面温度与环境最大温差小于20℃时，可全部拆除。

2）在混凝土浇筑完毕初凝前，宜立即进行喷雾养护工作。

3）塑料薄膜、麻袋、阻燃保温被等，可作为保温材料覆盖混凝土和模板，必要时，可搭设挡风保温棚或遮阳降温棚。在保温养护过程中，应对混凝土浇筑体的里表温差和降温速率进行现场监测，当实测结果不满足温控指标的要求时，应及时调整保温养护措施。

6. 大体积混凝土的浇筑方案

浇筑方案除应满足每一处混凝土在初凝以前就被上一层新混凝土覆盖并捣实完毕的要求外，还应考虑结构大小、钢筋疏密、预埋管道和地脚螺栓的留设、混凝土供应情况以及水化热等因素的影响，常用方案有以下几种：

1）全面分层。即在第一层全部浇筑完毕后，再回头浇筑第二层，此时第一层混凝土应未初凝，如此逐层连续浇筑，直至完工。当结构平面尺寸不太大，施工时从短边开始，沿长边推进时，采用这种方案比较合适。必要时可分成两段，从中间向两端或从两端向中间同时进行浇筑。

2）分段分层。混凝土浇筑时，先从底层开始，浇筑至一定距离后浇筑第二层，如此依次向前浇筑其他各层。由于总的层数较多，所以浇筑到顶后，第一层末端的混凝土还未初凝，又可以从第二段依次分层浇筑。这种方案适用于单位时间内要求供应的混凝土较少，结构物厚度不太大而面积或长度较大的工程。

3）斜面分层。该方案要求斜面的坡度不大于1/3，适用于结构的长度超过厚度3倍的情况。混凝土从浇筑层下端开始，逐渐上移。

7. 裂缝防治

为防止大体积混凝土出现裂缝，可采取以下措施：

1）优先选用低水化热的矿渣水泥拌制混凝土，适当使用缓凝减水剂。

2）在保证混凝土设计强度等级前提下，适当降低水胶比，减少水泥用量。

3）降低混凝土的入模温度，控制混凝土内外温差。

4）及时对混凝土覆盖保温、保湿材料。

5）在基础内预埋冷却水管，通入循环水，强制降低混凝土水化热产生的温度。

6）在拌和混凝土时，还可掺入适量的微膨胀剂或膨胀水泥，使混凝土得到补偿收缩，减少混凝土的温度应力。

7）当大体积混凝土平面尺寸过大时，可以适当设置后浇缝。

8）采用二次抹面工艺，减少表面收缩裂缝。

任务3　浅基础分部工程质量验收

某市光华商住楼，框架结构，地上6层，局部为7层，基础为钢筋混凝土条形基础，房屋总高度为22m，底层为商店，二层以上为住宅，总建筑面积8395m^2，由市建筑设计所设计，第二建筑工程公司施工总承包。该工程于2018年5月8日开工，2019年4月8日竣工。

问题：基础分部工程验收由谁组织？参加验收的单位有哪些？基础分部工程验收工作有哪些规定？

学习目标

1. 了解建筑工程施工质量验收的规定和合格标准。
2. 掌握土方开挖和土方回填的质量标准。
3. 熟悉砌体基础和混凝土基础工程施工质量标准。

一、建筑工程施工质量验收

反映建筑工程满足相关标准规定或合同约定的要求，包括其在安全、使用功能及在耐久性能、环境保护等方面所有明显和隐含能力的特性总和被称为建筑工程质量。建筑工程质量验收应划分为单位（子单位）工程、分部（子分部）工程、分项工程和检验批。

（一）质量验收要求

1. 建筑工程施工质量验收要求

1）建筑工程施工质量应符合规范的规定。

2）建筑工程施工应符合工程勘察、设计文件的要求。

3）参加工程施工质量验收的各方人员应具备规定的资格。

4）工程质量的验收均应在施工单位自行检查评定的基础上进行。

5）隐蔽工程在隐蔽前应由施工单位通知有关单位进行验收，并应形成验收文件。

6）涉及结构安全的试块、试件以及有关材料，应按规定进行见证取样检测。

7）检验批的质量应按主控项目和一般项目验收。

8）对涉及结构安全和使用功能的重要分部工程应进行抽样检测。

9）承担见证取样检测及有关结构安全检测的单位应具有相应资质。

10）工程的观感质量应由验收人员通过现场检查，并应共同确认。

2. 单位工程的划分原则

1）具备独立施工条件并能形成独立使用功能的建筑物及构筑物为一个单位工程。

2）建筑规模较大的单位工程，可将其能形成独立使用功能的部分作为一个子单位工程。

3. 分部工程的划分原则

1）分部工程的划分应按专业性质、建筑部位确定。

2）当分部工程较大或较复杂时，可按材料种类、施工特点、施工程序、专业系统及类别等划分若干子分部工程。

4. 分项工程及检验批的划分

分项工程应按主要工程、材料、施工工艺、设备类别等进行划分。

分项工程可由一个或若干个检验批组成，检验批可根据施工及质量控制和专业验收需要按楼层、施工段、变形缝等进行划分。

（二）质量合格标准

1. 检验批合格质量的规定

1）主控项目和一般项目的质量经抽样检验合格。

2）具有完整的施工操作依据、质量检查记录。

2. 分项工程质量验收合格的规定

1）分项工程所含的检验批均应符合合格质量的规定。

2）分项工程所含的检验批的质量验收记录应完整。

3. 分部（子分部）工程质量验收合格的规定

1）分部（子分部）工程所含分项工程的质量均应验收合格。

2）质量控制资料应完整。

3）地基与基础、主体结构和设备安装等分部工程有关安全及功能的检验和抽样检测结果应符合有关规定。

4）观感质量验收应符合要求。

4. 单位（子单位）工程质量验收合格的规定

1）单位（子单位）工程所含分部（子分部）工程的质量均应验收合格。

2）质量控制资料应完整。

3）单位（子单位）工程所含分部工程有关安全和功能的检测资料应完整。

4）主要功能项目的抽查结果应符合相关专业质量验收规范的规定。

5）观感质量验收应符合要求。

（三）浅基础分部（子分部）工程质量验收

1）分项工程、分部（子分部）工程质量的验收，均应在施工单位自检合格的基础上进行。施工单位确认自检合格后提出工程验收申请，工程验收时应提供下列技术文件和记录：

① 原材料的质量合格证和质量鉴定文件。

② 半成品如预制桩、钢桩、钢筋笼等产品合格证书。

③ 施工记录及隐蔽工程验收文件。

④ 检测试验及见证取样文件。

⑤ 其他必须提供的文件或记录。

2）对隐蔽工程应进行中间验收。

3）分部（子分部）工程验收应由总监理工程师或建设单位项目负责人组织勘察、设计单位及施工单位的项目负责人、技术质量负责人，共同按设计要求和相应规范及其他有关规定进行。

4）验收工作应按下列规定进行：

① 分项工程的质量验收应分别按主控项目和一般项目验收。

② 隐蔽工程应在施工单位自检合格后，于隐蔽前通知有关人员检查验收，并形成中间验收文件。

③ 分部（子分部）工程的验收，应在分项工程通过验收的基础上，对必要的部位进行见证检验。

5）主控项目必须符合验收标准规定，发现问题应立即处理直至符合要求。一般项目应有80%合格。混凝土试件强度评定不合格或对试件的代表性有怀疑时，应采用钻芯取样，检测结果符合设计要求可按合格验收。

二、砌体基础工程施工质量标准

1. 砖基础的质量要求及检查方法（见表6-12）

表6-12 砖基础质量要求及检查方法

项次	项目	质量等级	质量要求	检验方法、数量
1	砖砌体上下错缝	合格	砌体无包心砌体；立面无通缝，每间（处）4~6砖的通缝不超过3处	观察或尺量检查 外墙基础每20m抽查1处，每处3延长米，但不少于3处；内墙基础有代表性的自然间抽查10%，但不少于3间
		优良	砌体无包心砌法；立面无通缝，每间（处）无4皮砖的通缝	
2	砖砌体接槎	合格	接槎处灰浆密实，砖缝平直，每处接槎部位水平灰缝厚度小于5mm或透亮的缺陷不超过10个	
		优良	接缝处灰浆密实，砖缝平直，每处接槎部位水平灰缝厚度小于5mm或透亮的缺陷不超过5个	
3	预埋拉结筋	合格	数量、长度均符合设计要求和施工规范规定，留置间距偏差不超过3皮砖	
		优良	数量、长度均符合设计要求和施工规范规定，留置间距偏差不超过1皮砖	

2. 砖基础砌体尺寸、位置的允许偏差及检验方法（见表6-13）

表 6-13 砖基础砌体尺寸、位置的允许偏差及检验方法

项次	项目	允许偏差/mm	检验方法
1	轴线位置偏移	10	用经纬仪或拉线和尺量检查
2	基础顶面标高	±15	用水准仪和尺量检查
3	表面平整度	8	用长靠尺和楔形塞尺检查
4	水平灰缝平直度	10	拉 10m 线和尺量检查
5	水平灰缝厚度（10 皮砖累计数）	±8	与皮数杆比较和尺量检查

注：检查数量，外墙基础每 20m 抽查 1 处，每处 3 延长米，但不小于 3 处；内墙基础按有代表性的自然间抽查 10%，但不小于 3 间，每间不小于 2 处。

三、混凝土基础工程施工质量标准

（一）模板分项工程施工质量标准

1）模板及其支架应根据工程结构形式、荷载大小、地基土类别、施工设备和材料供应等条件进行设计。模板及其支架应具有足够的承载能力、刚度和稳定性，能可靠地承受浇筑混凝土的重量、侧压力以及施工荷载。

2）在浇筑混凝土之前，应对模板工程进行验收。

模板安装和浇筑混凝土时，应对模板及其支架进行观察和维护。发生异常情况时，应按施工技术方案及时进行处理。

3）模板及其支架拆除的顺序及安全措施应按施工技术方案执行。

4）安装现浇结构的上层模板及其支架时，下层楼板应具有承受上层荷载的承载能力，或加设支架；上、下层支架的立柱应对准，并铺设垫板。

5）在涂刷模板隔离剂时，不得沾污钢筋和混凝土接槎处。

6）模板安装应满足下列要求：

① 模板的接缝不应漏浆；在浇筑混凝土前，木模板应浇水湿润，但模板内不应有积水。

② 模板与混凝土的接触面应清理干净并涂刷隔离剂，但不得采用影响结构性能或妨碍装饰工程施工的隔离剂。

③ 浇筑混凝土前，模板内的杂物应清理干净。

④ 对清水混凝土工程及装饰混凝土工程，应使用能达到设计效果的模板。

7）用作模板的地坪、胎模等应平整光洁，不得产生影响构件质量的下沉、裂缝、起砂或起鼓。

（二）钢筋工程施工质量标准

1）钢筋进场时，应按国家现行相关标准的规定抽取试件做力学性能和重量偏差检验，检验结果必须符合有关标准的规定。

2）钢筋调直后应进行力学性能和重量偏差的检验，其强度应符合有关标准的规定。

盘卷钢筋和直条钢筋调直后的断后伸长率、重量负偏差应符合表 6-14 的规定。

3）钢筋宜采用无延伸功能的机械设备进行调直，也可采用冷拉方法调直。当采用冷拉方法调直时，HPB300 光圆钢筋的冷拉率不宜大于 4%；HRB335、HRB400、HRB500、HRBF335、HRBF400、HRBF500 及 RRB400 带肋钢筋的冷拉率不宜大于 1%。

4）对有抗震设防要求的结构，其纵向受力钢筋的性能应满足设计要求；当设计无具体要求时，对按一、二、三级抗震等级设计的框架和斜撑构件（含梯段）中的纵向受力钢筋应采用 HRB335E、HRB400E、HRB500E、HRBF335E、HRBF400E 或 HRBF500E 钢筋，其强

度和最大力下总伸长率的实测值应符合下列规定：

表 6-14　盘卷钢筋和直条钢筋调直后的断后伸长率、重量负偏差要求

钢筋牌号	断后伸长率 A（%）	重量负偏差（%）		
		直径 6～12mm	直径 14～20mm	直径 22～50mm
HPB300	≥21	≤10	—	—
HRB335、HRBF335	≥16	≤8	≤6	≤5
HRB400、HRBF400	≥15			
RRB400	≥13			
HRB500、HRBF500	≥14			

注：1. 断后伸长率 A 的量测标距为 5 倍钢筋公称直径。
2. 重量负偏差（%）按公式$[(W_0-W_d)/W_0]\times100\%$计算，其中 W_0 为钢筋理论重量（kg/m），W_d 为调直后钢筋的实际重量（kg/m）。
3. 对直径为 28～40mm 的带肋钢筋，表中断后伸长率可降 1%；对直径大于 40mm 的带肋钢筋，表中断后伸长率可降低 2%。

① 钢筋的抗拉强度实测值与屈服强度实测值的比值不应小于 1.25。

② 钢筋的屈服强度实测值与屈服强度标准值的比值不应大于 1.30。

③ 钢筋的最大力下总伸长率不应小于 9%。

5）受力钢筋的弯钩和弯折应符合下列规定：

① 当设计要求钢筋末端需作 135°弯钩时，HRB335 级、HRB400 级钢筋的弯弧内直径不应小于钢筋直径的 4 倍，弯钩的弯后平直部分长度应符合设计要求。

② 钢筋作不大于 90°的弯折时，弯折处的弯弧内直径不应小于钢筋直径的 5 倍。

6）除焊接封闭环式箍筋外，箍筋的末端应作弯钩，弯钩形式应符合设计要求；当设计无具体要求时，应符合下列规定：

① 箍筋弯钩的弯弧内直径应不小于受力钢筋直径。

② 箍筋弯钩的弯折角度：对一般结构，不应小于 90°；对有抗震等要求的结构，应为 135°。

③ 箍筋弯后平直部分长度：对一般结构，不宜小于箍筋直径的 5 倍；对有抗震等要求的结构，不应小于箍筋直径的 10 倍。

7）钢筋的接头宜设置在受力较小处。同一纵向受力钢筋不宜设置两个或两个以上接头。接头末端至钢筋弯起点的距离不应小于钢筋直径的 10 倍。

8）当受力钢筋采用机械连接接头或焊接接头时，设置在同一构件内的接头宜相互错开。

纵向受力钢筋机械连接接头及焊接接头连接区段的长度为 $35d$（d 为纵向受力钢筋的较大直径）且不小于 500mm，凡接头中点位于该连接区段长度内的接头均属于同一连接区段。同一连接区段内，纵向受力钢筋机械连接及焊接的接头面积百分率为该区段内有接头的纵向受力钢筋截面面积与全部纵向受力钢筋截面面积的比值。

9）同一构件中相邻纵向受力钢筋的绑扎搭接接头宜相互错开。绑扎搭接接头中钢筋的横向净距不应小于钢筋直径，且不应小于 25mm。

10）钢筋安装时，受力钢筋的品种、级别、规格和数量必须符合设计要求。

11）钢筋加工的允许偏差见表6-15。

表6-15　钢筋加工的允许偏差

钢筋加工的允许偏差项目	允许偏差/mm
受力钢筋顺长度方向全长的净尺寸	±10
弯起钢筋的弯折位置	±20
箍筋内净尺寸	±5

12）基础钢筋安装位置的允许偏差和检验方法见表6-16。

表6-16　钢筋安装位置的允许偏差和检验方法

项次	项目	允许偏差/mm	检验方法
绑扎钢筋网	长、宽	±10	钢尺检查
	网眼尺寸	±20	钢尺量连续三档，取最大值
绑扎钢筋骨架	长	±10	钢尺检查
	宽、高	±5	钢尺检查
受力钢筋	间距	±10	钢筋量两端、中间各一点，取最大值
	排距	±5	钢筋量两端、中间各一点，取最大值
	保护层厚度	±10	钢尺检查

13）在浇筑混凝土之前，应进行钢筋隐蔽工程验收，其内容包括：

① 纵向受力钢筋的品种、规格、数量、位置等。

② 钢筋的连接方式、接头位置、接头数量、接头面积百分率等。

③ 箍筋、横向钢筋的品种、规格、数量、间距等。

④ 预埋件的规格、数量、位置等。

（三）混凝土工程施工质量标准

1）结构混凝土的强度等级必须符合设计要求。用于检查结构构件混凝土强度的试件，应在混凝土的浇筑地点随机抽取。取样与试件留置应符合下列规定：

① 每拌制100盘且不超过100m^3的同配合比的混凝土，取样不得少于一次。

② 每工作班拌制的同一配合比的混凝土不足100盘时，取样不得少于一次。

③ 当一次连续浇筑超过1000m^3时，同一配合比的混凝土每200m^3取样不得少于一次。

④ 每一楼层、同一配合比的混凝土，取样不得少于一次。

⑤ 每次取样应至少留置一组标准养护试件，同条件养护试件的留置组数应根据实际需要确定。

2）对有抗渗要求的混凝土结构，其混凝土试件应在浇筑地点随机取样。同一工程、同一配合比的混凝土，取样不应少于一次，留置组数可根据实际需要确定。

3）混凝土运输、浇筑及间歇的全部时间不应超过混凝土的初凝时间。同一施工段的混凝土应连续浇筑，并应在底层混凝土初凝之前将上一层混凝土浇筑完毕。

当底层混凝土初凝后浇筑上一层混凝土时，应按施工技术方案中对施工缝的要求进行处理。

4）施工缝的位置和后浇带的留置位置应在混凝土浇筑前按设计要求和施工技术方案确定。施工缝的处理应按施工技术方案执行。

5）混凝土浇筑完毕后，应按施工技术方案及时采取有效的养护措施，并应符合下列规定：

① 应在浇筑完毕后的12h以内对混凝土加以覆盖并保湿养护。

② 混凝土浇水养护的时间：对采用硅酸盐水泥、普通硅酸盐水泥或矿渣硅酸盐水泥拌制的混凝土，不得少于7d；对掺用缓凝型外加剂或有抗渗要求的混凝土，不得少于14d。

③ 浇水次数应能保持混凝土处于湿润状态；混凝土养护用水应与拌制用水相同。

④ 采用塑料布覆盖养护的混凝土，其敞露的全部表面应覆盖严密，并应保持塑料布内有凝结水。

1. 图6-29为某承重墙，宽370mm，承受上部结构传来轴力设计值 $F_k = 280\text{kN/m}$，基础埋深0.8m，混凝土强度等级C15，HPB300钢筋，试验算基础宽度及底板高度，并计算底板钢筋截面积。

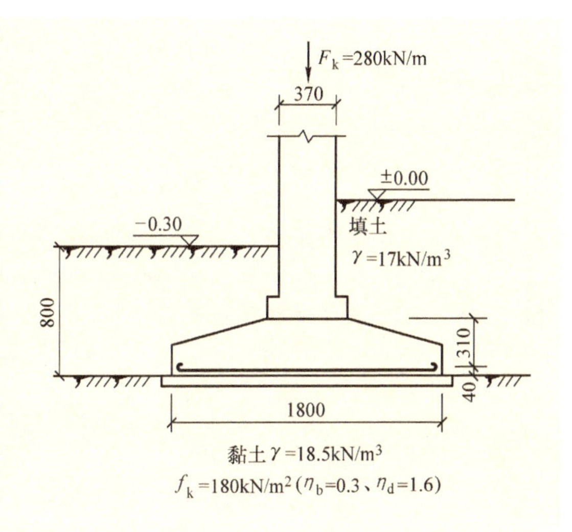

图6-29　习题1图

2. 某建筑工程，建筑面积108000m²，现浇剪力墙结构，地下三层，地上50层。基础底板厚3m，底板混凝土为C35/P12。底板钢筋施工时，板厚1.5m处的HRB335直径16mm钢筋，施工单位征得监理单位和建设单位同意后，用HPB300直径10mm的钢筋进行代换。

施工单位选定了某商品混凝土搅拌站，由该站为其制定了底板混凝土施工方案。该方案采用溜槽施工，分两层浇筑，每层厚度1.5m。底板混凝土浇筑时当地最高大气温度38℃，混凝土最高入模温度40℃。浇筑完成12h以后覆盖一层塑料膜一层保温岩棉养护7d。测温记录显示：混凝土内部最高温度75℃，其表面最高温度45℃。监理工程师检查发现底板表面混凝土有裂缝，经钻芯取样检查，取样样品均有贯通裂缝。

问题：

(1) 该基础底板钢筋代换是否合理？说明理由。

(2) 商品混凝土供应站编制大体积混凝土施工方案是否合理？说明理由。

(3) 本工程基础底板产生裂缝的主要原因是什么？

(4) 大体积混凝土裂缝控制的常用措施是什么？

3. 某办公楼工程，建筑面积18500m²，现浇钢筋混凝土框架结构，筏板基础。该工程位于市中心，场地狭小，开挖土方须外运至指定地点。建设单位通过公开招标方式选定了施工总承包单位和监理单位，并按规定签订了施工总承包合同和监理委托合同，施工总承包单位进场后按合同要求提交了总进度计划。

合同履行过程中，发生了下列事件。

事件1：施工总承包单位依据基础形式、工程规模、现场和机具设备条件以及土方机械的特点，选择了挖土机、推土机、自卸汽车等土方施工机械，编制了土方施工方案。

事件2：基础工程施工完成后，在施工总承包单位自检合格、总监理工程师签署“质量控制资料符合要求”的审查意见的基础上，施工总承包单位项目经理组织施工单位质量部门负责人、监理工程师进行了分部工程验收。

问题：根据《建筑工程施工质量验收统一标准》（GB 50300—2013），事件2中，施工总承包单位项目经理组织基础工程验收是否妥当？说明理由。本工程地基基础分部工程验收还应包括哪些人员？

4. 某办公楼工程，建筑面积82000m²，地下3层，地上20层，钢筋混凝土框架－剪力墙结构，距邻近六层住宅楼7m。基础为筏板基础，埋深14.5m，基础底板混凝土厚1500mm，水泥采用普通硅酸盐水泥，采取整体连续分层浇筑方式施工。合同履行过程中，发生了下列事件：底板混凝土施工中，混凝土浇筑从高处开始，沿短边方向自一端向另一端进行，在混凝土浇筑完12h内对混凝土表面进行保温保湿养护，养护持续7d。养护至72h时，测温显示混凝土内部温度70℃，混凝土表面温度35℃。

问题：指出该事件中筏板大体积混凝土浇筑及养护的不妥之处，并说明正确做法。

单元七

桩基础

任务1　桩基础的类型与承载力计算

问题引出

某沿海经济开发区一幢办公大楼，中间部分为11层，两侧为9层。采用钢筋混凝土框架结构和直径为480mm的沉管灌注桩。场地存在高灵敏度的淤泥质土。由于某些原因，当大楼建至第7层时，在⑧轴和⑩轴间，产生明显的不均匀沉降，部分梁柱和楼板严重开裂，致使施工停顿，随后实施了地基加固，费用约1000万元。

问题：为什么桩基础也会产生不均匀沉降？

想一想：请从案例中工程人员的角度分析主要问题在哪里？

学习目标

1. 知道桩基础的构成、特点和适用范围。
2. 知道桩基础的分类。
3. 知道竖向单桩承载力的概念及确定方法。
4. 了解桩基础负摩阻力的产生原因。

当浅层地基土无法满足建筑物对地基强度和变形的要求时，可利用深层比较坚实的岩土层作为持力层，从而设计成深基础。常用的深基础主要有桩基础、沉井基础、墩基础和地下连续墙等，其中桩基础以承载力高、沉降小、施工方便等特点得到广泛应用。

桩基础是古老的基础形式之一。1982年在智利发掘的文化遗址所见到的桩，距今有12000～14000年。我国最早的桩基础距今大约有7000年，位于浙江宁波附近的河姆渡。作为古代干阑式木结构建筑的基础是由圆木桩、方木桩和板桩组成的桩基础。

桩基础一般由桩身和位于桩身顶部的承台组成，如图7-1所示。上部结构的荷载通过墙或柱传给承台，再由承台传给桩。

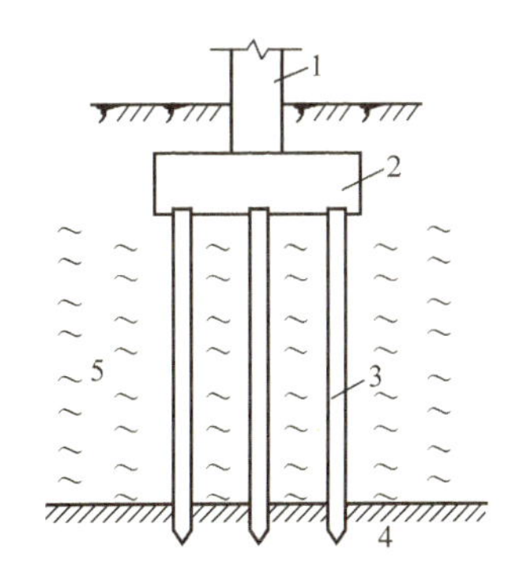

图7-1　桩基础的组成

1—上部结构（墙或柱）　2—承台（承台梁）　3—桩身　4—坚硬土层　5—软弱土层

一、桩基础的适用范围

桩基础将上部结构的荷载传至深层的坚硬土层，从而具有较高的承载力和稳定性，沉降量小且均匀，因此桩基础的应用范围十分广泛。桩基础的适用条件：

1）荷载较大，地基上部土层软弱，适宜的地基持力层位置较深，采用浅基础或人工地基在技术上、经济上不合理时。

2）位于基础或结构物下面的土层有可能被侵蚀、冲刷，如采用浅基础不能保证基础安全时。

3）当地基计算沉降过大或建筑物对不均匀沉降敏感时，采用桩基础穿过松软（高压缩性）土层，将荷载传到较坚实（低压缩性）土层，以减少建筑物沉降并使沉降较均匀。

4）当建筑物承受较大的水平荷载，需要减少建筑物的水平位移和倾斜时。

5）当地下水位较高，采用其他深基础施工不便或经济上不合理时。

6）地震区，在可液化地基中，采用桩基础可增加建筑物抗震能力，桩基础穿越可液化土层并伸入下部密实稳定土层，可消除或减轻地震对建筑物的危害。

一般认为，桩基础通常作为荷载较大的结构（建筑）物的基础，对下述情况，一般可考虑选用桩基础方案：

1）地基上层土的土质太差而下层土的土质较好；或地基土软硬不均；或荷载不均，不能满足上部结构对不均匀变形限制的要求。

2）地基软弱或地基土性特殊，如存在较深厚的软土、可液化土、自重湿陷性黄土、膨胀土及季节性冻土等，采用地基改良和加固措施不合适。

3）除承受较大竖向荷载外，尚有较大的偏心荷载、水平荷载、动力或周期性荷载作用。

4）上部结构对基础的不均匀沉降相当敏感；或建筑物受到大面积地面超载的影响。

5）地下水位较高，采用其他基础形式施工困难；或位于水中的构筑物基础，如桥梁、码头、采油平台等。

6）需要长期保存、具有重要历史意义的建筑物。

二、桩基础的类型

（一）按桩的承载类别分类

桩基础按桩的承载类别可分为竖向抗压桩、竖向抗拔桩、水平受荷桩和复合受荷桩。竖向抗压桩主要承受上部结构传来的竖向荷载，绝大部分建筑桩基是竖向抗压桩。竖向抗拔桩主要承受竖向抗拔荷载，如高耸结构物、地下抗浮结构及板桩墙后的锚桩等。水平受荷桩，如基坑支护、港口码头等工程中的各种支护桩，其主要承受水压力、土压力等水平荷载，垂直荷载很小。复合受荷桩，如高耸建筑（构造）物的桩基，既要承受很大的垂直荷载，又要承受很大的水平荷载（风荷载和地震力）。

（二）按桩的受力状态分类

1. 摩擦型桩

（1）摩擦桩　在竖向荷载作用下，基桩所发挥的承载力以侧摩阻力为主时，统称为摩擦桩。在极限承载力状态下，桩顶荷载由桩侧阻力承受，桩端阻力忽略不计，就是纯摩擦桩，如图7-2a所示。

（2）端承摩擦桩　在极限承载力状态下，桩顶荷载主要由桩侧阻力承受，桩端阻力很小，但并非忽略不计，如图7-2b所示。

2. 端承型桩

(1) 端承桩　桩穿过较松软土层，桩底支承在坚实土层（砂、砾石、卵石、坚硬老黏土等）或岩层中，且桩的长径比不太大时，在竖向荷载作用下，基桩所发挥的承载力以桩底土层的抵抗力为主时，称为端承桩，此时桩侧阻力可忽略不计，如图 7-2c 所示。

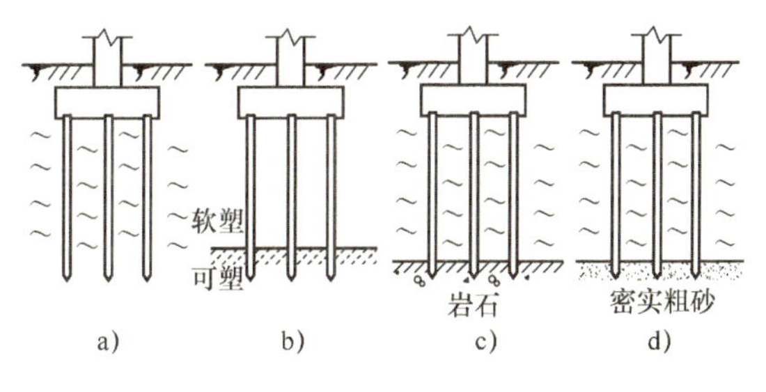

图 7-2　摩擦桩与端承桩

a）摩擦桩　b）端承摩擦桩
c）端承桩　d）摩擦端承桩

(2) 摩擦端承桩　在极限承载力状态下，桩顶荷载主要由桩端阻力承受，桩侧摩擦力占的比例很小，但并非忽略不计，如图 7-2d 所示。

（三）按桩的施工方法分类

按施工方法，桩分为预制桩和灌注桩。

1. 预制桩

预制桩是指借助于各种专用机械设备将预先制作好的具有一定形状、刚度与构造的桩打入、压入或振入土中的桩型。按桩身材料不同，又分为钢筋混凝土预制桩、钢桩、木桩、组合材料桩。

(1) 钢筋混凝土预制桩　截面边长 25～50cm，预制长度一般不超过 12m，可接桩。适用于大中型各类建筑工程的承载桩。可承压、抗拔、抗弯、承受水平荷载。优点：具有制作方便、耐腐蚀性能好、桩身强度高、单桩承载力高，不受地下水位与土质条件限制。缺点：自重大、价格偏高、打桩噪声大、接桩和截桩困难、需大型打桩机和吊装的起重设备。

实际工程中可以有以下类型：

1）普通实心方桩，断面边长一般为 300～500mm，桩长 25～30m，单节桩长小于等于 12m，可根据需要将单节桩连接成所需桩长。

2）大截面实心方桩，自重较大，其配筋受起吊、运输和沉桩各阶段的应力控制，因而用钢量较大。一般采用预应力混凝土桩，以节约钢材、提高单桩承载力和抗裂度。

3）预应力混凝土空心管桩，采用先张法预应力工艺和离心成形法制作。经高压蒸汽养护生产的为 PHC 管桩，桩身混凝土强度等级大于或等于 C80；未经高压蒸汽养护生产的为 PC 管桩，桩身混凝土强度等级大于或等于 C60。预应力混凝土空心管桩外径尺寸一般为 350～600mm，壁厚 80～100mm，单节长度 5～13m，如图 7-3 所示。桩的下端设置开口的钢桩尖或封口的十字刀刃钢桩尖。沉桩时桩节处通过焊接端头板接长。

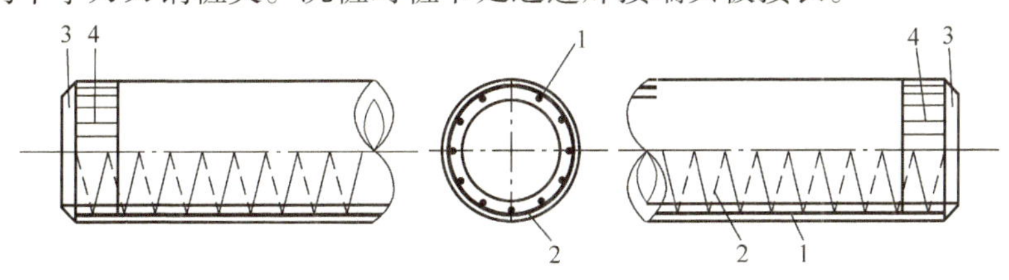

图 7-3　预应力混凝土空心管桩

1—预应力钢筋　2—螺旋箍筋　3—端头板　4—钢套箍

（2）钢桩　直径400~1000mm，分为钢管桩和H型钢桩两种，适用于超重型设备基础、江河深水基础、高层建筑深基槽护坡工程（可多次利用）。优点是承载力高，材料强度均匀可靠，桩身表面积大，截面积小，在沉桩时贯透能力强且挤土影响小，在饱和软黏土地区可减少对领近建筑物的影响。缺点是费钢材、价格高、易锈蚀，因此应用受到一定的限制。

（3）木桩　常用松木、杉木、橡木做成，长4~10m，直径18~26cm，适用于常年在地下水位以上的地基。加工、制作方便，但耐腐性差，加上木材紧缺，应用受到限制。

（4）组合材料桩　一根桩由两种以上的材料组成。如钢管混凝土桩或上部为钢管下部为混凝土的桩。

2. 灌注桩

灌注桩是指在建筑工地现场通过机械钻孔、钢管挤土或人力挖掘等手段在地基土中形成桩孔，并在其内放置钢筋笼、灌注混凝土而制成的桩。依照成孔方法不同，灌注桩可分为钻（冲）孔灌注桩、沉管灌注桩和干作业成孔灌注桩等几大类。

（1）钻（冲）孔灌注桩　在成孔过程中，为防止孔壁坍塌，在孔内注入制备泥浆或利用钻削的黏土与水混合自制泥浆保护孔壁。护壁泥浆与钻孔的土屑混合，边钻边排出泥浆，同时进行孔内补浆或补水。当钻孔达到规定深度后，清除孔底泥渣，然后吊放钢筋笼，在泥浆下浇筑混凝土。图7-4为钻孔灌注桩施工工艺示意图。

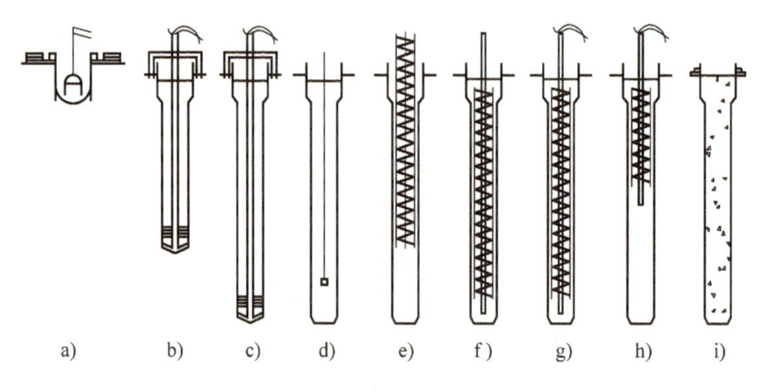

图7-4　钻孔灌注桩施工工艺示意图

a）埋设护筒　b）安装钻机，钻进　c）第一次清孔　d）测定孔壁回淤厚度　e）吊放钢筋笼　f）插入导管　g）第二次清孔　h）灌注水下混凝土，拔出导管　i）拔出护筒

（2）沉管灌注桩　根据沉管工作原理可分为振动沉管（图7-5）、锤击沉管和静压沉管。沉管灌注桩的施工程序一般包括沉管、放钢筋笼、灌注混凝土、拔管四个步骤。沉管灌注桩在钢管内无水环境中沉放钢筋和浇灌混凝土，从而为桩身混凝土的质量提供了保障。沉管灌注桩在拔除套管时，如果提管速度过快会造成缩颈、夹泥，甚至断桩；另外，沉管过程中挤土效应比较明显，可能使混凝土尚未结硬的邻桩被剪断。因此，施工中必须控制提管速度，并使管产生振动，不让管内出现负压，提高桩身混凝土的密实度并保持其连续性；采取“跳打”顺序施工，待混凝土强度足够时再在它的近旁施打相邻桩。

（3）夯扩成孔灌注桩　又称夯扩桩，是在桩管内增加一根与外桩管长度基本相同的内夯管以代替钢筋混凝土预制桩靴，与外管同步打入设计深度，并作为传力杆将锤击力传至桩端，使桩端被夯扩成大头形，增大地基的密实度；同时利用内管和桩锤的自重将外管内的现浇桩身混凝土压密成形，把水泥浆压入桩侧土体并挤密桩侧的土，使桩的承载力大幅度

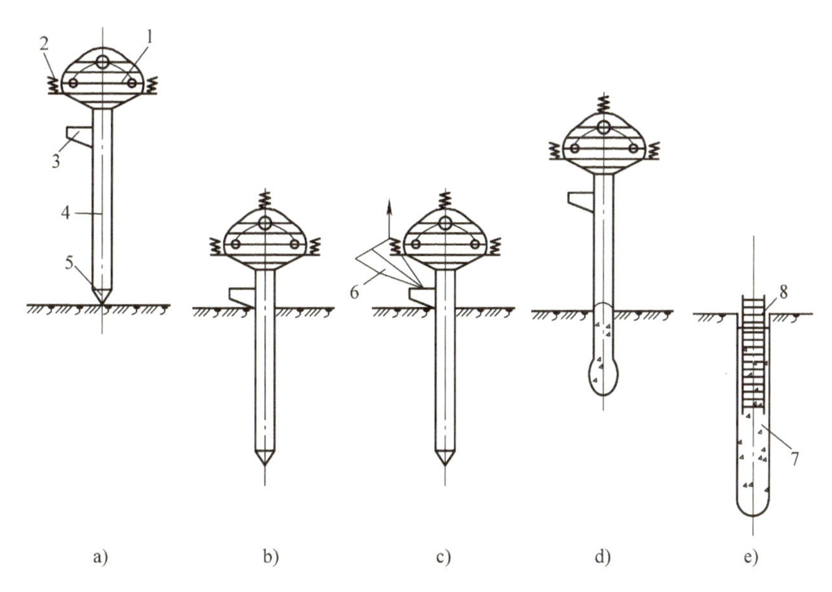

图 7-5 振动沉管灌注桩施工程序

a）桩机就位 b）沉管 c）浇灌混凝土 d）边拔管、边振动、边浇灌混凝土 e）插入钢筋笼并灌满混凝土成桩
1—振动锤 2—加压减振弹簧 3—加料口 4—桩管 5—活瓣桩靴 6—上料斗 7—混凝土 8—钢筋笼

提高。

（4）干作业成孔灌注桩 不需要泥浆或套管护壁，直接利用机械或人工成孔，下放钢筋笼、浇筑混凝土成桩。干作业成孔灌注桩按成孔机具设备和工艺方法的不同有干作业钻孔灌注桩、钻孔扩底灌注桩、多级扩孔灌注桩、机动洛阳铲成孔灌注桩、钻孔压浆灌注桩、人工挖孔灌注桩等。

（四）按桩的断面尺寸分类

按断面尺寸，桩可分为小直径桩、中等直径桩和大直径桩。

（1）小直径桩 $d \leqslant 250$mm，适用于中小型工程和基础加固。

（2）中等直径桩 $250\text{mm} < d < 800\text{mm}$，采用最多。

（3）大直径桩 $d \geqslant 800$mm，通常用于高层建筑、重型设备基础，并可实现一柱一桩的结构形式。大直径桩每一根桩的施工质量都必须切实保证，要求对每一根桩作施工记录。桩孔成孔后，应有专业人员下孔底检验桩端持力层土质是否符合设计要求，并将虚土清除干净再下钢筋笼。用混凝土一次浇筑完成，不得留施工缝。

（五）按桩对土体的影响程度分类

按对土体的影响程度，桩可分为非挤土桩、部分挤土桩和挤土桩（排土桩）。

（1）非挤土桩 也称为置换桩，施工时，用钢筋混凝土或钢材将与桩基体积相同的土置换出来，因此桩身下沉对周围土体很少扰动，但缺点是有应力松弛现象。该类桩包括人工挖孔桩和冲孔、钻孔、抓掘成孔桩等。

（2）部分挤土桩 在成桩过程中，周围土体仅受到轻微挤压扰动，土体原状结构及工程性质没有大的变化。该类桩包括预钻孔打入式预制桩、打入式敞口桩和部分挤土灌注桩等。

（3）挤土桩（排土桩） 在成桩过程中，桩周围的土被挤密或挤开，桩周围的土受到严重的扰动，土的原始结构遭到破坏，土的工程性质发生很大变化。这类桩主要包括各种打入、压入、振入、旋入灌注桩和预制桩等。

（六）按桩的承台高低分类

按承台的高低，桩分为低承台桩和高承台桩。通常将承台底面置于土面或局部冲刷线以下的桩称为低承台桩，建筑工程中绝大部分桩基属于低承台桩，如图 7-6a 所示。低承台桩的特点：施工较为复杂；在水平力的作用下，由于承台及基桩共同承受水平外力，基桩的受力情况较为有利，桩身内力和位移都比同样水平外力作用下的高承台桩要小，其稳定性比高承台桩好。

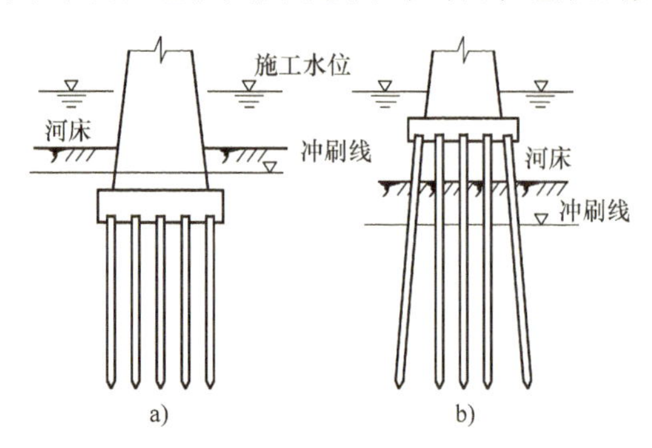

图 7-6　低承台桩和高承台桩
a）低承台桩　b）高承台桩

承台底面高出地面或局部冲刷线的称为高承台桩，如图 7-6b 所示。高承台桩的特点：由于承台位置较高或设在施工水位以上，可减少墩台的砌体或混凝土数量，避免或减少水下作业，施工较为方便；然而，在水平力的作用下，由于承台及基桩露出地面的一段自由长度周围无土来共同承受水平外力，基桩的受力情况较为不利，桩身内力和位移都比同样水平外力作用下的低承台桩要大，其稳定性也比低承台桩差，主要用于港口码头等工程。

三、单桩承载力

在桩基础设计中，一旦确定了桩的类型，接下来就需要确定桩的截面尺寸和桩的数量，这就需要先确定单根桩的承载力。根据桩受荷载性质的不同，单桩的承载力有竖向承载力和水平承载力之分。承台下面通常不止一根桩（称为群桩）。群桩基础因承台、桩、土的相互作用使其桩侧阻力、桩端阻力、沉降等性状发生变化而与单桩明显不同，承载力往往小于各单桩承载力之和，称之为群桩效应。所以，在确定单桩承载力时，必须根据具体情况考虑群桩效应。

（一）单桩竖向承载力

单桩竖向承载力容许值是指单桩在荷载作用下，地基土和桩本身的强度和稳定性均能得到保证，变形也在容许范围内，以保证结构物的正常使用所能承受的最大荷载。

单桩轴向承载力容许值是指单桩在轴向荷载作用下，地基土和桩本身的强度和稳定性均能得到保证，变形也在容许范围之内所容许承受的最大荷载，它是以单桩轴向极限承载力（极限桩侧摩阻力与极限桩底阻力之和）为基础考虑必要的安全度后求得的。它取决于土对桩的支承阻力和桩身材料强度，一般由土对桩的支承阻力控制，对于端承桩、超长桩和桩身材料有缺陷的桩，可能由桩身强度控制。

目前，根据桩周土的变形和强度确定单桩极限承载力的方法较多，主要有按桩身强度确定单桩竖向抗压承载力，按土的支承力确定单桩竖向抗压承载力，以及动测试桩法、锤击贯入法（简称锤贯法）、静力分析法等。

1. 按桩身强度确定单桩竖向抗压承载力

当桩顶以下 5 倍桩身直径范围的桩身螺旋式箍筋间距不大于 100mm，且符合《建筑桩基技术规范》（JGJ 94—2008）（以下简称《桩基规范》）规定时，钢筋混凝土桩根据桩身材料强度确定单桩竖向承载力设计值，按下式计算：

$$R=\varphi(\psi_c f_c A_{ps}+0.9f'_y A'_s) \tag{7-1}$$

式中 R——按桩材料强度确定的单桩竖向承载力设计值（N）；

φ——桩身稳定系数，计算轴心受压混凝土桩正截面受压承载力时，一般取稳定系数 $\varphi=1.0$。对于高承台基桩、桩身穿越可液化或不排水抗剪强度小于 10kPa（地基承载力特征值小于 25kPa）的软弱土层基桩，应考虑压屈影响，其稳定系数 φ 可根据桩身压屈计算长度 l_c 和桩的设计直径 d（或矩形桩短边尺寸 b）确定（参考《桩基规范》）；

A_{ps}——桩身的横截面面积（mm^2）；

A'_s——全部纵向钢筋的截面面积（mm^2）；

f'_y——纵向钢筋抗压强度设计值（N/mm^2）；

f_c——混凝土轴心抗压强度设计值（N/mm^2）；

ψ_c——基桩成桩工艺系数，按下列规定取值：混凝土预制桩、预应力混凝土空心桩，$\psi_c=0.85$；干作业非挤土灌注桩，$\psi_c=0.90$；泥浆护壁和套管护壁非挤土灌注桩、部分挤土灌注桩、挤土灌注桩，$\psi_c=0.7\sim0.8$；软土地区挤土灌注桩，$\psi_c=0.6$。

当桩身配筋不符合配筋率等要求时，桩身强度应满足下式：

轴心受压时

$$Q\leqslant\psi_c f_c A_{ps} \tag{7-2}$$

式中 Q——相应于荷载效应基本组合时的单桩竖向力设计值（N）；

其余变量含义同式（7-1）。

2. 按土的支承力确定单桩竖向抗压承载力

这包括静载荷试验法、规范经验公式法等。

（1）单桩静载荷试验法　单桩静载荷试验法是确定单桩竖向承载力的可靠方法，但单桩静载荷试验的费用、时间、人力消耗较大。在工程实际中，一般依桩基工程的重要性和建筑场地的复杂程度，并利用地质条件相同的试桩资料、触探资料及土的物理指标的经验关系参数，慎重选择一种或几种方法相结合的方式综合确定单桩的竖向承载力，力争所选方法既可靠又经济合理。

《地基规范》规定：单桩竖向承载力特征值应通过现场单桩竖向静载荷试验确定。单桩的静载荷试验，按《地基规范》附录 Q 进行。

静载荷试验是在工程现场进行的，其原理是在桩顶逐级施加轴向荷载，直至桩达到破坏状态，并在试验过程中测量每级荷载下不同时间的桩顶沉降，根据沉降与荷载及时间的关系，分析确定单桩轴向承载力容许值。

静载荷试验法的特点：确定单桩承载力容许值直观可靠，但费时、费力，通常只在大型、重要工程或地质较复杂的桩基工程中进行试验。它还能较直接地了解桩的荷载传递特征，提供有关资料。

试桩要求：试桩可在已打好的工程桩中选定，也可专门设置与工程桩相同的试验桩。

1）试验装置。加载系统如图 7-7 所示。

2）试验方法。

① 分级加载：试桩加载应分级进行，每级荷载约为预估破坏荷载的 1/10 ~ 1/15；有时

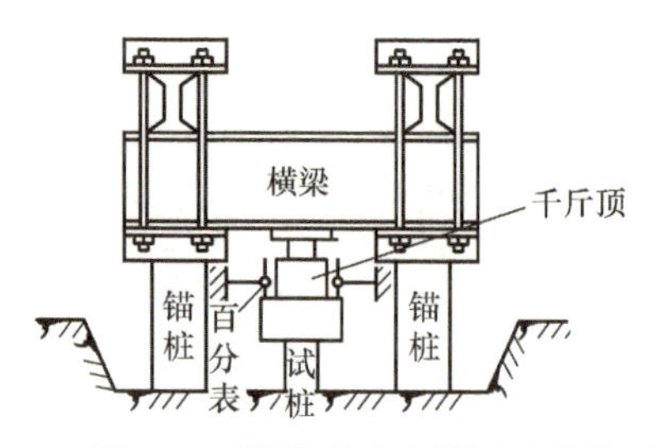

图 7-7 锚桩法试验装置及静载试验

也采用递变加载方式，开始阶段每级荷载取预估破坏荷载的 1/2.5 ~ 1/5，终了阶段取1/10 ~ 1/15。

② 测读沉降时间：在每级加荷后的第一小时内，按 2min、5min、15min、30min、45min、60min 测读一次，以后每隔 30min 测读一次，直至沉降稳定。沉降稳定的标准：通常规定为对砂性土为 30min 内不超过 0.1mm；对黏性土为 1h 内不超过 0.1mm。待沉降稳定后，方可施加下一级荷载。循此加载观测，直到桩达到破坏状态，终止试验。

3）极限荷载和轴向承载力容许值的确定。

破坏荷载求得以后，可将其前一级荷载作为极限荷载，从而确定单桩轴向承载力容许值。

试验曲线法（见图 7-8）：在 $p-s$ 曲线上，以曲线出现明显下弯转折点所对应的荷载作为极限荷载。若 $p-s$ 曲线转折点不明显，可用对数坐标绘制 $\lg p-\lg s$ 曲线，以使转折点显得明确些。

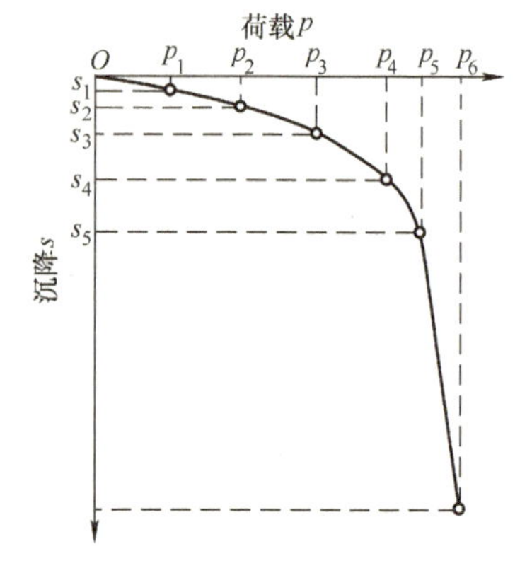

图 7-8 单桩荷载 - 沉降（$p-s$）曲线

破坏荷载的确定：当出现下列情况之一时，一般认为桩已达破坏状态，所相应施加的荷载即为破坏荷载。

① 桩的沉降量突然增大，总沉量大于 40mm，且本级荷载下的沉降量为前一级荷载下沉降量的 5 倍。

② 本级荷载下桩的沉降量为前一级荷载下沉降量的 2 倍，且 24h 桩的沉降未趋稳定。

（2）按规范经验公式法确定单桩轴向容许承载力

1）《地基规范》经验公式法。地基基础设计等级为丙级的建筑物，可采用静力触探及标准贯入试验方法确定单桩竖向承载力特征值 R_a值。

初步设计时，单桩竖向承载力特征值可用下式估算：

$$R_a = q_{pa}A_p + u_p \sum q_{sia}l_i \tag{7-3}$$

式中 R_a——单桩竖向承载力特征值（kN）；

q_{pa}、q_{sia}——桩端土的承载力特征值和第 i 层桩侧阻力特征值（kPa），可按当地静载荷试验结果经统计分析算得；

A_p——桩底横截面面积（m^2）；

u_p——桩身周边长度（m）；

l_i——第 i 层岩土的厚度（m）。

当桩端嵌入完整及较完整的硬质岩中时，可按下式估算单桩竖向承载力特征值：

$$R_a = q_{pa}A_p \tag{7-4}$$

式中 q_{pa}——桩端岩石承载力特征值（kPa）；

A_p——桩端横截面的面积（m^2）。

其他符号同前。

2）按《桩基规范》确定单桩竖向极限承载力。单桩竖向极限承载力标准值的确定，按照以下规定：设计等级为甲级的建筑桩基，应通过单桩静载试验确定；设计等级为乙级的建筑桩基，当地质条件简单时，可参照地质条件相同的试桩资料，结合静力触探等原位测试和经验参数综合确定，其余均应通过单桩静载试验确定；设计等级为丙级的建筑桩基，可根据原位测试和经验参数确定。

建筑桩基设计等级见表 7-1。

表 7-1 建筑桩基设计等级

设计等级	建筑类型
甲级	（1）重要的建筑； （2）30 层以上或高度超过 100m 的高层建筑； （3）体型复杂且层数相差超过 10 层的高低层（含纯地下室）连体建筑； （4）20 层以上框架 - 核心筒结构及其他对差异沉降有特殊要求的建筑； （5）场地和地基条件复杂的 7 层以上的一般建筑及坡地、岸边建筑； （6）对相邻既有工程影响较大的建筑
乙级	除甲级、丙级以外的建筑
丙级	场地和地基条件简单、荷载分布均匀的 7 层及 7 层以下的一般建筑

《桩基规范》规定：当单桩竖向极限承载力标准值 Q_{uk} 根据土的物理指标与承载力参数之间的经验关系确定时，宜按下式计算：

$$Q_{uk} = Q_{sk} + Q_{pk} = u\sum q_{sik}l_i + q_{pk}A_p \tag{7-5}$$

式中 Q_{sk}、Q_{pk}——单桩总极限侧阻力和总极限端阻力标准值（kN）；

u——桩身周长（m）；

q_{sik}、q_{pk}——桩侧第 i 层土的极限侧阻力标准值和桩的极限端阻力标准值（kPa），如无当地经验值时，可按表 7-2、表 7-3 取值；

l_i——桩穿越第 i 层土的厚度（m）；

A_p——桩端面积（m^2）。

大直径桩（$d \geqslant 0.8m$）单桩竖向极限承载力标准值 Q_{uk} 按下式计算：

$$Q_{uk} = Q_{sk} + Q_{pk} = u\sum \psi_{si}q_{sik}l_{si} + \psi_p q_{pk}A_p \tag{7-6}$$

式中 q_{pk}——桩径 $d = 0.8m$ 的极限端阻力标准值（kPa），可采用深层载荷板试验确定；当不能试验时，可采用当地经验值或按表 7-3 取值；对于干作业清底干净的桩可按表 7-4 取值；

ψ_{si}、ψ_p——大直径桩侧阻力和端阻力的尺寸效应系数，对于黏性土与粉土 $\psi_{si} = 1$，$\psi_p = (0.8/D)^{1/4}$；对于砂土与碎石类土 $\psi_{si} = (0.8/d)^{1/3}$、$\psi_p = (0.8/D)^{1/3}$；$d$ 为桩身直径，D 为桩端直径（m）；

q_{sik}——同前，对于扩底桩变截面以下不计侧阻力。

表7-2 桩的极限侧阻力标准值 q_{sik} （单位：kPa）

土的名称	土的状态		混凝土预制桩	泥浆护壁钻（冲）孔桩	干作业钻孔桩
填土			22～30	20～28	20～28
淤泥			14～20	12～18	12～18
淤泥质土			22～30	20～28	20～28
黏性土	流塑	$I_L>1$	24～40	21～38	21～38
	软塑	$0.75<I_L\leqslant1$	40～55	38～53	38～53
	可塑	$0.5<I_L\leqslant0.75$	55～70	53～68	53～66
	硬可塑	$0.25<I_L\leqslant0.5$	70～86	68～84	66～82
	硬塑	$0<I_L\leqslant0.25$	86～98	84～96	82～94
	坚硬	$I_L\leqslant0$	98～105	96～102	94～104
红黏土	$0.7<a_w\leqslant1$		13～32	12～30	12～30
	$0.25<a_w\leqslant0.7$		32～74	30～70	30～70
粉土	稍密	$e>0.9$	26～46	24～42	24～42
	中密	$0.75\leqslant e\leqslant0.9$	46～66	42～62	42～62
	密实	$e<0.75$	66～88	62～82	62～82
粉细砂	稍密	$10<N\leqslant15$	24～48	22～46	22～46
	中密	$15<N\leqslant30$	48～66	46～64	46～64
	密实	$N>30$	66～88	64～86	64～86
中砂	中密	$15<N\leqslant30$	54～74	53～72	53～72
	密实	$N>30$	74～95	72～94	72～94
粗砂	中密	$15<N\leqslant30$	74～95	74～95	76～98
	密实	$N>30$	95～116	95～116	98～120
砾砂	稍密	$15<N_{63.5}\leqslant30$	70～110	50～90	60～100
	中密（密实）	$N_{63.5}>30$	116～138	116～130	112～130
圆砾、角砾	中密、密实	$N_{63.5}>10$	160～200	135～150	135～150
碎石、卵石	中密、密实	$N_{63.5}>10$	200～300	140～170	150～170

注：1. 对于尚未完成自重固结的填土和以生活垃圾为主的杂填土，不计算其侧阻力。
2. a_w为含水比，$a_w=w/w_L$；w为土的天然含水量，w_L为土的液限。
3. 鉴于沉管灌注桩应用不当的普遍性及其严重后果，《桩基规范》严格控制沉管灌注桩的应用范围，在软土地区仅限于多层住宅单排桩条基使用。

对于混凝土护壁的大直径挖孔桩，计算单桩竖向承载力时，其设计桩径取护壁外直径。

嵌岩桩单桩竖向极限承载力标准值，由桩周土总极限侧阻力标准值、嵌岩段总极限侧阻力标准值和总极限端阻力标准值三部分组成。当根据室内试验结果确定单桩竖向极限承载力标准值时，可按下式计算：

表 7-3 桩的极限端阻力标准值 q_{pk}

（单位：kPa）

土的名称	土的状态	桩型	混凝土预制桩桩长 l/m				泥浆护壁钻（冲）孔桩桩长 l/m				干作业钻孔桩桩长 l/m		
			$l\leqslant9$	$9<l\leqslant16$	$16<l\leqslant30$	$l>30$	$5\leqslant l<10$	$10\leqslant l<15$	$15\leqslant l<30$	$l\geqslant30$	$5\leqslant l<10$	$10\leqslant l<15$	$l\geqslant15$
黏性土	软塑	$0.75<I_L\leqslant1$	210~850	650~1400	1200~1800	1300~1900	150~250	250~300	300~450	300~450	200~400	400~700	700~950
	可塑	$0.50<I_L\leqslant0.75$	850~1700	1400~2200	1900~2800	2300~3600	350~450	450~600	600~750	750~800	500~700	800~1100	1000~1600
	硬可塑	$0.25<I_L\leqslant0.50$	1500~2300	2300~3300	2700~3600	3600~4400	800~900	900~1000	1000~1200	1200~1400	850~1100	1500~1700	1700~1900
	硬塑	$0<I_L\leqslant0.25$	2500~3800	3800~5500	5500~6000	6000~6800	1100~1200	1200~1400	1400~1600	1600~1800	1600~1800	2200~2400	2600~2800
粉土	中密	$0.75\leqslant e\leqslant0.9$	950~1700	1400~2100	1900~2700	2500~3400	300~500	500~650	650~750	750~850	800~1200	1200~1400	1400~1600
	密实	$e<0.75$	1500~2600	2100~3000	2700~3600	3600~4400	650~900	750~950	900~1100	110~1200	1200~1700	1400~1900	1600~2100
粉砂	稍密	$10<N\leqslant15$	1000~1600	1500~2300	1900~2700	2100~3000	350~500	450~600	600~700	650~750	500~950	1300~1600	1500~1700
	中密、密实	$N>15$	1400~2200	2100~3000	3000~4500	3800~5500	600~750	750~900	900~1100	1100~1200	900~1000	1700~1900	1700~1900
细砂	中密、密实	$N>15$	2500~4000	3600~5000	4400~6000	5300~7000	650~850	900~1200	1200~1500	1500~1800	1200~1600	2000~2400	2400~2700
中砂			4000~6000	5500~7000	6500~8000	7500~9000	850~1050	1100~1500	1500~1900	1900~2100	1800~2400	2800~3800	3600~4400
粗砂			5700~7500	7500~8500	8500~10000	9500~11000	1500~1800	2100~2400	2400~2600	2600~2800	2900~3600	4000~4600	4600~5200
砾砂	中密、密实	$N>15$	6000~9500		9000~10500		1400~2000		2000~3200		3500~5000		
角砾、圆砾		$N_{63.5}>10$	7000~10000		9500~11500		1800~2200		2200~3600		4000~5500		
碎石、卵石		$N_{63.5}>10$	8000~11000		10500~13000		2000~3000		3000~4000		4500~6500		

注：砂土和碎石类土中桩的极限端阻力取值，要综合考虑土的密实度、桩端进入持力层的深度比 h_b/d（h_b 为桩端进入持力层的深度，d 为桩径），土越密实，h_b/d 越大，取值越高。

$$Q_{uk} = Q_{sk} + Q_{rk} = u \sum q_{sik} l_i + \zeta_r f_{rk} A_p \tag{7-7}$$

式中　Q_{sk}、Q_{rk}——土的总极限侧阻力和嵌岩段总极限阻力标准值（kPa）；

q_{sik}——桩周第 i 层土的极限侧阻力，无当地经验时，可根据成桩工艺按表 7-2 取值；

f_{rk}——岩石饱和单轴抗压强度标准值（kPa），黏土质岩取天然湿度单轴抗压强度标准值；

ζ_r——嵌岩段侧阻和端阻综合系数，与嵌岩深度比 h_r/d、岩石软硬程度和成桩工艺有关，可按表 7-5 选取。表 7-5 中数值适用于泥浆护壁成桩，对于干作业成桩（清底干净）和泥浆护壁成桩后注浆，ζ_r 应取表列数值的 1.2 倍。

对于桩身周围有液化土层的低承台桩基，当承台底面上下分别有不小于 1.5m、1.0m 厚的非液化土或非软弱土时，计算单桩极限承载力的标准值，应对液化土层极限侧阻力标准值乘以土层液化影响折减系数 ψ_L，ψ_L 值按表 7-6 确定。当承台底面上下非液化土层厚度小于以上规定时，土层液化影响折减系数 ψ_L 取 0。

表 7-4　干作业桩（清底干净，$D=800$mm）极限端阻力标准值 q_{pk}　（单位：kPa）

土名称		状态		
黏性土		$0.25 < I_L \leq 0.75$	$0 < I_L \leq 0.25$	$I_L \leq 0$
		800 ~ 1800	1800 ~ 2400	2400 ~ 3000
粉土			$0.75 \leq e \leq 0.9$	$e < 0.75$
			1000 ~ 1500	1500 ~ 2000
砂土、碎石类土		稍密	中密	密实
	粉砂	500 ~ 700	800 ~ 1100	1200 ~ 2000
	细砂	700 ~ 1100	1200 ~ 1800	2000 ~ 2500
	中砂	1000 ~ 2000	2200 ~ 3200	3500 ~ 5000
	粗砂	1200 ~ 2200	2500 ~ 3500	4000 ~ 5500
	砾砂	1400 ~ 2400	2600 ~ 4000	5000 ~ 7000
	圆砾、角砾	1600 ~ 3000	3200 ~ 5000	6000 ~ 9000
	卵石、碎石	2000 ~ 3000	3300 ~ 5000	7000 ~ 11000

注：1. q_{pk}取值宜考虑桩端持力层土的状态及桩进入持力层的深度效应，当进入持力层深度 h_b 为 $h_b \leq D$、$D < h_b \leq 4D$、$h_b \geq 4D$（D 为桩端直径）时，q_{pk}可分别取较低值、中值、较高值。
2. 砂土密实度可根据标准贯入锤击数判定：$N \leq 10$ 为松散，$10 < N \leq 15$ 为稍密，$15 < N \leq 30$ 为中密，$N > 30$ 为密实。
3. 当桩的长径比 $l/d \leq 8$ 时，q_{pk}宜取较低值。
4. 当对沉降要求不严时，可适当提高 q_{pk}值。

表 7-5　嵌岩段侧阻和端阻综合系数 ζ_r

嵌岩深度比 h_r/d	0	0.5	1.0	2.0	3.0	4.0	5.0	6.0	7.0	8.0
极软岩、软岩	0.60	0.80	0.95	1.18	1.35	1.48	1.57	1.63	1.66	1.70
较硬岩、坚硬岩	0.45	0.65	0.81	0.90	1.00	1.04	—	—	—	—

注：1. 极软岩、软岩指 $f_{rk} \leq 15$MPa，较硬岩、坚硬岩指 $f_{rk} > 30$MPa，介于两者之间可内插取值。
2. h_r为桩身嵌岩深度，当岩面倾斜时，以坡下方嵌岩深度为准；当 h_r/d 为非表列值时，ζ_r可内插取值。

表 7-6 土层液化影响折减系数 ψ_L

序号	$\lambda_N = N/N_{cr}$	自地面算起的液化土层深度 d_L/m	ψ_L
1	$\lambda_N \leq 0.6$	$d_L \leq 10$	0
		$10 < d_L \leq 20$	1/3
2	$0.6 < \lambda_N \leq 0.8$	$d_L \leq 10$	1/3
		$10 < d_L \leq 20$	2/3
3	$0.8 < \lambda_N \leq 1.0$	$d_L \leq 10$	2/3
		$10 < d_L \leq 20$	1

注：1. N 为饱和土标准贯入锤击数实测值；N_{cr} 为液化判别标准贯入锤击数临界值。
2. 对于挤土桩当桩距不大于 $4d$，且桩的排数不少于 5 排、总桩数不少于 25 根时，土层液化影响折减系数可按表列值提高一档取值；桩间土标准贯入锤击数达到 N_{cr} 时，取 $\psi_L = 1$。

（二）单桩轴向抗拔力

抗拔桩的设计，目前仍套用抗压桩的方法，即以桩的抗压侧阻力乘一个经验折减系数后的侧摩擦阻力作为抗拔承载力。

一般认为，抗拔的侧摩擦阻力小于抗压的侧摩擦阻力，而且抗拔侧摩擦阻力在受荷后经过一段时间会因土层松动和残余强度等因素有所降低，所以抗拔承载力更要通过抗拔荷载试验来确定。我国有些行业如港口、电网工程规范规定的抗拔侧摩擦阻力为抗压侧摩擦阻力的 0.6~0.8，有的规定为 0.4~0.7，有的相当于 0.6（交通行业），并将桩重考虑在抗拔允许承载力之内。

影响单桩抗拔承载力的因素主要有桩的类型、施工方法、桩的长度、地基土的类别、土层的形成过程、桩形成后承受荷载的历史、荷载特性（只受上拔力或和其他类型荷载组合）等。确定抗拔承载力时，要考虑上述因素的影响，选用合适的计算方法与参数。具体计算可参照《桩基规范》的有关规定。

四、桩身负摩擦阻力

当桩周土体因某种原因发生下沉，其沉降速率大于桩的下沉速率时，桩侧土就相对于桩作向下位移，而使土对桩产生向下作用的摩擦阻力，即负摩擦阻力，如图 7-9 所示。负摩擦阻力有以下危害：桩的负摩擦阻力的发生将使桩侧土的部分重力传递给桩，因此，负摩擦阻力不但不能成为桩承载力的一部分，反而变成施加在桩上的外荷载，使桩基沉降加大。负摩

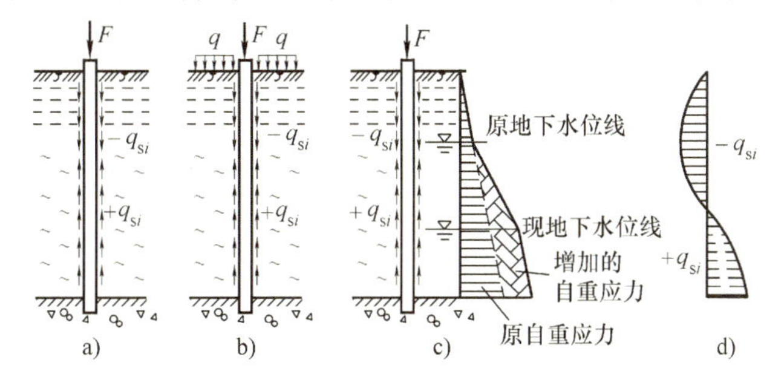

图 7-9 桩的负摩擦阻力

a）桩周土固结下沉 b）地面超载压密桩周土 c）地下水位下降 d）分布图

q_{si}—摩擦阻力 F—荷载

擦阻力对桩竖向承载力产生不利影响，在设计施工时应予以充分重视。负摩擦阻力的大小可参照工程经验或规范规定计算确定。

桩身负摩擦阻力产生原因：

1）在桩基础附近地面有大面积堆载，引起地面沉降，对桩产生负摩阻力。对于桥头路堤高填土的桥台桩基础，地坪大面积堆放重物的车间、仓库建筑桩基础，均要特别注意负摩阻力问题。

2）土层中抽取地下水或其他原因，地下水位下降，使土层产生自重固结下沉。

3）桩穿过欠固结土层（如填土）进入硬持力层，土层产生自重固结下沉。

4）桩数很多的密集群桩打桩时，使桩周土中产生很大的超空隙水压力，打桩停止后桩周土的再固结作用引起下沉。

5）在黄土、冻土中的桩，因黄土湿陷、冻土融化产生地面下沉。

五、群桩承载力计算

（一）群桩效应

对端承型桩基，桩的承载力主要是桩端较硬土层的支承力。由于受压面积小，各桩间相互影响小，其工作性状与独立单桩相近，桩基的承载力就是各单桩承载力之和。

对摩擦型桩基，由于桩周摩擦力要在桩周土中传递，并沿深度向下扩散，桩间土受到压缩，产生附加应力。在桩端平面，附加应力的分布直径比桩径 d 大得多，当桩距小于附加应力的分布直径时，在桩尖处将发生应力叠加（见图7-10）。因此，在相同条件下，群桩的沉降量比单桩的大。

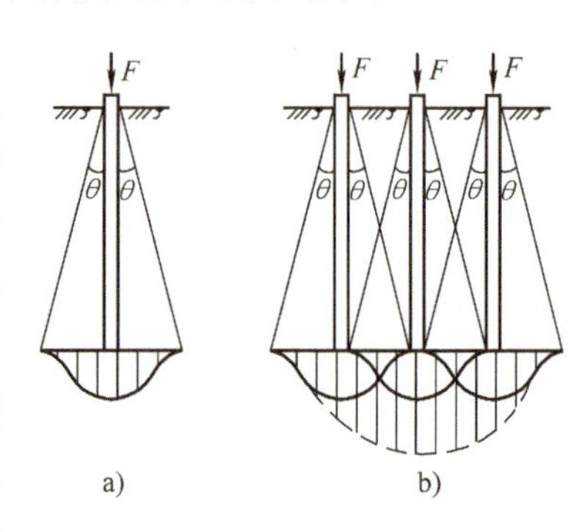

图7-10　群桩下土体内应力叠加

a）单桩　b）群桩

影响群桩承载力和沉降量的因素较多，可以用群桩的效率系数 η 与沉降比 ν 两个指标反映群桩的工作特性。效率系数 η 是群桩极限承载力与各单桩单独工作时极限承载力之和的比值，可用来评价群桩中单桩承载力发挥的程度。沉降比 ν 是相同荷载下群桩的沉降量与单桩工作时沉降量的比值，可反映群桩的沉降特性。

试验表明，摩擦型群桩效率系数具有以下特点：

1）砂土：$\eta>1$。

2）黏性土：高承台 $\eta\leqslant1$；桩距足够大时 $\eta\approx1$；低承台 $\eta>1$。

3）粉土：$\eta>1$，与砂土相近。

群桩的工作状态分为两类：

1）端承桩，中心距 $s_a\geqslant6d$ 且 $n<9$ 根的摩擦桩，条形基础下不超过两排的桩基，竖向抗压承载力为各单桩竖向抗压承载力的总和。

2）中心距 $s_a<6d$，$n\geqslant9$ 根的摩擦桩基，可视作一假想的实体深基础，群桩承载力即按实体基础进行地基强度设计或验算，并验算该桩基中各单桩所承受的外力（轴心受压或偏心受压）。当建筑物对桩基的沉降有特殊要求时，应做变形验算。

（二）桩顶作用效应计算

1）轴心竖向荷载作用下

$$N = \frac{F+G}{n} \tag{7-8}$$

2）偏心竖向荷载作用下

$$N_i = \frac{F+G}{n} \pm \frac{M_x y_i}{\sum y_i^2} \pm \frac{M_y x_i}{\sum x_i^2} \tag{7-9}$$

3）水平力作用下

$$H_1 = \frac{H}{n} \tag{7-10}$$

式中　F——作用于桩基承台顶面的竖向荷载设计值（kN）；

G——桩基承台和承台上土自重设计值（自重荷载分项系数，当其效应对结构不利时取1.2，有利时取1.0），地下水位以下扣除水的浮力（kN）；

N——轴心竖向力作用下任一复合基桩或基桩的竖向荷载设计值（kN）；

N_i——偏心竖向力作用下第 i 复合基桩或基桩的竖向荷载设计值（kN）；

M_x、M_y——作用于承台底面的外力对通过桩群形心的 x、y 轴的弯矩设计值（kN·m）；

x_i、y_i——第 i 复合基桩或基桩至 y、x 轴的距离（m）；

H——作用于桩基承台底面的水平荷载设计值（kN）；

H_1——作用于任一复合基桩或基桩的水平荷载设计值（kN）；

n——桩基中的桩数。

（三）群桩承载力

1. 桩基竖向承载力计算一般规定

桩基中复合基桩或基桩的竖向承载力计算应符合下述极限状态计算表达式。

1）按荷载效应基本组合，在轴心竖向荷载作用下

$$\gamma_0 N \leqslant R \tag{7-11}$$

偏心竖向力作用下，除满足上式要求外，尚应满足下式

$$\gamma_0 N_{max} \leqslant 1.2R \tag{7-12}$$

式中　γ_0——建筑桩基重要性系数，对于一、二、三级建筑物分别取1.1、1.0、0.9，对于柱下单桩按提高一级考虑，对柱下单桩的一级桩基取 $\gamma_0 = 1.2$；

R——桩基中复合基桩或基桩的竖向承载力设计值（kN）。

2）按地震作用效应组合，轴心竖向力作用下

$$N \leqslant 1.25R \tag{7-13}$$

偏心竖向力作用下，除满足上式要求外，尚应满足下式

$$N_{max} \leqslant 1.5R \tag{7-14}$$

2. 桩基竖向承载力设计值

按《桩基规范》的规定，桩基竖向承载力设计值的计算有以下几种情况：

1）对于端承型桩基，桩数 $n \leqslant 4$ 根的摩擦型柱下独立桩基，或由于地层土性、使用条件等因素不宜考虑承台效应时，基桩的竖向承载力特征值 R_a 为

$$R_a = \frac{1}{K} Q_{uk} \tag{7-15}$$

式中　Q_{uk}——单桩竖向极限承载力标准值；

K——安全系数，取 $K=2$。

2）符合下列条件之一的摩擦型桩基，宜考虑承台效应确定其复合基桩的竖向承载力特征值：①上部结构整体刚度较好、体型简单的建（构）筑物；②对差异沉降适应性较强的排架结构和柔性构筑物；③按变刚度调平原则设计的桩基刚度相对较弱化区；④软土地基的减沉复合疏桩基础。

考虑承台效应的复合基桩竖向承载力特征值 R 按下式确定：

不考虑地震作用时
$$R = R_a + \eta_c f_{ak} A_c \tag{7-16}$$

考虑地震作用时
$$R = R_a + \frac{\zeta_a}{1.25}\eta_c f_{ak} A_c \tag{7-17}$$

$$A_c = (A - nA_{ps})/n \tag{7-18}$$

式中 η_c——承台效应系数，可按表7-7取；

f_{ak}——承台下1/2承台宽度且不超过5m深度范围内各层土的地基承载力特征值按厚度加权的平均值；

A_c——计算基桩所对应的承台底净面积；

A_{ps}——桩身截面积；

A——承台计算域面积。对于柱下独立桩基，A 为承台总面积；对于桩筏基础，A 为柱、墙筏板的1/2跨距和悬臂边2.5倍筏板厚度所围成的面积；桩集中布置于单片墙下的桩筏基础，取墙两边各1/2跨距围成的面积，按条形承台计算 η_c；

ζ_a——地基抗震承载力调整系数，应按国家现行标准《建筑抗震设计规范》（GB 50011—2010）（2016年版）采用。

当承台底面以下存在可液化土、湿陷性黄土、高灵敏软土、欠固结土、新填土时，沉桩引起超孔隙水压力和土体隆起时，不考虑承台效应，即取 $\eta_c = 0$。

表7-7 承台效应系数 η_c

B_c/l \ s_a/d	3	4	5	6	>6
≤0.4	0.06~0.08	0.14~0.17	0.22~0.26	0.32~0.38	0.50~0.80
0.4~0.8	0.08~0.10	0.17~0.20	0.26~0.30	0.38~0.44	
>0.8	0.10~0.12	0.20~0.22	0.30~0.34	0.44~0.50	
单排桩条形承台	0.15~0.18	0.25~0.30	0.38~0.45	0.50~0.60	

注：1. 表中 s_a/d 为桩中心距与桩径之比；B_c/l 为承台宽度与桩长之比。当计算基桩为非正方形排列时，$s_a = \sqrt{A/n}$，A 为承台计算域面积，n 为总桩数。

2. 对于桩布置于墙下的箱、筏承台，η_c 可按单排桩条形承台取值。

3. 对于单排桩条形承台，当承台宽度小于 $1.5d$ 时，η_c 按非条形桩承台取值。

4. 对于采用后注浆灌注桩的承台，η_c 宜取低值。

5. 对于饱和黏性土中的挤土桩基、软土地基上的桩基承台，η_c 宜取低值的0.8倍。

3）当根据单桥探头静力触探资料确定混凝土预制桩单桩竖向极限承载力标准值时，如无当地经验，可按下式计算：

$$Q_{uk} = Q_{sk} + \eta_c Q_{pk} = u\sum q_{sik} l_i + \alpha p_{sk} A_p \tag{7-19}$$

当 $p_{sk1} \leqslant p_{sk2}$ 时　　　　$p_{sk}=\frac{1}{2}(p_{sk1}+\beta p_{sk2})$

当 $p_{sk1} > p_{sk2}$ 时　　　　$p_{sk}=p_{sk2}$

式中　Q_{sk}、Q_{pk}——单桩总极限侧阻力和总极限端阻力标准值；

u——桩身周长；

q_{sik}——用静力触探比贯入阻力值估算的桩周第 i 层土的极限侧阻力；

l_i——桩周第 i 层土的厚度；

α——桩端阻力修正系数。桩长 $l<15$m 时，为 0.75；桩长 $15\text{m}\leqslant l\leqslant 30$m 时，为 0.75～0.90（按 l 值直线内插）；桩长 $30\text{m}<l\leqslant 60$m 时，为 0.90；

p_{sk}——桩端附近的静力触探比贯入阻力标准值（平均值）；

A_p——桩端面积；

p_{sk1}——桩端全截面以上 8 倍桩径范围内的比贯入阻力平均值；

p_{sk2}——桩端全截面以下 4 倍桩径范围内的比贯入阻力平均值。如桩端持力层为密实的砂土层，其比贯入阻力平均值超过 20MPa 时，则需乘以表 7-8 系数 C 予以折减；

β——折减系数，按表 7-9 选用。

表 7-8　系数 C

p_{sk}/MPa	20～30	35	>40
系数 C	5/6	2/3	1/2

表 7-9　折减系数 β

p_{sk2}/p_{sk1}	≤5	7.5	12.5	≥15
β	1	5/6	2/3	1/2

任务 2　桩基础设计

问题引出

某商住楼，剪力墙结构，楼高 19 层，总建筑面积 42237.5m^2。采用 ϕ500AB 型高强预应力管桩，锤击沉桩，桩基持力层为强风化花岗岩，单桩承载力特征值为 2100kN。工程地貌为滨海沉积平原，地下水位埋深 0.3～0.7m，土层自上而下为人工填土、淤泥、中砂、粉质黏土、全风化花岗岩、强风化花岗岩、中风化花岗岩。2019 年 9 月试桩，11 月，检测单位完成了该工程竖向抗压静载荷试验。试验结果显示，3 根桩承载力未符合要求。3 根桩加载至第 7 级，沉降还稳定，但加载至第 8 级时，沉降陡增且不稳定，承载力均达不到设计值。加载过程中由于沉降较大，该类型桩不能作为正常工程桩使用。

问题：该桩基为什么会出现沉降过大，承载力不满足要求的情况？

1. 会进行桩基础设计，知道桩基础设计步骤。
2. 了解群桩工作原理。
3. 知道群桩基础承载力和沉降验算方法。

一、桩基础设计原则、设计内容和步骤

（一）桩基础设计原则

当天然地基不能满足建（构）筑物承载力或沉降要求时，一般可将桩基础、地基加固方案进行比较。通常，当软弱土层很厚，桩端达不到良好地层时，桩基础设计应考虑基础沉降问题。目前，桩基础设计正在由过去单纯的承载力控制向承载力和变形双控制过渡。按地基容许沉降量大小设计桩基的观念正在逐步推广。

桩基础的设计应考虑桩基础、承台或筏板、箱基础、上部结构的共同工作，对建筑体型的复杂性、场地地质条件、结构布局及施工工艺要求等进行分析，以期达到最佳设计。

（二）桩基础设计基本资料

1）建筑物本身的资料。

2）建筑场地、建筑环境资料。

3）岩土工程勘察资料。

4）施工条件和桩型条件。

（三）桩基础设计内容和步骤

1）收集设计基本资料，包括提出勘察要求并实施勘察。

2）持力层选择和桩型选择。

3）确定单桩承载能力。

4）根据上部结构荷载情况，初步确定桩的数量和平面布置，初步确定承台尺寸与埋置深度。

5）验算作用于单桩的荷载，若不符合要求，需调整平面布置与承台尺寸再进行验算，直至满足要求。

6）验算群桩承载力和变形，若不符合要求则返回第4步修正设计，直至满足要求。

7）桩身结构设计和计算。

8）承台设计和计算。

9）绘制桩位、桩身结构和承台结构施工图，编制设计说明。

二、桩型和持力层的选择

1. 桩型选择

桩型选择要根据各种桩型的特点，地质条件、建筑结构特点及荷载大小、施工条件和环境条件、工期和制桩材料以及技术经济效果等因素进行综合分析比较后确定。

2. 持力层选择

一般要选择承载力高、压缩性低的土层作为桩端持力层。当地基中存在多层可供选择的持力层时，应综合桩承载力、桩的布置及桩基础沉降等方面综合确定，预先根据常规和经验选择几种方案进行技术经济比较。选择时还应考虑成桩的可能性。

桩端进入持力层的深度一般以尽可能达到该土层端阻力的临界深度为宜。

三、确定桩的尺寸

1. 确定桩长、承台底面标高

桩长为承台底面标高与桩端标高（不包括桩尖）之差。在确定持力层及其进入深度后，就要拟定承台底面标高，即承台埋置深度。

一般情况下，应使承台顶面低于室外地面100mm以上；如有基础梁、筏板、箱基等，其厚（高）度应考虑在内；同时要考虑季节性冻土和地下水的影响。

2. 确定桩截面尺寸

1）最小桩径，钢筋混凝土方桩边长应不小于250mm；干作业钻孔桩和振动沉管灌注桩直径应不小于300mm；泥浆护壁回转或冲击钻孔桩直径应不小于500mm；人工挖孔桩直径应不小于800mm；钢管桩直径应不小于400mm。

2）摩擦桩宜采用细长桩，以获得较大比表面（桩侧表面积与体积之比）。

3）端承桩的持力层强度低于桩材强度而地基土层又适宜时，应优先考虑采用扩底灌注桩。

4）桩径的确定，还要考虑单桩承载力的需求和布桩的构造要求。如条形基础不能用过大的桩距以免造成承台梁跨度过大；柱下独立基础不宜使承台板平面尺寸过大。一般情况下，同一建筑的桩基采用相同桩径，但当荷载分布不均匀时，尤其是采用灌注桩时，可根据荷载和地基土条件采用不同直径的桩。

5）当高承台桩基露出地面较高，或桩侧土为淤泥或自重湿陷性黄土时，为保证桩身不产生受压屈服失稳，端承桩的长径比应取 $l/d \leqslant 40$；按施工垂直度偏差要求也需控制长径比，对一般黏性土、砂土、端承桩的长径比应取 $l/d \leqslant 60$；对摩擦桩则不限制。

四、确定桩的数量和平面布置

1. 确定桩数量

当桩的类型、基本尺寸和单桩承载力设计值确定后，可根据上部结构情况，按下式初步确定桩数：

$$n \geqslant \mu \frac{F_k + G_k}{R_a} \tag{7-20}$$

式中 n——桩数；

F_k——相应于荷载效应标准组合作用于桩基承台顶面的竖向力（kN）；

G_k——桩基承台和承台上土自重标准值（kN）；

R_a——单桩竖向承载力特征值（kN）；

μ——系数，当桩基为轴心受压时 $\mu = 1$，偏心受压时 $\mu = 1.1 \sim 1.2$。

2. 桩的平面布置

桩基中各桩的中心距主要取决于群桩效应（包括挤土桩的挤土效应）和承台分担荷载的作用及承台材料等。《地基规范》规定，摩擦型桩的中心距 s_a 不宜小于3倍桩身直径；若为扩底灌注桩，中心距 s_a 不宜小于1.5倍扩底直径；当扩展直径大于2m时，桩端净距不宜小于1m。《桩基规范》规定桩的最小中心距见表7-10。

若设计为大面积挤土群桩，宜按表7-10中数值适当加大桩距。

扩底灌注桩除应符合表7-10的要求外，还应满足如下规定：对钻、挖孔灌注桩，桩距

$s_a \geqslant 1.5D$ 或 $D+1\text{m}$（当 $D>2\text{m}$ 时）；对沉管扩底灌注桩，桩距 $s_a \geqslant 2D$（D 为扩大端设计直径）。

进行桩位布置，应尽可能使上部荷载的中心和群桩横截面的形心重合，应力求各桩受力相近，宜将桩布置在承台外围，而各桩应距离垂直于偏心荷载或水平力与弯矩较大方向的横截面轴线大些，以便使群桩截面对该轴具有较大的惯性矩。

表 7-10　桩的最小中心距 s_a

土类与成桩工艺		桩排数不少于 3 排且桩数不少于 9 根的摩擦型桩桩基	其他情况
非挤土灌注桩		$3.0d$	$3.0d$
部分挤土桩	非饱和土、饱和非黏性土	$3.5d$	$3.0d$
	饱和黏性土	$4.0d$	$3.5d$
挤土桩	非饱和土、饱和非黏性土	$4.0d$	$3.5d$
	饱和黏性土	$4.5d$	$4.0d$
钻、挖孔扩底桩		$2D$ 或 $D+2.0\text{m}$（当 $D>2\text{m}$）	$1.5D$ 或 $D+1.5\text{m}$（当 $D>2\text{m}$）
沉管夯扩、钻孔挤扩桩	非饱和土、饱和非黏性土	$2.2D$ 且 $4.0d$	$2.2D$ 且 $3.5d$
	饱和黏性土	$2.2D$ 且 $4.5d$	$2.2D$ 且 $4.0d$

注：1. d 为圆桩设计直径或方桩设计边长，D 为扩大端设计直径。
2. 当纵横向桩距不相等时，其最小中心距应满足“其他情况”一栏的规定。
3. 当为端承桩时，非挤土灌注桩的“其他情况”一栏可减小至 $2.5d$。

桩的排列可采用梅花式或行列式两种，如图 7-11 所示。

承台的平面形状取决于桩的数量，如图 7-12 所示。箱基和带梁筏基以及墙下条形基础的桩，宜沿着墙或梁布置成单排或双排，以减小底板厚度或承台梁宽度。此外，为了使桩受力合理，在墙的转角及交叉处应布桩，窗门洞口下不宜布置桩。

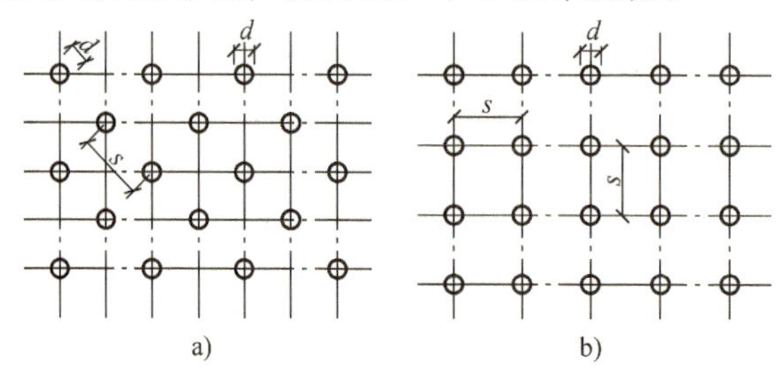

图 7-11　桩的排列形式

a）梅花式　b）行列式

五、桩身设计

1. 混凝土强度等级

预制桩 $f_c \geqslant 14.3\text{N/mm}^2$（C30）；灌注桩 $f_c \geqslant 9.6\text{N/mm}^2$（C20）；预应力桩 $f_c \geqslant 19.1\text{N/mm}^2$（C40）。

2. 桩身配筋

桩的主筋应经计算确定。打入式预制桩的最小配筋率宜 $\rho \geqslant 0.8\%$；静压预制桩宜 $\rho \geqslant 0.6\%$；灌注桩宜 $\rho \geqslant 0.2\%$。

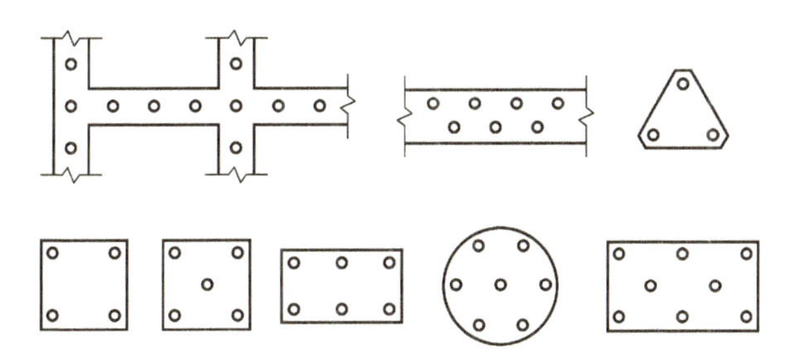

图 7-12 承台的平面形状

3. 配筋长度

1）受水平荷载和弯矩较大的桩，配筋长度应通过计算确定。

2）桩基承台下存在淤泥、淤泥质土或液化土时，配筋长度应穿过淤泥层、淤泥质土层或液化土层。

3）坡地岸边的桩、8 度及 8 度以上地震区的桩、抗拔桩、嵌岩端承桩应通长配筋。

4）桩径大于 600mm 的钻孔灌注桩，构造钢筋的长度不宜小于桩长的 2/3。

4. 桩顶构造

桩顶嵌入承台内的长度宜不小于 50mm。主筋伸入承台内的锚固长度宜不小于 $30d$（HPB300）或 $35d$（HRB335 和 HRB400）。对于大直径灌注桩，当采用一柱一桩时，可设置承台或将桩和柱直接连接，柱纵筋插入桩身的长度应满足锚固长度的要求。

六、承台设计

1. 承台构造

承台构造应满足以下要求：

1）承台的宽度应不小于 500mm，厚度应不小于 300mm。

2）边桩中心至承台边缘的距离宜大于或等于桩的直径 d 或边长 b，且桩的外边缘至承台边缘的距离不小于 150mm。对于条形承台梁，桩的外边缘至承台梁边缘的距离不小于 75mm。

2. 承台配筋

承台配筋按计算确定。矩形承台应按双向均匀通长布置受力钢筋，钢筋直径不宜小于 10mm，间距应满足 100～200mm；对于三桩承台，钢筋应按三向板带均匀布置，且最里面的 3 根钢筋围成的三角形应在柱截面范围内。承台梁的主筋除满足计算要求外尚应符合国家现行标准《混凝土结构设计规范》（GB 50010—2010）（2015 年版）关于最小配筋率的规定，且主筋直径宜不小于 12mm，架立筋直径宜不小于 10mm，箍筋直径不小于 6mm。

3. 承台混凝土

承台混凝土强度等级应不小于 C20，纵筋保护层厚度应不小于 70mm，有垫层时，应不小于 40mm。

4. 承台之间的连接要求

1）单桩承台，宜在两个互相垂直的方向上设置连系梁。

2）两桩承台，宜在其短向设置连系梁。

3）有抗震要求的柱下独立承台，宜在两个主轴方向设置连系梁。

4）连系梁顶面宜与承台位于同一标高。连系梁的宽度应不小于250mm，连系梁的高度可取承台中心距的1/10～1/15。

5）连系梁的主筋应按计算要求确定。连系梁内上下纵筋应不小于2Φ12，并应按受拉要求锚入承台。

5. 承台厚（高）度

承台厚度的确定除了满足构造要求外，尚应满足柱边和桩边的抗冲切强度和抗剪强度要求。

（1）柱对承台的冲切　可按下列公式计算（见图7-13）。

$$F_l \leqslant 2[\beta_{0x}(b_c + a_{0y}) + \beta_{0y}(h_c + a_{0x})]\beta_{hp} f_t h_0 \tag{7-21}$$

$$F_l = F - \Sigma N_i \tag{7-22}$$

$$\beta_{0x} = \frac{0.84}{\lambda_{0x} + 0.2} \tag{7-23}$$

$$\beta_{0y} = \frac{0.84}{\lambda_{0y} + 0.2} \tag{7-24}$$

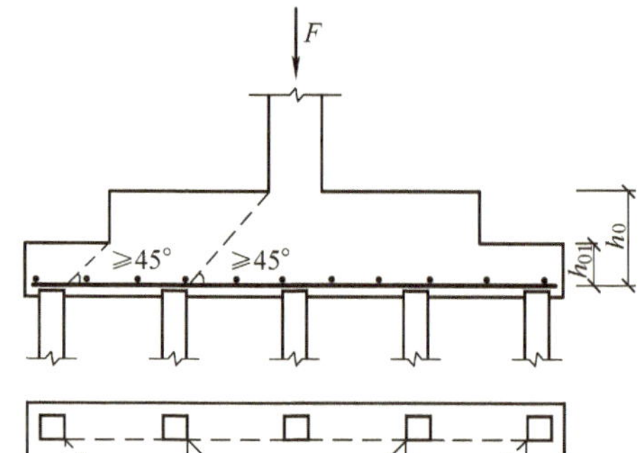

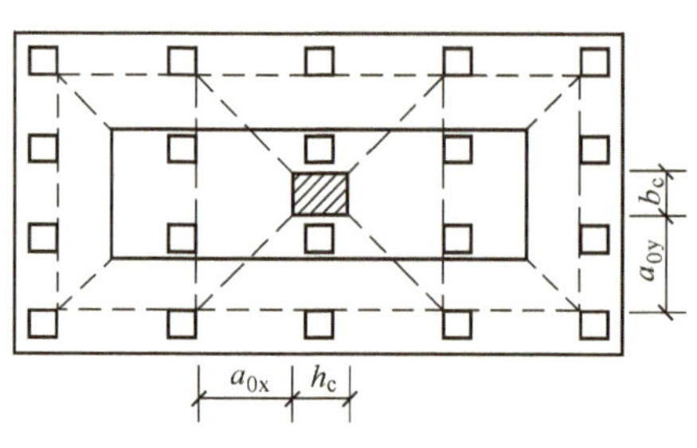

图7-13　柱对承台冲切计算示意

式中　F_l——扣除承台及其上填土自重，作用在冲切破坏锥体上相应于荷载效应基本组合的冲切力设计值（N），冲切破坏锥体应采用自柱边或承台变阶处至相应桩顶边缘连线构成的锥体，锥体与承台底面的夹角不小于45°；

h_0——冲切破坏锥体的有效高度（mm）；

β_{hp}——受冲切承载力截面高度影响系数，当$h \leqslant 800$mm时，$\beta_{hp}=1.0$，当$h>2000$mm时，$\beta_{hp}=0.9$，其间按线性内插法取用；

β_{0x}、β_{0y}——冲切系数；

λ_{0x}、λ_{0y}——冲跨比，$\lambda_{0x}=a_{0x}/h_0$、$\lambda_{0y}=a_{0y}/h_0$，a_{0x}、a_{0y}为柱边或变阶处至柱边的水平距离；当$a_{0x}(a_{0y})<0.2h_0$时，$a_{0x}(a_{0y})=0.2h_0$；当$a_{0x}(a_{0y})>h_0$时，$a_{0x}(a_{0y})=h_0$；

F——柱根部轴力设计值（N）；

ΣN_i——冲切破坏锥体范围内各桩的净反力设计值之和（N）。

对中低压缩性土上的承台，当承台与地基土之间没有脱空现象时，可根据地区经验适当减小柱下桩基础独立承台受冲切计算的承台厚度。

（2）角桩对承台的冲切　可按下列公式计算。

1）多桩矩形承台受角桩冲切的承载力应按下式计算（见图7-14）：

$$N_l \leqslant [\beta_{1x}(c_2 + \frac{a_{1y}}{2}) + \beta_{1y}(c_1 + \frac{a_{1x}}{2})]\beta_{hp} f_t h_0 \tag{7-25}$$

$$\beta_{1x} = \frac{0.56}{\lambda_{1x} + 0.2} \tag{7-26}$$

$$\beta_{1y} = \frac{0.56}{\lambda_{1y} + 0.2} \tag{7-27}$$

式中 N_l——扣除承台和其上填土自重后的角桩桩顶相应于荷载效应基本组合时的竖向荷载设计值（N）；

β_{1x}、β_{1y}——角桩冲切系数；

λ_{1x}、λ_{1y}——角桩冲跨比，其值为0.2～1.0，$\lambda_{1x}=a_{1x}/h_0$，$\lambda_{1y}=a_{1y}/h_0$；

c_1、c_2——从角桩内边缘至承台外边缘的距离（mm）；

a_{1x}、a_{1y}——从承台底角桩顶内边缘引45°冲切线与承台顶面或承台变阶处相交点至角桩内边缘的水平距离（mm）；

h_0——承台外边缘的有效高度（mm）。

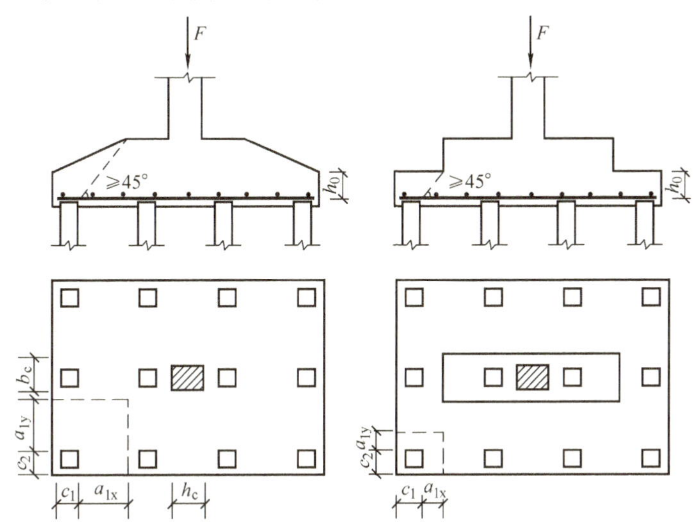

图7-14　矩形承台角桩冲切计算示意

2）三桩三角形承台受角桩冲切的承载力可按下列公式计算（见图7-15）：

底部角桩

$$N_l \leqslant \beta_{11}(2c_1+a_{11})\tan(\theta_1/2)\beta_{hp}f_t h_0 \tag{7-28}$$

$$\beta_{11}=\frac{0.56}{\lambda_{11}+0.2} \tag{7-29}$$

顶部角桩

$$N_l \leqslant \beta_{12}(2c_2+a_{12})\tan(\theta_2/2)\beta_{hp}f_t h_0 \tag{7-30}$$

$$\beta_{12}=\frac{0.56}{\lambda_{12}+0.2} \tag{7-31}$$

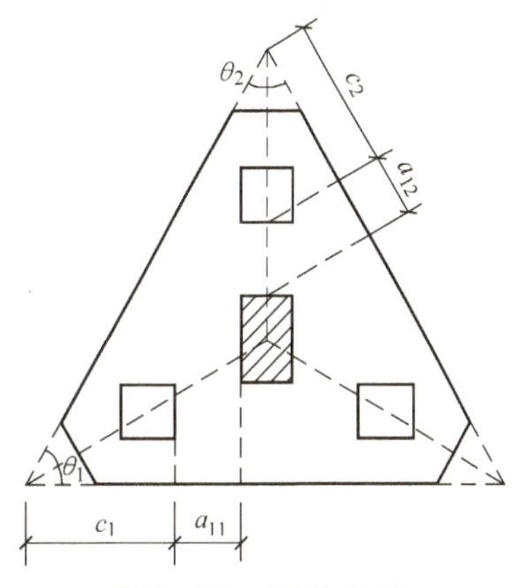

图7-15　三角形承台

式中 λ_{11}、λ_{12}——角桩冲跨比，$\lambda_{11}=a_{11}/h_0$，$\lambda_{12}=a_{12}/h_0$；

a_{11}、a_{12}——从承台底角桩顶内边缘向相邻承台边引45°冲切线与承台顶面相交点至角桩内边缘的水平距离（mm），当柱位于该45°线以内时则取柱边与桩内边缘连线为冲切锥体的锥线；

β_{hp}——受冲切承载力截面高度影响系数，当$h\leqslant 800$mm时，$\beta_{hp}=1.0$，当$h>2000$mm时，$\beta_{hp}=0.9$，其间按线性内插法取用；

f_t——承台混凝土轴心抗拉强度设计值（N/mm^2）；

h_0——计算宽度处的承台有效高度（mm）。

对圆柱及圆桩，计算时可将圆形截面换算成正方形截面。

3）柱下桩基独立承台应分别对柱边和桩边、变阶处和桩边连线形成的斜截面进行受剪计算（见图7-16）。当柱边外有多排桩形成多个剪切斜截面时，尚应对每个斜截面进行验算。斜截面受剪承载力可按下列公式计算：

$$V \leqslant \beta_{hs} \beta f_t b_0 h_0 \tag{7-32}$$

$$\beta = \frac{1.75}{\lambda + 1.0} \tag{7-33}$$

式中　V——扣除承台及其上填土自重后相应于荷载效应基本组合时斜截面的最大剪力设计值（N）；

b_0——承台计算截面处的计算宽度（mm）。阶梯形承台变阶处的计算宽度、锥形承台的计算宽度应按《地基规范》附录U确定；

h_0——计算宽度处的承台有效高度（mm）；

β——剪切系数；

β_{hs}——受剪切承载力截面高度影响系数，$\beta_{hs} = \left(\frac{800}{h_0}\right)^{\frac{1}{4}}$；

λ——计算截面的剪跨比，$\lambda_x = a_x/h_0$，$\lambda_y = a_y/h_0$。a_x、a_y为柱边或承台变阶处至x、y方向计算一排桩的桩边的水平距离，当$\lambda < 0.3$时，取$\lambda = 0.3$；当$\lambda > 3$时，取$\lambda = 3$。

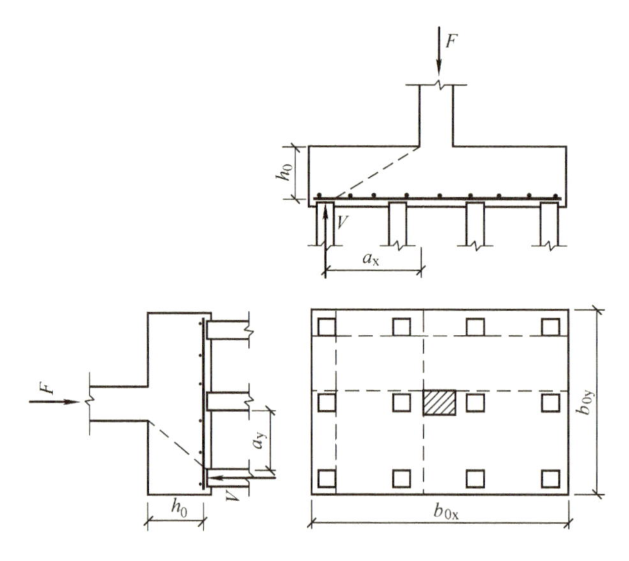

图7-16　承台斜截面受剪计算示意

6. 承台配筋计算

首先要计算承台的弯矩，然后按钢筋混凝土受弯构件计算配筋。弯矩值一般按以下方法简化计算。

（1）多桩矩形承台　计算截面取在柱边和承台高度变化处（杯口外侧或台阶边缘，

图7-17a)，按以下公式计算截面弯矩：

$$M_x = \sum N_i y_i \tag{7-34}$$

$$M_y = \sum N_i x_i \tag{7-35}$$

式中 M_x、M_y——分别为垂直 y 轴和 z 轴方向计算截面处的弯矩设计值（kN·m）；

x_i、y_i——垂直 y 轴和 z 轴方向自桩轴线到相应计算截面的距离（m）；

N_i——扣除承台和其上填土自重后相应于荷载效应基本组合时的第 i 桩竖向荷载设计值（kN）。

（2）等边三桩承台（见图7-17b）

$$M = \frac{N_{max}}{3}\left(s - \frac{\sqrt{3}}{4}c\right) \tag{7-36}$$

式中 M——由承台形心至承台边缘距离范围内板带的弯矩设计值（kN·m）；

N_{max}——扣除承台和其上填土自重后的三桩中相应于荷载效应基本组合时的最大单桩竖向荷载设计值（kN）；

s——桩距（m）；

c——方柱边长（m），圆柱时 $c = 0.866d$（d 为圆柱直径）。

（3）等腰三桩承台（见图7-17c）

$$M_1 = \frac{N_{max}}{3}\left(s - \frac{0.75}{\sqrt{4 - \alpha^2}}c_1\right) \tag{7-37}$$

$$M_2 = \frac{N_{max}}{3}\left(\alpha s - \frac{0.75}{\sqrt{4 - \alpha^2}}c_2\right) \tag{7-38}$$

式中 M_1、M_2——分别为由承台形心到承台两腰和底边的距离范围内板带的弯矩设计值（kN·m）；

s——长向桩距（m）；

α——短向桩距与长向桩距之比，当 $\alpha < 0.5$ 时，应按变截面的二桩承台设计；

c_1、c_2——分别为垂直于、平行于承台底边的柱截面边长（m）。

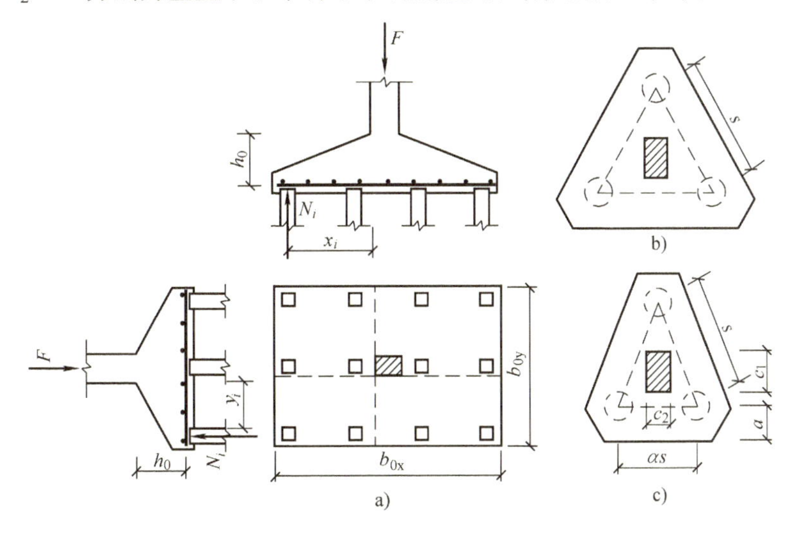

图7-17 承台弯矩计算示意

例7-1　某桩基工程，已知上部结构荷载为：竖向荷载设计值 $F=3000\text{kN}$，弯矩设计值 $M=400\text{kN}\cdot\text{m}$，水平力 $H=90\text{kN}$。工程地质资料见表7-11。已知地下水位在 -3.000m 处，经试桩的单桩垂直静载荷试验得单桩竖向极限承载力标准值为 $Q_{uk}=1300\text{kN}$。试设计该桩基础（承台的厚度和配筋不计算）。

表7-11　例7-1工程地质资料

序号	地层名称	深度/m	厚度/m	重度 γ/(kN/m³)	天然含水量(质量分数,%)	天然孔隙比 e	液性指数 I_L
1	杂填土	0~1	1.0	16.2			
2	粉土	1~5	4.0	18.8	30	0.6	0.6
3	淤泥质黏土	5~18	13.0	16.9	36	1.1	1.2
4	黏土	18~24	6.0	18.4	25.5	0.7	0.36

序号	地层名称	黏聚力 c/kPa	内摩擦角 φ(°)	压缩模量 E_s/MPa	桩侧阻力特征值 q_{si}/kPa	桩端阻力特征值 q_p/kPa	承载力特征值 f_k/kPa
1	杂填土						
2	粉土	4	15	8.2	36		110
3	淤泥质黏土	5	8	4.4	12		104
4	黏土	15	16	10.0	42	920	285

解：（1）选择桩型、确定桩长　根据试桩初步选择直径500mm钻孔灌注桩，用C20混凝土水下灌注，钢筋采用HPB300。经查《混凝土结构设计规范》得：混凝土 $f_c=9.6\text{N/mm}^2$，$f_t=1.1\text{N/mm}^2$；钢筋 $f_y=f'_y=270\text{N/mm}^2$。初步选择第4层（黏土层）为持力层，假定桩端进入持力层1.5m。初步选择承台底面埋置深度1.5m，则最小桩长为 $(18+1.5-1.5)\text{m}=18\text{m}$。

（2）确定单桩竖向承载力特征值

1）根据桩身材料强度确定单桩竖向承载力特征值：

取 $\varphi=1$，f_c 按0.8折减，配筋率初步按0.5%计算，由式（7-1）得单桩竖向承载力设计值为

$$R_a=\varphi(f_cA+0.9f'_yA_s)=(0.8\times9.6\times500^2\times\pi/4+0.9\times270\times0.005\times500^2\times\pi/4)\text{N}=1747\text{kN}$$

2）根据单桩竖向静载荷试验，单桩竖向承载力特征值为

$$R_a=Q_{uk}/2=1300\text{kN}/2=650\text{kN}$$

3）按经验公式估算：

$$R_a=q_{pa}A_p+u_p\sum q_{sia}l_i=[920\times0.5^2\times\pi/4+\pi\times0.5\times(36\times3.5+12\times13+42\times1.5)]\text{kN}=722.2\text{kN}$$

以上三项计算中，取最小值，由此确定单桩竖向承载力特征值为 $R_a=650\text{kN}$

（3）确定桩的数量和平面布置　初步假定承台底面积为 $4.5\text{m}\times3.0\text{m}$。

承台和土自重 $G=4.5\times3.0\times1.5\times20\text{kN}=405\text{kN}$

按式（7-20）桩数初步确定为 $n\geqslant\mu\dfrac{F_k+G_k}{R_a}=1.1\times\dfrac{3000\text{kN}+405\text{kN}}{650\text{kN}}=5.76$

取 $n=6$ 根，桩中心距 $s_a=3.5d=3.5\times0.5\text{m}=1.75\text{m}$

承台平面布置如图7-18所示。

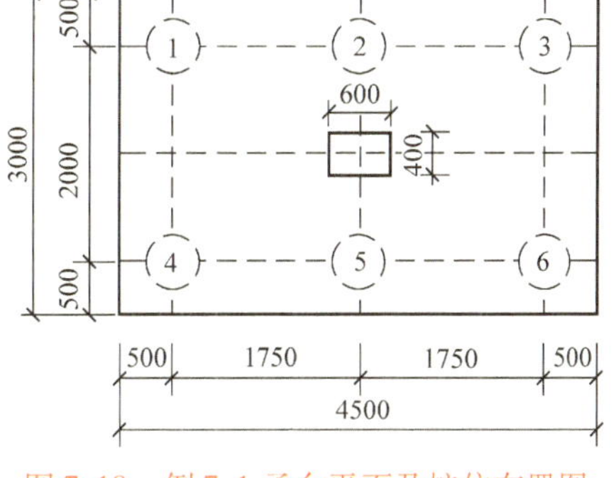

图7-18　例7-1承台平面及桩位布置图

(4) 确定基桩竖向承载力设计值　考虑到承台效应，由 $s_a=3.5d$，查表7-7，得 $\eta_c=0.11$。

基桩所对应的承台底净面积 $A_c=(A-nA_{ps})/n$

$$=\left[\left(4.5\times3.0-6\times\frac{3.14\times0.5^2}{4}\right)/6\right]\text{m}^2=2.05\text{m}^2。$$

承台下1/2承台宽度且不超过5m深度范围内，即1.5m至5m的深度范围内只有粉土，故地基承载力特征值 $f_{ak}=110\text{kN}$。

由(2)得知，单桩竖向承载力特征值为 $R_a=650\text{kN}$，则基桩承载力设计值为 $R=R_a+\eta_c f_{ak}A_c=(650+0.11\times110\times2.05)\text{kN}=674.8\text{kN}$

(5) 群桩中单桩所受外力的验算　取 $\gamma_0=1.0$，按式(7-8)则轴心荷载下的基桩竖向荷载设计值为

$$N=\frac{F+G}{n}=\frac{3000+405}{6}\text{kN}=567.5\text{kN}<R=674.8\text{kN}，满足要求。$$

由式(7-9)得

$$N_{\max}=\frac{F+G}{n}+\frac{M_x y_i}{\sum y_i^2}=567.5\text{kN}+\frac{400\times1.750}{4\times1.750^2}\text{kN}$$

$$=(567.5+57.1)\text{kN}=624.6\text{kN}<1.2R=809.8\text{kN}$$

$$N_{\min}=\frac{F+G}{n}-\frac{M_x y_i}{\sum y_i^2}=(567.5-57.1)\text{kN}=510.4\text{kN}>0$$

偏心竖向荷载作用下，最边缘桩受力安全。

例7-2　桩身和承台设计：条件同例7-1，要求设计桩身和承台，画出桩身和承台的结构施工图。

解：(1) 桩身设计　根据例7-1的选择，桩身采用直径500mm钻孔灌注桩，混凝土采用C20等级，采用HPB300钢筋 ($f_y=270\text{N/mm}^2$)。由于该桩基础承受的弯矩不大，桩身钢筋可根据构造配置。

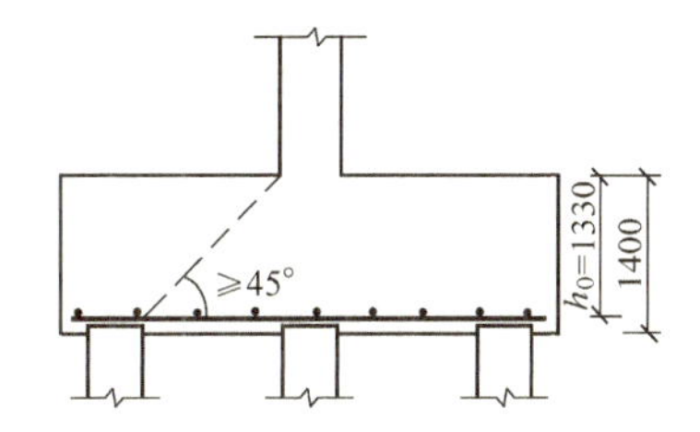

根据《地基规范》的有关规定，最小配筋率 $\rho_{\min}$ 为0.65%，

$$A_s=0.65\%A=0.65\%\times\pi\times250^2\text{mm}^2=1276\text{mm}^2$$

选用10Φ14，$A_s=10\times153.9\text{mm}^2=1539\text{mm}^2$。满足要求。

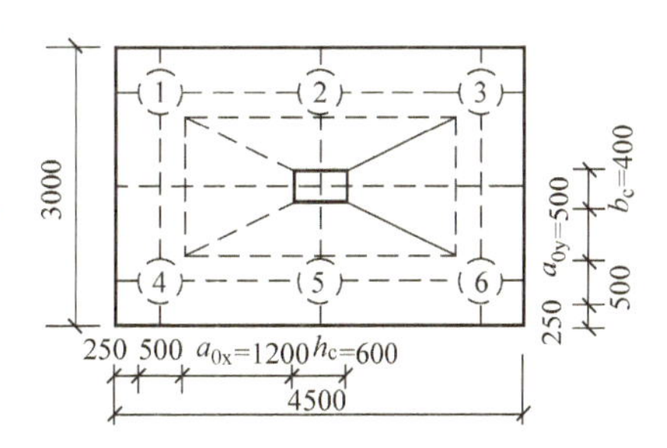

图7-19　例7-2柱对承台的冲切计算图

由于第三层土为淤泥质黏土，深度达13m，所以，桩身钢筋通长设置。箍筋采用Φ6@200。

(2) 承台厚度设计　如图7-19所示，由于 $a_{0x}=1200\text{mm}$，承台的有效计算高度应 $h_0\geq1200\text{mm}$。加上

钢筋保护层的最小厚度70mm，承台的高度应 $h\geq1270\text{mm}$。这里取 $h=1400\text{mm}$，则 $h_0=h-70\text{mm}=1330\text{mm}$。

下面分别根据柱和角桩对承台的抗冲切以及柱边对承台的抗剪切对承台厚度进行验算。

1）柱对承台的抗冲切计算。对照图7-14，按式（7-21）进行验算

$$F_l\leq2[\beta_{0x}(b_c+a_{0y})+\beta_{0y}(h_c+a_{0x})]\beta_{hp}f_th_0$$

式中左边 $F_l=F-\Sigma N_i=3000\text{kN}-0=3000\text{kN}$

式中右边各项计算如下

$a_{0x}=1200$，$a_{0y}=550$，满足 $0.2h_0\leq a_{0x}$（a_{0y}）$\leq h_0$

$\lambda_{0x}=a_{0x}/h_0=1200\text{mm}/1330\text{mm}=0.902$

$\lambda_{0y}=a_{0y}/h_0=550\text{mm}/1330\text{mm}=0.414$

$\beta_{0x}=\dfrac{0.84}{\lambda_{0x}+0.2}=\dfrac{0.84}{0.902+0.2}=0.762$，同理，$\beta_{0y}=1.368$

$\beta_{hp}=1-(1400-800)(1.0-0.9)/(2000-800)=0.95$

因此式右边 $2[\beta_{0x}(b_c+a_{0y})+\beta_{0y}(h_c+a_{0x})]\beta_{hp}f_th_0=2\times[0.762\times(400+550)+1.368\times(600+1200)]\times0.95\times1.1\times1330\text{N}=8597\text{kN}$

左边<右边，满足要求。

2）角桩对承台的抗冲切计算。按式（7-25）进行验算：

$$N_l\leq[\beta_{1x}(c_2+\frac{a_{1y}}{2})+\beta_{1y}(c_1+\frac{a_{1x}}{2})]\beta_{hp}f_th_0$$

如图7-17所示，上式中左边 $N_l=\dfrac{F}{n}+\dfrac{M_xy_i}{\sum y_i^2}=\dfrac{3000}{6}\text{kN}+\dfrac{400\times1.75}{4\times1.75^2}\text{kN}=557.1\text{kN}$

式中右边各项计算如下：

由于从角桩内缘引45°线至承台顶面，其交线已经超过柱边，所以取 $a_{1x}=1200\text{mm}$，$a_{1y}=550\text{mm}$，$c_1=c_2=750\text{mm}$

$\lambda_{1x}=a_{1x}/h_0=1200/1330=0.902$　　$\lambda_{1y}=a_{1y}/h_0=550/1330=0.414$

由式（7-29）得

$\beta_{1x}=\dfrac{0.56}{\lambda_{1x}+0.2}=\dfrac{0.56}{0.902+0.2}=0.508$　　$\beta_{1y}=\dfrac{0.56}{\lambda_{1y}+0.2}=\dfrac{0.56}{0.414+0.2}=0.912$

式中右边 $=[0.508\times(750+\dfrac{550}{2})+0.912\times(750+\dfrac{1200}{2})]\times0.95\times1.1\times1330\text{N}=2435\text{kN}$，左边<右边，满足要求。

3）柱边对承台的抗剪切计算。如图7-20所示，由于该承台为矩形承台，且没有截面变化，两个方向的柱边以外分别只有一排桩，所以应分别对两个方向计算柱边至最外一排桩内边缘的抗剪强度。

按式（7-32）计算，即 $V\leq\beta_{hs}\beta f_tb_0h_0$

x 方向：$V_x=N_1+N_4=2\times624.6\text{kN}=1249.2\text{kN}$（参见例7-1，$N_1=N_4=N_{max}$）。由式（7-32）和式（7-33）得

$\beta_{hs}=\left(\dfrac{800}{h_0}\right)^{1/4}=0.881$

$$\beta=\frac{1.75}{\lambda+1}=\frac{1.75}{0.902+1}=0.92$$

$\beta_{hs}\beta f_t b_{0y} h_0=0.881\times0.92\times1.1\text{N/mm}^2\times3000\text{mm}\times1330\text{mm}=3557\text{kN}>V_x=1249.2\text{kN}$，满足要求。

y 方向：$V_y=N_4+N_5+N_6=1500\text{kN}$

$$\beta_{hs}=\left(\frac{800}{h_0}\right)^{1/4}=0.881$$

$$\beta=\frac{1.75}{\lambda+1}=\frac{1.75}{0.414+1}=1.28$$

$\beta_{hs}\beta f_t b_{0y} h_0=0.881\times1.28\times1.1\text{N/mm}^2\times3000\text{mm}\times1330\text{mm}=4949\text{kN}>V_x=1500\text{kN}$，满足要求。

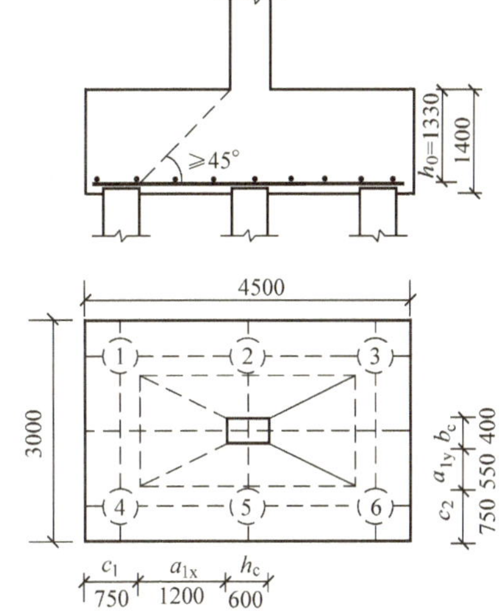

图 7-20　例 7-2 角桩对承台的剪切计算图

（3）承台配筋计算

1）因为 $N_i=N_{max}=624.6\text{kN}$，所以水平方向：

$M_y=\sum N_i x_i=2\times624.6\times1.450\text{kN}\cdot\text{m}=1811\text{kN}\cdot\text{m}$

$$A_s=\frac{M}{0.9f_y h_0}=\frac{1811000000\text{N}\cdot\text{mm}}{0.9\times270\text{N/mm}^2\times1330\text{mm}}=5603\text{mm}^2$$

选配Φ16@100（$A_s=6028\text{mm}^2$）

2）因为 $\sum N_i=\sum N_y=1500\text{kN}$，所以垂直方向：

$M_x=\sum N_i y_i=1500\times0.75\text{kN}\cdot\text{m}=1125\text{kN}\cdot\text{m}$

$$A_s=\frac{M}{0.9f_y h_0}=\frac{1125000000\text{N}\cdot\text{mm}}{0.9\times270\text{N/mm}^2\times1330\text{mm}}=3481.11\text{mm}^2$$

选配Φ12@120（$A_s=3956.4\text{mm}^2$）

（4）施工图绘制　桩身及承台施工图如图 7-21 所示。

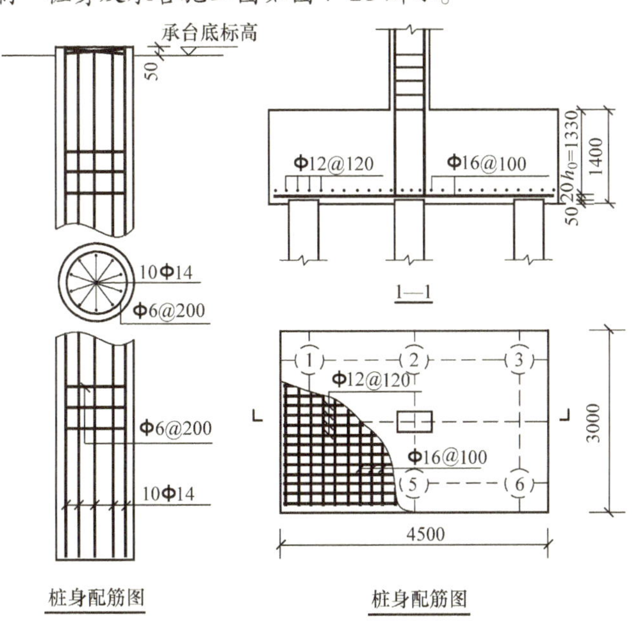

图 7-21　例 7-2 桩基施工图

任务3　桩基础施工

某高层住宅，地上12层，地下1层，长53.5m，宽14.5m，建筑物高度37m，建筑面积7600m^2。场区抗震设防烈度6度，基本地震加速度0.05g，抗震设防类别为丙类，设计地震分组为第一组。场地为中软场地土，Ⅱ类建筑场地，结构形式选用钢筋混凝土异形柱框架－剪力墙结构，结构安全等级二级。基础采用桩基＋筏板基础。筏板埋深3.9m。桩基采用预应力混凝土管桩，桩径500mm，壁厚100mm，桩长20～23m，设计单桩承载力特征值1000kN，总桩数168根。当压桩完成，基槽开挖后，发现建筑物东侧40余根桩发生不同程度的断裂倾斜。

问题：桩为什么会发生断裂？桩基础施工应注意哪些问题？

1. 知道预制桩和灌注桩的施工工艺。
2. 会处理预制桩和灌注桩的施工常见事故。

目前以预制桩和灌注桩应用最为广泛，下面主要介绍这两种桩基础的施工方法。

一、预制桩施工

（一）沉桩前准备

打桩前应做好下列准备工作：清除妨碍施工的地上和地下障碍物；平整施工场地；定位放线；设置供电、供水系统；安装打桩机等。桩基轴线的定位点及水准点，应设置在不受打桩影响的地点，水准点设置不少于2个。在施工过程中可据此检查桩位的偏差以及桩的入土深度。

（二）锤击沉桩法

利用桩锤的冲击克服土对桩的阻力，使桩沉到预定深度或达到持力层。这是最常用的一种沉桩方法。

1. 沉桩设备

沉桩设备包括桩锤、桩架和动力装置。

（1）桩锤　桩锤是对桩施加冲击，将桩打入土中的主要机具。桩锤主要有落锤、蒸汽锤、柴油锤和液压锤，目前应用最多的是柴油锤。

1）落锤构造简单，使用方便，能随意调整落锤高度。轻型落锤一般用卷扬机拉升施打。落锤生产效率低、桩身易损失。落锤重量一般为0.5～1.5t，重型锤可达数吨。

2）柴油锤利用燃油爆炸的能量，推动活塞往复运动产生冲击进行锤击打桩。柴油锤结构简单、使用方便，不需从外部供应能源。但在过软的土中由于贯入度过大，燃油不易爆发，往往桩锤反跳不起来，会使工作循环中断。另一个缺点是会造成噪声和空气污染等公害，故在城市中施工受到一定限制。柴油锤冲击部分的重量有2.0t，2.5t，3.5t，4.5t，6.0t，7.2t等数种。每分钟锤击次数为40～80次。可以用于大型混凝土桩和钢管桩等。

3）蒸汽锤利用蒸汽的动力进行锤击。根据其工作情况又可分为单动式汽锤与双动式汽锤。单动式汽锤的冲击体只在上升时耗用动力，下降靠自重；双动式汽锤的冲击体升降均由蒸汽推动。蒸汽锤需要配备一套锅炉设备。单动式汽锤的冲击力较大，可以打各种桩，常用锤重为3～10t，每分钟锤击数为25～30次。双动式汽锤的外壳（即汽缸）是固定在桩头上的，而锤是在外壳内上下运动，因冲击频率高（100～200次/min），所以工作效率高。双动式汽锤适宜打各种桩，也可在水下打桩并用于拔桩，锤重一般为0.6～6t。

4）液压锤是一种新型打桩设备，它的冲击缸体通过液压油提升与降落。冲击缸体下部充满氮气，当冲击缸下落时，首先是冲击头对桩施加压力，接着是通过可压缩的氮气对桩施加压力，使冲击缸体对桩施加压力的过程延长，因此每一击能获得更大的贯入度。液压锤不排出任何废气，无噪声，冲击频率高，并适合水下打桩，是理想的冲击式打桩设备，但构造复杂，造价高。

用锤击沉桩时，为防止桩受冲击应力过大而损坏，力求采用“重锤轻击”。如采用轻锤重击，锤击功很大一部分被桩身吸收，桩不易打入，且桩头容易打碎。锤重可根据土质、桩的规格等进行选择，如能进行锤击应力计算则更为科学。

（2）桩架　桩架是支持桩身和桩锤，在打桩过程中引导桩的方向，并保证桩锤能沿着所要求方向冲击的打桩设备。桩架的形式多种多样，常用的通用桩架（能适应多种桩锤）有两种基本形式：一种是沿轨道行驶的多能桩架；另一种是装在履带底盘上的桩架。

1）多能桩架（见图7-22）由立柱、斜撑、回转工作台、底盘及传动机构组成。它的机动性和适应性很强，在水平方向可作360°回转，立柱可前后倾斜，底盘下装有铁轮，可在轨道上行走。这种桩架可适应各种预制桩，也可用于灌注桩施工，缺点是机构较庞大，现场组装和拆卸比较麻烦。

2）履带式桩架（图7-23）以履带式起重机为底盘，增加立柱和斜撑用以打桩。施工作业较多能桩架灵活，移动方便，可适应各种预制桩施工，目前应用最多。

（3）动力装置　动力装置的配置取决于所选的桩锤。当选用蒸汽锤时，则需配备蒸汽锅炉和卷扬机。

2. 其他设备

（1）射水装置　在锤击沉桩过程中，如下沉遇到困难，可用射水方法助沉。因为利用高压水流通过射水管冲刷桩尖或桩侧的土，可减小桩的下沉阻力，从而提高桩的下沉效率。射水设备必须配合锤击沉桩或振动沉桩使用，配合方法应根据地质情况选择。以射水为主或射水和锤击（或振动）同时进行，或射水和锤击（或振动）交替使用。

（2）桩帽　桩帽的作用是直接承受锤击、保护桩顶，并保证锤击力作用于桩的断面中心，要求构造坚固，垫木易于拆换或整修。桩帽的尺寸要求与锤底、桩顶及导向杆吻合，顶面与底面均应平整并与中轴线垂直。

（3）送桩　为了将桩送入土中，达到要求的深度，或管桩采用内射水时为了安放射水管，都须用送桩。送桩有木制或钢制两种，送桩可套在或插在桩顶上，有时也作临时性连接。安装送桩时必须与桩身吻合在同一中轴线上，沉至预定标高再拆下。

3. 沉桩时的注意事项

1）打桩宜重锤轻击。

2）使用振动打桩机时，须确定振动锤的额定振动力。

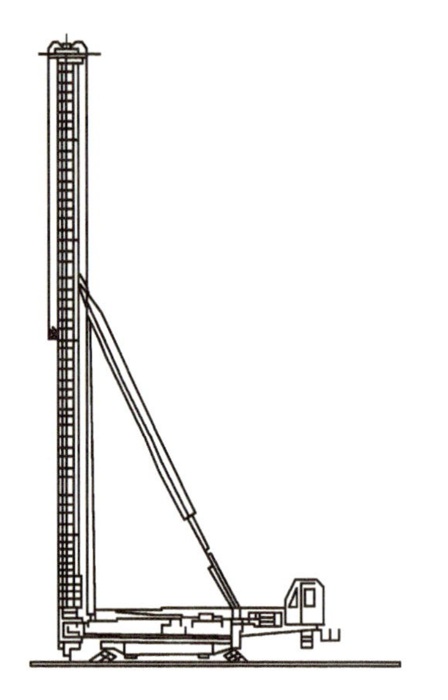

图7-22　多能桩架

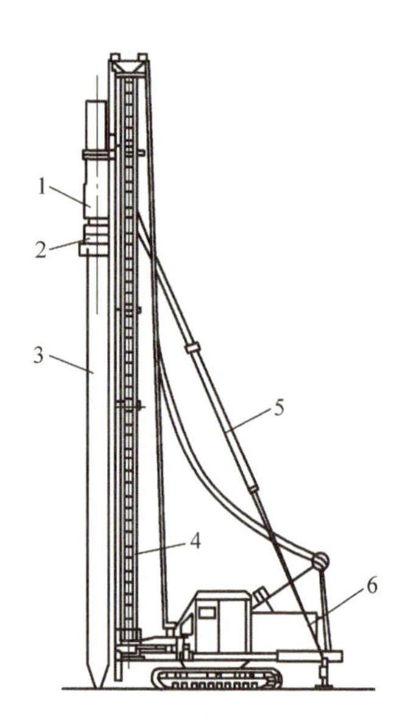

图7-23　履带式桩架

1—桩锤　2—桩帽　3—桩
4—立柱　5—斜撑　6—车体

3）沉桩顺序。当桩越打越多，土层也越挤越密时，土的阻力会逐渐增大，甚至无法把桩打到设计标高，而且先打的桩也会被后打的桩推移，地面出现上升现象。为了避免这些现象的产生，打桩顺序应由中间向周围打桩。

如果基坑已预先打下了板桩，可采用分段打入的方法。先在分段的地方打下一排桩，然后按一定顺序打完所有的桩。

4）沉桩时遇到下列情况应采取措施后方可继续：沉入度发生急剧变化，桩身发生倾斜、移位或锤击时有严重反弹，桩头破碎或桩身产生裂缝等情况。

5）接桩方法。就地接桩应在下节桩顶露出地面至少1m时进行，要求两节桩的中轴线必须重合。凡用法兰盘连接桩时，应上足螺栓并拧紧，待锤击数次后，将螺栓再拧紧几遍，然后点焊或将丝扣凿毛固定，最后涂刷沥青漆，并在法兰盘的离隙处全部填满沥青砂胶以防腐蚀；用钢套筒接桩时，须将桩头清理干净，平整后再进行焊接。

6）锤击法与射水沉桩的配合。如在砂土、圆砾和砂夹卵石等土层中沉桩，用锤击法有困难时，可采用射水沉桩。在砂夹卵石层等坚硬土层中应以射水为主，锤击为辅的方法施工，以免桩身被破坏。在砂黏土或黏土层中使用射水沉桩时，应以锤击为主，以免降低桩的承载力。

7）沉入桩的允许偏差。桩的倾斜度偏差不得大于1%。斜桩的倾斜度偏差，不得大于倾斜角（桩纵轴线与垂直线的夹角）正切值的15%。

8）沉桩过程中必须做好记录。桩打入后属于隐蔽工程，必须做好记录工作，内容包括每一阶段桩的沉入度，尤其是最后阶段的沉入度。另外，还要记录桩的入土深度，及打桩过程中发生的一切现象和事故。

4. 沉桩施工常遇问题及预防与处理措施

沉桩施工常遇问题及预防与处理措施见表7-12。

表 7-12 沉桩施工常遇问题及预防与处理措施

问题	产生原因	一般预防与处理措施
桩顶破损	1. 桩顶部分混凝土质量差，强度低 2. 锤击偏心，即桩顶面与桩轴线不垂直，锤与桩面不垂直 3. 未安置桩帽或帽内无缓冲垫或缓冲垫不良没有及时调换 4. 遇坚硬土层，或中途停歇后土质恢复阻力增大，用重锤猛打所致	1. 加强桩预制、装、运的管理，确保桩的质量要求 2. 施工中及时纠正桩位，使锤击力顺桩轴方向 3. 采用合适桩帽，并及时调换缓冲垫 4. 正确选用合适桩锤，且施工时每桩要一气呵成
桩身破裂	1. 桩质量不符合设计要求 2. 吊装时吊点或支点不符合规定，悬臂过长或中跨过多 3. 打桩时，桩的自由长度过大，产生较大纵向挠曲和振动 4. 锤击或振动过大	1. 加强预制、装、运、卸管理 2. 木桩可用 8 号镀锌钢丝捆绕加强 3. 混凝土桩当破裂位于水上部位时，用钢夹箍加螺栓拉紧焊接补强加固；位于水中部位时，用套筒横板浇筑混凝土加固补强 4. 适当减小桩锤落距或降低锤击频率
扭转或位移	桩尖制造不对称，或桩身有弯曲	用棍撬、慢锤低击纠正；偏心不大，可不处理
桩身倾斜或位移	1. 桩头不平，桩尖倾斜过大 2. 桩接头破坏 3. 一侧遇石块等障碍物，土层有陡的倾斜角 4. 桩帽桩身不在一直线上	1. 偏差过大，应拔出移位再打 2. 入土深小于 1m，偏差不大时，可利用木架顶正，再慢锤打入 3. 障碍物如不深时，可挖除回填后再继续沉桩
桩涌起	在较软土或遇流砂现象	应选择涌起量较大的桩做静载试验，如合格可不再复打，如不合格，进行复打或重打
桩急剧下沉，有时同时发生倾斜或移位	1. 遇软土层、土洞 2. 接头破裂或桩尖劈裂 3. 桩身弯曲或有严重的横向裂缝 4. 落锤过高，接桩不垂直	1. 应暂停沉桩查明情况，再决定处理措施 2. 如不能查明时，可将桩拔起，检查改正重打，或在靠近原桩位作补桩处理
桩贯入度突然减小	1. 桩由软土层进入硬土层 2. 桩尖遇到石块等障碍物	1. 查明原因，不能硬打 2. 改用能量较大桩锤 3. 配合射水沉桩
桩不易沉入或达不到设计标高	1. 遇旧埋设物、坚硬土夹层或砂夹层 2. 间歇时间过长，摩阻力增大 3. 定错桩位	1. 遇障碍或硬土层，用钻孔机钻透后再复打 2. 根据地质资料正确确定桩长，如确实已达要求时，可将桩头截除
桩身跳动，桩锤回弹	1. 桩尖遇障碍物如树根或硬土 2. 桩身过长，接桩过长 3. 落锤过高 4. 冻土地区沉桩困难	1. 检查原因，穿过或避开障碍物 2. 如入土不深，将桩拔起避开或换桩重打 3. 应先将冻土挖除或解冻后进行。如用电热解冻，应在切断电源后沉桩

（三）振动沉桩法

振动沉桩法是利用振动锤（见图7-24）沉桩，将桩与振动锤连接在一起，振动锤产生的振动力通过桩身带动土体振动，使土体的内摩擦角减小、强度降低而将桩沉入土中。一般适用于砂土，硬塑及软塑的黏性土和中密及较软的碎石土。该方法在砂土中施工效率较高，硬地基中难以打进。随地基的硬度加大，桩锤的重量也应增大。桩的断面大和桩身长者，桩锤重量应大。

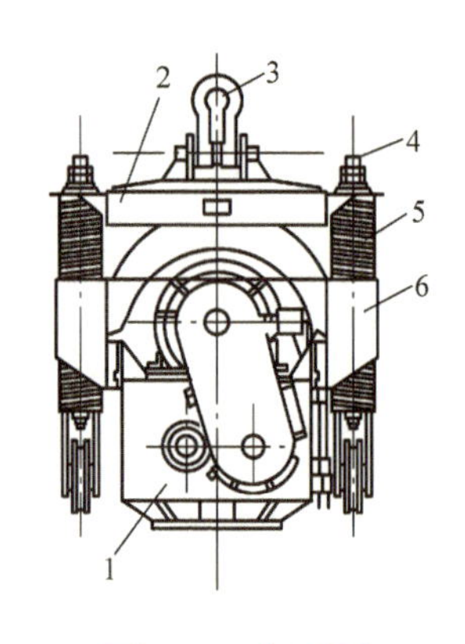

图7-24　振动锤

1—振动器　2—横梁　3—起重环　4—竖轴　5—弹簧　6—吸振

（四）水冲法沉桩（射水沉桩）

射水沉桩方法往往与锤击（或振动）法同时使用，具体选择应视土质情况：在砂夹卵石层或坚硬土层中，一般以射水为主，以锤击或振动为辅；在粉质黏土或黏土中，为避免降低承载力，一般以锤击或振动为主，以射水为辅，并应适当控制射水时间和水量。下沉空心桩，一般用单管内射水。当下沉较深或土层较密实，可用锤击或振动，配合射水；下沉实心桩，将射水管对称地装在桩的两侧，并能沿着桩身上下自由移动，以便在任何高度上射水冲土。必须注意，不论采取任何射水施工方法，在沉入最后阶段1～1.5m至设计标高时，应停止射水，用锤击或振动沉入至设计深度，以保证桩的承载力。

射水沉桩的设备包括水泵、水源、输水管路和射水管。射水管内射水的长度（L）应为桩长（L_1）、射水嘴伸出桩尖外的长度（L_2）和射水管高出桩顶以上高度（L_3）之和，即$L=L_1+L_2+L_3$。射水管的布置如图7-25所示。水压与流量根据地质条件、桩锤或振动机具、沉桩深度和射水管直径、数目等因素确定，通常在沉桩施工前经过试桩选定。

射水沉桩的施工要点是：吊插桩时要注意及时引送输水胶管，防止拉断与脱落；桩插正立稳后，压上桩帽、桩锤，开始用较小水压，使桩靠自重下沉；初期控制桩身下沉不应过快，以免阻塞射水管嘴，并注意随时控制和校正桩的垂直度；下沉渐趋缓慢时，可开锤轻击；沉至一定深度(8～10m)已能保持桩身稳定度后，可逐步加大水压和锤的冲击动能；沉桩至距设计标高一定距离（1～1.5m）停止射水，拔出射水管，进行锤击或振动，使桩下沉至设计要求标高。

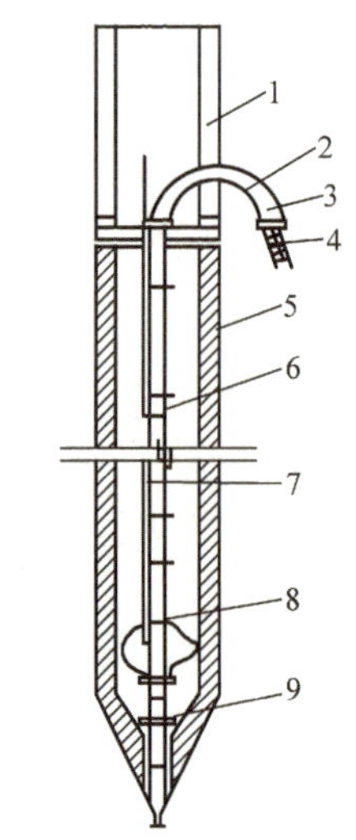

图7-25　射水沉桩的射水管

1—送桩管　2—加强的圆钢　3—弯管　4—胶管　5—桩管　6—射水管　7—保险钢丝绳　8—导向环　9—挡沙板

二、钻孔灌注桩施工

钻孔灌注桩是在桩位上采用机械设备就地成孔，然后在孔内安放钢筋笼灌注混凝土而成的。根据成孔工艺不同，分为干作业成孔灌注桩、泥浆护壁成孔灌注桩、套管成孔灌注桩和爆扩成孔灌注桩等。钻孔灌注桩施工工艺近年来还出现钻孔压浆成桩等一些新工艺。

钻孔灌注桩能适应各种地层的变化，无需接桩，施工时无振动、无挤土、噪声小，宜在建筑物密集地区使用，但其操作要求严格，施工后需较长的养护期方可承受荷载，成孔时有大量土渣或泥浆排出。

（一）施工准备工作

施工准备工作包括平整场地、测定桩位、埋设护筒、调制泥浆、钻机就位等。

1. 平整场地，测定桩位

施工场地应整平夯实。场地平整后，应根据设计桩位，准确定出钻孔中心位置。

2. 埋设护筒

（1）护筒的构造　护筒管内径通常比使用钻头直径大（较旋转钻头大20cm，较冲击钻头大40cm），高度随水位及地质情况而定，一般为1.5～3.0m。

常用的钢护筒用2～4mm厚的钢板焊成，两端用50mm×50mm×10mm角钢焊成法兰盘，以便加固与联结，侧面留有一个15cm×20cm的排浆孔，顶端对称焊有一对吊耳，用于装吊护筒及为防止下沉而支垫方木。钻孔完成，可将护筒拔出重复使用（见图7-26）。

钢筋混凝土护筒主要用于水中，壁厚8～10cm，钻孔完成一般不取出，而与桩身混凝土浇筑在一起，桩身范围以上的护筒，可取出再用。

（2）护筒的作用　固定钻孔位置；开始钻孔时对钻头起导向作用；保护孔口防止孔口土层坍塌；隔离孔内孔外表层水，并保持钻孔内水位高出施工水位以产生足够的静水压力稳固孔壁。

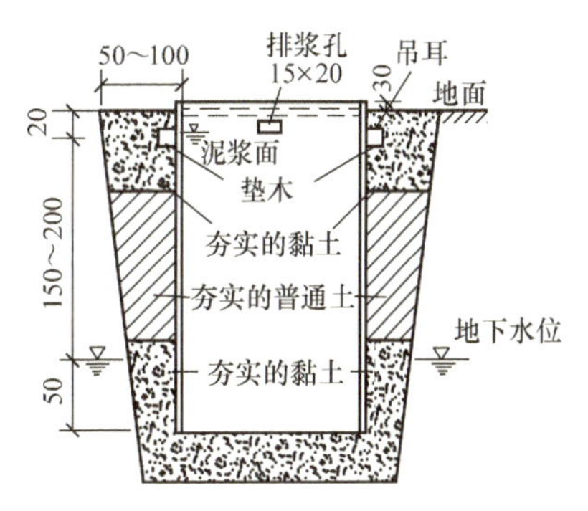

图7-26　埋设护筒示意图（单位：cm）

（3）埋设护筒要点及注意事项

1）护筒平面位置应埋设正确，偏差不宜大于50mm。

2）护筒顶标高应高出地下水位和施工最高水位1.5～2.0m。无水地层钻孔因护壁顶部设有溢浆口，筒顶也应高出地面0.2～0.3m。

3）护筒底应低于施工最低水位（一般低于0.1～0.3m即可）。深水下沉埋设的护筒应沿导向架借自重、射水、振动或锤击等方法将护筒下沉至稳定深度。入土深度：黏性土应达到0.5～1m，砂性土则为3～4m。

4）下埋式及上埋式护筒挖坑不宜太大（一般比护筒直径大0.1～0.6m），护筒四周应夯填密实的黏土，护筒应埋置在稳固的黏土层中，否则应换填黏土并密实，其厚度一般为0.50m。

5）护筒内径应比桩径大200～400mm。

3. 拌制泥浆

钻孔中加入泥浆是防止塌孔的主要措施之一。

（1）泥浆的作用　泥浆具有保护孔壁、防止坍孔的作用，同时在泥浆循环过程中还可携沙，并对钻头具有冷却润滑作用。在钻孔过程中，为防止孔壁坍塌，在孔内注入高塑性黏土或膨润土和水拌和的泥浆，也可利用钻削下来的黏性土与水混合自造泥浆保护孔壁。同时这种护壁泥浆与钻孔的土屑混合，边钻边排出泥浆，同时进行孔内补浆。当钻孔达到规定深度后，进行孔底清渣，然后安放钢筋笼，在泥浆下灌注混凝土而成桩。

（2）泥浆比重　对泥浆比重有一定的要求。泥浆太稀，排渣能力会受到影响，护壁效果也有所降低；泥浆太稠又会削弱钻头冲击功能，降低钻进速度。钻孔中的泥浆，其比重在一般地层以1.1～1.3为宜，在松散易坍的地层以1.4～1.6为宜。

（3）泥浆的制备　泥浆由黏土与水拌和而成，一般选择塑性指数大于17的黏土。当缺少适宜的黏土时，可用较差的黏土，并掺入部分塑性指数大于25的黏土。若采用砂黏土时，其塑性指数不宜小于15，其中大于0.1mm的颗粒不宜超过6%。循环泥浆含砂率不得超过8%。

（4）泥浆的搅拌　泥浆用泥浆搅拌机或人工调和而成。调好的泥浆贮存在泥浆池内，用泥浆泵泵入钻孔内。为了节省黏土，利用从排浆孔排出的泥浆，经排泥沟排至沉淀池，将钻渣等杂质沉淀后，泥浆再流入泥浆池内，并补充清水再拌和泥浆。

4. 安装钻机或钻架

钻架是钻孔、吊放钢筋笼、灌注混凝土的支架。在钻孔过程中，成孔中心必须对准桩位中心，钻机（架）必须保持平稳，不发生位移、倾斜和沉陷。

钻机（架）安装就位时，应详细测量，底座应用枕木垫实塞紧，顶端应用缆风绳固定平稳，并在钻进过程中经常检查。

（二）钻机成孔

钻孔桩施工的主要设备是钻机，根据钻进方式不同，可分为冲击法、冲抓法和旋转法。

1. 冲击钻进成孔

利用钻锥（重1.0～3.5t）不断地提锥、落锥反复冲击孔底土层，把土层中泥沙、石块挤向四壁或打成碎渣，钻渣悬浮于泥浆中，利用掏渣筒取出，重复上述过程即为冲击钻进成孔。该法适用于含有漂卵石、大块石的土层及岩层，也能用于其他土层。冲击钻进成孔法的成孔深度一般不宜大于50m。不过它的成孔速度较慢。由于钻渣沉在孔底影响钻进效果，所以要用泥浆浮起钻渣，再用特制的出渣筒（见图7-27）或用管形钻头将钻渣抽出孔外。

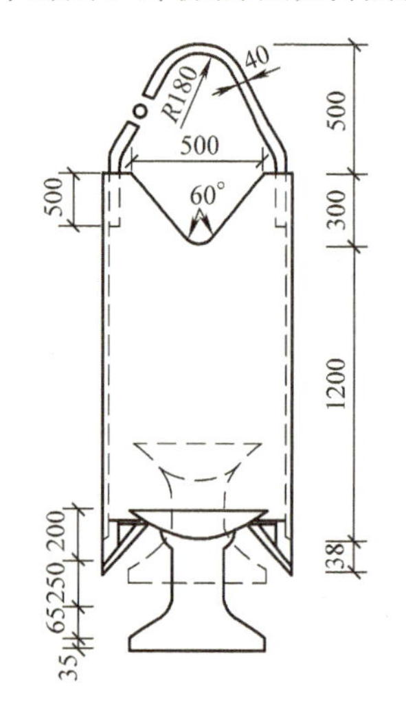

图7-27　出渣筒

2. 冲抓钻进成孔

冲抓钻进成孔是利用冲抓锥张开的锥瓣向下冲击切入土石中，收紧锥瓣将土石抓入锥中，提升出孔外卸去土石，然后再向孔内冲击抓土，如此循环钻进的成孔方法。适用于较松或紧密黏性土、砂性土及夹有碎卵石的砂砾土层，成孔深度一般小于30m。

3. 旋转钻进成孔

旋转钻进成孔是利用钻具的旋转切削土体钻进，并同时采用循环泥浆的方法护壁排渣。旋转钻进成孔按泥浆循环的程序不同分为正循环和反循环两种施工工艺。

（1）正循环（见图7-28）　即在钻进的同时，泥浆泵将泥浆压进泥浆笼头，通过钻杆中心从钻头喷入钻孔内，泥浆挟带钻渣沿钻孔上升，从护筒顶部排浆孔排出至沉淀池，钻渣在此沉淀而泥浆仍进入泥浆池循环使用。正循环成孔设备简单，操作方便，工艺成熟，当孔深不太深，孔径小于800mm时钻进效率高。当桩径较大时，钻杆与孔壁间的环形断面较大，泥浆循环时返流速度低，排渣能力弱。如使泥浆返流速度增大到0.20～0.35m/s，则泥浆泵的排出量要求很大，有时难以达到，此时不得不提高泥浆的相对密度和黏度。但如果泥浆密度过大，稠度大，则难以排出钻渣，孔壁泥皮厚度大，影响成桩和清孔。

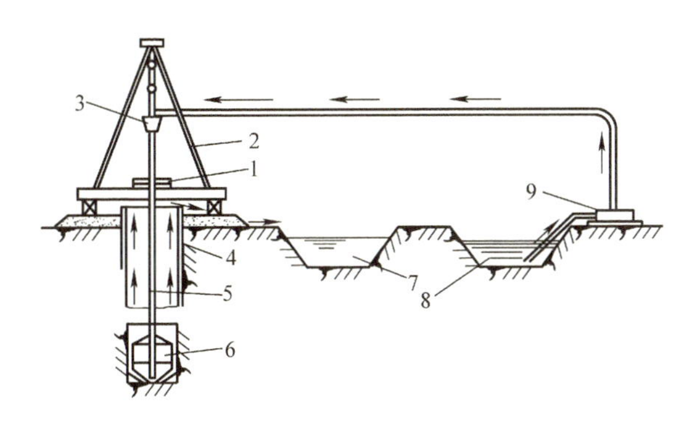

图 7-28　正循环旋转钻孔

1—钻机　2—钻架　3—泥浆笼头　4—护筒　5—钻杆　6—钻头　7—沉淀池　8—泥浆池　9—泥浆泵

（2）反循环　这是利用泥浆从钻杆与孔壁间的环状间隙流入孔内，来冷却钻头并携带沉渣由钻杆内腔返回地面的一种钻进工艺。反循环的特点：由于钻杆内腔断面积比钻杆与孔壁间的环状断面积小得多，因此，泥浆的上返速度大，一般可达 2 ~3m/s，因而可以提高排渣能力，减少钻渣在孔底重复破碎的机会，能大大提高成孔效率。但该法在接长钻杆时装卸较麻烦。如钻渣粒径超过钻杆内径（一般为 120mm）堵塞管路，则不宜采用。

4. 钻孔注意事项

在钻孔过程中应防止坍孔、孔形扭歪或孔斜、钻孔漏水、钻杆折断，甚至把钻头埋住或掉进孔内等事故。

1）在钻孔过程中，始终要保持孔内外既定的水位差和泥浆稠度，以起到护壁固壁作用，防止坍孔。

2）在钻孔过程中，应根据土质等情况控制钻进速度、调整泥浆稠度，以防止坍孔及钻孔偏斜、卡钻和旋转钻机负荷超载等情况发生。

3）钻孔宜一气呵成，不宜中途停钻以避免坍孔。若坍孔严重应回填重钻。

4）钻孔过程中应加强对桩位、成孔情况的检查工作。终孔时应对桩位、孔径、形状、深度、倾斜度及孔底土质等情况进行检验，合格后立即清孔、吊放钢筋笼、灌注混凝土。

5. 钻孔中常见的施工事故及预防与处理措施

钻孔中常见的施工事故及预防与处理措施见表 7-13。

（三）终孔检查和清孔

钻孔达到设计标高，须经检查和清渣后才能下钢筋笼、浇筑混凝土。

1. 终孔检查

钻孔达到要求的深度后，应对孔深、孔径、孔位和孔形等进行检查，并将检查结果记录完整。为了防止孔内下不去钢筋笼，须先检查孔形。检查器是由钢筋弯制成的圆柱体，高约 2m，直径与桩径相同。检查时，用钢丝绳吊着检查器放入孔内，看圆柱体能否顺利到达孔底，如有障碍，应做处理，严重的要用钻机修孔。

表7-13 钻孔中常见的施工事故及预防与处理措施

事故种类	原因分析	预防与处理措施
坍孔	1. 护筒埋置太浅，周围封填不密实而漏水 2. 操作不当，如提升钻头、冲击（抓）锥或掏渣筒倾倒，或放钢筋骨架时碰撞孔壁 3. 泥浆稠度小，起不到护壁作用；泥浆水位高度不够，对孔壁压力小 4. 向孔内加水时流速过大，直接冲刷孔壁；在松软砂层中钻进，进尺太快	1. 孔口坍塌时，可拆除护筒，回填钻孔、重新埋设护筒再钻 2. 轻度坍孔，可加大泥浆相对密度和提高水位 3. 严重坍孔，投入黏土泥膏（或纤维素），待孔壁稳定后采用低速钻进 4. 汛期或潮汐地区水位变化过大时，应采取升高护筒，增加水头或用虹吸管等措施保证水头相对稳定 5. 提升钻头、下钢筋笼架保持垂直，尽量不要碰撞孔壁 6. 在松软砂层钻进时，应控制进尺速度，且用较好泥浆护壁 7. 坍塌情况不严重时，可回填至坍孔位置以上1～2m，加大泥浆比重继续钻进 8. 如遇流砂坍孔情况严重，可用砂夹黏土或小砾石夹黏土，甚至块片石加水泥回填，再行钻进
钻孔偏斜	1. 桩架不稳，钻杆导架不垂直，钻机磨耗，部件松动 2. 土层软硬不匀，致使钻头受力不匀 3. 钻孔中遇有较大孤石或探头石 4. 扩孔较大处，钻头摆偏向一方 5. 钻杆弯曲，接头不正	1. 将桩架重新安装牢固，并对导架进行水平和垂直校正，检修钻孔设备 2. 偏斜过大时，填入石子黏土，重新钻进，控制钻速，慢速提升、下降，往复扫孔纠正 3. 如有探头石，宜用钻机钻透，用冲孔机时用低锤击密，把石打碎，基岩倾斜时，可用混凝土填平，待凝固后再钻
卡钻	1. 孔内出现梅花孔、探头石、缩孔等未及时处理 2. 钻头被坍孔落下的石块或误落入孔内的大工具卡住 3. 入孔较深的钢护筒倾斜或下端被钻头撞击严重变形 4. 钻头尺寸不统一，焊补的钻头过大 5. 下钻头太猛，或吊绳太长，使钻头倾斜卡在孔壁上	1. 对于向下能活动的上卡可用上下提升法处理，即上下提动钻头，并配以将钢丝绳左右拔移，旋转 2. 上卡时还可用小钻头冲击法处理 3. 对于下卡和不能活动的上卡，可采用强提法处理，即除用钻机上卷扬机提拉外，还采用滑车组、杠杆、千斤顶等设备强提
掉钻	1. 卡钻时强提强拉、操作不当，使钢丝绳或钻杆疲劳断裂 2. 钻杆接头不良或滑丝 3. 电动机接线错误，使不应反转的钻机反转钻杆松脱	1. 卡钻时应设有保护绳子才准强提，严防钻头空打 2. 经常检查钻具、钻杆、钢丝绳和联结装置 3. 掉钻后可采用打捞叉、打捞钩、打捞活套、偏钩和钻锥平钩等工具打捞
扩孔及缩孔	1. 扩孔是因孔壁坍塌而造成的 2. 缩孔原因有三种：钻锥补焊不及时；磨耗后的钻锥直径缩小；地层中有软塑土，遇水膨胀后使孔径缩小	1. 如扩孔不影响进尺，则可不必处理，如影响钻进，则按坍孔事故处理 2. 对缩孔可采用上下反复扫孔的方法扩大孔径

2. 清孔

清孔目的是除去孔底沉淀的钻渣和泥浆，以保证灌注桩质量，保证桩的承载力。清孔方法有：

（1）抽浆清孔　用空气吸泥机吸出含钻渣的泥浆而达到清孔，适用于孔壁不易坍塌的各种钻孔方法的柱桩和摩擦桩，一般用反循环钻机、空气吸泥机、水力吸泥机或真空吸泥泵等进行。

（2）掏渣清孔　适用于冲击、冲抓成孔的摩擦桩或不稳定的土层。终孔后用抽渣筒清孔，直至抽出的泥浆无2~3mm大的颗粒，且其比重在规定指标之内。

（3）换浆清孔　适用于旋转法造孔。正循环旋转终孔后，停止进尺，将钻头提离孔底10~20cm空转，以保持泥浆正常循环，同时压入符合规定标准的泥浆，换出孔内比重大的泥浆，使含砂率逐步减少，直至稳定状态。换浆时间一般为4~6h。

反循环旋转钻机清孔。终孔后须将钻头稍稍提起，使其空转清孔，对于嵌岩桩，可向孔内注入清水，由反循环钻机将孔内泥浆抽尽。由于反循环使用的真空泵抽渣力量较大，故适用于在较稳定的土层中钻孔时清孔。此法清孔10~15min即可完成。

清孔时应注意的事项：不论采用何种清孔方法，在清孔排渣时，必须注意保持孔内水头，防止坍孔。此外，无论采用何种方法清孔，清孔后应从孔底提出泥浆试样，进行性能指标试验，试验结果应符合规定。灌注水下混凝土前，孔底沉淀土厚度应符合规定。不得用加深钻孔深度的方式代替清孔。

（四）钢筋吊放安装

钻孔桩的钢筋应按设计要求预先焊成钢筋骨架，长桩骨架宜分段制作，分段长度应根据吊装条件确定，应确保不变形，接头应错开。整体或分段就位，骨架顶端应设置吊环，吊入钻孔。

吊放时应避免骨架碰撞孔壁，并保证骨架外混凝土保护层厚度，应随时校正骨架位置。在骨架外侧设置控制保护层厚度的垫块，其间距竖向为2m，横向圆周不得少于4处。

钢筋骨架达到设计标高后，即将骨架牢固定位于孔口，立即灌注混凝土。

（五）钻孔质量检验

钻孔质量检验和质量标准见本单元任务4。

（六）浇筑水下混凝土

1. 灌注混凝土的要求

混凝土的配合比按设计强度提高20%进行设计；混凝土应有必要的流动性，宜在180~220mm范围内；每立方米混凝土的水泥用量不少于350kg，水胶比宜用0.5~0.6，并可适当提高含砂率（宜采用40%~50%），使混凝土有较好的和易性；为防卡管，石料尽可能用卵石，适宜粒径为5~30mm，最大粒径不应超过40mm。

2. 混凝土浇筑

为了随时掌握钻孔内混凝土顶面的实际高度，可用测绳和测深锤直接测定其高度。测深锤一般用锥形锤，锤底直径15cm左右，高20cm，重量为5kg，外壳可用钢板焊制，内装铁砂配重后密封。为保证灌注桩成桩后的质量，现在可用超声波法等进行无损检测。

3. 灌注水下混凝土注意事项

灌注水下混凝土的搅拌机能力，应能满足桩孔在规定时间内灌注完毕。灌注时间不得长于首批混凝土初凝时间。若估计灌注时间长于首批混凝土初凝时间，则应掺入缓凝剂。混凝土拌合物应有良好的和易性，在运输和灌注过程中应无显著离析、泌水现象。混凝土拌合物运至灌注地点时，应检查其均匀性和坍落度等，如不符合要求，应进行第二次拌和，二次拌和后仍不符合要求时，不得使用。首批灌注混凝土的数量应能满足导管首次埋置深度（≥1.0m）和填充导管底部的需要。首批混凝土拌合物下落后，混凝土应连续灌注。在灌注过程中，导管的埋置深度宜控制在2~6m。在灌注过程中，应经常测探井孔内混凝土面的位置，及时地调整导管埋深。为防止钢筋骨架上浮，当灌注的混凝土顶面距钢筋骨架底部1m左右时，应降低混凝土的灌注速度。当混凝土拌合物上升到骨架底口4m以上时，提升导管，使其底口高于骨架底部2m以上，即可恢复正常灌注速度。灌注的桩顶标高应比设计高出一定高度，一般为0.5~1.0m，以保证混凝土强度，多余部分接桩前必须凿除，残余桩头应无松散层。在灌注将近结束时，应核对混凝土的灌入数量，以确定所测混凝土的灌注高度是否正确。

4. 灌注中发生的故障及处理方法

（1）初灌导管进水　首批混凝土拌合物下落后，导管进水，应将已灌注的拌合物用吸泥机（可用导管作吸泥管）全部吸出，再针对进水的原因，改正操作工艺或增加首批拌合物储量，重新灌注。

（2）中期导管进水　多在提升导管且底口超出已灌混凝土拌合物表面时发生。遇到该种故障时，可依次将导管拔出，用吸泥机或潜水泥浆泵将原灌混凝土拌合物表面的沉淀土全部吸出，将装有底塞的导管压重插入原混凝土拌合物表面下2.5m深处，然后在无水导管中继续灌注，将导管提升0.5m，继续灌注的拌合物即可冲开导管底塞流出。

（3）初灌导管堵塞　多因隔水硬球栓或硬柱塞不符合要求被卡住而产生。可采用长杆冲捣，或用附着于导管外侧的振动器振动导管，或提升导管迅速下落振冲，或用钻杆上加配重冲击导管内混凝土。若上述方法无效，应提出导管，取出障碍物，重新改用其他隔水设施灌注。

（4）中期导管堵塞　多因灌注时间过长，表层混凝土拌合物已初凝产生；或因某种故障，拌合物在导管内停留过久而发生堵塞。处理方法是将导管连同堵塞物一齐拔出，若原灌混凝土表层尚未初凝，可用新导管插入原灌拌合物内2m深，用潜水泥浆泵下入导管孔底，将底部水泵出，再用圆杆接长的小掏渣筒下入管底，升降多次将残余渣土掏除干净，然后在新导管内继续灌注，但灌注结束后，此桩应作为断桩予以补强。

（5）埋管　灌注过程中导管提升不动，或灌注完毕导管拔不出，统称埋管。常因导管埋置过深所致。若已成埋管故障，宜插入一直径稍小的护筒至已灌混凝土中，用吸泥机吸出混凝土表面上泥渣，派潜水工下至混凝土表面在水下将导管齐混凝土面切断，拔出安全护筒，重新下导管灌注，此桩灌注完成后，上下断层间应按照桩身补强方法予以补强。若桩径过小，潜水工无法下去工作，可在吸出混凝土表面上泥渣后，采用输送管直径100~150mm且水下连接一段钢管的混凝土泵，泵送余下的桩身混凝土。

（6）混凝土严重离析　多由导管漏水引起水浸、地下水渗流等造成。预防方法：控制灌注的混凝土拌合物符合规定要求；灌注前应严格检验导管的水密性，灌注中应注意防止导管内发生高压气囊；在承压地下水地区应测验地下水的压力高度和渗流速度，当其速度超过12m/min时，应注意在此地区进行钻孔灌注的施工措施。此种事故多在桩身质量检验时发现，应按照桩身补强方法进行处理。

（7）灌注坍孔　大的坍孔表征与钻孔期间近似，可用测深仪或测锤探测，如探头达不到混凝土面高程时即可证实发生坍孔。产生原因是：①护筒底脚漏水；②潮汐区未保持所需水头；③地下水压超过孔内水压；④孔内泥浆相对密度、黏度过低；⑤孔口周围堆放重物或受机械振动。如坍塌数量不大，采取措施后可用吸泥机吸出混凝土表面坍塌的泥土，如不继续坍孔，可恢复正常灌注。如坍孔仍不停止，且有扩大之势，应将导管和钢筋骨架拔出，将孔内用黏土或掺入5%～8%的水泥填满，待数日后孔位周围地层已稳定时，再钻孔施工。

（8）钢筋骨架上升　除去一般被勾挂上升的原因外，主要是由于混凝土拌合物冲出导管底口后向上的顶托力造成的。为防止钢筋骨架上浮，当灌注的混凝土顶面距钢筋骨架底部1m左右时，应降低混凝土的灌注速度。当混凝土拌合物上升到骨架底口4m以上时，提升导管，使其底口高于骨架底部2m以上，即可恢复正常灌注速度。辅助方法是将钢筋骨架顶端焊固在护筒上，或将钢筋骨架中4根主筋伸长至桩孔底；当设计许可时，骨架下端2m范围内的箍筋间距布置应大一些。

（9）灌短桩头　灌注结束后，桩头高程低于设计高程，属桩头灌短事故。多由灌注过程中，孔壁断续发生小坍方，施工人员未发觉，未处理，测锤达不到混凝土表面造成。预防方法是：灌注的桩顶标高应比设计高出一定高度，一般为0.5～1.0m，以保证混凝土强度，多余部分接桩前必须凿除，残余桩头应无松散层。在灌注将近结束时，应核对混凝土的灌入数量，以确定所测混凝土的灌注高度是否正确。事故已发生时，可依照处理埋管的办法，插入一直径稍小护筒，深入原灌混凝土内，用吸泥机吸出坍方土和沉淀土，拔出小护筒，重新下导管灌注，此桩灌注完成后，上下断层间应予以补强。

（七）灌注桩的补强方法与技术要求

1）钻孔灌注桩经桩身质量检测后，如发现有夹层断桩、混凝土严重离析、空洞等事故，经设计代表及监理工程师的同意后进行补强处理。

2）可采用压入水泥浆补强。先钻两小孔，分别作压浆和出浆用。深度应达补强处以下1m，对于柱桩应达基岩。

3）用高压水泵向孔内压入清水，使夹层泥渣从出浆孔被冲洗出来。

4）用压浆泵先压入水胶比为0.8的纯水泥浆，进浆口应用麻絮填堵在铁管周围，待孔内原有清水从另一孔全部压出来之后，再用水胶比0.5的浓水泥浆（宜用强度等级52.5的水泥）压入。

5）浓浆压入时应使其充分扩散，当浓浆从出浆口冒出时停止压浆，用碎石将出浆口封填，并以麻袋堵实。

6）最后再用水胶比0.4的水泥浆压入，压力增大到0.7～0.8MPa时关闭进浆阀，稳压压浆20～25min，压浆补强工作结束。

7）待水泥浆硬化后，应再钻孔取芯检查补强效果。

三、沉管灌注桩施工

沉管灌注桩依据使用桩锤和成桩工艺不同，分为锤击沉管灌注桩、振动沉管灌注桩、静压沉管灌注桩、振动冲击灌注桩和沉管夯扩灌注桩等。

1. 工艺流程（见图7-29）

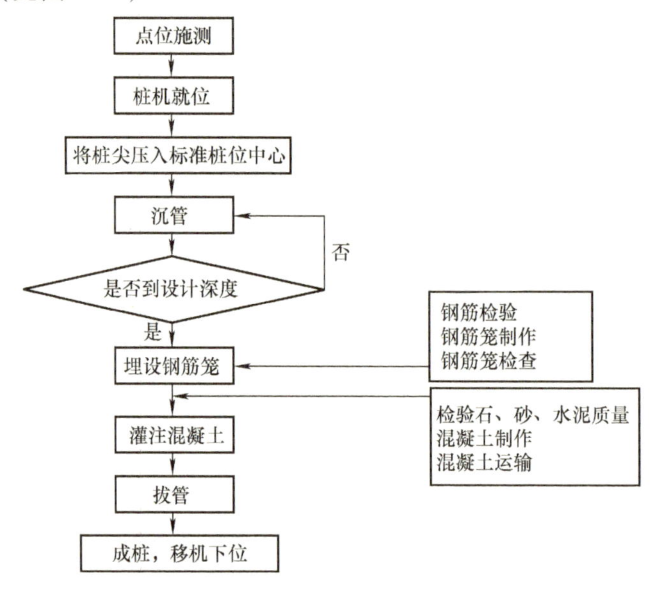

图7-29　沉管灌注桩施工工艺

2. 操作工艺

1）桩机就位时，应垂直、平稳地架设在打（沉）桩部位，桩锤（振动箱）应对准工程桩位。同时，在桩架或套管上标出控制深度标记以便在施工中进行套管深度观测。

2）采用活瓣式桩尖时，应先将桩尖活瓣用麻绳或钢丝捆紧合拢，活瓣间隙应紧密。当桩尖对准桩基中心，并核查高速套管垂直度后，利用锤击及套管自重将桩尖压入。

3）采用预制混凝土桩尖时，应先在桩基中心预埋好桩尖，在套管下端与桩尖接触处垫好缓冲材料。桩机就位后，吊起套管，对准桩尖，使套管、桩尖、桩锤在一条垂线上，利用锤重及套管自重将桩尖压入土中。

4）成桩施工顺序：一般从中间开始，向两侧边或四周进行；对于群桩基础或桩的中心距小于或等于3.5d（d为桩径）时，应间隔施打，中间空出的桩，须待邻桩混凝土达到设计强度的50%后，方可施打。

5）开始沉管时应轻击慢振。锤击沉管时，可用收紧钢绳加压或加配重的方法提高沉管速率。当水或泥浆有可能进入桩管时，应事先在管内灌入1.5m左右的封底混凝土。

6）应按设计要求和试桩情况，严格控制沉管最后贯入度。锤击沉管应测量最后两阵10击贯入度；振动沉管应测量最后两个2min贯入度。

7）在沉管过程中，如出现套管快速下沉或套管沉不下去的情况，应及时分析原因，进行处理。如快速下沉是因桩尖穿过硬土层进入软土层引起的，则应继续沉管作业。如沉不下去是因桩尖顶住孤石或遇到硬土层引起的，则应放慢沉管速度（轻锤低击或慢振），待越过障碍后再正常沉管。如仍沉不下去或沉管过深，最后贯入度不能满足设计要求，则应核对地质资料，会同建设单位研究处理。

8）钢筋笼的吊放：通长的钢筋笼在成孔完成后埋设，短钢筋笼可在混凝土灌至设计标高时再埋设。埋设钢筋笼时要对准管孔，垂直缓慢下降。在混凝土桩顶采取构造连接插筋时，必须沿周围对称均匀垂直插入。

9）每次向套管内灌注混凝土时，如用长套管成孔短桩，则一次灌足；如成孔长桩，则第一次应尽量灌满。混凝土坍落度宜为6～8cm，配筋混凝土坍落度宜为8～10cm。

10）灌注时充盈系数（实际灌注混凝土量与理论计算量之比）应不小于1。一般土质为1.1；软土为1.2～1.3。在施工中可根据不同土质的充盈系数，计算出单桩混凝土需用量，折合成料斗浇灌次数，以核对混凝土实际灌注量。当充盈系数小于1时，应采用全桩复打；对于断桩及缩颈桩可局部复打，即复打超过断桩或缩颈桩1m以上。

11）桩顶混凝土一般宜高出设计标高200mm左右，待以后施工承台时再凿除。如设计有规定，应按设计要求施工。

12）每次拔管高度应以能容纳吊斗一次所灌注混凝土为限，并边拔边灌。在任何情况下，套管内应保持不少于2m高度的混凝土，并按沉管方法不同分别采取不同的方法拔管。在拔管过程中，应有专人用测锤或浮标检查管内混凝土下降情况，一次不应拔得过高。

13）锤击沉管拔管方法是：套管内灌入混凝土后，拔管速度均匀，对一般土层不宜大于1m/min；对软弱土层及软硬土层交界处不宜大于0.8m/min。采用倒打拔管的打击次数，单动汽锤不得少于70次/min，自由落锤轻击（小落距锤击）不得少于50次/min。在管底未拔到桩顶设计标高之前，倒打或轻击不得中断。

14）振动沉管拔管方法可根据地基土具体情况，分别选用单打法或反插法进行。

① 单打法：适用于含水量较小土层，系在套管内灌入混凝土后，再振再拔，如此反复，直至套管全部拔出。单打法在一般土层中拔管速度宜为1.2～1.5m/min，在软弱土层中不宜大于0.8m/min。

② 反插法：适用于饱和土层，当套管内灌入混凝土后，先振动再开始拔管，每次拔管高度为0.5～1m，反插深度0.3～0.5m，同时不宜大于活瓣桩尖长度的2/3。反插法拔管过程应分段添加混凝土，保持管内混凝土面始终不低于地表面，或高于地下水位1～1.5m以上。反插法拔管速度控制在0.5m/min以内。在桩尖接近持力层处约1.5m范围内，宜多次反插，以扩大桩底端部面积。当穿过淤泥夹层时，适当放慢拔管速度，减少拔管和反插深度。反插法易使泥浆混入桩内造成夹泥桩，施工中应慎重采用。

15）套管成孔灌注桩施工时，应随时观测桩顶和地面有无水平位移及隆起，必要时应采取措施进行处理。

16）桩身混凝土浇筑后有必要复打的，必须在原桩混凝土未初凝前在原桩位上重新安装桩尖，第二次沉管。沉管后每次灌注混凝土应达到自然地面高，不得少灌。拔管过程中应及时清除桩管外壁和地面上的污泥。前后两次沉管的轴线必须重合。

四、人工挖孔灌注桩施工

人工挖孔灌注桩适用于无地下水或少量地下水，且较密实的土层或风化岩层。桩的直径（或边长）不宜小于1.4m，孔深一般不宜超过20m。若孔内产生的空气污染物超过规定的浓度限值时，必须采用通风措施。人工挖孔灌注桩施工如图7-30所示。

人工挖孔桩的优点：

1）施工工艺和设备比较简单。

2）质量好，不卡钻，不断桩，不塌孔，绝大多数情况下无须浇筑水下混凝土，桩底无沉淀浮泥，易于扩大桩尖，提高桩身支承力。

3）速度快，无须重大设备（如钻机等），容易多孔平行施工，加快工程进度。

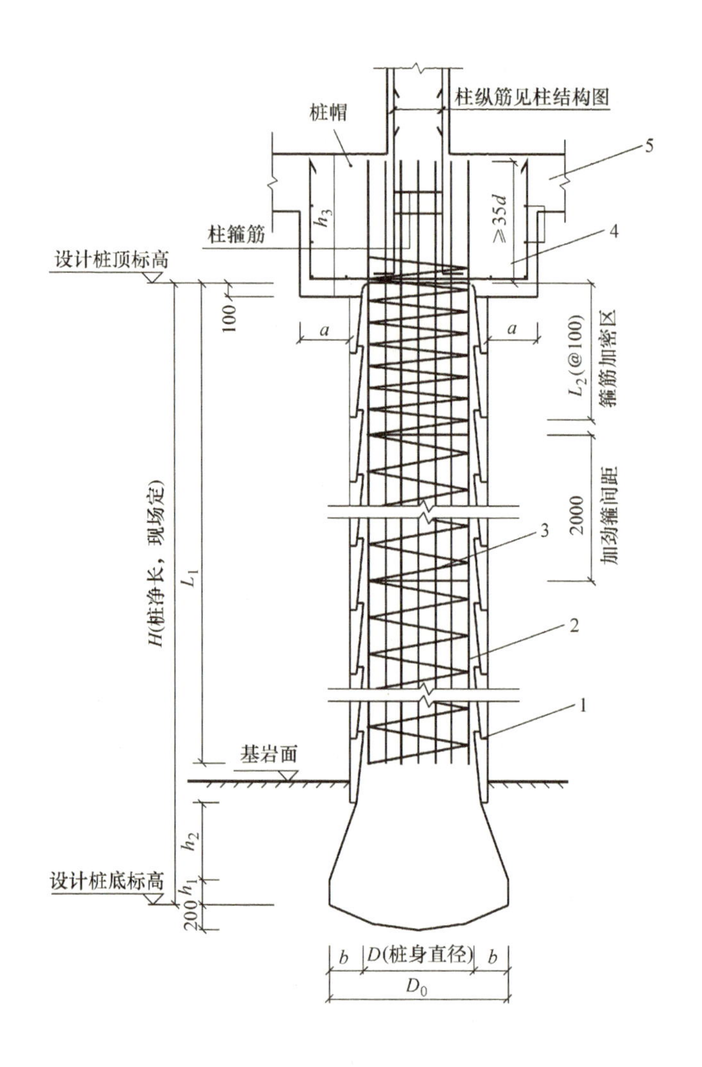

图7-30 人工挖孔灌注桩施工

1—护壁 2—主筋 3—箍筋 4—承台 5—地梁

4）成本低，比钻孔灌注桩可降低30%～40%。

（一）人工挖孔桩施工工艺

每一桩孔开挖、提升出土、排水、支撑、立模板、吊装钢筋骨架、灌注混凝土等作业都应事先准备好，配合紧密。人工挖孔灌注桩施工工艺如下：

1. 施工准备

平整场地，清除现场四周杂物、浮土等，做好孔口四周临时围护和排水设备。准备提升设备，布置好出渣道路，合理堆放材料和机具，以免增加孔壁压力，影响施工。孔口周围须用木料、型钢或混凝土制成框架或围圈予以围护，其高度应高出地面20～30cm，防止土、石、杂物落入孔内伤人。若孔口地层松软，为防止孔口坍塌，应在孔口用混凝土护壁，高约2m。

2. 开挖桩孔

开挖之前应检查孔口周边，排除一切不安全的因素，孔口应采取措施防止土石掉入孔内，并安装排土提升设备（卷扬机或木绞车等），必要时孔口应搭雨棚。

挖孔过程中要随时检查桩孔尺寸和平面位置，防止误差。注意施工安全，下孔人员必须佩戴安全帽和安全绳，提取土渣的机具必须经常检查。孔深超过 10m 时，应经常检查孔内二氧化碳浓度，如超过 0.3% 应增加通风措施。

3. 护壁和支撑

开挖和护壁两个工序必须连续作业，以确保孔壁不坍。应根据地质、水文条件、材料来源等情况因地制宜选择支撑及护壁方法。

桩孔较深，土质较差，出水量较大或遇流砂等情况时，宜采用就地灌注混凝土护壁，每下挖 1 ~ 2m 灌注一次，随挖随支。护壁厚度一般采用 0.15 ~ 0.20m，混凝土为 C15 ~ C20，必要时可配置少量的钢筋，也可采用下沉预制钢筋混凝土圆管护壁。

如土质较松散而渗水量不大时，可考虑用木料作框架式支撑或在木框架后面铺架木板作支撑。木框架或木框架与木板间应用扒钉钉牢，木板后面也应与土面塞紧。

如土质情况尚好，渗水不大时也可用荆条、竹笆作护壁，随挖随护壁，以保证挖土安全进行。

4. 排水

孔内如渗水量不大，可采用人工排水；渗水量较大，可用抽水机排水。若同一工地有几个桩孔同时施工，可以安排一孔超前开挖，使地下水集中在一孔排除。

5. 吊装钢筋骨架及灌注桩身混凝土

挖孔达到设计深度后，应进行孔底处理。做到孔底表面无松渣、泥、沉淀土。

（二）施工时应注意的问题

1）开挖前，桩位定位应准确，在桩位外设置龙门桩，安装护壁模板时须用桩心校正模板位置，并由专人负责。

2）保证桩孔的平面位置和垂直度。桩孔中心线的平面位置偏差不宜超过 20mm，桩的垂直度偏差不超过 1%，桩径不得小于设计直径。为保证桩孔平面位置和垂直度符合要求，每开挖一段，安装护圈模板时，可用十字架放在孔口上方，对准预先标定的轴线标记，在十字架交叉点悬吊垂球对中，务必使每一段护壁符合轴线要求，以保证桩身的垂直度。

3）防止土壁坍落及流砂。在开挖过程中遇到特别松散的土层或流砂层时，为防止土壁坍落及流砂，可采用钢套管护圈或沉井护圈作为护壁，或将混凝土护圈的高度减小到 300 ~ 500mm。流砂现象严重时可采用井点降水法降低地下水位，以确保施工安全和工程质量。

4）人工挖孔桩混凝土护壁厚度宜不小于 100mm，混凝土强度等级不得低于桩身混凝土强度等级，采用多节护壁时，应用钢筋拉结起来。

5）浇筑桩身混凝土时，应及时清孔及排除井底积水。桩身混凝土宜一次连续浇筑完毕，不留施工缝。浇筑过程中，要防止地下水流入，保证浇筑层表面无积水层，如果地下水穿过护壁流入量较大无法抽干时，应采用导管法浇筑。

任务4 桩基础工程质量验收

问题引出

案例同本单元任务3。

问题：对于桩基础质量如何检测？有哪些方法？

1. 知道桩身检验的质量标准。
2. 知道桩身质量检验的方法。
3. 知道桩身强度与单桩承载力检验的方法。

桩基础工程质量检测方法主要有直观检测（主要检验桩身完整性）、辐射能检测（主要检测桩基完整性）、静力检验（主要估算单桩承载力）、动力检测（具有检验桩身完整性和单桩承载力的功能）等。通常均涉及下述三方面内容。

一、桩的几何受力条件检验

桩的几何受力条件主要是指桩位的平面布置、桩身倾斜度、桩顶和桩底标高等，要求这些指标在容许误差的范围之内。例如，桩的中心位置误差不宜超过50mm，桩身的倾斜度应不大于1/100等，以确保桩在符合设计要求的受力条件下正常工作。

二、桩身质量检验

桩身质量检验是指对桩的尺寸、构造及其完整性进行检测，验证桩的制作或成桩的质量。

沉桩（预制桩）制作时应对桩的钢筋骨架、尺寸、混凝土强度等级和浇筑方面进行检测。检测的项目有主筋间距、箍筋间距、吊环位置与露出桩表面的高度、桩顶钢筋网片位置、桩尖中心线、桩的横截面尺寸和桩长、桩顶平整度及其与桩轴线的垂直度、钢筋保护层厚度等。

钻孔灌注桩的尺寸取决于钻孔的大小，桩身质量与施工工艺有关。因此桩身质量检验应对钻孔、成孔与清孔、钢筋笼制作与安放、水下混凝土配制与灌注等过程进行质量监测与检查。检测的项目有孔径、孔深、孔内沉淀土厚度、钢筋笼位置等。钻孔质量检验和质量标准见表7-14。

表7-14 钻孔质量检验和质量标准

项目	质量检验和质量标准
质量检验	1. 钻、挖孔在终孔和清孔后，应进行孔位、孔深检验 2. 孔径、孔形和倾斜度宜采用专用仪器测定，当缺乏专用仪器时，可将外径为钻孔桩钢筋笼直径加100m（不得大于钻头直径），长度为4～6倍外径的钢筋检孔器吊入钻孔内检测

（续）

项目	质量检验和质量标准		
成孔质量标准	序号	项目	允许偏差
	1	孔的中心位置/mm	群桩：100；单桩：50
	2	孔径/mm	不小于设计桩径
	3	倾斜度	钻孔：小于1%；挖孔：小于0.5%
	4	孔深	摩擦桩：不小于设计规定 支承桩：比设计深度超深不小于50mm
	5	沉淀厚度/mm	摩擦桩：符合设计要求。当设计无要求时，对于直径≤1.5m的桩，≤300mm；对桩径>1.5m或桩长>40m或土质较差的桩，≤500mm 支承桩：不大于设计规定
	6	清孔后泥浆指标	相对密度：1.03～1.10 黏度：17～20Pa·s 含砂率：<2% 胶体率：>98%
	注：清孔后的泥浆指标，是从桩孔的顶、中、底部分别取样检验的平均值。本项指标的测定，限指大直径桩或有特定要求的钻孔桩。		

钻孔灌注桩桩身结构完整性检验方法很多，常用的有低应变反射波法和钻芯检验法等。其中低应变反射波法是指在桩顶施加低能量冲击荷载，实测加速度响应时程曲线，运用一维波动理论的时域和频域分析，对被检桩的完整性进行评价的检测方法。以下对低应变反射波法加以介绍。

（一）适用范围

检测桩身混凝土的完整性（见表7-15），判定桩身缺陷位置及影响程度，推定缺陷类型及其在桩身中的位置，可以对桩长进行校核，对桩身混凝土强度等级做出估计。

表7-15　桩身混凝土的完整性

类别	完整性状况	完整性评价
Ⅰ类桩	检测波波形无异常反射，波速正常、桩身完好	桩身完整
Ⅱ类桩	检测波波形有小畸变，波速基本正常、桩身有轻微缺陷、对桩的使用没有影响	基本完整桩
Ⅲ类桩	检测波波形出现异常反射、波速偏低、桩身有明显缺陷、对桩的使用有一定影响	明显缺陷桩
Ⅳ类桩	检测波波形严重畸变、桩身有严重缺陷或断裂	严重缺陷桩或断桩

（二）基本原理

反射波法源于应力波理论，基本原理是在桩顶进行竖向激振，弹性波沿着桩身向下传播，在桩身存在明显波阻抗界面（如桩底、断桩或严重离析等部位）或桩身截面积变化（如缩径或扩径）部位，将产生反射波。

（三）检测仪器与设备

检测系统包括信号采集及处理仪、传感器、激振设备和专用附件。

1. 信号采集及处理仪

信号采集及处理仪应符合下列规定：数据采集装置的模数转换器不得低于12bit；采样间隔宜为10～500μs，可调；单通道采样点不少于1024点；放大器增益大于60dB，可调，线性度良好，其频响范围应满足5～5000Hz。

2. 传感器的性能要求

选用压电式加速度传感器或磁电式速度传感器，频响曲线的有效范围应覆盖整个测试信号的频带范围。

3. 激振设备

根据桩型和检测目的，选择不同材料和质量的力锤，以获得所需的激振频率和能量。

（1）检查设备　激振设备、传感器等，是否连接完好，处于正常工作状态。

（2）桩头处理　要求破除至新鲜坚硬混凝土；顶面干净，贴传感器处及击振点，要求打磨平滑，必要时进行烘干；准备2～4个传感器贴点备用。该检测应在成桩后14天左右进行。

（3）激振　可备用不同重量和材料的击锤击振，用改变初始入射波脉冲宽度或频率成分方式，采集所需波形。

1）一般刚度较小的锤头，入射波脉冲较宽，含低频成分较多，激振能量大，波速衰减较慢，适合于获取长桩深度缺陷或桩端反射信号。

2）刚度较大的锤头，入射波脉冲较窄，高频成分较多，激振能量小，适合于桩身浅部缺陷的识别和定位。

激振时应特别注意：①混凝土灌注桩的激振点宜在桩顶中心部位；②激振锤和激振参数通过现场比对试验选定；③采用力棒时，应自由下落；采用力锤敲击时，作用力方向与桩顶面垂直。

（4）传感器安装

1）采用石膏、黄油等结合剂，粘贴要牢固，并与桩顶垂直。

2）对于混凝土桩：安装在距桩中心1/2～2/3半径处，且距离桩的主筋不宜小于50mm；桩径小于1000mm时，不少于2个测点，桩径大于1000mm时，不少于4个测点。

（5）波形采集

1）每桩检测次数不宜少于3次，必要时可增加测点，以确认检测信号的真实性和一致性。

2）对底返信号较弱波形可适当采取指数放大，以利于识别桩底。

3）波形存盘要有清晰的桩号分类，以免混淆。

4）对疑问桩要及时向施工一线当事人员了解异常情况，并调查施工钻孔及浇筑原始记录。

（6）数据分析　桩身波速确定；桩身缺陷位置计算。

（7）现场检测及注意事项　被测桩测试前应凿去浮浆且平整；判别桩身浅部缺陷，可以同时采用横向激振和水平速度型传感器接收；每根桩必须进行两次及以上的重复测试。

三、桩身强度与单桩承载力检验

桩的承载力取决于桩身强度和地基强度。桩身强度检验除了保证上述桩的完整性外，还要检测桩身混凝土的抗压强度，其预留试块的抗压强度应不低于设计抗压强度，对于水下混凝土抗压强度应高出设计抗压强度 20% 。钻孔桩在凿平桩头后应抽查桩头混凝土质量以检验抗压强度。对于钻孔桩有必要时尚应抽查，钻取桩身混凝土芯样检验。

国内外工程实践证明，用静力检验法测试单桩竖向承载力，尽管检验仪器、设备笨重，造价高，劳动强度大，试验时间长，但迄今为止还是其他任何动力检验法无法替代的基桩承载力检测方法，其试验结果的可靠性也是毋庸置疑的。

对于动力检验法确定单桩竖向承载力，无论是高应变法还是低应变法，均是近几十年来国内外发展起来的新的测试手段，目前仍处于发展和继续完善阶段。对于重要工程、地质条件复杂或成桩质量可靠性较低的桩基工程，均需做单桩承载力的检验。

1. 动测试桩法确定单桩轴向承载力

动测法是指给桩顶施加一动荷载（用冲击、振动等方式施加），量测桩土系统的响应信号，然后分析计算桩的性能和承载力，可分为高应变动测法与低应变动测法两种。

低应变动测法由于施加于桩顶的荷载远小于桩的使用荷载，不足以使桩土间发生相对位移，而只通过应力波沿桩身的传播和反射的原理做分析，可用来检验桩身质量，不宜作桩承载力测定。

高应变动测法一般是以重锤敲击桩顶，使桩贯入，桩土间产生相对位移，从而可以分析对桩的外来抗力和测定桩的承载力，也可检验桩体质量。这主要有锤击贯入法和波动方程法。

（1）锤击贯入法（简称锤贯法）　桩在锤击下入土的难易，在一定程度上反映土对桩的抵抗力。因此，桩的贯入度（桩在一次锤击下的入土深度）与土对桩的支承能力间存在一定的关系，即贯入度大表现为承载力低，贯入度小表现为承载力高；且当桩周土达到极限状态后而破坏，则贯入度将有较大增大。锤贯法根据这一原理，通过不同落距的锤击试验来分析确定单桩的承载力。

测试方法：桩锤落距由低到高（即动荷载由小到大，相当于静载试验中的分级荷载），锤击 8 ~ 12 击，量测每锤的动荷载（可通过动态电阻应变仪和光线示波器测定）和相应的贯入度（可采用大量程百分表，或位移传感器，或位移遥测仪量测）；绘制动荷载和累计贯入度曲线，即 $p_d - s_{ed}$ 曲线或 $\lg p_d - s_{ed}$ 曲线，便可用类似静载试验的分析方法（如明显拐点法）确定单桩轴向受压极限承载力或容许承载力。

试验桩的承载力不宜小于预估的试验桩极限承载力值，故本法适用于中、小型桩，即桩长在 15 ~ 20m、桩径在 500mm 之内的桩。

（2）波动方程法　将打桩锤击看成是杆件的撞击波传递问题，运用波动方程的方法分析打桩的整个力学过程。

2. 静力分析法

静力分析法是根据土的极限平衡理论和土的强度理论，计算桩底极限阻力和桩侧极限摩阻力，即利用土的强度指标计算桩的极限承载力，然后将其除以安全系数从而确定单桩容许承载力。

任务5 其他深基础介绍

上海金茂大厦位于上海浦东陆家嘴，建筑面积约为290000m²、高420.5m，共88层，基础工程开挖面积约20000m²，开挖土方量约310000m³。塔楼的开挖深度为-19.65m，裙房的开挖深度为-15.1m。基坑外围墙的地下连续墙为568延长米，钢筋混凝土支撑总量达11000m³。

问题：该建筑物的基础类型是什么？

1. 了解沉井和地下连续墙基础的施工工艺。
2. 了解沉井和地下连续墙基础的事故及处理。
3. 了解沉井和地下连续墙基础的检测方法。

一、沉井基础

沉井基础是深基础的一种，由于施工中不需要很复杂的机械设备，施工技术也较简单，所以目前在一定条件下，仍常选用这种基础。

沉井是一个无底无盖的井状结构物，常用水泥混凝土或钢筋混凝土先在建筑地点预制好，然后在井孔内不断挖土，井体即可借自重克服外壁与土的摩阻力而不断下沉，故称“沉井”。在下沉过程中，沉井作为坑壁围护结构，起挡土、挡水作用；当沉井沉至设计高度，并经过封底、填芯以后，作为深基础，如图7-31所示。所以沉井既是一种施工方法，又可以说是一种深基础形式。

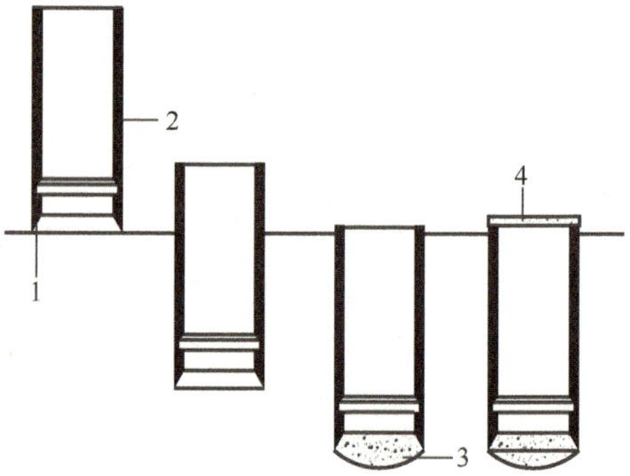

图7-31 沉井的工作原理

a）地面制作 b）挖土下沉 c）封底 d）浇顶盖

1—刃脚 2—井筒 3—封底 4—顶盖

（一）沉井的类型

1. 按使用材料分

制作沉井的材料，可按下沉的深度、作用的大小，结合就地取材的原则选定。基础较浅，承受荷载也不大时，可用石砌或混凝土浇筑，也可将底节沉井用钢筋混凝土浇筑，其余用石砌甚至砖砌。基础较深，荷载较大时，一般用钢筋混凝土沉井或钢沉井，后者在我国用得不多。

2. 按平面形状分

沉井的平面形状多为圆端形和矩形，也有用圆形的。根据平面尺寸的大小，沉井又分单孔、双孔和多孔，双孔和多孔沉井中间设隔墙，如图7-32所示。

3. 按立面形状分

按立面形状分，通常有直筒形（柱形）、锥形和阶梯形三种，如图 7-33 所示。

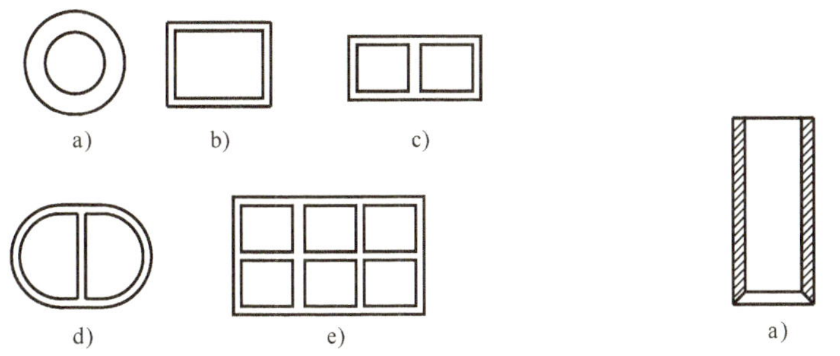

图 7-32　沉井平面形状

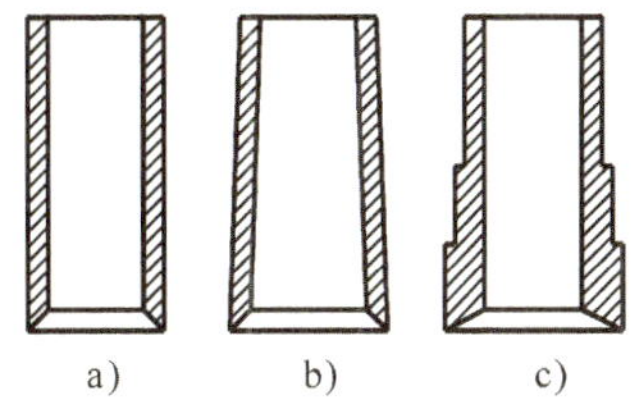

图 7-33　沉井的构造

（二）沉井的组成

沉井由刃脚、井筒、内隔墙、封底与顶盖等几部分组成，如图 7-31 所示。

（1）刃脚　刃脚位于沉井的最下端，形如刀刃，在沉井下沉过程中起切土下沉的作用。刃脚内侧的倾斜面的水平倾角通常为 40°～60°。

（2）井筒　沉井的井筒为沉井的主体，在沉井下沉过程中，井筒是挡土的围壁，应有足够的强度承受四周的土压力和水压力。同时井筒又需要有足够的自重，以克服井筒外壁与土的摩擦阻力和刃脚踏面底部土的阻力，使沉井能在自重作用下徐徐下沉。另一方面，井筒内部的空间要容纳挖土工人或挖土机械在井内工作以及潜水员排除障碍的需要，因此井筒内径应大于或等于 0.9m。

（3）内隔墙　大型沉井通常在沉井内部设置内隔墙，可以增加沉井的刚度。内隔墙把整个沉井分成若干井孔，各井孔分别挖土，便于控制沉降和纠倾处理。

（4）封底　当沉井下沉至设计标高后，需用混凝土封底，以阻止地下水和地基土进入井筒。为使封底的现浇混凝土底板与井筒连接牢固，在刃脚上方井筒的内壁应预先设置一圈凹槽。

（5）顶盖　当沉井作为水泵站等地下结构的空心沉井时，在沉井顶部需做钢筋混凝土顶盖。必要时，在水泵站等空心沉井顶面建造一间房屋作为工作室。

（三）沉井的施工

沉井施工一般步骤如下：

1. 定位放样、平整场地、浇筑底节沉井

（1）定位放样、平整场地　在定位放样以后，应将基础处的地面进行平整和夯实，防止在浇筑沉井时和养护期内出现不均匀沉降，在地上还应铺设厚 0.3～0.5m 的砂垫层。

（2）铺垫木、立底节沉井模板和绑扎钢筋　在砂垫层上先在刃脚处对称地铺设垫木，如图 7-34 所示。垫木一般为枕木或方木，其数量可按垫木底面压力不大于 100kPa 计算。

地面上铺砂垫层，主要是为了在沉井下沉前便于抽除垫木，所以垫木之间的间隙也要用砂填实。然后在上面放出刃脚踏面大样，铺上踏面底模，安放保护刃脚的型钢，立刃脚斜底模、隔墙底模和沉井内模，绑扎钢筋，最后立外模和模板拉杆。为减小下沉时的摩阻力，外模板接触混凝土的一面必须刨光。模板接缝外宜做成企口形，以免漏浆。模板应有足够的整体强度和刚度，避免浇混凝土时发生变形。井壁模板如图 7-35 所示。

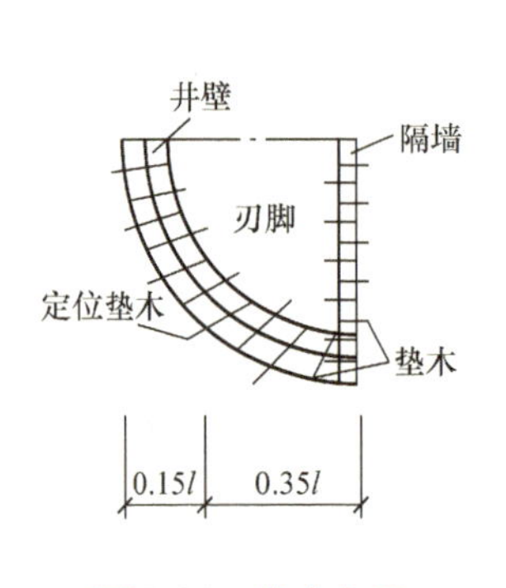

图7-34　垫木布置

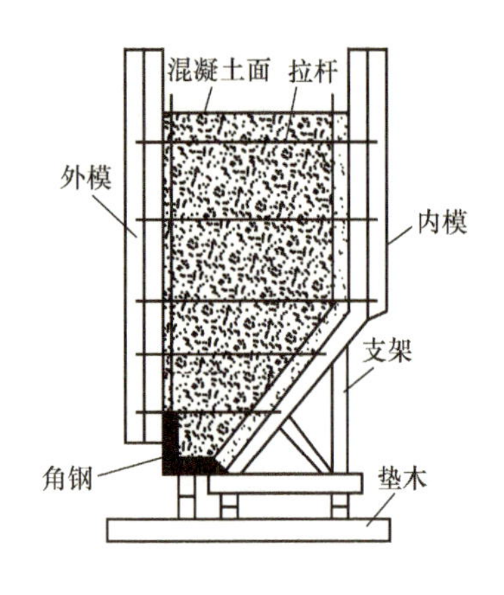

图7-35　井壁模板

当场地土质较好时，沉井下部也可用土模，但应事先做好防水、排水措施，如图7-36所示。同时还要注意混凝土养护浇水时，应细水匀浇，以免冲坏土模。拆土模时，黏附在刃脚斜面及隔墙底面的土模残留物，应清除干净，以免影响封底质量。

底节沉井的高度一般为4～5m，如井下为松软土时，其高度不宜超过沉井宽度的0.8倍，以防开始下沉时产生过大倾斜。

（3）浇筑混凝土　在浇筑混凝土前，必须检查核对模板各部分尺寸和钢筋布置是否符合设计要求，支撑及各种连接是否安全可靠。在充分湿润模板后浇筑混凝土，要保证混凝土的密实和整体性，随时检查模板有无漏浆和支撑是否良好。故混凝土应对称均匀灌注，分层连续，均匀振捣，每层厚度均为0.3～0.4m。混凝土浇好后，要注意养护，可先用草袋等遮盖混凝土表面。在气温高于5℃时，可用自然养护，经常用水充分湿润模板及混凝土表面。夏季防暴晒，冬季严防冻结。

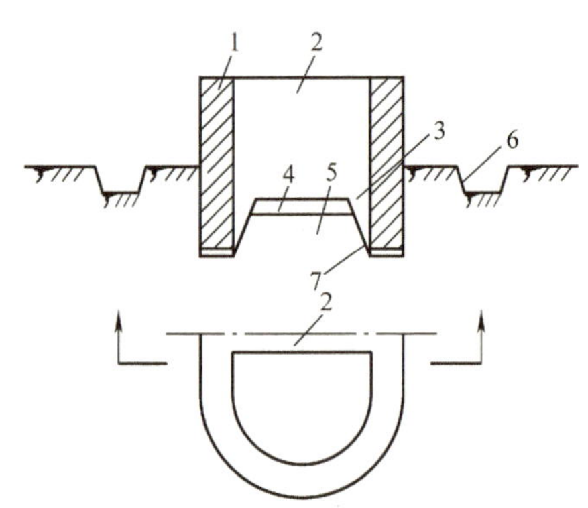

图7-36　沉井底部土模

1—井壁　2—隔墙　3—隔墙梗肋　4—木板　5—黏土土模　6—排水沟　7—水泥浆层

2. 拆模和抽除垫木

混凝土强度达到设计强度的25%时，即可拆侧模；达到设计强度75%时，可拆除隔墙底模和刃脚斜面模板；完全达到设计强度时，即可拆除垫木。垫木中最后拆除的四根，称定位垫木，常用红漆标明。这四根垫木的位置，应能使沉井受力最佳，并保持沉井的稳定。对矩形和圆端形沉井，定位垫木应布置在长边上，它们至对称轴的距离为长边的0.3～0.4倍；如为圆沉井，则布置在相隔90°的四个点上。

抽垫木顺序为：先内壁、后外壁，先短边、后长边。长边下的垫木是隔一根抽一根，以定位垫木为中心，由远而近对称地抽除。抽垫木前，可先撬松垫木下的砂，每抽去一根，在刃脚处即应用砂土回填捣实。定位垫木拆除后，沉井即全支承在砂垫层上。

3. 挖土下沉沉井

垫木抽完后，应检查沉井位置是否有移动或倾斜。位置正确，即可在井内挖土。一般宜采用不排水挖土下沉，当限于设备条件，在稳定的土层中，也可采用排水挖土下沉，但应有安全措施，防止发生人身安全事故。挖土要均匀，一般情况下高度不宜超过50cm，通常是先挖井孔中心，再挖隔墙下的土，后刃脚下的土。挖到一定程度，沉井即借自重切土下沉一定深度，这样不断挖土、下沉，当沉到井顶离地面1～2m时应暂停挖土。不排水挖土可用抓泥斗或吸泥机，如图7-37所示。使用吸泥机时，要不断向井孔内补水，使井内水位高出井外水位1～2m，以免发生流砂。在井孔内均需均匀除土，否则易使沉井产生较大的偏斜。不排水挖土可参考表7-16选用较合适的机械和方法。

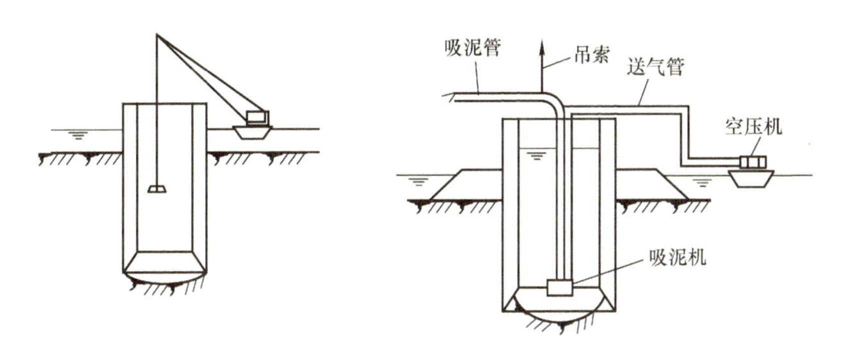

图7-37　抓泥斗除土和吸泥机除土

表7-16　不排水时挖土方法的选用

土质	挖土方法	说明
砂土	抓土、吸泥	抓土时宜用两瓣式抓斗
卵石	吸泥、抓土	以直径大于卵石粒径的吸泥机为好；若抓土，宜用四瓣抓斗
黏性土	吸泥、抓土	一般辅以高压射水，冲散土层
风化岩	射水、冲击锥、放炮	冲击锥钻进，碎块用抓斗或吸泥机清除

从井孔排出的土应卸至远离沉井的地方，以防对沉井产生单向侧压力，导致沉井倾斜。

沉井在下沉过程中，要经常检查沉井的平面位置和垂直度。有偏斜就要及时纠正，否则下沉越深，纠偏越难。

4. 接高沉井

当沉井顶面离地1～2m时，如还要下沉，就应接筑沉井，每节沉井高度以4～6m为宜。接高的沉井中轴应与底节沉井中轴重合。

为防止沉井在接高时突然下沉或倾斜，必要时应回填刃脚下的土。接高时应尽量对称均匀加重。混凝土施工接缝应按设计要求布置接缝钢筋，清除浮浆并凿毛。

待接筑沉井达到设计强度，即可继续挖土下沉。如此逐节接高沉井并不断挖土下沉，直到井底达到设计高程。如最后一节沉井顶面在地面以下，应加筑井顶围堰，视其高度大小，分别用混凝土或石砌或砖砌。

5. 检验地基、封底、填芯和设置盖板

必须检验基底的地质情况是否与设计资料相符，能抽干水的可直接检验，否则要由潜水工下水检验，必要时钻机取样鉴定。

如检验符合要求，即应清理和处理地基，尽可能在排水的情况下进行。基底清理要求：

1）基底面应尽量整平。

2）应清除浮泥，使基底没有软弱夹层。

3）基底为砂土或黏性土时，应铺以碎砾石，至刃脚踏面以上20cm，对抽水下沉的沉井，还须沿刃脚口四周边的下面用碎砾石填平夯实。

4）基底为风化岩石时，沉井应尽可能嵌入风化岩层，以防排水清基引起流砂。

5）基底为未风化岩时，岩面残留物（风化岩碎块、卵石、砂）应清除干净。有效面积（沉井底面积和除刃脚不能完全清除干净的面积）不得小于设计要求。

6）不得已需在水下清基时，可用射水、吸泥和抓泥交替进行，也可由潜水工在水下操纵射水管清理。

基底处理完毕，即可封底，且尽可能在排水情况下进行；抽干水有困难才用水下灌混凝土方法。待封底混凝土达到设计强度方可将水抽干，然后填芯。当基础设计按全部断面承受作用考虑时，填芯混凝土强度应符合设计要求；如作用由沉井井壁承受，则填芯可用混凝土或片石混凝土，也可填砂或保持空孔。

对填砂或空孔的沉井，必须在井顶浇筑钢筋混凝土盖板。盖板达到设计强度后，即可砌筑墩台。

（四）沉井下沉中常见问题及处理方法

沉井开始下沉阶段，井体入土不深，下沉阻力较小，且由于沉井大部分还在地面以上，侧向土体的约束作用很小，故最容易产生偏移和倾斜。这一阶段应严格控制挖土程序和深度，注意要均匀挖土。在开始阶段，要经常检查沉井的平面位置，随时注意防止较大的倾斜；在中间阶段，可能会开始出现下沉困难的现象，但接高沉井后，下沉又会变得顺利，且仍易出现偏斜；当下沉到后阶段，主要问题将是下沉困难，偏斜可能性却很小。针对上述两个问题，可考虑采取下述措施。

1. 纠正偏斜的措施

引起沉井偏斜的原因，除挖土不均匀因素外，还与地层土质不均匀有关。纠正方法除沉得少的一边多挖土，沉得多一边少挖土或不挖土这一方法外，还可采取不对称压重、不对称射水和施加侧向力把沉井扶正（见图7-38）等措施。

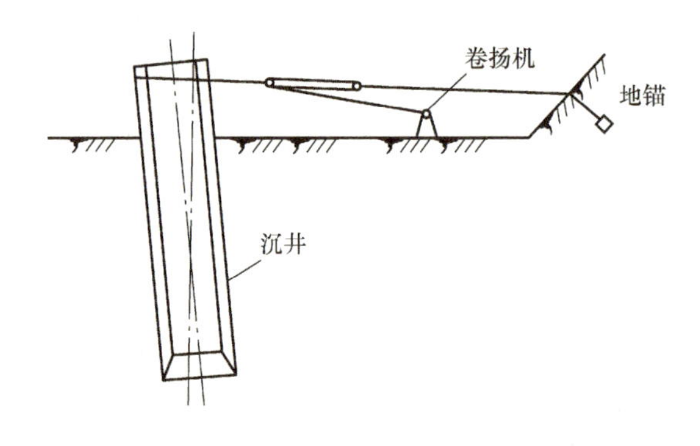

图7-38　扶正沉井

有时也可能因沉井底部的一部分遇到障碍物，致使沉井倾斜，这时应立即停止挖土，查清情况，然后根据具体情况，采取以下不同措施：

1）遇到较小孤石时，可将孤石四周土挖除将其取出；如为较大孤石或旧建筑物的残破体，则可用小量爆破方法将其破碎后取出。

2）遇到钢件，可切割排除。如沉井中心位置发生偏移，可先使沉井倾斜，均匀挖土让沉井斜着下沉，直到井底中心位于设计中心线上，再将沉井扶正。

2. 克服沉井下沉困难的措施

（1）加重法　在沉井顶面铺设平台，然后在平台上放置重物，如砂袋、干垒块（片）石等，但应防止重物倒坍，故叠置高度不宜太高。此法多在平面面积不大的沉井中使用。

（2）抽水法　对不排水下沉的沉井，可从井孔中抽出一部分水，从而减小浮力，增加向下压力使沉井下沉。此法对渗水性大的砂、卵石层，效果不大，对易发生流砂现象的土，也不宜用此法。

（3）射水法　在井壁腔内的不同高度处对称地预埋几组高压射水管道，在井壁外侧留有喇叭口朝上方的射水嘴，高压水把井壁附近的土冲松，水沿井壁上升，起润滑作用，从而减小井壁摩阻力，帮助沉井下沉。此法对砂性土较有效。采用射水法时，应加强下沉观测，掌握各孔的出水量，防止因射水不均匀而使沉井偏斜。

（4）炮振法　沉井下沉至一定深度后，如下沉有困难，可用炮振法强迫沉井下沉。此法是在井孔的底部埋置适量的炸药，引爆后所产生的振动力，一方面减小了刃脚下土的反力和井壁上土的摩阻力，另一方面增加了沉井向下的冲击力，迫使沉井下沉。

（5）采用泥浆润滑套　触变性较大的泥浆在沉井外侧形成一个具有润滑作用的泥浆套，可大大减小沉井下沉时的井壁摩阻力。这种泥浆在静止时处于凝胶状态，具有一定强度，当沉井下沉时，泥浆受机械扰动即变为流动的溶胶，从而大大减小了井壁摩阻力，使沉井能顺利下沉。这种泥浆的主要成分为黏土、水及适量的化学处理剂。一般的质量配合比为黏土35%～45%，水55%～65%，碳酸钠化学处理剂0.4%～0.6%（按泥浆总重计）。黏土要选颗粒细、分散性较高，并具有一定触变性的微晶高岭土。

（6）气幕法　在沉井井壁内预埋若干管道和横向环形管道，每层环形管上钻有很多小孔，压缩空气由管道通过小孔向外喷射，使沉井井壁周围的土液化，从而减小井壁与土之间的摩阻力。在水深流急处无法采用泥浆润滑套施工时，可用这种方法。

二、地下连续墙

地下连续墙是一种较为先进的地下工程结构形式和施工工艺。它是在地面上用特殊的挖槽设备，沿着开挖工程的周边（例如地下结构物的边墙），在泥浆护壁的情况下，开挖一条狭长的深槽，在槽内放置钢筋笼并浇灌水下混凝土，筑成一段钢筋混凝土墙段，然后将若干墙段连接成整体，形成一条连续的地下墙体。地下连续墙可供截水防渗或挡土承重之用。

地下连续墙具有以下优点：

1）适用于各地多种土质情况。

2）施工时振动小、噪声低。

3）解决了大城市施工场地狭窄，无法完成基坑开挖的问题。在距现有建筑物基础1m左右就可以进行施工。

4）能兼作临时设施和永久的地下主体结构。

5）可结合“逆作法”施工，缩短施工总工期。逆作法是在地下室顶板完成后，同时进行多层地下室和地面高层房屋的施工，一改传统施工方法先地下后地上的施工步骤，大大压缩了施工总工期。

地下连续墙按其填筑的材料，分为土质墙、混凝土墙、钢筋混凝土墙和组合墙；按其成墙方式，分为桩排式、壁板式、桩壁组合式；按其用途分为临时挡土墙、防渗墙、用作主体结构兼作临时挡土墙的地下连续墙、用作多边形基础兼作墙体的地下连续墙。

目前，我国建筑工程中应用最多的还是现浇钢筋混凝土壁板式连续墙，它既可以作为临时性的挡土结构，也可以兼作地下工程永久性结构的一部分。其构造形式有四种，如图7-39所示。其中分离壁式、整体壁式、重壁式均是基坑开挖以后再浇筑一层内衬而成，内衬厚度可取200～400mm。

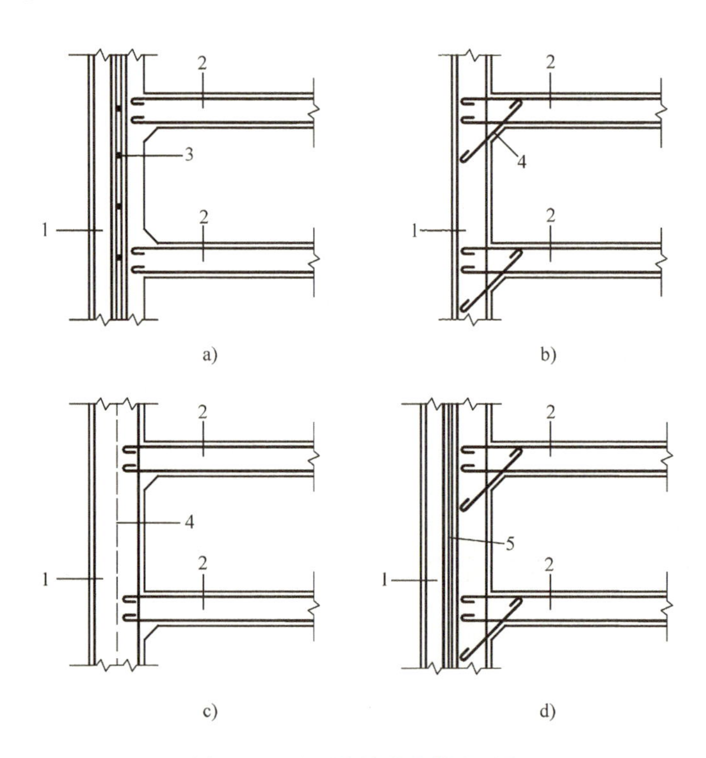

图7-39　地下连续墙的构造型式

a）分离壁　b）单独壁　c）整体壁　d）重壁

1—地下连续墙　2—主体构造物　3—支点　4—结合部　5—衬垫材料

地下连续墙采用逐段施工方法，并且周而复始地进行。每段的施工过程大致可分为五步（见图7-40）：

1）利用专用挖槽机械开挖地下连续墙槽段，在进行挖槽过程中，沟槽内始终充满泥浆，以保证槽壁的稳定（见图7-40b）。

2）当槽段开挖完成后，在沟槽两端放入接头管（又称锁口管）（见图7-40c）。

3）将事先加工好的钢筋笼插入槽段内，下沉到设计高度。当钢筋笼太长，一次吊沉有困难时，须将钢筋笼分段焊接，逐节下沉（见图7-40d）。

4）插入用于水下灌注混凝土的导管后，即可进行混凝土灌注（见图7-40e）。

5）待混凝土初凝后，及时拔去接头管。这样，便形成一个单元的地下连续墙（见图7-40f）。

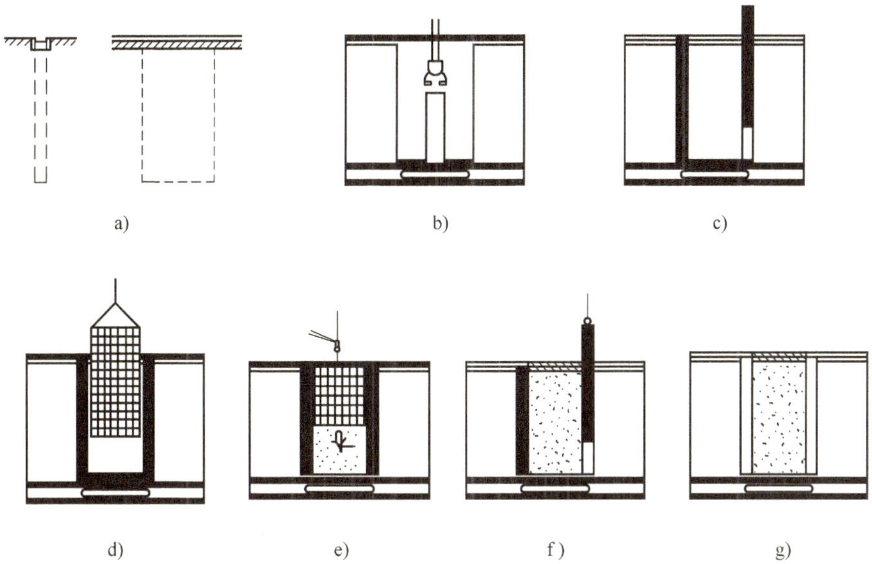

图 7-40 地下连续墙施工程序图

a）准备开挖的地下连续墙沟槽 b）用专用机械进行沟槽开挖 c）安放接头管
d）安放钢筋笼 e）水下混凝土灌注 f）拔除接头管 g）已完工的槽段

任务 6 支护结构施工

单元四任务 1 问题引出中的案例，其基坑西侧及南侧采用水泥土搅拌桩作为支护结构。
问题：基坑支护不合理会出现什么问题？

1. 知道支护结构的破坏形式。
2. 知道支护结构设计的一般规定，学会应用支护结构设计文件。
3. 知道支护结构的类型及各类支护类型的施工要求。

为确保基坑边坡稳定，基坑周围建筑物、道路及地下设施安全，基坑支护设计与施工应综合考虑工程地质与水文地质条件、基础类型、基坑开挖深度、降排水条件、周边环境对基坑侧壁位移的要求、基坑周边荷载、施工季节、支护结构使用期限等因素，做到因地制宜、因时制宜、合理设计、精心施工、严格监控。

一、支护结构基础知识

（一）基本概念

（1）建筑基坑 为进行建筑物（包括构筑物）基础与地下室的施工所开挖的地面以下

空间。

（2）基坑侧壁　构成建筑基坑围体的某一侧面。

（3）基坑周边环境　基坑开挖影响范围内包括既有建（构）筑物、道路、地下设施、地下管线、岩土体及地下水体等的统称。

（4）基坑支护　为保证地下结构施工及基坑周边环境的安全，对基坑侧壁及周边环境采用的支挡、加固与保护措施。

（5）排桩　以某种桩型按队列式布置组成的基坑支护结构。

（6）地下连续墙　用机械施工方法成槽浇灌钢筋混凝土形成的地下墙体。

（7）土钉墙　采用土钉加固的基坑侧壁土体与护面等组成的支护结构。

（二）支护结构的破坏形式

支护结构的破坏或失效有多种形式，任何一种控制条件不能满足都有可能造成支护结构的破坏或支护功能的丧失。支护结构方案制定时应全面考虑这些破坏因素，施工过程也要观察和监测各种不同的破坏迹象，一旦发现问题应及时采取有效措施。

1. 支护结构构件的承载能力破坏

根据支护结构形式的不同，其构件承载能力包括：护坡桩或地下连续墙的受弯、受剪承载力，支撑和支撑立柱的承载力，锚杆或土钉的抗拔承载力，腰梁或受力冠梁的受弯、受剪承载力，结构各连接件的受压、受剪承载力等。在支护结构设计和施工时，这些构件应严格满足有关的设计规范和施工质量要求。

2. 支护结构的整体失稳破坏和土的隆起破坏

根据不同的支护形式特点，其整体失稳的破坏形式为：当桩墙－锚杆结构滑动面向外延伸发展时，使其滑动面以外的锚杆锚固长度减小，或最危险滑动面出现在锚杆以外，造成滑动面以内土体和支护结构一起滑移失稳；对于各种支护结构，由于支护结构下面土的承载力不够，产生沿支护结构底面的滑动面，土体向基坑内滑动，基坑外土体下沉，基底隆起；重力式结构自身的抗倾覆或抗滑移能力不够，使重力式结构倾覆或向基坑内水平滑移；土钉墙的滑弧稳定能力不足，土钉拔出，产生边坡整体滑动，或滑动面发展到土钉以外，使土钉和土体一起滑移。

3. 支护结构位移和地面沉降过大

支护结构的设计一方面要满足其结构承载力的要求，另一方面也要满足变形控制的要求。基坑支护结构极限状态可分为两类。一是承载能力极限状态：对应于支护结构达到最大承载能力、土体失稳或过大变形导致支护结构或基坑周边环境破坏。二是正常使用极限状态：对应于支护结构的变形已妨碍地下结构施工或影响基坑周边环境的正常使用功能。

过大变形的承载能力极限状态和妨碍地下结构施工的正常使用极限状态下支护结构变形的限值相对比较容易确定，但对影响基坑周边环境的正常使用功能的支护结构变形的限值则不太容易把握。因为不同周边环境，如建筑物、道路和各种地下管线的适应能力和要求各不相同。如建筑物至基坑的距离，建筑物及其基础的形式，管线和种类等都会影响到对支护结构和对地面沉降变形的要求，应根据具体情况和实际经验做出判断。

《建筑基坑支护技术规程》（JGJ 120—2012）为适用于各地区、各种条件下的情况，只在原则上做了如下规定：支护结构设计应考虑其结构水平变形、地下水的变化对周边环境的水平与竖向变形的影响；对于安全等级为一级和对周边环境变形有限定要求的二级建筑基坑侧壁，应根据周边环境的重要性、对变形的适应能力及土的性质等因素确定支护结构的水平变形限值。

以上规定没有具体的位移和沉降指标，留给了设计人员结合实际情况和经验进行考虑和判断的余地。基坑周边地面的过大沉降，特别是不均匀沉降会导致沉降影响范围内建筑物和道路的下沉、结构开裂、门窗变形，也会导致刚性地下管线接头处的断裂或损坏，严重时可使这些建筑物、地下管线失去使用功能而报废，而基坑周边地面一般为不均匀沉降。

影响基坑周边地面沉降的因素主要有以下几点：由于支护结构水平位移连带着基坑周边土体的水平变形和垂直变形；在地下水位高于基坑面的场地上，由于施工降水或基坑开挖引起的地下水位下降，降水影响范围土的有效应力增加，土层产生固结变形而引起地面下沉；由于支护结构施工对土的扰动变形，如地下连续墙或护坡桩成槽成孔时的流砂、涌泥、塌孔，锚杆或土钉成孔时孔的压缩、塌孔等。地面沉降特别是在砂土、软土和有地下水渗流时较为严重。

4. 地下水作用下土的渗透破坏

地下水位高于基坑面或场地有承压含水层的场地上，当有水的渗流时，应防止坑底和侧壁土的渗流破坏。土的渗流破坏的形式主要有流土、管涌破坏，以及基底下有承压含水层的地层条件下使较薄的上层隔水土层被顶破而产生的突涌破坏。是否会产生渗透破坏及发生哪种形式的破坏取决于土的类型、土的颗粒级配、密实度及渗流的水力坡度等。基坑降水或基坑侧壁采用截水帷幕后，能防止侧壁的渗透破坏，增加地下水的渗透路径长度和减小基底的渗流水力坡度，从而减小渗透破坏发生的可能性。基坑下采用旋喷桩、搅拌桩等方法进行封底加固也是防止基底突涌的一种措施。

（三）建筑基坑支护基本规定

基坑支护结构应采用以分项系数表示的极限状态设计表达式进行设计。基坑支护极限状态包括承载能力极限状态和正常使用极限状态。基坑支护设计内容应包括对支护结构计算和验算，质量检测及施工监控的要求。当有条件时基坑应采用局部或全部放坡开挖，坡度应满足稳定性要求。

1. 支护结构选型

1）支护结构可根据基坑周边环境、开挖深度、工程地质与水文地质、施工作业设备和施工季节等条件，按表7-17选用排桩、地下连续墙、水泥土墙、逆作拱墙、土钉墙、原状土放坡或采用上述形式的组合。

表7-17 支护结构选型表

结构形式	适用条件
排桩或地下连续墙	1. 适于基坑侧壁安全等级一、二、三级 2. 悬臂式结构在软土场地中不宜大于5m 3. 当地下水位高于基坑底面时，宜采用降水、排桩加截水帷幕或地下连续墙
水泥土墙	1. 基坑侧壁安全等级宜为二、三级 2. 水泥土桩施工范围内地基土承载力不宜大于150kPa 3. 基坑深度不宜大于6m
土钉墙	1. 基坑侧壁安全等级宜为二、三级的非软土场地 2. 基坑深度不宜大于12m 3. 当地下水位高于基坑底面时，应采用降水或截水措施

（续）

结构形式	适用条件
逆作拱墙	1. 基坑侧壁安全等级宜为二、三级 2. 淤泥和淤泥质土场地不宜采用 3. 拱墙轴线的矢跨比不宜大于1/8 4. 基坑深度不宜大于12m 5. 当地下水位高于基坑底面时，应采用降水或截水措施
放坡	1. 基坑侧壁安全等级宜为三级 2. 施工现场应满足放坡条件 3. 可独立或与上述其他结构结合使用 4. 当地下水位高于坡脚时，应采用降水措施

2）支护结构选型应考虑结构的空间效应和受力特点，要用有利支护结构材料受力性状的形式。

3）软土场地可采用深层搅拌、注浆、间隔或全部加固等方法对局部或整个基坑底土进行加固，或采用降水措施提高基坑内侧被动抗力。

2. 质量检测

1）支护结构施工及使用的原材料及半成品应遵照有关施工验收标准进行检验。

2）对基坑侧壁安全等级为一级或对构件质量有怀疑的安全等级为二级和三级的支护结构应进行质量检测。

3）检测工作结束后应提交包括下列内容的质量检测报告：①检测点分布图；②检测方法与仪器设备型号；③资料整理及分析方法；④结论及处理意见。

二、支护结构施工

（一）基坑开挖

1）基坑开挖应根据支护结构设计、降排水要求，确定开挖方案。

2）基坑边界周围地面应设排水沟，且应避免漏水、渗水进入坑内；放坡开挖时，应对坡顶、坡面、坡脚采取降排水措施。

3）基坑周边严禁超堆荷载。

4）软土基坑必须分层均衡开挖，层高不宜超过1m。

5）基坑开挖过程中，应采取措施防止碰撞支护结构、工程桩或扰动基底原状土。

6）发生异常情况时，应立即停止挖土，并应立即查清原因和采取措施，然后才能继续挖土。

7）开挖至坑底标高后，坑底应及时封闭并进行基础工程施工。

8）地下结构工程施工过程中应及时进行夯实回填土施工。

（二）开挖监控

1）基坑开挖前应做出系统的开挖监控方案。监控方案应包括监控目的、监测项目、监控报警值、监测方法及精度要求、监测点的布置、监测周期、工序管理和记录制度以及信息反馈系统等。

2）监测点的布置应满足监控要求。从基坑边缘以外1～2倍开挖深度范围内的需要保护物体均应作为监控对象。

3）基坑工程监测项目可按表 7-18 选择。

表 7-18　基坑监测项目

监测项目 \ 基坑侧壁安全等级	一级	二级	三级
支护结构水平位移	应测	应测	应测
周围建筑物、地下管线变形	应测	应测	宜测
地下水位	应测	应测	宜测
桩、墙内力	应测	宜测	可测
锚杆拉力	应测	宜测	可测
支撑轴力	应测	宜测	可测
立柱变形	应测	宜测	可测
土体分层竖向位移	应测	宜测	可测
支护结构界面上侧向压力	宜测	可测	可测

4）位移观测基准点数量不少于两点，且应设在影响范围以外。

5）监测项目在基坑开挖前应测得初始值，且不应少于两次。

6）基坑监测项目的监控报警值应根据监测对象的有关规范及支护结构设计要求确定。

7）各项监测的时间间隔可根据施工进程确定。当变形超过有关标准或监测结果变化速率较大时，应加密观测次数。当有事故征兆时，应连续监测。

8）基坑开挖监测过程中，应根据设计要求提交阶段性监测结果报告。工程结束时应提交完整的监测报告，报告内容应包括：①工程概况；②监测项目和各测点的平面和立面布置图；③采用仪器设备和监测方法；④监测数据处理方法和监测结果过程曲线；⑤监测结果评价。

（三）典型支护结构

1. 排桩支护结构

排桩支护结构是以单排或双排钢筋混凝土灌注桩作为边坡支护结构，利用钢筋混凝土桩身的抗弯、抗剪能力承受桩后土体压力。当基坑深度较大或坑顶荷载较大时，可与受力锚杆一起形成支护体系。排桩式支护结构可分为悬臂式、内支撑式、锚拉式，还可以为单排、双排、锚拉桩形式。

排桩结构是深基坑支护结构中常见的形式之一。排桩结构占用场地面积小，尤其施工现场受到限制较为适用。单排支护结构必须经过设计及承载力验算后方可采用。排桩间往往有一定间距，需要采用辅助的技术方法达到隔离地下水的作用。

排桩施工应符合下列要求：

1）桩位偏差：轴线和垂直轴线方向均不宜超过 50mm，桩的垂直度偏差不宜大于 0.5%。

2）钻孔灌注桩桩底沉渣不宜超过 200mm；当用作承重结构时，桩底沉渣按《建筑桩基技术规范》（JGJ 94—2008）要求执行。

3）桩宜采取隔桩施工，并应在灌注混凝土 24h 后进行邻桩成孔施工。

4）非均匀配筋排桩的钢筋笼在绑扎、吊装和埋设时，应保证钢筋笼的安放方向与设计方向一致。

5）冠梁施工前，应将支护桩桩顶浮浆凿除清洁干净，桩顶以上出露的钢筋长度应达到设计要求。

6）对排桩施工有特殊要求时，应按其特殊要求执行。

2. 地下连续墙支护结构

地下连续墙支护结构可供截水防渗或挡土承重之用，同时可以兼作主体结构一部分，从软土地基到坚硬地基均可采用。

（1）地下连续墙的分类

1）地下连续墙按其填筑的材料，分为土质墙、混凝土墙、钢筋混凝土墙和组合墙。

2）按其成墙方式，分为桩排式、壁板式、桩壁组合式。

3）按其用途，分为临时挡土墙、防渗墙、用作主体结构兼作临时挡土墙的地下连续墙、用作多边形基础兼作墙体的地下连续墙。

（2）地下连续墙施工方法 地下连续墙施工方法见单元七任务5。

3. 土钉墙支护结构

（1）土钉墙设计及构造应符合下列规定

1）土钉墙墙面坡度不宜大于1:0.1。

2）土钉必须和面层有效连接，应设置承压板或加强钢筋等构造措施，承压板或加强钢筋应与土钉螺栓连接或钢筋焊接连接。

3）土钉的长度宜为开挖深度的0.5～1.2倍，间距宜为1～2m，与水平面夹角宜为5°～20°。

4）土钉钢筋宜采用HRB335、HRB400钢筋，钢筋直径宜为16～32mm，钻孔直径宜为70～120mm。

5）注浆材料宜采用水泥浆或水泥砂浆，其强度等级不宜低于M10。

6）喷射混凝土面层宜配置钢筋网，钢筋直径宜为6～10mm，间距宜为150～300mm；喷射混凝土强度等级不宜低于C20，面层厚度不宜小于80mm。

7）坡面上下段钢筋网搭接长度应大于300mm。

（2）土钉墙整体稳定性验算 土钉墙应根据施工期间不同开挖深度及基坑底面以下可能滑动面采用圆弧滑动瑞典条分法来进行稳定性验算。

（3）降排水措施 当地下水位高于基坑底面时，应采取降水或截水措施；土钉墙墙顶应采用砂浆或混凝土护面，坡顶和坡脚应设排水措施，坡面上可根据具体情况设置泄水孔。

4. 施工与检测

1）上层土钉注浆体及喷射混凝土面层达到设计强度的70%后方可开挖下层土方及下层土钉施工。

2）基坑开挖和土钉墙施工应按设计要求自上而下分段分层进行。在机械开挖后，应辅以人工修整坡面。坡面平整度的允许偏差宜为±20mm。在坡面喷射混凝土支护前，应清除坡面虚土。

3）土钉墙施工可按下列顺序进行：

① 应按设计要求开挖工作面，修整边坡，埋设喷射混凝土厚度控制标志。

② 喷射第一层混凝土。

③ 钻孔安设土钉、注浆，安设连接件。

④ 绑扎钢筋网，喷射第二层混凝土。

⑤ 设置坡顶、坡面和坡脚的排水系统。

4）土钉成孔施工宜符合下列规定：孔深允许偏差 ±50mm；孔径允许偏差 ±5mm；孔距允许偏差 ±100mm；成孔倾角偏差 ±5%。

5）土钉注浆材料应符合下列规定：

① 注浆材料宜选用水泥浆或水泥砂浆；水泥浆的水胶比宜为 0.5，水泥砂浆配合比宜为 1∶1～1∶2（质量比），水胶比宜为 0.38～0.45。

② 水泥浆、水泥砂浆应拌和均匀，随拌随用。一次拌和的水泥浆、水泥砂浆应在初凝前用完。

6）土钉墙应按下列规定进行质量检测：

① 土钉采用抗拉试验检测承载力，同一条件下，试验数量不宜少于土钉总数的 1%，且不应少于 3 根。

② 墙面喷射混凝土厚度应采用钻孔检测，钻孔数宜每 $100m^2$ 墙面积一组，每组不应少于 3 点。

5. 其他支护结构

其他支护结构的形式还有许多，如各种复合支挡结构，包括通过钢筋、织物或灌浆形成的加筋土结构，如土锚、锚钉、搅拌桩、插筋等。

1. 某一钻孔灌注桩，桩的设计桩径为 1.35m，成孔桩径为 1.4m，清底稍差，桩周及桩底为重度 $20kN/m^3$ 的密实中砂。桩底在局部冲刷线以下 20m，常水位在局部冲刷线以上 6m，一般冲刷线在局部冲刷线以上 2m，试按土的阻力计算单桩竖向承载力标准值。

2. 某一桩基工程，每根桩基顶（齐地面）轴向荷载 $P=1500kN$。地基土第一层为塑性黏性土，厚 2m，天然含水量 $w=28.8\%$，液限 $w_L=36\%$，塑限 $w_P=28\%$，天然重度 $\gamma=19kN/m^3$；第二层为中密中砂，重度 $\gamma=20kN/m^3$，砂层厚数十米，地下水位在地面下 20m。现采用打入桩（预制钢筋混凝土方桩边长 45cm），试确定其入土深度。

3. 上题如改用钻孔灌注桩（旋转钻施工），设计桩径 1.0m，确定入土深度。

4. 某办公楼工程，建筑面积 $82000m^2$，地下 3 层，地上 20 层，钢筋混凝土框架－剪力墙结构，距临近六层住宅楼 7m。地基土层为粉质黏土和粉细砂，地下水为潜水，地下水位 −9.5m，自然地面 −0.5m。基础为筏板基础，埋深 14.5m，基础底板混凝土厚 1500mm，水泥采用普通硅酸盐水泥，采取整体连续分层浇筑方式施工。

问题：支护结构的破坏或失效有哪些形式？适用于本工程的基坑支护方案还有哪些？

单元八

地基处理

任务1　区域性地基

问题引出

某钢厂职工医院门诊楼，为三层砖混结构，建筑面积为3017m²。该工程建在地形比较复杂的山坡地带，北靠高山，南临水库，建筑横跨一条由北向南的小山脊，中东段为挖方，西段为填方。工程竣工后一月，经几次降雨，西段女儿墙先出现裂缝，紧接着东段也出现裂缝，发展很快。有6条垂直裂缝较为严重，直通散水坡，上缝宽达15～24mm，下缝宽2～6mm不等。室内纵横墙梁、板、地坪也多处开裂，附近理疗楼、食堂、洗衣房、锅炉房、住宅楼等工程也出现了类似开裂情况。裂缝多在雨后出现和发展，严重地影响使用和安全。

问题：产生裂缝事故的原因何在？

想一想：从工程的角度分析如何避免类似事情的发生？作为从业者的我们，应从什么样的角度来思考该工程事故？

学习目标

1. 知道膨胀土、湿陷性黄土、红黏土的概念及其工程性质、工程措施。
2. 了解山区地基的类型。
3. 了解地震概念及地震产生的灾害，知道有关抗震措施。

在我国辽阔的地域上，分布着各种各样的土。由于受不同的地理环境、气候条件、地质历史及物质成分等因素的影响，使不同的土有不同于一般土的特殊工程性质。人们把具有特殊工程性质的土类称为特殊土，这些特殊土在分布上也存在一定的规律，表现出明显的区域性，所以也称为区域特殊土。当作为地基时，如果不注意到土的这些特殊性，很容易造成工程事故。我国的特殊性土主要有膨胀土、湿陷性黄土、红黏土、软土、多年冻土等。区域性地基是指特殊土地基、山区地基以及地震区地基等。

本单元主要介绍膨胀土、湿陷性黄土、红黏土三种特殊土地基，及山区地基、地震区地基存在的危害以及应采取的工程措施。

一、膨胀土地基

膨胀土是指土黏粒成分主要由亲水性矿物组成，同时具有显著的吸水膨胀和失水收缩两种变形特性。膨胀土在我国分布广泛，黄河以南地区较多，其中以云南、广西、湖北、安徽、河南、四川及河北等省区的山前丘陵和盆地边缘一带较为典型。

（一）膨胀土的特征

膨胀土的黏土矿物成分中含有较多的蒙脱石、伊利石和多水高岭石等亲水性矿物，这类矿物具有较强的与水结合的能力，具有吸水膨胀性。膨胀土是一种特殊的黏性土，其黏粒含量很高，塑性指数 $I_P > 17$，一般在 22 ~ 35 之间。膨胀土的含水量接近或略小于塑限，液性指数常小于零。

膨胀土一般呈灰白、灰绿、灰黄、棕红、褐黄等颜色，常出现于二级或二级以上的河谷阶地、山前丘陵和盆地的边缘。膨胀土所处地形平缓，无明显自然陡坎。在天然状态下，膨胀土常呈坚硬或硬塑状态，结构致密，裂隙发育，遇水则软化。

膨胀土一般强度高、压缩性低，因此易被误认为是良好的地基。实际上，由于膨胀土具有明显的膨胀和收缩特征，在工程建设中，如不采取一定的工程措施，很容易导致土体变形、基础沉降、建筑物开裂及倒塌等严重的工程事故。

（二）膨胀土地基的工程措施

1. 设计措施

膨胀土地基上的建筑物应选择在符合以下条件的地段：①具有排水畅通或易于进行排水处理的地形条件；②避开地裂、冲沟发育和可能发生浅层滑坡等地段，避免受到地下水的强烈作用；③土质均匀，胀缩性较弱等地段。

建筑物的体形应力求简单，不宜过长，必要时可用沉降缝分段隔开。对变形有严格要求的建筑物，应布置在膨胀土埋藏较深、膨胀等级较低或地形平坦的地段。场地绿化，宜种植蒸腾量小的树种。

基础埋藏深度的选择应综合考虑膨胀土地基胀缩等级以及大气影响深度等因素，基础不宜设置在季节性干湿变化剧烈的土层内，一般膨胀土地基上建筑物基础的埋深不应小于 1m。当膨胀土位于地表下 3m，或地下水位较高时，基础可以浅埋。若膨胀土层不厚，则尽可能将基础埋置在非膨胀土上。

2. 施工措施

膨胀土地区的建筑物应根据设计要求、场地条件和施工季节，做好施工组织设计，严格执行施工技术及施工工艺的规定。基础施工前，应完成场区土方、挡土墙、排水沟等工程，使排水畅通、边坡稳定。施工用水应妥善管理，防止管网漏水，应做好排水措施，防止施工用水流入基槽内。临时水池、洗料场等与建筑物外墙的距离不应小于 10m。基础施工宜采取分段快速作业，施工过程中不得使基坑暴晒或浸泡，雨期施工应采取防水措施。施工灌注桩时，在成孔过程中不得向孔内注水。基础施工出地面后，基坑（槽）应及时分层回填并夯实。填料可选用非膨胀土、弱膨胀土及掺有石灰或其他材料的膨胀土，每层虚铺厚度 300mm。

二、湿陷性黄土地基

黄土是一种在第四纪形成的陆相疏松堆积物，颗粒组成以粉粒为主，富含碳酸钙，颜色一般为黄色或褐黄色。

黄土在我国主要分布在陕西、甘肃、山西、河南西部，此外，在宁夏、河北、内蒙古、东北三省、青海等地也有分布，在我国的黄土分布总面积约 $6.4 \times 10^5 km^2$，其中湿陷性黄土约 $2.7 \times 10^5 km^2$。

（一）湿陷性黄土的概念及特点

具有天然含水量的黄土，如未受水浸湿，一般强度较高，压缩性较低。但黄土在一定压力下用水浸湿后，结构迅速破坏，并发生显著的附加下沉，其强度也随着迅速降低，这种性能称为湿陷性。湿陷性是黄土独特的工程地质性质，具有湿陷性的黄土，称为湿陷性黄土。有的黄土并不发生湿陷，则称为非湿陷性黄土。非湿陷性黄土地基的设计与施工与一般黏性土地基无差别。湿陷性分为自重湿陷性和非自重湿陷性。自重湿陷性黄土在土自重应力下受水浸湿后发生湿陷；非自重湿陷性黄土在土自重应力下受水浸湿后不发生湿陷。

我国的湿陷性黄土具有以下特点：①颗粒组成以粉粒为主，粉粒含量常占土重的60%以上；②含有大量的碳酸盐、硫酸盐等可溶盐类；③含水量低，其天然含水量一般在10%～15%；④孔隙比大，天然孔隙比在1左右或更大，一般具有肉眼可见的大孔隙；⑤垂直节理发育，能保持独立的天然边坡；⑥在一定压力作用下，受水浸湿后发生显著的附加下沉。

（二）湿陷性发生的原因和影响因素

黄土发生湿陷的内在原因是黄土的结构特征和物质成分；外在的条件为水的浸湿。

黄土的结构是在形成黄土的整个历史过程中形成的，干旱或半干旱的气候是形成黄土的必要条件。在形成初期，季节性的短期雨水把松散的粉粒黏聚起来，而长期的干旱使水分不断蒸发，于是少量的水分以及溶于水中的盐类都集中到较粗颗粒的接触点上，可溶盐也逐渐浓缩沉淀而成为胶结物，形成以粗颗粒为主体骨架的多孔隙结构。

黄土在天然状态下，由于胶结物的凝聚和结晶作用，其骨架被牢固的黏结，黄土地基有较高的强度。但是，当黄土受水浸湿时，结合水膜增厚并楔入颗粒之间，于是结合水联系减弱，盐类溶于水中，各种胶结物软化，使黄土的骨架强度降低，土体在压力作用下，其结构迅速破坏，导致黄土地基湿陷。

黄土发生湿陷性的影响因素主要有以下几点：

1）黄土中胶结物的成分和数量，以及颗粒的组成和分布，对于黄土湿陷性的强弱有着重要的影响。胶结物含量大，则结构致密，湿陷性降低；反之，则结构疏松，强度降低，湿陷性增强。

2）黄土的湿陷性与孔隙比、含水量以及所受的压力大小有关。在相同条件下，天然孔隙比越大，或天然含水量越低则湿陷性越强。在天然孔隙比和含水量不变的情况下，随着压力的增大，黄土的湿陷性增加。

（三）湿陷性黄土地基的工程措施

湿陷性黄土地基的设计和施工，除了必须遵循一般地基的设计和施工外，还应针对黄土湿陷性这个特点和要求，因地制宜采取必要的工程措施，确保建筑物的安全和正常使用。

1. 地基处理措施

地基处理的目的在于破坏湿陷性黄土的大孔结构，改善黄土的力学性质，消除或减少黄土地基的湿陷性，从根本上避免或削弱湿陷现象的发生。常用的地基处理方法有垫层法、重夯法、强夯法、挤密法、预浸水法、化学加固法（单液硅化或碱液加固法）等，在黄土地区进行工程建设时，宜根据具体的工程地质条件和工程要求，采用相应的地基处理方法。

2. 防水措施

防水措施是防止和减少水浸入地基，从而消除产生黄土湿陷性的外在条件。因此，在进行工程设计时，采取一定的防水措施是十分必要的。不仅要对整个建筑场地进行排水、防水，而且还要考虑到单体建筑物的防水措施，应尽量选择排水畅通或其地形利于组织排水的场址。对经常受水浸湿或可能积水的地面，应按防水地面设计严防漏水。基坑施工阶段需做好临时性防水、排水工作。

3. 结构措施

结构措施的目的是为了减小建筑物的不均匀沉降，或使结构适应地基的变形，它是对前两项措施非常必要的补充。在建筑物设计中，应从地基、基础和上部结构相互作用的概念出发，采用适当的措施，增强建筑物适应或抵抗因湿陷引起的不均匀沉降的能力。这样，即使在地基处理或防水措施不周密而发生湿陷时，建筑物也不致造成严重破坏，或减轻其破坏程度。

在上述措施中，地基处理是主要的工程措施，防水措施和结构措施应根据实际情况配合使用。若消除了全部地基土的湿陷性，就不必再考虑其他措施。若地基处理只消除地基主要部分的湿陷，为了避免湿陷对建筑物的危害，确保建筑物的安全和正常使用，还应采取适当的防水措施和结构措施。

三、红黏土地基

红黏土是指石灰岩、白云岩等碳酸盐类岩石，在湿热气候条件下经长期的风化作用而形成的高塑性黏土，其液限一般大于50%，通常带红色，由此得名为红黏土。红黏土经搬运之后仍保留红黏土的特征，液限大于45%的土称为次生红黏土。红黏土一般堆积于洼地和山麓坡地，具有表面收缩、上硬下软、裂隙发育的特征，有时还呈棕红、黄褐等颜色。

红黏土的形成及分布与气候条件密切相关，一般气候变化大，潮湿多雨地区有利于岩石的风化，易形成红黏土。因此，在我国以贵州、云南、广西分布最为广泛和典型，其次在安徽、四川、湖南、湖北等省也有分布。

（一）红黏土的工程地质特征

红黏土的矿物成分以石英和高岭石为主。由于矿物成分亲水性不强以及相对较高的起始含水量等因素，天然状态下红黏土的膨胀性很小，具有较好的水稳定性。此外，由于红黏土具有较高孔隙比、高含水量、高分散性及呈饱和状态，红黏土有很高的收缩量，因此，红黏土的胀缩性表现为以收缩为主。呈坚硬、硬塑状态的红黏土由于收缩作用形成了大量孔隙，并且裂隙的发育速度极快，当地面水进入裂隙，土的抗剪强度降低时，常常造成边坡变形和失稳。

红黏土常处于饱和状态，它的天然含水量几乎与塑限相等，但液性指数却较小，故土中以含结合水为主。因此，虽然红黏土的含水量较高，但一般仍处于硬塑或坚硬状态，具有较高的强度和较低的压缩性。

红黏土由地表向下是从硬变软，土的强度逐渐降低，压缩性逐渐增大的。红黏土厚度分布不均匀，当下卧基岩的溶沟、溶槽、石芽等发育时，上覆红黏土厚度变化极大，造成地基的不均匀性。

（二）红黏土地基的工程措施

红黏土具有上硬下软的特性，上部常是坚硬或硬塑状态，在一般情况下强度较高且压缩性较低，为良好的地基。设计时应根据具体情况，充分利用表层硬壳作为天然地基的持力层，并对软弱下卧层进行承载力验算。

不均匀地基是丘陵山地中红黏土地基普遍的情况，对不均匀地基应优先考虑地基处理。

为了消除红黏土地基中存在的石芽、土洞或土层不均匀等不利因素的影响，应对地基、基础或上部结构采取适当的措施，如换土、填洞、采用桩基等。

红黏土网状裂隙发育，对边坡和建筑物形成不利影响。对于天然土坡和人工开挖的边坡和基槽，必须注意土体中裂隙发育情况，避免水分渗入引起滑坡或崩塌事故。因此，应防止破坏自然排水系统和坡面植被，土面上的裂隙应加堵塞，做好防水排水措施，以保证土体的稳定性。

由于红黏土具有干缩性，故施工时必须做好防水排水工作，开挖基槽后，不得长久暴露使地基土干缩或浸水软化，应及时进行基础施工并回填夯实。若不能及时进行基础施工，应采取措施对基槽进行保护，如采取预留一定厚度的土层或对基槽进行覆盖等措施。

四、山区地基

山区地基由于工程地质条件复杂，表现出与平原地区不同的工程特性：

1）山区地基覆盖层厚薄不均匀，基岩埋藏浅，下卧基岩起伏较大，有时出露地表，且地表高低悬殊。山区地基中常会遇到大块孤石、石芽密布和局部软土等成因不同的土层，这些地质条件造成了山区地基的不均匀性。

2）山区具有许多不良的地质现象，如滑坡、崩塌、泥石流、岩溶和土洞等，这些不良的地质现象造成了山区地基的不稳定性。

（一）土岩组合地基

土岩组合地基是指在建筑物地基的主要受力范围之内既有岩石又有土层，且岩土在平面和空间分布很不均匀，这类地基在山区建设中较为常见，其主要特点为地基在水平方向和垂直方向的不均匀性。土岩组合地基主要有以下三种类型。

1. 下卧基岩表面坡度较大的地基

这类地基在山区最为常见，由于下卧基岩表面坡度较大，上覆土层厚薄极不均匀，基础将会产生较大的不均匀沉降，引起建筑物倾斜、开裂或土层沿岩面活动而丧失稳定性。如果建筑物处于稳定的单向倾斜的岩层上，基底距岩面不小于300mm，且岩层表面坡度及上部结构类型符合规范的要求时，这种地基的不均匀变形较小，可不进行变形验算，也不需要地基处理。为了防止建筑物的倾斜，可调整基础的底宽和埋深。如将条形基础沿基岩倾斜方向分阶段加深，做成阶梯形基底，使下部土层厚度趋于一致，从而使沉降均匀。当变形值超出建筑物地基变形容许值时，应调整基础的宽度、埋深或采用褥垫等方法进行处理。对于局部为软弱土层的，可采用基础梁、桩基、换土或其他方法进行处理。

2. 石芽密布并有出露的地基

这类地基的基本特点是基岩表面凹凸不平，其间充填黏性土。对石芽密布并有出露的地基，若石芽间距小于2m，其间为硬塑或坚硬状态的红黏土，建筑物为6层及其以下的砌体承重结构、3层及其以下的框架结构，或具有15t及其以下桥式起重机的单层排架结构，其基底压力小于200kPa时，可不作地基处理。如不能满足上述要求，可利用稳定可靠的石芽作支墩式基础。当石芽土层较薄时，可挖去土层，夯填碎石、土夹石等压缩性较低的材料。个别石芽露出部位可凿去，并设置褥垫。

3. 大块孤石或个别石芽出露的地基

这种地基的变形条件对建筑物最为不利，容易在软硬交界处产生不均匀沉降，导致建筑物开裂。因此，在地基处理时，应使局部坚硬部位的变形与周围土的变形条件相适应。

（二）岩溶

岩溶是指可溶性岩石在水的溶蚀作用下，产生沟槽、裂隙和空洞以及空洞顶板塌落使地表出现陷穴、洼地等现象的总称。

岩溶地区由于有溶洞、溶蚀裂隙、暗河等形态，在岩体自重或建筑物重量作用下，会发生地面变形、地基塌陷，影响建筑物的安全和使用。同时由于地下水的存在，建筑物地基可能出现涌水、淹没等突发事故。因此，在岩溶地区搞工程建设时，应注意上述因素对建筑场地稳定性的影响。

在岩溶地区进行工程建设时，应根据岩溶发育情况、水文地质条件、工程要求、施工条件等因素进行综合分析，因地制宜采取下列处理措施：

（1）跨越　对个体溶洞与溶蚀裂隙，可采用调整柱距，用钢筋混凝土梁板跨越的办法。

（2）挖填　对浅层洞体，若顶板不稳定，可清除覆土，爆开顶板，挖去软土，用块石、碎石等分层填实。

（3）支撑　若溶洞大，顶板具有一定厚度，但稳定条件较差，如能进入洞内，为了增加顶板岩体的稳定性，可用石砌柱、拱或钢筋混凝土支撑。

（4）灌注　地基岩体内的裂隙，可采用灌注水泥浆、沥青或黏土浆等方法处理。

（5）疏导　地下水宜疏不宜堵，在建筑物地基内宜用管道疏导，对建筑物附近排泄地表水的漏斗、溶水洞以及建筑范围内的岩溶泉应注意清理和疏导，防止水流道路堵塞，避免场地或地基被水淹没。

（三）土洞

土洞是指岩溶地区上覆土层在地表水或地下水作用下形成的洞穴，土洞具有埋藏浅、发育快、分布密、顶板强度低等特点，因此，对建筑物的危害极大。

土洞按其成因可分为地表水形成的土洞和地下水形成的土洞。在土洞发育地区进行工程建设时，建筑场地最好选择在地势较高或地下水的最高水位低于基岩表面的地段，并避开岩溶强烈发育及基岩表面上软土厚而集中的地段。若地下水位高于基岩表面，应注意由于人工降低地下水位时可能造成土洞发生地表塌陷的现象。

在建筑场地范围内存在土洞和地表塌陷时，可采用防水、挖填、灌砂、垫层和梁板跨越等措施进行处理。

五、地震区地基基础

（一）地震概述

1. 地震的概念

地震是由内力和外力地质作用引起的地壳振动现象的总称。地震按其成因可分为构造地震、火山地震、陷落地震、水库诱发地震和激发地震等，全世界90%的地震属于构造地震，构造地震的特点是振动强烈，传播范围广。

全世界的地震分布很不均衡，主要集中在两大地震带：环太平洋地震带和地中海－喜马拉雅地震带。我国处于两大地震带之间，是一个多地震的国家。在地壳内部，振动的发源处称为“震源”，震源在地表的投影称为“震中”。震中与震源的距离称为“震源深度”，一般为数公里至数百公里。震源深度在0～70km的地震为浅源地震，在70～300km的地震为中源地震，大于300km的地震为深源地震。其中以浅源地震的分布最广、破坏性最强，全世界95%以上的地震为浅源地震。

2. 地震的震级和烈度

震级和烈度是两个不同的概念，震级表示地震本身强度大小的等级，是衡量震源释放出能量大小的一种量度，震级每增加一级，能量约增加 32 倍。地震烈度是指某一地点在该次地震时所受到的影响程度，一次地震在不同的地点可表现出不同的烈度。

我国《建筑抗震设计规范》（GB 50011—2010）（2016 年版）规定：抗震设防烈度为按国家规定的权限批准作为一个地区抗震设防依据的地震烈度。一般情况下，取 50 年内超越概率 10% 的地震烈度。

1）抗震设防烈度为 6 度及以上地区的建筑，必须进行抗震设计。

2）抗震设防烈度为 6 度时，除《建筑抗震设计规范》有具体规定外，对乙、丙、丁类建筑可不进行地震作用计算。

3）抗震设防烈度大于 9 度地区的建筑及行业有特殊要求的工业建筑，其抗震设计应按有关专门规定执行。

（二）地基的震害现象

地基在地震中的震害主要有振动液化、震陷、滑坡及地裂三种。

1. 地基的振动液化

地基的液化主要发生在饱和粉、细砂和粉土中，其宏观标志为：地表开裂、喷水、冒砂，从而引起上部建筑物产生巨大沉降、严重倾斜和开裂等震害现象。

2. 震陷

地震时，地面的巨大沉陷称为震陷，这种现象一般发生在砂性土或淤泥质土中。震陷是一种宏观现象，原因主要有以下几个方面：

1）松砂经振动后趋于密实而沉陷。

2）排水不良的饱和粉、细砂和粉土，由于振动液化而产生喷水冒砂，从而引起地面下陷。

3）淤泥质软黏土在振动荷载的作用下，土体不断软化而刚度与强度显著降低，产生附加沉降。

土的震陷不仅会使建筑物产生过大的沉降，而且产生较大的差异沉降和倾斜，严重影响建筑物的安全和使用。

3. 滑坡及地裂

地震导致滑坡的原因主要有两个方面：一方面由于地震时边坡受到了附加惯性力，加大了下滑力；另一方面是土体受振趋于密实使孔隙水压力升高，有效应力降低，减少了阻滑力。这两方面因素对边坡的稳定都是不利的。地质调查表明：凡发生过地震滑坡的地区，大部分地层中有夹砂层，而在均质黏土内，尚未有过关于地震滑坡的实例。

地震时往往出现地裂，地裂有两种。一种是构造性地裂，这种地裂虽与地质构造有密切关系，但它并不是由深部基岩构造断裂直接延伸至地表形成的，而是较厚覆盖土层内部的错动造成的。另一种是重力式地裂，它是由于斜坡滑坡或上覆土层沿倾斜下卧层层面滑动而引起的地面张裂。

（三）地基基础抗震设计原则及措施

1. 地基基础抗震设计原则

为了有效防止地震灾害，应在地基基础的设计中遵循以下原则：

1）合理选择建筑场地，选择建筑场地时，应结合勘测和调查工作，根据地震活动情况和工程地质条件，对场地做出综合评价。应尽量选择对建筑抗震有利的地段，避开不利地段，不得在危险地段进行建设。

2）加强基础和上部结构整体性。如对一般砖混结构的防潮层采用防水砂浆代替油毡，在内外墙下室内地坪标高处加一道连续的闭合地梁等。

3）加强基础的防震性能。基础在整个建筑物中一般是刚度比较大的组成部分，又因其处于建筑物的最低部位，且受周围土层的限制，所以振幅较小，基础本身受到的震害总是较轻。加强基础的防震性能的目的主要是减轻上部结构的震害，其主要措施有：合理加大基础的埋置深度；正确选择基础类型，使其能减轻震害引起的不均匀沉降，从而减轻上部结构的损坏。

2. 地基基础抗震措施

针对不同的地基条件，可采取不同的抗震措施：

1）软黏土的承载力较低，地震引起的附加荷载较大，往往超过了承载力的安全储备。可采用桩基或进行地基处理、扩大基础底面积和加设地基梁、加深基础、减轻荷载、增加结构整体性等措施。

2）不均匀地基包括土质明显不均、有古河道或暗沟通过及半挖半填地带。土质偏弱部分可参照上述软黏土处理原则采取抗震措施。地裂发生与否的关键是场地四周是否存在临空面，因此，要尽量填平不必要的残存沟渠，在明渠两侧适当设置支挡，或代以排水暗渠，尽量避免在建筑物四周开沟挖坑。

3）对液化地基采取的抗液化措施应根据具体情况综合确定：①采用全部消除地基液化沉陷的措施，如深基础、底端伸入液化深度以下稳定层的桩基、挖除全部液化层等；②采用部分消除地基液化沉陷的措施；③基础和上部结构处理。

任务2　地基处理技术

某厂职工住宅楼工程，为五层砖混结构，共10栋，建筑面积39500m^2，坐落在沟谷地带，黄土层厚达32m，湿陷层厚度为6～12m，湿陷系数最大为0.056，自重湿陷系数最大为0.11。工程竣工投入使用后，先后有9栋陆续出现地基下陷，最大累计下沉量达690.4mm，平均累计下沉304.5mm，建筑物的最大差异沉降量为325.5mm。部分墙面、地面开裂，墙面裂缝最大宽度达25mm，地面裂缝最大宽度达35mm，并继续发展，影响使用安全。

问题：如何选择最佳的地基处理方案？

学习目标

1. 知道软弱土的种类和性质。
2. 能进行换土垫层设计，能采用挤密振冲法处理地基。
3. 知道排水固结法、化学加固法、托换技术。

地基处理的目的是选择合理的地基处理方法，对不能满足直接使用的天然地基进行有针对性的处理，以解决不良地基所存在的承载力、变形、液化及渗透等问题，从而满足工程建设的要求。

一、软弱土的种类和性质

软弱地基是指主要由淤泥、淤泥质土、冲填土、杂填土或其他高压缩性土层构成的地基。

（一）淤泥及淤泥质土

淤泥及淤泥质土的特点是天然含水量高、孔隙比大、抗剪强度低、压缩系数高、渗透系数小。当天然孔隙比 $e>1.5$ 时，为淤泥；天然孔隙比 $1.0<e\leqslant1.5$ 时为淤泥质土。

这类土组成的地基承载力低，基础沉降变形大，容易产生较大的不均匀沉降，沉降稳定历时比较长，是工程建设中遇到最多的软弱地基。它广泛地分布在我国沿海地区、内陆平原及山区。例如：天津、连云港、上海、杭州、宁波、温州、福州、厦门、湛江、广州等沿海地区，以及昆明、武汉、南京等内陆地区。

（二）冲填土

冲填土是在治理和疏通江河航道时，用挖泥船通过泥浆泵将泥沙夹大量水分吹填到江河两岸而形成的沉积土。在我国长江、黄浦江、珠江两岸均分布着不同性质的冲填土。冲填土的物质成分比较复杂，若以黏性土为主，由于土中含有大量水分，且难以排出，土体在形成初期处于流动状态，强度要经过一定的固结时间，才能逐渐提高，因此，这类土属于强度低和压缩性较高的欠固结土。若主要以砂或其他粗颗粒土所组成的冲填土就不属于软弱土。冲填土的工程性质主要取决于颗粒组成、均匀性和排水固结条件，与自然沉积的同类土相比，强度低，压缩性高，常产生触变现象。

（三）杂填土

杂填土是人类活动所形成的无规则堆积物，由大量建筑垃圾、工业废料或生活垃圾组成，其成分复杂，性质也不相同，且无规律性。在大多数情况下，杂填土是比较疏松和不均匀的，在同一场地不同位置，地基承载力和压缩性也可能有较大的差异。杂填土的性质随着堆填龄期而变化，其承载力随着时间增长而提高。

杂填土的主要特点是强度低，压缩性高和均匀性差，一般未经处理不宜作为持力层。某些杂填土含有腐殖质及亲水和水溶性物质，会给地基带来更大的沉降及浸水湿陷性。

（四）其他高压缩性土

饱和松散粉细砂及部分粉土，虽然在静载作用下具有较高的强度，但在机械振动，车辆荷载，波浪或地震的反复作用下，有可能发生液化或震陷变形。地基会因液化而丧失承载力，基坑开挖时易产生管涌。该地基也属于软弱地基的范畴。

另外，湿陷性黄土、膨胀土和季节性冻土等特殊性土的不良地基现象，都属于需要进行地基处理的软弱地基范畴。

对软弱地基勘察时，应查明软弱土层的均匀性、组成、分布范围和土质情况。对冲填土尚应了解排水固结条件。

对软弱地基设计时，应考虑上部结构和地基的共同作用，对建筑体形，荷载情况，结构类型和地质条件进行综合分析，确定合理的建筑措施和地基处理方法。

二、地基处理技术综述

当软弱地基或不良地基不能满足沉降或稳定的要求，且采用桩基础等深基础在技术或经济上不可取时，往往采用地基处理。

地基处理方法很多，并且新的地基处理方法还在不断发展。虽然从地基处理加固原理、目的、性质、时效、动机等不同的角度均可对地基处理方法进行分类，但要对各种地基处理方法进行精确的分类是困难的。通常按地基处理的加固原理可对地基处理方法分为以下几类：

（1）排水固结法　使土体在一定荷载作用下固结，孔隙比减小，强度提高，达到提高地基承载力，减少施工后沉降的目的。它主要包括加载预压法、超载预压法、砂井法（包括普通砂井、袋装砂井和塑料板排水法）、真空预压法、联合法、降低地下水位法、电渗法等。

（2）振密挤密法　采用振动或挤密的方法使未饱和土密实，以达到提高地基承载力和减少沉降的目的。它主要包括压实法、强夯法、振冲挤密法、挤密砂桩法、爆破挤密法、灰土桩法。

（3）置换及拌入法　以砂、碎石等材料置换软弱地基中部分软弱土体，形成复合地基，或在软弱地基中部分土体内掺入水泥、水泥砂浆等物形成加固体，与未加固部分形成复合地基，达到提高地基承载力，减少压缩量的目的。它主要包括垫层法、换土垫层法、振冲置换法（又称碎石桩法）、高压喷射注浆法、深层搅拌法、石灰桩法、褥垫法、EPS 超轻质料填土法等。

（4）灌浆法　用气压、液压或电化学方法把某些能固化的浆液注入各种介质的裂缝或孔隙中，以达到地基处理的目的，主要包括渗入性灌浆法、劈裂灌浆法、压密灌浆法、电动化学灌浆法等。可用于防渗、堵漏、加固和纠正结构物偏斜，适用于砂及砂砾石地基以及湿陷性黄土地基等。

（5）加筋法　通过在土层中设置强度较高的土工格栅及织物、拉筋、钢筋混凝土等，达到提高地基承载力，减小沉降的目的。它主要包括加筋土法、土钉墙法、锚固法、树根桩法、低强度混凝土桩复合地基和钢筋混凝土桩复合地基法等。

（6）冷热处理法　通过冻结土体或焙烧、加热地基土体改变土体物理力学性质以达到地基处理的目的。它主要包括冻结法和烧结法两种。

（7）托换技术　对原有建筑物地基和基础进行处理和加固。它主要包括基础加宽法、墩式托换法、桩式托换法、地基加固法以及综合加固法等。

（8）纠偏　对由于沉降不均匀造成倾斜的建筑物进行矫正的手段，主要包括加载纠偏法、掏土纠偏法、顶升纠偏法和综合纠偏法等。

选用地基处理方法的原则是力求技术先进、经济合理、因地制宜、安全适用、确保质量。具体选用时要根据场地的工程地质条件、地基加固的目的要求以及拟采用处理方案的适用性、技术经济指标、工期等多方面因素综合考虑，最后选择其中一种较合理的地基处理措施或两种以上地基处理方法组合的综合处理方案。

地基处理大多是隐蔽工程，在施工前现场人员必须了解所采用的地基处理方法的原理、技术标准和质量要求、施工方法等。施工过程中经常进行施工质量和处理效果的检验，同时也应做好监测工作；施工结束后应尽量采用可能的手段来检验处理的效果并继续做好监测工作，从而保证施工质量。

三、压实法及强夯法

（一）压实法

1. 土的压实原理

换土层的主要作用是改善原地基土的承载力并减少其沉降量。这一目的通常是通过外界的压（夯、振）实功来实现的。在一定的压（夯、振）实能量作用下，土最容易被压（夯、振）密，并能达到最大的干密度，这时土所具有的含水量即为最优含水量，通常以 w_{op} 表示。当土的含水量大于或小于这一界限时，都不易被压实。

建筑物地基表层的松散填土、杂填土或换土垫层，要求压实后才能作为地基的持力层。按施工方法的不同可分为：机械碾压法、重锤夯实法、振动压实法。

2. 机械碾压法

机械碾压法是一种采用平碾、羊足碾、压路机、推土机或其他机械压实松散土的方法。机械碾压法主要使用于大面积的回填土方工程的压实和杂填土地基的处理，一般用于处理浅层地基。

碾压的效果主要取决于被压实土的含水量是否符合最优含水量和压实机械的压实能量。施工时应控制碾压土的含水量，选择适当的碾压分层厚度和碾压的遍数。

黏性土的碾压，通常用 80～100kN 的平碾或 120kN 的羊足碾，每层铺土厚度为 20～30cm，碾压 8～12 遍。杂填土的碾压，应先将建筑范围内一定深度的杂填土挖除，开挖深度视设计要求而定。用 80～120kN 压路机或其他压实机械将槽底碾压几遍，再将原土分层回填碾压。每层土的虚铺厚度约 30cm。有时还可在原土中掺入部分碎石、碎砖、白灰等，以提高地基强度。

由于杂填土的性质比较复杂，碾压后的地基承载力相差较大。根据一些地区的经验，用 80～120kN 压路机碾压后的杂填土地基，承载力为 80～120kPa。

碾压的质量标准，以分层检验压实土的干重度和含水量来控制。如控制干重度为 γ_d，最大干重度为 γ_{max}（由试验确定），则 γ_d 与 γ_{max} 的比值 D_y 称为压实系数。压实系数和现场含水量的控制值应符合表 8-1 的规定。

表 8-1　填土地基质量控制值表

结构类型	填土部位	压实系数 D_y	控制含水量
砖石结构和框架结构	在地基主要受力层范围内	>0.96	$w_{op}\pm0.02w_{op}$
	在地基主要受力层范围以下	0.93～0.96	
简支结构和排架结构	在地基主要受力层范围内	0.94～0.97	$w_{op}\pm0.02w_{op}$
	在地基主要受力层范围以下	0.91～0.93	

3. 重锤夯实法

重锤夯实是利用起重机将重锤提到一定的高度，然后使其自由落下，重复夯打，把地基表面夯实，以提高浅层地基的强度，减少其压缩性和不均匀性。这种方法可用于处理非饱和黏性土或杂填土，也可用于处理湿陷性黄土，消除其湿陷性。

重锤夯实的效果与锤重、锤底直径、落距、夯击遍数、夯实土的种类和含水量有一定的关系。施工中宜由现场夯击试验决定有关参数。当土质和含水量变化时，这些参数应相应加以调整。夯锤一般为截头圆锥体，锤重大于15kN，锤底直径为0.7~1.5m，影响深度与锤径相当。拟加固土层必须高出地下水位0.8m以上，且该范围内不宜存在饱和软土层，否则可能将表层土夯成橡皮土，反而破坏土的结构和加大压缩性。所以当地下水位埋藏在夯击的影响深度范围内时，须采取降水措施。

4. 振动压实法

振动压实法是利用振动压实机在表面施加振动，把浅层松散土振密的方法。振动压实的效果主要决定于被压实土的成分和振动时间。振动的效果，开始时振密作用较为显著，但随着时间推移变形渐趋稳定。所以施工前应先进行现场试验，根据振实的要求确定振实的时间。有效的振实深度为1.2~1.5m。如果地下水位太高，则将影响振实效果。此外尚应注意振动对周围建筑物的影响，振源与建筑物的距离应大于3m。

振动压实法主要适用于处理砂土、炉渣、碎石等无黏性土或黏粒含量少和透水性好的杂填土地基。

（二）强夯法

强夯法又称动力固结法，它是用大吨位的起重机，把很重的锤（一般100~600kN）从高处自由落下（落距为6~40m）给地基以冲击和振动。巨大的冲击能量在地基中产生很大的冲击波和动应力，引起地基土的压缩和振动，从而提高地基土的强度并降低其压缩性，还可以改善地基土抵抗振动液化的能力和消除湿陷性黄土的湿陷性等作用。

1. 强夯法的加固机理及适用范围

强夯法加固地基的机理，与重锤夯实法有着本质的不同。强夯法主要是将势能转化为夯击能，在地基中产生强大的应力和冲击波，对土体产生加密作用、液化作用、固结作用和时效作用。

（1）加密作用　土体中大多含有以微气泡形式出现的气体，其气体体积分数为1%~4%。强夯时强大的冲击能，使气体压缩、孔隙水压力升高，随后在气体膨胀、孔隙水排出的同时，孔隙水压力减小。这样每夯击一遍孔隙水和气体的体积都有所减少，土体得到加密。

（2）液化作用　在巨大的冲击应力作用下，土中孔隙水压力迅速提高，当孔隙水压力上升到与覆盖压力相等时，土体即产生液化，土的强度消失，土粒可自由地重新排列。

（3）固结作用　强夯时在地基中所产生超孔隙水压力大于土粒间的侧向压力时，土粒间便会出现裂隙，形成排水通道。此时，增大土的渗透性，孔隙水得以顺利排出，加速了土的固结。

（4）时效作用　随着时间的推移，孔隙水压力的消散，土颗粒又重新紧密接触，自由水也重新被土颗粒吸附而变成结合水，土的强度便逐渐恢复。这种触变强度的恢复，称为时间效应，其作用称为时效作用。

强夯法适用于杂填土、碎石土、砂土、黏性土、湿陷性黄土及人工填土等地基的施工，对淤泥和淤泥质土等饱和黏性土地基，需经试验证明有效时方可采用。它不仅能在陆地上施工，还可以在不深的水下对地基夯实。

2. 强夯法设计要点

强夯法进行地基加固所取得的效果与施工参数有关，如夯点距离、击数、间歇时间等。强夯法加固地基的深度与夯击能有关，可按下列经验公式计算：

$$H = \alpha \sqrt{\frac{Wh}{10}} \tag{8-1}$$

式中 h——锤的落距（m）；

α——修正系数，与地基土性质有关，一般为0.34～0.80；

W——锤重（kN）；

H——有效加固深度（m）。

根据加固土层的深度和选择的锤重，即可按式（8-1）确定锤的落距。夯击能量相同时，锤的落距越大，着地时的速度也越大，相应对地基的加固效果越好。为使深层土得到加固，两夯击点的距离应大一些，使夯击能量传递到土的深层，第一遍夯距为夯锤直径的3～4倍，第二遍夯距可略小些。夯击次数，应按现场试夯的夯击次数和夯沉量关系曲线确定，且应满足：最后两击的平均沉降量不大于500mm，夯坑周围不应发生过大隆起，不因夯坑过深而起锤困难。一般情况下，每一点可夯击5～10击。夯击次数应根据地基土的性质确定，一般情况下可采用2～3次，最后以低能量满夯一次，对于渗透性弱的细颗粒土，必要时夯击次数可适当增加。夯击的间歇时间，视孔隙水压力消散的情况确定，对于黏性土，孔隙水压力消散时间较长，在一次夯击后，一般需间隔2～4周才能进行下一次夯击作业；对于砂性土，孔隙水压力的峰值出现在夯完后的瞬间，消散时间只有2～4min，故对渗透性较大的砂性土，可连续夯击。夯击范围应大于建筑物基础范围，每边超出基础外缘的宽度宜为设计处理深度的1/2～1/3，且不宜小于3m。

3. 强夯法施工及质检要点

强夯法施工的夯锤起重机械，一般采用履带式起重机和自动脱钩装置，并设有辅助门架或其他安全装置。夯锤底面形式宜采用圆形，并对称设置若干排气孔与锤顶面相通。

当地下水位较高时，宜采用人工降低地下水或铺一定厚度的松散性材料，并及时排除夯坑或场地积水。强夯法施工一般按以下步骤进行：

1）清理并平整场地。

2）标出首遍夯点位置，测量场地高程。

3）起重机就位，使夯锤对准夯点标记。

4）测量夯前锤顶高程。

5）起吊夯锤至预定高度，释放夯锤，测量锤顶高程，及时整平坑底。

6）重复步骤5），按设计夯击次数及控制标准完成夯点的夯击。

7）重复步骤3）～6），完成第一遍夯击。

8）用推土机填平夯坑，测量场地高程。

9）重复步骤2）～8），完成全部夯击遍数，最后用低能量满夯，将地表层松土夯实，并测量夯后场地高程。

施工过程中，应做好各项测试数据和施工记录，强夯结束后，视土质情况隔一定时间对地基质量进行检验，可采用室内土工试验、场地原位测试，也可做现场静载荷试验。

四、换土垫层法

（一）加固机理及适用范围

1. 加固机理

换土垫层法是将天然软弱土层挖去或部分挖去，分层回填强度高、压缩性较低且无腐蚀性的砂石、素土、灰土、工业废料等材料，夯实至要求的密度后作为地基持力层。换土垫层法也称为开挖置换法。

换土垫层主要有以下几个作用：

（1）提高基底持力层的承载力　地基中的剪切破坏是从基础底面以下边角处开始，随着基底压力的增大而逐渐向纵深发展。因此当基底面以下浅层范围可能被剪切破坏的软弱土被强度较大的垫层材料置换后，可以提高承载力。

（2）减少沉降量　一般情况下，基础下卧层的沉降量在总沉降量中所占的比例较大。以垫层材料代替软弱土层，可以大大减少沉降量。

（3）加速地基的排水固结　用砂石作为垫层材料时，由于其渗透性大，在地基受压后垫层便是良好的排水体，可使下卧层中的孔隙水压力加速消散，从而加速其固结。

（4）防止冻胀　采用颗粒粗大的材料如碎石、砂等作为垫层，可以降低甚至不产生毛细水上升现象，因而可以防止结冰而导致的冻胀。

（5）消除地基的湿陷性和胀缩性　采用素土或灰土垫层，在湿陷性黄土地基中，置换了基础底面下一定范围内的湿陷性土层，可免除土层浸水后湿陷变形的发生或减少土层湿陷沉降量。同时，垫层还可作为地基的防水层，减少下卧天然黄土层浸水的可能性。采用非膨胀性的黏性土、砂、灰土以及矿渣等置换膨胀土，可以减少地基的胀缩变形量。

2. 适用范围

换土垫层法适用于淤泥、淤泥质土、湿陷性黄土、膨胀土、素填土、杂填土、季节性冻土地基以及暗沟、暗塘等的浅层处理。

（二）垫层设计要点

垫层设计的主要内容是确定垫层厚度 z，垫层宽度 b'（见图 8-1）。其校核条件是必须满足下卧层承载力要求。

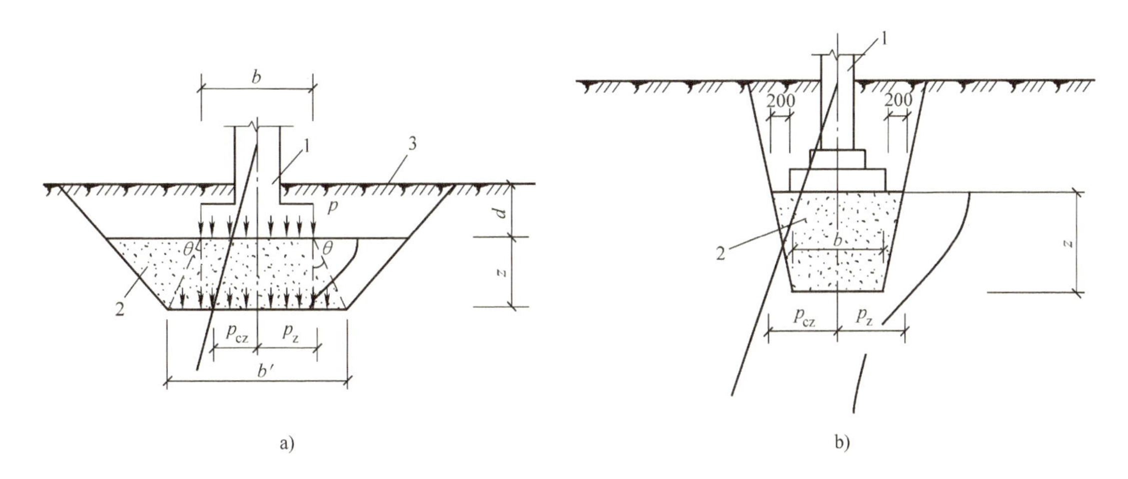

图 8-1　垫层内应力的分布

a）下卧层承载能力较低　b）下卧层承载能力良好

1—基础　2—持力层　3—填土

1. 确定垫层的厚度

垫层的厚度应根据垫层底部软弱土层的承载力确定，即作用在垫层底面处土的自重压力值与附加压力值之和不大于软弱土层经深度修正后的地基承载力特征值，并应符合下式要求：

$$p_z + p_{cz} \leqslant f_z \tag{8-2}$$

式中　f_z——下卧层地基经深宽修正后承载力设计值（kPa）；

p_{cz}——下卧层顶面的自重压力（kPa）；

p_z——下卧层顶面的附加压力（kPa）。

p_z 可按下式简化计算：

条形基础

$$p_z = \frac{b(p_k - p_c)}{b + 2z\tan\theta} \tag{8-3}$$

矩形基础

$$p_z = \frac{bl(p_k - p_c)}{(b + 2z\tan\theta)(l + 2z\tan\theta)} \tag{8-4}$$

式中　b——矩形基础或条形基础底面的宽度（m）；

l——矩形基础底面的长度（m）；

p_k——基础底面压力设计值（kPa）；

p_c——基础底面处土的自重压力标准值（kPa）；

z——基础底面下垫层的厚度（m）；

θ——垫层的压力扩散角（°），可按表8-2选用。

表8-2　压力扩散角 θ

z/b	换填材料		
	中砂、粗砂、砾砂、圆砾、石屑、角砾、卵石、碎石、矿渣	粉质黏土和粉煤灰（$8 < I_P < 14$）	灰土
0.25	20°	6°	28°
≥0.50	30°	23°	

注：1. 当 $z/b < 0.25$ 时，除灰土取 $\theta = 28°$ 外，其余材料均取 $\theta = 0°$，必要时宜由试验确定。

2. 当 $0.25 < z/b < 0.50$，θ 值可内插求得。

3. 灰土 θ 值按一定要求的3:7或2:8的灰土的28d强度考虑的。

2. 确定垫层的宽度

垫层的宽度应满足基础底面应力扩散的要求，根据垫层侧面土的承载力，防止垫层向两侧挤出。垫层顶面每边超出基础底边不小于300mm，或从垫层底面两侧向上，按当地开挖基坑经验的要求放坡。垫层的底面宽度 b' 按下式计算或根据当地经验确定。

$$b' \geqslant b + 2z\tan\theta \tag{8-5}$$

式中　b'——垫层底面宽度（m）；

θ——垫层的压力扩散角（°），可按表8-2选用。

当 $z/b > 0.5$ 时，垫层的宽度也可根据当地经验及基础下应力等值线的分布，按倒梯形剖面确定。垫层的承载力宜通过现场试验确定，并应验算下卧层的承载力。对重要建筑或存在较弱下卧层的建筑应进行地基变形计算。

（三）垫层材料选择

（1）砂石　宜选用中粗砾砂，也可用碎石（粒径小于2mm的部分不应超过总质量的

45%)，应级配良好，不含植物残体、垃圾等杂质，泥量的质量分数不宜超过3%。当使用粉细砂或石粉（粒径小于0.075mm的部分不超过总质量的9%）时，应掺入质量分数不少于30%的碎石或卵石。最大粒径不宜大于50mm。对湿陷性黄土地基，不得选用砂石等透水材料。

（2）黏土（均质土） 土料中有机质的质量分数不得超过5%，也不得含有冻土或膨胀土。当含有碎石时，其粒径不宜大于50mm。用于湿陷性黄土或膨胀土地基的垫层，土料中不得夹有砖、瓦和石块等。

（3）灰土 体积配合比宜为2:8或3:7。土料宜用黏性土及塑性指数大于4的粉土，不得含有松软杂质，并应过筛，其颗粒不得大于15mm。灰土宜用新鲜消石灰，土料中不得夹有砖、瓦和石块等。

（4）粉煤灰 可分为湿排灰和调湿灰。可用于道路、堆场和中小型建筑物和构筑物换填垫层。粉煤灰垫层上宜覆土0.3～0.5m。

（5）矿渣 垫层使用的矿渣是指高炉重矿渣，可分为分级矿渣、混合矿渣及原状矿渣。矿渣垫层主要用于堆场、道路和地坪，也可用于中小型建筑物和构筑物地基。

（6）其他工业废渣 在有可靠试验结果或成功工程经验时，对质地坚硬、性能稳定的工业废渣均可用于换填垫层。

（7）土工合成材料 加筋垫层是分层铺设土工合成材料及地基土的换填垫层，用于垫层的土工合成材料包括机织土工织物、土工格栅、土工垫、土工格室等。其选型应根据工程特性、土质条件与土工合成材料的原材料类型、物理力学性质、耐久性及抗腐蚀性等确定。

土工合成材料在垫层中受力时伸长率不宜大于4%～5%，且不应该被拔出。当铺设多层土工合成材料时，层间应填以中砂、粗砂、砾砂，也可填细粒碎石类土等能增加垫层内摩阻力的材料。在软土地基上使用加筋垫层时，应考虑保证建筑物的稳定性和满足容许变形的要求。

对于工程量较大的换填垫层，应根据选用的施工机械、换填材料及场地的天然土质条件进行现场试验，再确定压实效果。

垫层材料的选择必须满足无污染、无侵蚀性及无放射性等要求。

（四）垫层施工及注意事项

垫层施工应根据不同的换填材料选择施工机械。素填土、灰土宜采用平碾、振动碾或羊足碾；中小型工程可采用蛙式夯、柴油夯。砂石土宜用振动碾和振动压实机。粉煤灰宜采用平碾、振动碾、平板振动器、蛙式夯。矿渣宜采用平板振动器或平碾，也可采用振动碾。

垫层的施工方法、分层铺填厚度、每层压实遍数等宜通过试验确定。除接触下卧软土层的垫层底层应具有足够的厚度外，一般情况下，垫层的分层铺垫厚度可取200～300mm。为保证分层压实质量，应控制机械碾压速度。素土和灰土垫层土料的施工含水量宜控制在最优含水量$w_{op}\pm0.02w_{op}$的范围内，粉煤灰垫层的施工含水量控制在$w_{op}\pm0.04w_{op}$的范围内。当垫层底部存在古井、古墓、洞穴、旧基础、暗塘等软硬不均的部位时，应根据建筑对不均匀沉降的要求予以处理，并经检验合格后，方可铺填垫层。

基坑开挖时应避免坑底土层受扰动，可保留约200mm厚的土层暂不挖，待铺填垫层前再挖至设计标高。严禁扰动垫层下的淤泥或淤泥质土层，防止其被踩踏、受冻或受浸泡。在碎石或卵石垫层底部宜设置150~300mm厚的砂垫层，以防止淤泥或淤泥质土层表面的局部破坏，同时必须防止基坑边坡塌土混入垫层。

对淤泥或淤泥质土层厚度较小，在碾压或强夯下抛石能挤入该层底面的工程，可采用抛石挤淤处理。先在软弱土面下堆填块石、片石等，然后将其碾压入或夯入土层以置换和挤出软弱土。在滨河海开阔地带，可利用爆破挤淤。在淤泥面堆块石，在其侧边下部淤泥中按设计量放入炸药，通过爆炸挤出淤泥，使块石沉落底部坚实土层之上。

换填垫层施工要注意基坑排水，必要时应采用降低地下水位的措施，严禁水下换填。垫层底面宜设在同一标高上，如深度不同，基坑底土面应挖成阶梯或斜坡搭接，并按先深后浅的顺序进行垫层施工，搭接处应碾压密实。素土及灰土垫层分段施工时，不得在柱基、墙角及承重窗间下接缝。上下两层的缝距不得小于500mm。接缝处应夯击密实。灰土应拌和均匀并应当日铺填夯实。灰土夯实后3d内不得受水浸泡。粉煤灰垫层宜铺填后当天压实，每层验收后应及时铺填上层或封层，防止干燥后松散起尘污染，同时应禁止车辆碾压通行。垫层竣工后，应及时进行基础施工与基坑回填。

铺设土工合成材料，下卧层顶面应均匀平整，防止土工合成材料被刺穿顶破。铺设时端头应固定，如回折锚固，应避免长时间暴晒或暴露，边沿宜用搭接法，即缝接法和胶接法。缝接法的搭接长度宜为300~1000mm，基底较软者应选取较大的搭接长度；当采用胶接法时，搭接长度应不小于100mm，并保证主要受力方向的连接强度不低于所采用材料的抗拉强度。

当碾压或夯击振动对邻近既有或正在施工中的建筑产生有害影响时，必须采取有效预防措施。

（五）垫层质量检验

对素土、灰土、粉煤灰和砂垫层可用贯入仪、轻型动力触探或标准贯入试验检验；对砂和粉煤灰垫层也可用钢筋检验；对砂石、矿渣垫层可用重型动力触探检测；并均应通过现场试验以控制压实系数所对应的贯入度为合格标准。压实系数的检验可采用环刀法、灌水法或其他方法。

垫层的质量检验必须分层进行，每夯实完一层，应检验该层的平均压实系数。当压实系数符合设计要求后，才能铺填上层。当采用贯入仪、钢筋或动力触探检验垫层的质量时，每分层检验点的间距应小于4m。当取样检验垫层的质量时，对大基坑每50~100m^{2}应不少于1个检验点；对基槽每10~20m应不少于1个点；每个单独柱基应不少于1个点。

对换填垫层的总体质量验收，可通过载荷试验进行；在有本工程对应合格压实系数的贯入指标时，也可采用静力触探、动力触探或标准贯入试验。

五、挤密法和振冲法

（一）挤密及振冲作用机理

在砂土中通过机械振动挤压或加水振动可以使土密实。挤密法和振冲法就是利用这个原理发展起来的两种地基加固方法。

1. 挤密法

挤密法是以振动或冲击的方法成孔，然后在孔中填入砂、石、土、石灰、灰土或其他材料，并加以捣实成为桩体。按其填入的材料不同分为砂桩、砂石桩、石灰桩、灰土桩等。挤密法一般采用各种打桩机械施工，也有用爆破成孔的。

挤密砂桩适用于处理松砂、杂填土和黏粒含量不多的黏性土地基。砂桩能有效防止砂土地基振动液化，但对饱和黏性土地基，由于土的渗透性较小，抗剪强度低，灵敏度大，夯击沉管过程中土内产生的超孔隙水压力不能迅速消散，挤密效果差，且将土的天然结构破坏，使土的抗剪强度降低，故施工时须慎重对待。

挤密砂桩和排水井桩虽然都在地基中形成砂柱体，但两者作用不同。砂桩是为了加固地基，桩径大而间距小；砂井是为了排水固结，桩径小而桩距大。

挤密桩的施工可采用振动式或冲击式，还可以采用爆破成孔的方法。施工从外围或两侧向中间进行。设置砂桩时，基坑应在设计标高以上预留三倍桩径覆土，打桩时坑底发生隆起，施工结束后挖除覆土。

制作砂桩宜采用中、粗砂，泥的质量分数不大于5%，含水量依土质及施工器具确定。砂桩的灌砂量按井孔体积和砂在中密状态时的干容重计算，实际灌砂量应不低于计算灌砂量的95%。桩身及桩与桩之间挤密土的质量，均可采用标准或轻便触探检验，也可用锤击法检查密实度，必要时则进行荷载试验。

2. 振冲法

振冲法的主要设备为振冲器，由潜水电动机、偏心块和通水管三部分组成。振冲器内的偏心块在电动机带动下高速旋转而产生高频振动，在高压水流的联合作用下，可使振冲器贯入土中，当达到设计深度后，关闭下喷水口，打开上喷水口，然后向振冲形成的孔中填以粗砂、砾石或碎石。振冲器振一段上提一段，最后在地基中形成一根密实的砂、砾石或碎石桩体。

振冲法加固黏性土的机理与加固砂土的机理不尽相同。

加固砂土地基时，通过振冲与水冲使振冲器周围一定范围内的砂土产生振动液化。液化后的砂土颗粒在重力、上覆土压力及填料挤压作用下重新排列而密实。其加固机理是利用砂土液化的原理。振冲后的砂土地基不但承载力与变形模量有所提高，而且预先经历了人工振动液化，提高了抗震能力。而砂（碎石）桩的存在又提供了良好的排水通道，降低了地震时的超孔隙水压力，也是提高抗震能力的又一个原因。

加固黏性土地基时，尤其是饱和黏性土地基，在振动力作用下，土的渗透性小，土中水不易排出，填入的碎石在土中形成较大直径的桩体与周围土共同作用组成复合地基。大部分荷载由碎石桩承担，被挤密的黏性土也可承担一部分荷载。这种加固机理主要是置换作用。

（二）设计与施工

振冲法按照作用机理分为振冲置换法和振冲挤密法两类。振冲挤密法根据使用材料不同又分为土或灰土挤密桩法、砂石挤密桩法等，下面分别简单介绍其设计和计算要点。

1. 振冲置换法设计要点

处理范围应大于基底面积；对于一般地基，在基础外缘宜扩大1~2排桩；对可液化地基，在基础外缘应扩大2~4排桩。桩位布置，对大面积满堂处理宜采用等边三角形布置；对独立或条形基础，宜采用正方形、矩形或等腰三角形布置。桩的间距，应根据荷载大小和原土的抗剪强度确定，一般为1.5~2.5m；荷载大或原土强度低时，宜取较小的间距；桩端未达相对硬层的短桩应取小间距。桩长的确定，当相对硬层埋藏深度较大时，应按建筑物地基的变形允许值确定；桩长不宜短于4m；在可液化的地基中，桩长应按要求的抗震处理深度确定。桩的直径，可按每根桩所用的填料计算，一般为0.8~1.2m。桩体材料，可用含泥量不大的碎石、卵石、角砾、圆砾等硬质材料；材料的最大粒径不宜大于80mm，对于碎石常用的粒径为20～50mm。在桩顶部应铺设一层200～500mm厚的碎石垫层。振冲置换后的复合地基的承载力特征值应按现场复合地基载荷试验确定，也可按单桩和桩间的土的载荷试验结果，由下式确定：

$$f_{sp,k} = m'f_{p,k} + (1 - m')f_{s,k} \tag{8-6}$$

式中　$f_{sp,k}$——复合地基的承载力标准值（kPa）；

$f_{p,k}$——桩体单位截面积承载力标准值（kPa）；

$f_{s,k}$——桩间土的承载力标准值（kPa）；

m'——面积置换率。

$$m' = \frac{d^2}{d_e^2} \tag{8-7}$$

式中　d——桩的直径（m）；

d_e——等效影响圆的直径（m）。

对于等边三角形布置　$$d_e = 1.05s \tag{8-8}$$

对于正方形布置　$$d_e = 1.13s \tag{8-9}$$

对于矩形布置　$$d_e = 1.13\sqrt{s_1 s_2} \tag{8-10}$$

式中　s、s_1、s_2——分别为桩的间距、纵向间距和横向间距（m）。

对于小型工程的黏性土地基如无现场载荷试验资料，复合地基的承载力标准值$f_{sp,k}$可按下式计算：

$$f_{sp,k} = [1 + m'(n-1)]f_{p,k} \tag{8-11}$$

或

$$f_{sp,k} = [1 + m'(n-1)](3s_v) \tag{8-12}$$

式中　n——桩土应力比；

s_v——桩间土的十字板抗剪强度，也可用处理前地基土的十字板抗剪强度代替（kPa）。

地基在处理后的变形计算应按《地基规范》的有关规定执行。复合地基的压缩模量可按下式计算：

$$E_{sp} = [1 + m'(n-1)]E_s \tag{8-13}$$

式中　E_{sp}——复合地基土层的压缩模量（MPa）；

E_s——桩间土的压缩模量（MPa）。

桩土应力比n在无实测资料时，对黏性土可取2～4，对粉土可取1.5～3，原土强度低取大值，原土强度高取小值。

2. 振冲挤密法设计要点

振冲挤密法加固处理地基范围应大于建筑物基础范围，在建筑物基础外缘每边放宽不得小于5m。当可液化土层不厚时，振冲深度应穿透整个可液化土层；当可液化土层较厚时，振冲深度应按要求的抗震处理深度确定。振冲点宜按等边三角形或正方形布置，间距与土的颗粒组成、要求达到的密实程度、地下水位、振冲器功率、水量等有关，应通过现场试验确定。试验时可取桩距为1.8～2.5m，每一振冲点需要的填料量随地基土要求达到的密实程度的振冲点间距而定，应通过现场试验确定。填料宜用碎石、卵石、角砾、圆砾、砾砂、粗砂等。复合地基承载力、变形计算与振冲置换法计算方法一样，只不过有些设计参数取值不同而已，可参阅《建筑地基处理技术规范》（JGJ 79—2012）。

3. 砂石挤密桩设计要点

加固范围，砂石挤密桩加固地基应超出基础的宽度，每边放宽不应少于 1 ~ 3 排；砂石桩用于防止砂层液化时，每边放宽不小于处理深度的 1/2，且不应小于 5m。当可液化土层上覆盖有厚度大于 3m 非液化层时，每边放宽不宜小于液化层厚度的 1/2，且不应小于 3m。布置形式，桩孔位宜采用等边三角形或正方形布置。桩的直径应根据地基土质情况、成桩设备等因素确定，一般采用 300 ~ 800mm。对于饱和黏性土地区宜选用较大的直径。桩的间距应通过现场试验确定，但不宜大于砂石桩直径的 4 倍。在没有经验的地区，砂石挤密桩的间距也可按下述方法计算。

（1）对于松散砂土地基

等边三角形布置
$$s = 0.95d\sqrt{\frac{1+e_0}{e_0-e_1}} \tag{8-14}$$

正方形布置
$$s = 0.90d\sqrt{\frac{1+e_0}{e_0-e_1}} \tag{8-15}$$

$$e_1 = e_{max} - D_{r1}(e_{max} - e_{min}) \tag{8-16}$$

式中 s——砂石挤密桩间距（m）；

d——砂石挤密桩直径（m）；

e_0——地基处理前砂土的孔隙比，可按原状土样试验确定；

e_1——地基挤密后要求达到的孔隙比；

e_{max}、e_{min}——砂土的最大、最小孔隙比，可按《土工试验方法标准》GB/T 50123—2019 的有关规定确定；

D_{r1}——地基挤密后要求砂土达到的相对密实度，可取 0.70 ~ 0.85。

（2）对于黏性土地基

等边三角形布置
$$s = 1.08\sqrt{A_e} \tag{8-17}$$

正方形布置
$$s = \sqrt{A_e} \tag{8-18}$$

式中 A_e——每根砂石挤密桩承担的处理面积（m^2），$A_e = \frac{A_p}{m}$；

A_p——砂石挤密桩的截面积（m^2）；

m——面积置换率。

砂石挤密桩的长度，当地基中的松软土层厚度不大时，砂石桩宜穿过松软土层；当松软土层厚度较大时，桩长应根据建筑地基的允许变形值确定。对可液化砂层，桩长宜穿透可液化层，或按《建筑抗震设计规范》（GB 50011—2010）（2016 年版）的有关规定执行。砂石挤密桩孔内充填的砂石量可按下式计算：

$$V = \frac{A_p l d_s}{1+e_1}(1+0.01w) \tag{8-19}$$

式中 V——充填砂石量（m^3）；

A_p——砂石挤密桩的截面积（m^2）；

l——桩长（m）；

d_s——砂石料的相对密度；

w——砂石料的含水量。

桩孔内的填料宜用砾砂、粗砂、中砂、圆砾、角砾、卵石、碎石等。填料中的泥质量分数不得大于5%，并不宜含有大于50mm的颗粒。

砂石挤密桩复合地基的承载力特征值，应按现场复合地基载荷试验确定，也可通过下列方法确定：对砂石桩处理的复合地基，可用单桩和桩间土的载荷试验按式（8-11）计算；对于砂桩处理的砂土地基，可根据挤密后砂土的密实状态，按《地基规范》的有关规定确定。

砂石挤密桩复合地基的变形计算，可按《地基规范》的有关规定进行。

4. 振冲挤密法施工工艺

振冲挤密法施工工艺如图8-2所示，施工顺序为：定位→成孔→分段振动→挤密。

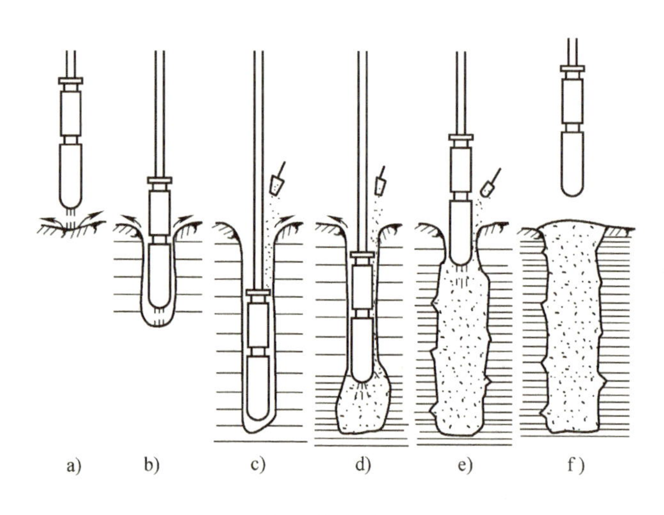

图8-2　振冲挤密法施工工艺

a）定位　b）振冲下沉　c）振冲至设计标高，加填料或不加填料

d）、e）边振边加料或不加料，边上提　f）成桩

六、排水固结法

（一）加固原理及适用范围

排水固结法就是利用地基土排水固结规律，采用各种排水技术措施处理饱和软黏土的一种方法。地基受压固结时，一方面孔隙比减少，土体被压缩，抗剪强度相应提高；另一方面，卸荷再压缩时，土体已变为超固结状态的压缩，抗剪强度也相应有所提高。排水固结法就是利用这一规律来处理软弱土地基，以达到提高土体强度和减少沉降量的目的。

（二）砂井堆载预压法

砂井堆载预压法系在软弱地基中用钢管打孔、灌砂，设置砂井作为竖向排水通道，并在砂井顶部设置砂垫层作为水平排水通道，在砂垫上部压载以增加土中附加应力，附加应力产生超静水压力，使土体中孔隙水较快地通过砂井、砂垫层排出，以达到加速土体固结，提高地基土强度的目的。

1. 加固机理

一般软黏土的结构呈蜂窝状或絮状，在固体颗粒周围充满水，当受到应力作用时，土体中孔隙水慢慢排出，孔隙体积变小而发生体积压缩，常称之为固结。由于黏土的渗透系数介于 $10^{-3} \sim 10^{-2}$cm/s 之间，当地基黏土层厚度很大时，仅用堆载预压而不改变土层的边界条件，黏土层固结将十分缓慢，地基土的强度增长过慢而不能快速堆载，使预压时间很长。当在地基内设置砂井等竖向排水体系，则可缩短排水距离，有效加速土的固结。

2. 特点及适用范围

砂井堆载预压的特点是：可加速饱和软黏土的排水固结，使沉降及早完成和稳定（下降速度可加快 2.0 ~ 2.5 倍），同时大大提高地基的承载力，防止地基土滑动破坏；施工机具、方法简单，可就地取材，缩短施工期限，降低造价；适用于透水性低的饱和软弱黏性土加固；用于机场跑道、油罐、水池、水工结构、道路、路堤、堤坝、码头岸坡等工程地基处理；对于泥炭等有机沉积土则不适用。

（三）真空预压法

真空预压法是以大气压力作为预压载荷，在需加固软土地基表面铺设一层透水砂垫层或砂砾层，再在其上覆盖一层不透气的塑料薄膜或橡胶布，四周密封使其与大气隔绝，在砂垫层里埋设渗水管道，然后与真空泵连通进行抽气，使透水材料保持较高的真空度，在土的孔隙水中产生负的孔隙水压力，将土中孔隙水和空气逐渐吸出，从而加速土体固结。对于渗透系数小的软黏土，为加速孔隙水的排出，也可在加固部位设置砂井、袋装砂井或塑料排水板等竖向排水系统。

1. 加固机理

真空预压在抽气前，薄膜内外均承受一个大气压 p_a 的作用，抽气后薄膜内气压逐渐下降，薄膜内外形成一个气压差，首先是砂垫，其次是砂井中的气压降至 p_v，使薄膜紧贴砂垫层。由于土体与砂垫层和砂井间的气压差，从而发生渗流，孔隙水沿着砂井或塑料排水板上升流入砂垫层内，被排出塑料薄膜外。地下水在上升的同时，形成塑料带附近的真空负压，使土内的孔隙水压形成压差，促使土中的孔隙水压力不断下降，地基有效应力不断增加，从而使土体固结。土体和砂井间的压差，开始时为 $p_a - p_v$，随着抽气时间的增长，压差逐渐变小，最终趋向于零，此时渗流停止，土体固结完成。所以真空预压过程，实质为利用大气压差作为预压荷载，使土体逐渐排水的固结过程。

真空预压使地下水位降低，相当于增加一个附加应力，也加速了土体的固结过程。

2. 特点及适用范围

真空预压法的特点是：不需要大量堆载，可省去加载和卸载工序，节省大量原材料、能源和运输能力，缩短预压时间。真空预压法所产生的负压使地基上的孔隙水加速排出，可缩短固结时间；同时由于孔隙水排出，渗流速度的增大，提高了加固效果；且负压可通过管路送到任何场地，适应性强。孔隙水的流向及渗流力引起的附加应力均指向被加固土体，土体在加固过程中的侧向变形很小，真空预压可一次加足，地基不会发生剪切破坏而引起地基失稳，可以有效缩短总的排水固结时间。所用设备和施工工艺比较简单，无需大量的大型设备，便于大面积使用。无噪声、无振动、无污染，可做到文明施工。

该处理方法技术经济效果显著，根据国内在天津新港区的大面积实践，当真空度达到 80kPa，经 60d 抽气，不少井区土的固结度达到 80% 以上，地面沉降达 57cm，同时能耗降低 1/3，工期缩短 2/3，比一般堆载预压降低造价 1/3。

真空预压法适于饱和均质黏性土及含薄层砂夹层的黏性土，特别适于新填土、超软性土以及边坡、码头、岸边等地基稳定性要求较高的工程地基的加固。土越软，加固效果越明显。但不适于在加固范围内有足够的水源补给的透水土层，以及无法堆载的倾斜地面和施工场地狭窄的工程。

（四）降水预压法

降水预压法是借助于井点抽水降低地下水位以增加土的有效自重应力，从而达到预压的目的。井点降水一般是先用高压射水将外径为38～50mm的下端具有长约1.7m滤管的井管沉到所需深度，并将井管顶部用管路与真空泵相连，通过吸水使地下水位下降，形成漏斗状的水位线。井管间距视土质而定，一般为0.8～2.0m，井点可按实际情况进行布置。滤管长度一般取1～2m，滤孔面积应占滤管表面积的20%～25%，滤管外设置可靠滤层以防止滤管被堵塞。

降水5～6m时降水预压荷载可达50～60kPa，相当于堆高3m左右的砂石，而其工程量却小得多。如采用多层轻型井点或喷射井点等其他降水方法，则其效果将更显著。

降水预压法与真空预压法一样，无需堆载作为预压荷载；而且降水预压使土中孔隙水压力降低，渗流附加力指向固结区，所以不会使土体发生破坏，因而不需控制加荷速度，可一次降水至预定深度，从而缩短固结时间。降水预压的缺点是降低地下水位可能会引起邻近建筑物间的附加差异沉降。这一问题其他方法不同程度也存在。

七、化学加固法

化学加固法是将化学溶液或胶结剂灌入土中，把土粒胶结起来，以提高地基处理强度，减小沉降量的一种加固方法。目前采用化学浆液有以下几种：①水泥浆液，用高强度等级的硅酸盐水泥和速凝剂组成的浆液；②硅酸盐（水玻璃）为主的浆液，常用水玻璃和氯化钙溶液；③丙烯酸氨为主的浆液；④纸浆为主的浆液。

化学加固法的施工方法有深层搅拌法、高压喷射注浆法、水泥压力注浆法和硅化法等。

（一）深层搅拌法

深层搅拌加固软黏土技术是利用水泥或石灰作为固化剂，通过特制的搅拌机械，在地层深处将软黏土和固化剂强制搅和，使软黏土硬结成一系列水泥（或石灰）土桩或地下连续墙，这些加固体与天然地基形成复合地基，共同承担建筑物的荷载。

1. 加固机理

水泥加固土由于水泥用量很少，水泥水化反应完全是在土的围绕下产生的，凝结速度比在混凝土中缓慢。水泥与软黏土拌和后，水泥矿物和土中的水分发生强烈的水解和水化反应，同时从溶液中分解出氢氧化钙生成硅酸三钙、硅酸二钙、铝酸三钙等水化物，有的自身继续硬化形成骨架。

2. 深层搅拌法的施工工艺

深层搅拌法的施工工艺为：①将搅拌机的搅拌头定位对中，起动电动机；②搅拌轴带动搅拌头边旋转，边下沉；③当搅拌头沉到设计深度后，略微提升搅拌头，由灰浆泵输送配制的水泥浆，通过中心管，压开球形阀，使水泥浆进入软土；④边喷浆、边搅拌、边提升，使水泥浆和土体充分拌和，直至地面；⑤停止喷浆，将搅拌头重复下沉、提升一次，使软土和水泥浆搅拌均匀。

由于深层搅拌法将固化剂和原地基黏性土搅拌混合，因而减少了水对周围地基的影响，也不使地基侧向挤出，故对已有建筑物不产生有害的影响。该法与砂井堆载预压法相比，在短时间内即可获得很高的地基承载力；与换土法相比，减少大量土方工程量。土体处理后容重基本不变，不会使软弱下卧层产生附加沉降。

3. 适用范围

深层搅拌法适用于处理淤泥、淤泥质土、粉土和含水量较高且地基承载力标准值不大于120kPa的黏性土地基。当用于处理泥炭土或地下水具有侵蚀性的地基时，宜通过试验确定其适用性，冬季施工时应注意负温对处理效果的影响。

经深层搅拌法加固后的地基承载力，可按复合地基确定。

（二）高压喷射注浆法

高压喷射注浆法是用钻机钻孔至所需深度后，用高压泵通过安装在钻杆底端的喷嘴向四周喷射化学浆液，同时钻杆旋转提升，高压射流使土体结构破坏并与化学浆液混合，胶结硬化后形成圆柱体状的旋喷桩。

高压喷射注浆法的特点是：能够比较均匀地加固透水性很小的细粒土；不会发生浆液从地下流失的情况；能在室内或洞内净空很小的条件下对土层深部进行加固施工。

高压喷射注浆法可适用于砂土、黏性土、湿陷性黄土以及人工填土等地基的加固，其用途较广，可以提高地基的承载力，可做成连续墙防止渗水，可防止基坑开挖对相邻结构物的影响，增加边坡的稳定性，防止板桩墙渗水或涌砂，也可应用于托换工程的事故处理。

高压喷射注浆法的旋喷管分单管、二重管、三重管三种。单管法只喷射水泥浆液，一般形成直径0.3~0.8m的旋喷柱。二重管法开始先从外管喷射水，然后外管喷射瞬时固化剂材料，内管喷射胶凝时间较长的渗透性材料，两管同时喷射，形成直径为1m的旋喷桩。三重管法为三根同心管子，内管通水泥浆，中管通20~25MPa的高压水和压缩空气。施工时先用钻机成孔，然后把三重旋喷管吊放到孔底，随即打开高压水和压缩空气阀门，通过三重旋喷管底端侧壁上直径2.5mm的喷嘴，射出高压水、气，把孔壁的土体冲散。同时，泥浆泵把高压水泥浆从另一喷嘴压出，使水泥浆与冲散土体拌和，三重管慢速旋转提升，把孔周围地基加固成直径1.3~1.6m的坚硬桩柱。

高压喷射注浆法加固后的地基承载力，一般可按复合地基或桩基考虑，由于加固后的桩柱直径上下不一致，且强度不均匀，若单纯按桩基考虑则不够安全，条件许可情况下，尽可能做现场载荷试验来确定地基承载力。

（三）水泥压力注浆法

水泥压力注浆是将水泥通过压浆泵、注浆管均匀地注入岩土层中，以充填、渗透和挤密等方式，驱走岩石裂隙中或土颗粒中的水分和气体，并充填其位置，硬化后将岩土胶结成一个整体，形成强度较大、压缩性低、抗渗性高和稳定性良好的岩土体，从而使地基得到加固，可防止或减少渗透和不均匀的沉降，在建筑工程中应用较为广泛。

水泥浆液一般采用普通硅酸盐水泥为主剂，是一种悬浊液，它能形成强度较高和渗透性较小的结石。由于这种浆液取材容易、配方简单、价格便宜、无毒性、对环境无污染，故为常用的浆液。

水泥浆的水胶质量比一般变化范围为0.6~2.0，常用的水胶质量比为1∶1。要求快凝时，可采用快硬水泥或在水中掺入水泥用量1%~2%的氯化钙；如要求缓凝时，可掺加水泥用量0.1%~0.5%的木质素磺酸钙；也可掺加其他外加剂以调节水泥浆性能。

水泥压力注浆适用于加固有裂隙、孔隙、溶洞的岩石，以及松散砂砾、粗砂、已建工程局部松软地基，和用作坝基防渗帷幕、边坡整治、混凝土基础裂缝处理以及地下结构管道的补漏、建筑物纠偏等方面，但不适用于地下水承压水头大和地下水流速大于80m/d以及岩石和土粒孔隙小于0.75mm的情况。对于一般中、细砂和黏土类土，由于它的孔隙过小，水泥难以通过，不宜采用。

（四）硅化法

硅化加固法是指利用硅酸盐（水玻璃）为主剂的混合溶液进行地基土化学加固的方法，也称硅化注浆法。

硅化法根据浆液注入的方式分为压力硅化法、电动硅化法和加气硅化法三类。压力硅化法根据溶液不同，又可分为压力双液硅化法、压力单液硅化法、压力混合液硅化法三种。

（1）压力双液硅化法　系将水玻璃与氯化钙溶液用泵或压缩空气通过注液管轮流压入土中，溶液接触反应后生成硅胶，将土颗粒胶结在一起，使具有强度和不透水性。

（2）压力单液硅化法　系将水玻璃单独压入含有盐类的土中，同样使水玻璃与土中钙盐起反应生成硅胶，将土粒胶结。

（3）压力混合液硅化法　系将水玻璃和铝酸钠混合液一次压入土中，水玻璃与铝酸钠反应，生成硅胶和硅酸铝盐的凝胶物质，黏结砂土，起到加固和堵水作用。

（4）电动硅化法　又称电动双液硅化法、电化学加固法，是在压力双液硅化法的基础上设置电极通入直流电，经过电渗作用扩大溶液的分布半径。施工时，把有孔注浆管作为阳极，铁棒作为阴极，将水玻璃和氯化钙溶液先后由阳极压入土中，通电后孔隙水由阳极流向阴极，而化学溶液也随之渗流分布于土的孔隙中，经化学反应后生成硅胶。

（5）加气硅化法　先在地基中注入少量二氧化碳气体，使土中空气部分被二氧化碳所取代，然后将水玻璃压入土中，其后又注入二氧化碳气体。碱性水玻璃溶液强烈地吸收二氧化碳，促使水玻璃溶液在土中能够均匀分布，并渗透到土的微孔隙中形成硅胶，在土中起到胶结作用，从而使地基得到加固。

硅化法的特点是：设备工艺简单、使用机动灵活，技术易于掌握；加固效果好，可提高地基强度，消除土的湿陷性，降低压缩性。

硅化法适用范围根据被加固土的种类，渗透系数而定。硅化法多用于局部加固新建或已建的建（构）筑物基础、边坡处治以及防渗帷幕等。但硅化法不宜用于沥青、油脂和石油化合物所浸透和地下水pH>9.0的土。

八、托换技术

在建筑工程中，有时需对已有建筑的地基基础进行加固补强，或当邻近建筑物及地下工程施工时，需保证已有建筑物的安全，有时则是为了建筑物的加层或为了调整已有建筑的不均匀沉降等，需对建筑物地基基础进行必要的处理。这些方法统称为基础托换。

托换技术起源于古代，在20世纪30年代才得到迅速发展，近些年来有飞跃的进步。我国的托换技术的数量和规模，也随着建设的发展而不断增长。本部分仅就桩式托换、灌浆托换加以介绍。

（一）桩式托换

桩式托换可分为坑式静压桩托换、锚杆静压桩托换、灌注桩托换和树根桩托换等，都是将基础及其上荷载转移到桩上的方法。

桩式托换法适用于软弱黏土、松散砂土、饱和黄土、湿陷性黄土、素填土和杂填土等地基。各种桩的单桩承载力可通过现场试验或按国家现行标准确定。

1. 坑式静压桩托换

坑式静压桩托换适用于条形基础的托换加固。桩身可采用直径 150 ~ 500mm 钢管或边长为 150mm × 150mm 预制钢筋混凝土桩，每节桩长按托换坑的净空高度和千斤顶的行程确定。桩的平面布置根据被托换加固基础结构形式及荷载大小确定。每个托换坑的位置应避开门窗的墙体薄弱部位。

施工时，先在贴近被托换基础的外侧或内侧开挖一个竖坑，对坑壁不能直立的砂土和软土等地基，要进行坑壁支护，并在基础底面下开挖横向导坑。如坑内有水，应在不扰动地基土的条件下降水后才能施工。在导坑内放入第一节桩，并安置千斤顶及测力传感器，然后驱动千斤顶。每压入一节桩后，再接上一节桩。对钢管桩，接头可采用焊接；对于钢筋混凝土桩，可采用硫黄胶泥或焊接接桩。

施工时应随时校正桩的垂直度，测量并记录桩力和相应的沉降值。压入桩桩尖应达到单桩承载力标准值高出 50% 相应深度的土层内。

达到设计深度后，拆掉千斤顶。在基础与桩之间竖放一段工字钢，用铁锤将钢楔打紧，用混凝土将桩顶与工字钢包裹起来，使基础与桩形成整体。

2. 锚杆静压桩托换

锚杆静压桩托换，是用支承在基础上的锚杆与反力架将压桩上的反力传给基础的一种桩式托换。它适用于原有建筑物和新建建筑物的地基处理和基础加固。

锚杆静压桩托换中桩身可采用 200mm × 200mm 或 300mm × 300mm 的预制钢筋混凝土方桩，每节长为 1 ~ 3m 不等，由施工净空高度确定；也可采用钢管或钢轨做桩身。接头形式可采用焊接或硫黄胶泥等。

当设计需要对桩施加预压应力时，应在不卸荷条件下立即将桩与基础锚固。在封桩混凝土达到设计强度后，才能拆除压力架和千斤顶。当不需要对桩施加预应力时，在达到设计深度和压桩力后，即可拆除压桩架，并进行封桩处理。

3. 灌注桩托换

在具有成桩设备所需净空条件时，可以对已有建筑物用灌注桩托换加固。各种灌注桩的适用条件宜符合下列规定：

1）螺旋钻孔灌注桩适用于均质黏性土地基和地下水位低的地质条件。

2）潜水钻孔灌注桩适用于一般黏性土、淤泥质土和砂土地基。

3）人工挖孔灌注桩适用于地下水位以上或土质透水性小的地质条件。当孔壁不能直立时，应加设砖砌护壁或混凝土护壁以防塌孔。

灌注桩施工完毕后，应在桩顶用现浇托梁支撑建筑物的上部结构。

4. 树根桩托换

树根桩实际上是一种小直径的就地灌注钢筋混凝土桩。它可以用旋转钻在钢套管的导向下钻进，使其穿过原有建筑物基础进入下面地基中去。

树根桩的钻孔直径一般为 75 ~ 250mm。当钻孔达到设计标高并清孔后，放入一根或数根钢筋。再用压力灌浆法将水泥砂浆或细石混凝土边灌边振、边拔管而成桩。由于成桩方向可斜可竖，状如“树根”，因而得名。

树根桩托换适用于已建建筑物的修复和加层、古建筑修整、地下铁道穿越、桥梁工程等各类地基处理、基础加固以及增强边坡稳定性等。

树根桩施工时，可根据工程要求和地层情况采用不同钻头、桩孔倾斜角和钻进时的护孔方法。在穿越已建建筑物基础时，应凿开基础将主筋与树根桩主筋焊接，并应将基础顶面上混凝土凿毛后，浇筑一层大于原基础强度等级的混凝土。

（二）灌浆托换

灌浆托换法是用泵或空气压缩机等机械把浆通过注浆管均匀地注入基础下地层中进行托换的方法。浆液以填充和渗透等方式排出土颗粒间或岩石裂隙中的水和空气，并占据其位置，经一段时间，浆液凝固，从而形成一种强度高、防水防渗性能好和化学稳定性好的人工地基。灌浆托换法适用于已建建筑物的地基处理。可分为以下几种：

1. 水泥灌浆法

水泥灌浆法是灌浆法中最为简便的方法。水泥可选普通硅酸盐水泥或矿渣水泥，其强度等级不低于42.5级。水泥浆的水胶比可取1:1。为防止水泥被地下水冲击，可在水泥浆中掺入相当水泥重量1%～2%的速凝剂。常用的速凝剂有水玻璃和氧化钙等。

水泥灌浆法不仅适用于砂土、碎石土中渗透灌浆，也可适用于黏性土、填土和黄土的压力灌浆和劈裂灌浆。

2. 硅化法

用水玻璃与氯化钙溶液灌浆称为双液硅化法，适用于地基土渗透系数为0.1～80.0m/d的粗颗粒土。用水玻璃溶液灌浆称为单液硅化法，适用于地基土渗透系数为0.1～2.0m/d的湿陷性黄土。

3. 碱液法

用氢氧化钠溶液灌浆称为碱液法，它适用于处理已建建筑物的非自重湿陷性黄土地基。这是我国在加固地基和托换技术方面的创新内容。

施工时，用洛阳铲或用钢管打到预定处理深度，孔径为50～70mm，孔中填入粒径为20～40mm的小石子至灌浆管下端的标高处，将直径20mm注浆管插入孔中，管子四周填5～20mm的小石子200～300mm高，再用素土分层填实到地表。经加热后的溶液经胶皮管与注浆管自流渗入灌注孔周围形成柱体。氢氧化钙的用量可采用处理土体干重的3%左右，溶液浓度可采用100g/L。

灌注孔应在基础两侧或周边各布置一排，孔距可根据处理的要求确定。当要求加固柱体连成一片时，孔距可取0.7～0.8m。

1. 某房屋为4层砖混结构，承重墙传至±0.000处的荷载$F=200\text{kN/m}$。地基土为淤泥质土，$\gamma=17\text{kN/m}^3$，承载力标准值$f_k=60\text{kPa}$，地下水位埋深1m。试设计墙基及砂垫层。（提示：砂垫层承载力标准值$f_k=120\text{kPa}$，扩散角$\theta=23°$）。

2. 某砂土地基的孔隙比$e_0=1.15$，现欲采用直径为300mm的挤密砂桩进行挤密处理。若要求处理后的砂土孔隙比e_0不大于0.88，试计算按正方形排列砂桩的间距最大值（单位桩长平均填料量取$V=0.5\text{m}^3$）。

第三篇　土工试验指导书

土工试验是学习土力学基本理论的不可缺少的教学环节，也是工程地质勘察，了解场地土的工程性质的一项重要工作。通过土工试验，可以加深对土的物理力学性质的理解，同时也是学习科学的试验方法和培养实践、动手能力的重要途径。本课程安排了以下四项基本试验。

试验一　土的密度及含水量试验

土的密度试验

（一）试验目的

测定土密度与含水量。

（二）土的密度测定

1. 试验内容和原理

（1）试验内容　用“环刀法”测土的天然密度。

（2）试验原理　土的密度 ρ 是单位体积土的质量。

$$\rho = (m_1 - m_2)/V$$

式中　m_1——环刀加土的质量（g）；

m_2——环刀的质量（g）；

V——土的体积（cm^3）。

2. 试验仪器及材料（环刀法）

环刀：内径 6～8cm，高 2～3cm，体积为 $100cm^3$ 和 $60cm^3$ 两种。

天平：感量 0.01g，称量 200g。

其他：切土刀、钢丝锯、凡士林。

3. 试验步骤

1）按工程需要取原状土或制备所需状态的扰动土样，整平其两端，将环刀内壁涂一层凡士林，称出环刀的质量，刀口向下放在土样上。

2）用切土刀（或钢丝锯）将土样削成略大于环刀直径的土柱，然后将环刀垂直下压，边压边削，至土样伸出环刀为止，将两端余土削平，取剩余的代表性土样用于测定含水量。

3）擦净环刀外壁称重（若在天平放砝码一端，放一等重环刀），可直接测出湿土重。准确至 0.1g。

4）计算土的密度，精确至 $0.01g/cm^3$。

5）本试验需进行两次平行测定，其平行差值不得大于 $0.03g/cm^3$，取其算术平均值。

6）操作注意事项：用环刀切取试样，为防止扰动，应切削一个较环刀内径略大的土柱，然后将环刀垂直下压；为避免环刀下压时挤压四周土样，应边压边削，直至土样伸出环刀，然后将两端修平；修平时，用直刀一次刮平，严禁用直刀在环刀土面上来回抹平，如遇石子等其他杂物等要尽量避开，无法避开则视情况酌情补上。试验结束后，将桌面整理干净，体现良好的职业素养。

4. 成果整理

写出试验过程，整理试验数据，并填写表1。

表1　密度测定数据记录表

环刀编号	(湿土+环刀)质量 m_1/g	环刀质量 m_2/g	湿土质量 (m_1-m_2) /g	环刀体积 /cm^3	密度 ρ/(g/cm^3)	平均值 ρ/(g/cm^3)
备　注						

（三）土的含水量测定

土的含水量试验

1. 试验内容和原理

（1）试验内容　用“烘干法”测土的含水量。

（2）试验原理　土的含水量 w，为土中所含水的质量 m_w，与土粒质量 m_s的比值。

$$w = m_w / m_s \times 100\%$$

本试验以烘干法完成，为室内试验的标准方法。烘干法是将一定数量土样称量后放入烘箱中在100～105℃恒温烘至恒重。烘干后土的质量即为土粒质量 m_s，土样所失去的质量为水质量 m_w。

2. 试验仪器及材料

烘箱：电热烘箱或温度能保持100～105℃的其他能源烘箱，及红外线烘箱等。

天平：称量200g，感量0.01g。

其他：干燥器、称量盒、削土刀等。

3. 试验步骤

1）取代表性试样15～30g，放入称量盒内，立即盖好。称湿土加盒的质量，准确至0.1g。

2）揭开盒盖将试样放入烘箱，在温度100～105℃下烘到恒重。

3）将烘干后的试样取出，放入干燥器内冷却，称出盒加干土的质量，精确至0.1g（冷却时间不要过长）。

4）计算土的含水量：本方法需进行两次平行测定，取两次结果的算术平均值作为土的含水量，准确至0.1%。

4. 成果整理

写出试验过程，整理试验数据，并填写表2。

表2　含水量测定数据记录表

土样盒号	土样盒质量/g (1)	盒+湿土质量/g (2)	盒+干土质量/g (3)	水的质量/g (4)=(2)-(3)	干土的质量/g (5)=(3)-(1)	含水量(质量分数,%)

试验二　土的液限及塑限测定试验

（一）试验目的

测出土的塑性和液性，用于计算塑性指数、液性指数，用于评价黏性土地基。

（二）试验内容和原理

1. 试验内容

测定黏性土的塑性指数和液性指数。

2. 试验原理

黏性土由于含水量不同，分别处于流动状态、可塑状态、半固体状态、固态。液限 w_L 是黏性土呈可塑状态的上限含水量，塑限 w_P 是黏性土可塑状态下限含水量，通过测试可知不同黏性土不同含水量时的状态。

塑性指数：液限与塑限的差值，用 I_P 表示，计算式为

$$I_P = w_L - w_P$$

液性指数：土的天然含水量与塑限的差值与塑性指数 I_P 之比，即

$$I_L = (w - w_P) / I_P$$

土的液塑限试验

（三）仪器设备

光电式液塑限联合测定仪（图 1）、天平、盛土器皿、烘箱、调土刀、筛、凡士林等。

（四）试验步骤

1. 试验操作步骤

试验时，先调成三种不同稠度的试样，用电磁落锥法分别测定锥体在自重作用下沉入试样 5s 时的下沉深度。图 2 以含水量为横坐标，锥体下沉深度为纵坐标，可在双对数坐标纸

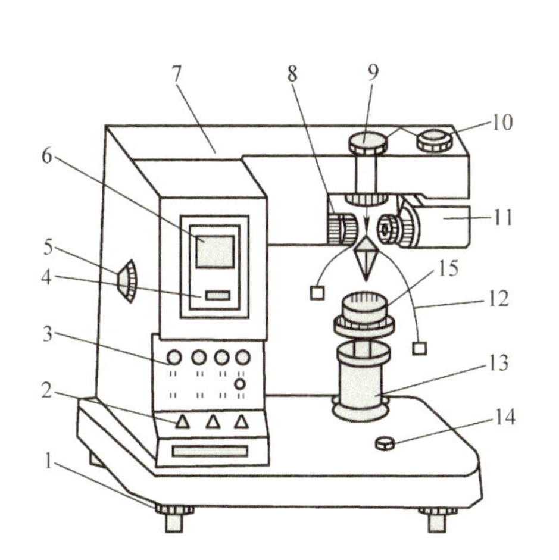

图 1　光电式液塑限联合测定仪

1—水平调节螺旋　2—控制开关　3—指示发光管　4—零线调节螺旋　5—反光镜调节螺旋　6—屏幕　7—机壳　8—物镜调节螺旋　9—电磁装置　10—光源调节螺旋　11—光源装置　12—圆锥仪　13—升降台　14—水平泡　15—盛土杯

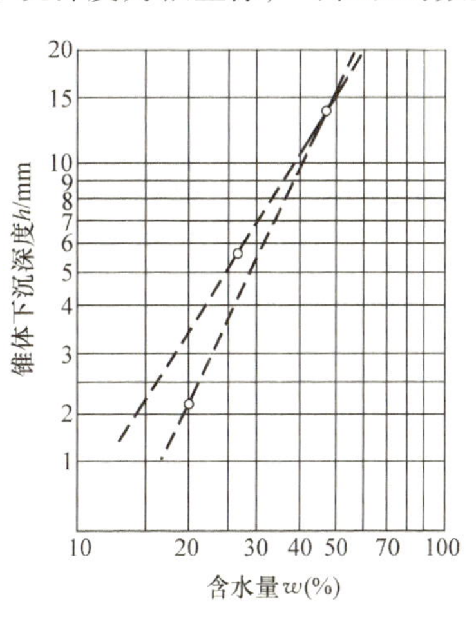

图 2　含水量（水质量分数）与锥体下沉深度关系直线

上绘制关系直线，三点接近一直线。当三点不在一直线上时，通过高含水量的点与其余两点连成两直线。在锥体沉入土深度10mm及2mm时所对应土样的含水量分别为该土的液限和塑限。通过图2可查得相应的两个含水量，当两个含水量的差值大于2%时，应重新测定。

2. 成果整理

写出试验过程，整理试验数据，并填写表3。

表3　液限及塑限测定试验数据记录表

试样编号	下沉深度/mm	铝盒盖编号	铝盒的质量/g	（铝盒+湿土）质量/g	（铝盒+干土）质量/g	含水量（质量分数,%）
试样1						
试样2						
试样3						

试验三　土的固结试验

土的固结试验

（一）试验目的

测定土的压缩系数和压缩模量等压缩性指标。

（二）试验内容和原理

1. 试验内容

用高、中、低压固结仪进行固结试验。

2. 试验原理

土的固结是土在荷重作用下发生变形的过程，试验的目的是测定试样在侧限轴向排水条件下的变形和压力的关系，变形和时间的关系，以计算土的压缩系数a、压缩模量E_s等。本试验适用于细粒土，当遇特殊地质条件或工程中有特殊要求时，须进行反映实际工作条件的压缩试验。

压缩系数a、压缩模量E_s的计算，可参考单元二中的任务2。

（三）试验仪器设备

压缩仪、测定密度和含水量所需用的设备、滤纸、钟表等。

（四）试验步骤

1. 操作步骤

1）取土方法：按工程需要取原状土或制备所需状态的扰动土样，整平其两端。如为原状土样，其取土方向与天然受荷方向一致，将环刀内壁涂一层凡士林，刃口向下放在土样上。

2）为了不扰动原状土的结构，用切土刀将土样削成略大于环刀直径的土柱，然后将环刀垂直向下压，边压边削，直至土样伸出环刀，将两端余土削去刮平。刮平时不允许在土样上来回涂抹。取环刀两端余土测其含水量。

3）擦净环刀外壁，称环刀加土样盒的质量，准确至0.1g，求出土的容重。

4）将底板放入容器内，然后在试样上放上滤纸、透水石和传压板，置于加压横梁正中，安装百分表。

5）为了使试样与仪器上下各部件之间接触良好，应施加1kPa的预压荷载，然后调整百分表，使其外伸距离不小于5mm，指针为零。

6）荷重等级一般为12.5kPa、25kPa、50kPa、100kPa、200kPa、400kPa、800kPa、1600kPa、3200kPa，最后一级荷重应大于土层的计算压力100～200kPa。

7）施加第一级荷重后5min，如试样为饱和土样，则在施加第一级荷重后立即向容器内注水满至与试样顶面平；如为非饱和土样，须用湿棉纱团围住传压活塞及透水石四周，避免水分蒸发。加荷后待时间达到1h，记下该荷重下百分表读数（即试样与仪器总变形量），并立即施加第二级荷重，待时隔1h后记下第二级荷重下百分表读数，依次重复以上动作，最后一级荷重除记1h读数外还需记24h压缩稳定后的读数（24h应以最后一级荷重开始时算起），把每次加载记录填入表4。压缩稳定标准为百分表读数每小时变化不大于0.01mm。

8）百分表读数表示：短针1小格表示1mm；长针1小格表示0.01mm。读数时以逆时针读数为好，即可直接读出变形量Δh。

9）试验结束后，迅速拆除仪器各部件，取出试样，如系饱和土则用滤纸吸去试样两端表面水，并测定试样的试验后含水量。

表4　固结试验数据记录表

序号	荷载/kPa	时间	百分表读数	序号	荷载/kPa	时间	百分表读数
1				5			
2				6			
3				7			
4				8			

2. 注意事项

1）切削试样时，应尽量避免破坏土的结构，不允许直接将环刀压入土中，不允许来回涂抹环刀两端的土面，避免孔隙被堵塞。

2）不要振动或碰撞压缩台及周围的地面，加荷或卸荷时应轻取轻放砝码。

3）试验过程中，应始终保持加荷杠杆水平。

3. 成果整理

写出试验过程；确定土的压缩系数和压缩模量。

试验四　直接剪切试验

（一）试验目的

测定土的抗剪强度指标c、φ，用于评定土的抗剪能力。

（二）试验内容和原理

1. 试验内容

用直剪仪进行直接剪切试验。

2. 试验原理

土的抗剪强度τ是土对剪切破坏的极限抵抗能力：

土的剪切试验

$$\tau = c + \sigma \tan\varphi$$

式中　φ——土的内摩擦角（°）；

σ——剪切面上的法向应力（kPa）；

c——土的黏聚力（kPa）。

土的抗剪强度指标 c、φ 可以通过直剪试验得到。

（三）试验仪器设备

应变式剪切仪（通过量力环变形推算水平剪切力）、百分表、天平（感量0.1g）、环刀、削土刀、钢丝锯、秒表等。

（四）试验步骤

1. 操作步骤

1）对准上下盒，插入固定销，在下盒内放入透水石一块，在试样上下两面各放蜡纸一张（如做固结快剪试验，各放滤纸一张）；将盛有试样的环刀平口向下，对准剪切盒，再在试样上放透水石一块，然后将试样徐徐推入剪切盒内，移去环刀。

2）转动手轮，使上盒前端钢球刚好与量力环接触（量力环中百分表微动，表示已接触），调整量力环中百分表读数为零，顺次加上传压活塞、钢球、压力框架；如做固结快剪试验，需测垂直变形时，则安装垂直量表。测记初始读数。

3）每组4个试样，在4种不同垂直压力下进行剪切试验。

一个垂直压力相当于现场预期的最大压力 p，一个垂直压力需大于 p，其他两个垂直压力均小于 p。但4个垂直压力的分级差值要大致相等，如现场预期压力过大，因仪器设备所限也可以取垂直压力，分别为50kPa、100kPa、200kPa、400kPa。各个垂直压力可一次轻轻施加，若土质松软，也可分次施加以防土样挤出。

4）试样上作用规定的垂直压力后，立即拔去固定销，以6r/min的均匀速率旋转手轮，使试样在3～5min内剪损。如果量力环中的百分表读数不再增大，或有显著后退，表示试样已坏，但一般宜剪至剪切变形达到4mm（相当于20r），若量表读数继续增大则剪切变形达到6mm为止，手轮每转一转，同时测记百分表读数，并填入表5中，直至剪损为止。

5）剪切结束后，倒转手轮，尽快移去垂直压力、框架、钢球、加压活塞等，将仪器清理干净，进行下一试样的试验。

2. 注意事项

1）制备原状土样，用环刀切取试样时，环刀应垂直均匀下压，以防止环刀内试样结构被扰动。

2）快剪与固结快剪的区别在于施加垂直压力后，立刻进行水平剪切。

3）最大垂直压力控制在土体自重压力左右，扰动土样不宜进行试验。

表5　直剪试验数据记录表

试样	荷载/kPa	量力环号	量力环系数	量力环中的百分表读数
1				
2				
3				
4				

3. 成果整理

写出试验过程；确定土的抗剪强度指标 c、φ。

参考文献

[1] 盛海洋，胡雪梅．土力学与地基基础［M］．武汉：武汉大学出版社，2017.

[2] 李广信．漫话土力学［M］．北京：人民交通出版社，2019.

[3] 务新超，魏明．土力学与基础工程［M］．北京：机械工业出版社，2016.

[4] 沈扬．土力学原理十记［M］．2 版．北京：中国建筑工业出版社，2021.

[5] 赵晖，刘辉．基础工程［M］．2 版．北京：人民交通出版社，2015.

[6] 金桃，张美珍．公路工程检测技术［M］．5 版．北京：人民交通出版社，2015.

[7] 吴佳晔．土木工程检测与测试［M］．北京：高等教育出版社，2015.

[8] 龙建旭．土木工程结构检测与测试［M］．北京：人民交通出版社，2017.